U0949097

普通高等教育规划教材

画法几何及工程制图

（近机类及非机类专业适用）

主　编　梁国栋　宋孟然

副主编　赵晓梅　李爱荣

参　编　郝计寿　乔建刚　张爱荣

王玉玲　杨胜利

主　审　仉志余

机 械 工 业 出 版 社

本书是根据国家教委批准试行的高等工业学校“画法几何及工程制图课程教学与基本要求”（非机类专业适用）（1995年修订版），并参考有关院校课程的教学大纲及多年的教学与教改经验编写的。是一套配合高校教学改革的系列教材之一。

本书内容分为画法几何、制图基础、机械图、计算机绘图基本知识等四部分，包括制图的基本知识和基本技能，点、直线、平面的投影，直线与平面、平面与平面的相对位置，投影变换，立体的投影，立体的表面交线，表面展开，轴测投影，组合体的视图及尺寸标注，机件的表达方法，标准件和常用件，零件图，装配图，计算机绘图及附录等。

本书采用了我国最新颁布的《技术制图》、《机械制图》国家标准。

本书与《画法几何及工程制图习题集》配套使用。

本书可作为高等学校近机械类、非机械类各专业的教科书，也可供高等职业学校教师和工程技术人员参考。

参考学时50~90学时。

图书在版编目(CIP)数据

画法几何及工程制图/梁国栋，宋孟然主编．—北京：机械工业出版社，2003.8（2016.1重印）
普通高等教育规划教材（近机类及非机类专业适用）
ISBN 978-7-111-12623-2

Ⅰ．画…　Ⅱ．①梁…　②宋…　Ⅲ．①画法几何-高等学校-教材　②工程制图-高等学校-教材　Ⅳ．TB23

中国版本图书馆CIP数据核字（2003）第059041号

机械工业出版社（北京市百万庄大街22号　邮政编码100037）
策划编辑：刘小慧　责任编辑：贺篪盒　版式设计：冉晓华
责任校对：韩　晶　封面设计：张　静　责任印制：刘　岚
北京圣夫亚美印刷有限公司印刷
2016年1月第1版第10次印刷
184mm×260mm・19印张・468千字
标准书号：ISBN 978-7-111-12623-2
定价：26.00元

凡购本书，如有缺页、倒页、脱页，由本社发行部调换

电话服务	网络服务
社服务中心：(010)88361066	门户网：http://www.cmpbook.com
销售一部：(010)68326294	教材网：http://www.cmpedu.com
销售二部：(010)88379649	**封面无防伪标均为盗版**
读者购书热线：(010)88379203	

前　言

本书是根据国家教委批准试行的高等工业学校“画法几何及工程制图课程教学与基本要求”（非机类专业适用）（1995 年修订版），并参考有关院校课程的教学大纲及有关方面的意见和建议编写的。

本书本着在传授知识的同时，注意学生智能的培养，以及加强基础，拓宽知识面，增加适应性的思想进行编写的，并引入了计算机绘图，逐渐把教学基点转移到以计算机为主导的理论体系上来，使学生在手工制图和计算机绘图技能方面都打下坚实的基础，强化学员的能力与素质培养。

本书采用了我国最新颁布的《技术制图》、《机械制图》国家标准。在编写中精炼文字，精选图形，注重在实践的基础上，对课程内容体系进行了重构，并制做了配套的 CAI 课件，加强了运用计算机多媒体技术辅助教学的能力。

参加本书编写的有：华北工学院分院赵晓梅（绪论、第十二章）、郝计寿（第一章、第三章、第五章）、乔建刚（第二章、第九章、附表）、李爱荣（第四章、第十章）、王玉玲（第六章）、梁国栋（第七章）、杨胜利和宋孟然（第八章）、张爱荣（第十一章、第十三章）。

本书由华北工学院分院梁国栋、宋孟然任主编，赵晓梅、李爱荣任副主编。

本书由华北工学院分院仉志余教授主审，对本教材的内容和体系提出了许多宝贵的意见和建议。本书的录入、排版、插图由董剑龙完成。在此表示衷心的感谢。

编　者

目　录

绪　论

一、本课程的研究对象

画法几何及工程制图是研究用投影理论图示空间物体和图解空间几何问题，以及绘制与阅读机械图样的原理和方法的一门学科。

画法几何及工程制图课程包括画法几何、制图基础、机械制图和计算机绘图基础等四部分内容。画法几何主要研究用正投影法图示空间物体、图解空间几何问题的理论和方法；制图基础部分除介绍制图的一些基础知识与基本规定外，着重研究绘图的操作问题，用投影图表达物体内外形状、大小，根据投影图分析与想象物体内外形状的原理和方法；机械制图部分重在研究绘制和阅读机械图样的方法；计算机绘图部分则旨在介绍用计算机生成图形的基础知识。

二、本课程的性质和任务

通常将按一定的投影方法和有关技术规定绘制的用以准确表达工程对象的形状、尺寸及其技术要求的图形称为工程图样，简称图样。机械图样是工程图样中应用最多的一种。任何机器、设备都是由许多零件和部件组成的，部件又是由若干零件组成的。表达机器或设备的总装图、表达部件的装配图和表达零件的零件图统称为机械图样。

在现代工程技术中，各种设备、机器、工具、车辆、船舶、电子仪器等的设计和制造，以及各种工程建筑的设计与施工都得以图样为依据，而且在对其验收、使用和维修时也必须依据相应的图样进行。因此，图样是表达设计意图、交流技术思想与指导生产、使用和维修的重要工具，也是一项重要的技术文件。所以图样一直被喻为“工程界的技术语言”，每个工程技术人员都必须懂得并掌握这种语言。

本课程是培养工程技术人才的一门重要的技术基础课，在工科院校一直作为学生的一门必修课来设置。学习本课程的主要目的是使学生熟练地掌握这门课程所介绍的基本理论、知识和技术以及计算机绘图基础知识，培养学生绘制和阅读机械图样的基本能力。其主要任务是：

（1）掌握正投影法的基本理论及其运用。

（2）培养学生绘制和阅读机械图样的基本能力。

（3）培养学生解决简单的空间几何问题的图解能力。

（4）培养学生空间想象和空间分析的初步能力。

（5）使学生对计算机绘图有初步的认识。

（6）使学生养成严谨的工作作风和认真负责的工作态度（包括遵守国家标准规定的自觉性）。

此外，在教学过程中还必须有意识地培养学生的自学能力、分析问题和解决问题的能力。

三、本课程的学习方法

本课程是一门既有系统理论，又有较强实践性的课程，学习时应注意以下几点：

（1）严格遵守、认真贯彻国家标准的有关规定，其中有些常用的标准规定还应记牢，并且要学会查阅有关标准和资料的方法。

（2）画法几何部分系统性和逻辑性较强，在学习时，必须注意紧扣每一章节，及时弄清和理解每个概念，牢固掌握投影原理和图示方法，并注意空间几何元素、体与它们的投影图间的对应与联系。通过从空间到平面又从平面返回空间的反复思维和分析，逐步提高学生投影分析、空间想象的能力。

（3）理论的理解、原理和方法的掌握、绘图与读图能力的培养等都离不开实践。只有通过课后及时完成一定数量的作业、习题与绘（读）图实践，才能实现知识向能力的转化。同时，要始终注意正确使用绘图工具和仪器，耐心细致地按正确的作图步骤和方法进行操作，独立思考，认真完成。

（4）由于图样是指导生产的依据，绘图和读图的差错都会给生产带来损失。所以学生在学习和做作业时就应持认真负责的态度，养成一丝不苟的作风。

第一章　制图的基本知识和基本技能

本章着重介绍国家标准《技术制图》和《机械制图》的一些基本规定，以及绘图的基本技能和方法，以便为今后的学习打下必要的基础。

第一节　国家标准《技术制图》和《机械制图》的一些基本规定

图样是“工程界的技术语言”，为便于指导生产和进行技术交流，就必须对它的内容、格式、画法、尺寸标注等作统一的规定。由国家标准化主管机构批准并颁布的国内统一标准就称为国家标准（简称国标），其代号为“GB”，推荐性标准代号加“/T”。每一个工程技术人员都必须严格遵守，认真贯彻执行。

由于《技术制图》方面的国家标准的制定是为了尽可能扩大制图标准在工业领域中的应用范围，以增强其普遍性，从而改变《机械制图》国家标准只局限于机械行业的内容这一特点，实现了制图基础部分在各行业间的统一。所以，本节摘要介绍的标准中有关图纸幅面和格式、比例、字体、图线、圆锥的尺寸等部分，均采用1993年至1999年颁布并实施的《技术制图》国家标准。对于还未制定、颁布的部分内容仍沿用最新的《机械制图》标准。

一、图纸幅面和格式（GB/T 14689—1993）

1. 图纸幅面

图纸宽度与长度组成的图面称为图纸幅面，幅面代号为：A0、A1、A2、A3、A4。

在绘制技术图样时，应优先使用表1-1中所规定的图纸基本幅面。必要时，也允许选用表1-2和表1-3所规定的加长幅面，这些加长幅面的尺寸是由基本幅面的短边成整数倍增加后得出的（见图1-1）。

表1-1　基本幅面

（单位：mm）

幅面代号	尺寸 $B \times L$
A0	841 × 1189
A1	594 × 841
A2	420 × 594
A3	297 × 420
A4	210 × 297

表1-2　加长幅面（一）

（单位：mm）

幅面代号	尺寸 $B \times L$
A3 × 3	420 × 891
A3 × 4	420 × 1189
A4 × 3	297 × 630
A4 × 4	297 × 841
A4 × 5	297 × 1051

表1-3　加长幅面（二）

（单位：mm）

幅面代号	尺寸 $B \times L$
A0 × 2	1189 × 1682
A0 × 3	1189 × 2523
A1 × 3	841 × 1783
A1 × 4	841 × 2378
A2 × 3	594 × 1261
A2 × 4	594 × 1682
A2 × 5	594 × 2102
A3 × 5	420 × 1486
A3 × 6	420 × 1783
A3 × 7	420 × 2080
A4 × 6	297 × 1261
A4 × 7	297 × 1471
A4 × 8	297 × 1682
A4 × 9	297 × 1892

图 1-1 中粗实线所示为基本幅面（第一选择）；细实线所示为表 1-2 所规定的加长幅面（第二选择）；虚线所示为表 1-3 所规定的加长幅面（第三选择）。

2. 图框格式

在图纸上，根据规格尺寸绘制的用以限定绘图区域的线框称为图框。图框线必须用粗实线，其格式分为不留装订边和留有装订边两种，但同一产品的图样只能采用一种格式。

不留装订边的图纸，图框格式如图 1-2、图 1-3 所示，尺寸按表 1-4 的规定选用。

留有装订边的图纸，图框格式如图 1-4 和图 1-5 所示，尺寸按表 1-4 的规定选用。

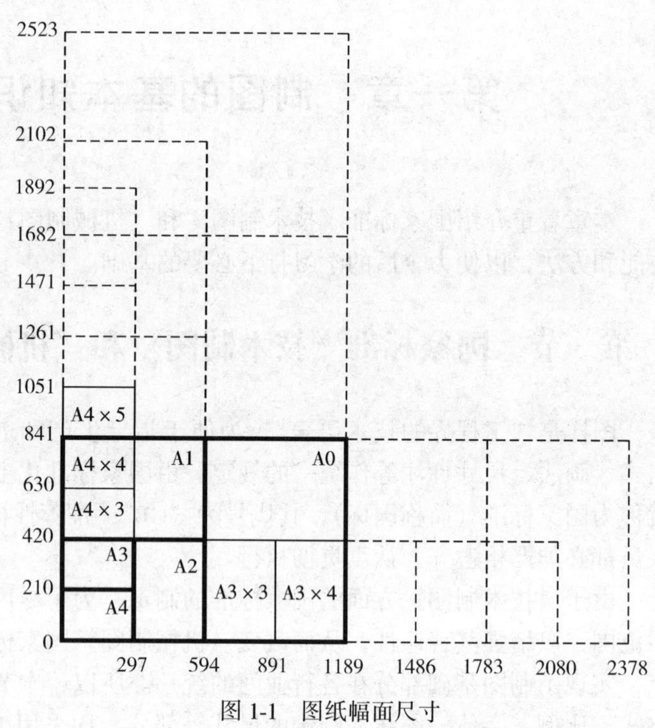

图 1-1 图纸幅面尺寸

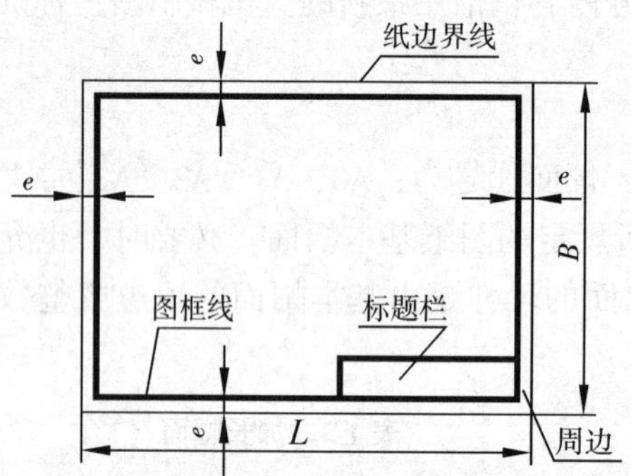

图 1-2 不留装订边的图框格式（一）

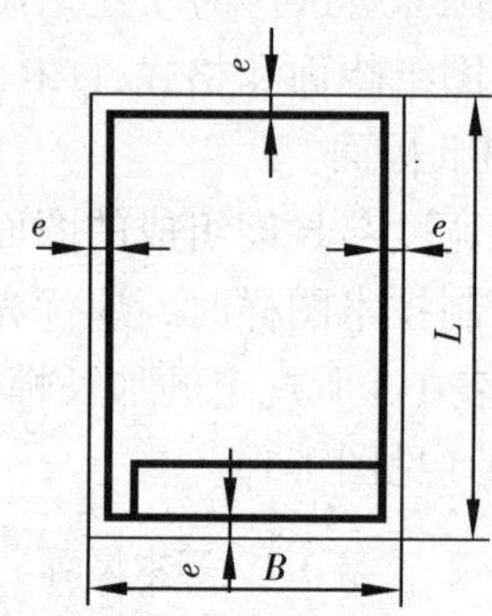

图 1-3 不留装订边的图框格式（二）

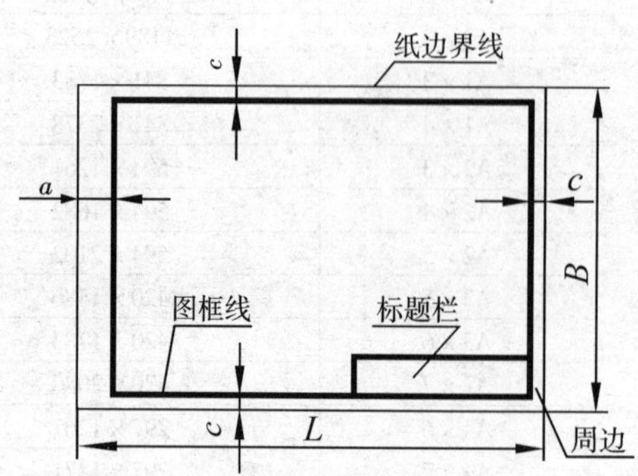

图 1-4 留装订边的图框格式（一）

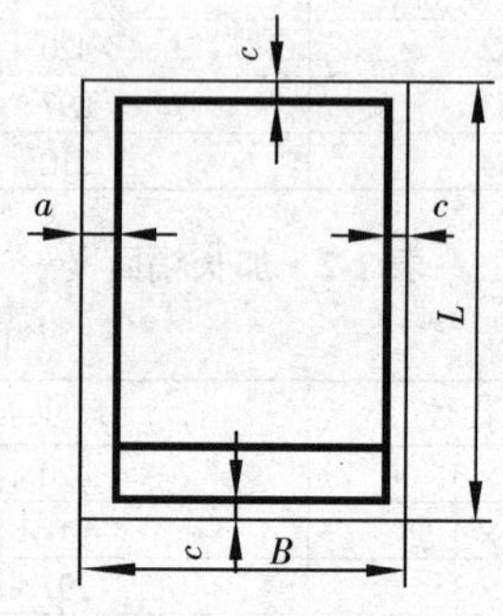

图 1-5 留装订边的图框格式（二）

表 1-4　基本幅面的图框格式尺寸　（单位：mm）

幅面代号	A0	A1	A2	A3	A4
$B \times L$	841×1189	594×841	420×594	294×420	210×297
e	20		10		
c	10			5	
a	25				

注：加长幅面的图框尺寸，按所选用的基本幅面大一号的图框尺寸确定。例如，A2×3 的图框尺寸按 A1 的图框尺寸确定，即 e 为 20（或 c 为 10）。

3. 标题栏的方位与格式

（1）标题栏的方位

每张图纸上都必须画出标题栏。标题栏的位置应位于图纸的右下角或下方，如图 1-2、图 1-3、图 1-4、图 1-5 所示。

当标题栏的长边置于水平方向，并与图纸的长边平行时，则构成 X 型图纸，如图 1-2、图 1-4 所示。若标题栏的长边与图纸的长边垂直时，则构成 Y 型图纸，如图 1-3、图 1-5 所示。在此情况下，便保证了看图方向与看标题栏方向的一致。

为了利用预先印制的图纸，允许将 X 型图纸的短边置于水平位置使用，如图 1-6 所示；或将 Y 型图纸的长边置于水平位置使用，如图 1-7 所示。

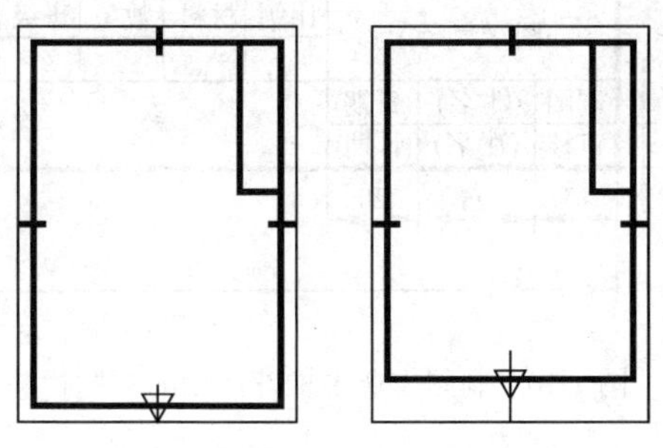

图 1-6　X 型图纸的短边置于水平

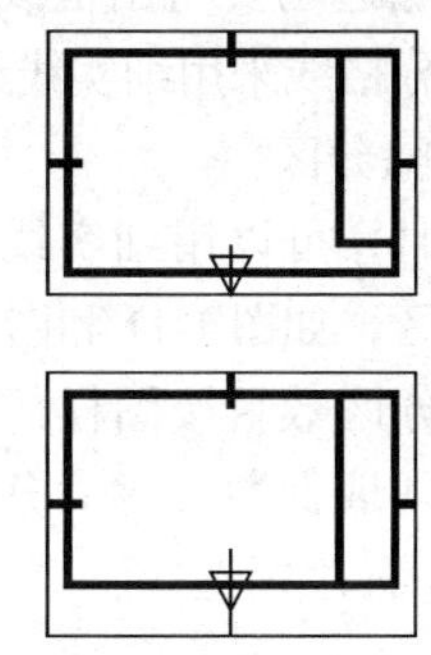

图 1-7　Y 型图纸的长边置于水平

（2）对中符号

为了使图样复制和缩微摄影时定位方便，对表 1-1 和表 1-2 所列的各号图纸，均应在图纸各边长的中点处分别画出对中符号。

对中符号用粗实线绘制，线宽不小于 0.5mm，长度从纸边界开始至伸入图框约 5mm，如图 1-6 和图 1-7 所示。

对中符号的位置误差应不大于 0.5mm。

当对中符号处在标题栏范围内时，则伸入标题栏部分省略不画，如图 1-7 所示。

（3）方向符号

对于按规定使用预先印制的图纸时，为了明确绘图和看图时图纸的方向，应在图纸的下边对中符号处画出一个方向符号，如图 1-6、图 1-7 所示。

方向符号是用细实线绘制的等边三角形，其大小和所处的位置如图 1-8 所示。

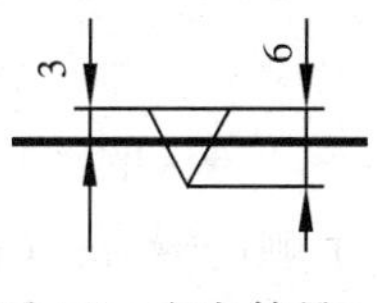

图 1-8　方向符号

(4) 标题栏的格式

国家标准 GB/T 10609.1—1989 已对标题栏的格式作了统一规定，如图 1-9 所示。但在校学习期间的制图作业中，可采用图 1-10 所示的推荐格式。

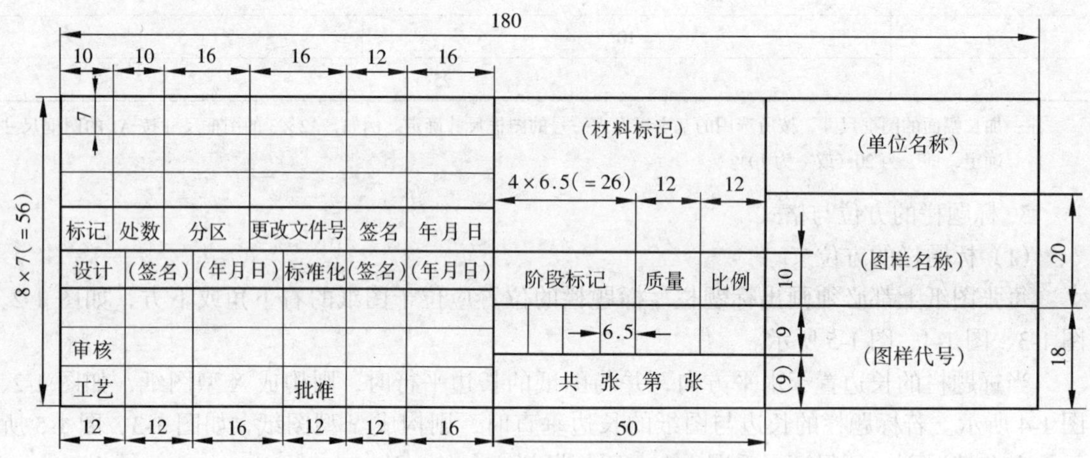

图 1-9　标题栏的格式及各部分的尺寸

标题栏的外边框线采用粗实线绘制，其右边和底边均要与图框线重合。标题栏的内部分格线采用细实线绘制。

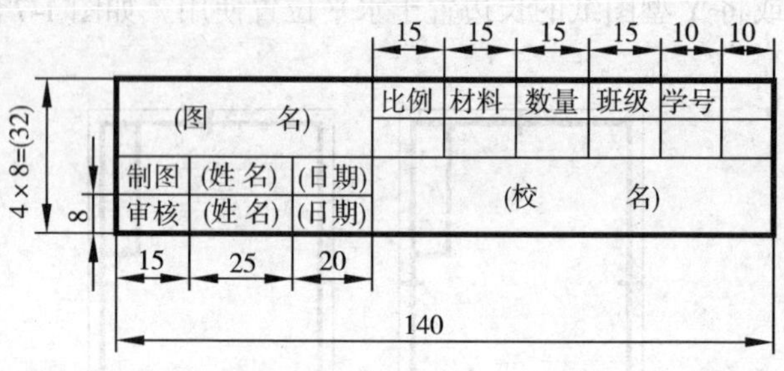

图 1-10　制图作业中推荐使用的标题栏格式

4. 图幅分区

必要时，可以用细实线在图纸周边内画出分区，如图 1-11 和图 1-12 所示。

图幅分区数目按图样的复杂程度确定，但必须取偶数。每一分区的长度应在 25 ~ 75mm 之间选择。

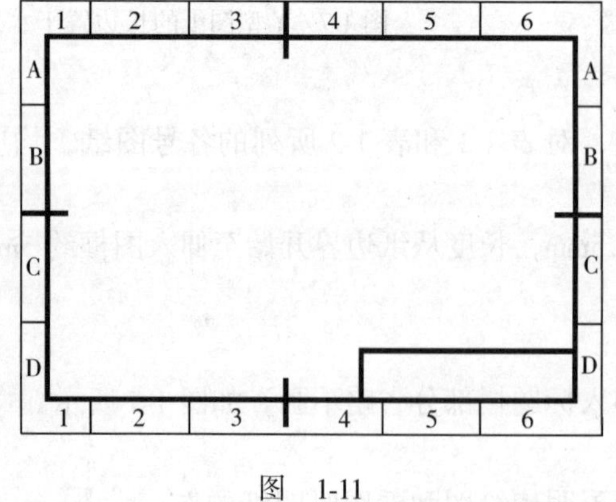

图　1-11

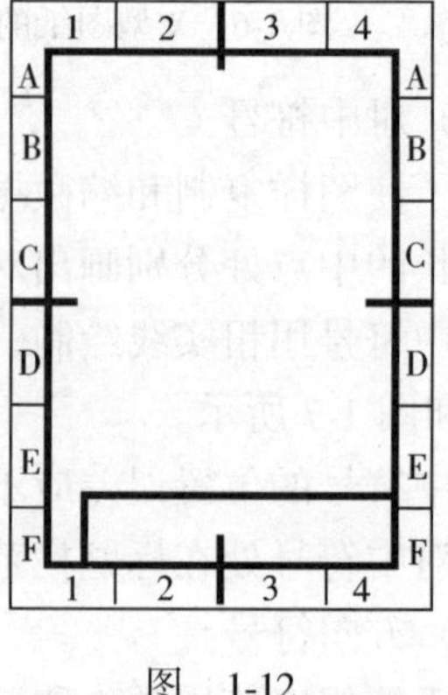

图　1-12

分区的编号，沿上下方向（按看图方向确定图纸的上下和左右）用大写拉丁字母从上到下顺序编写；沿水平方向用阿拉伯数字从左到右顺序编写。当分区数超过拉丁字母的总数时，超过的各区可用双重字母依次编写，如 AA、BB 等。拉丁字母和阿拉伯数字的位置应尽量靠近图框线。

在图样中标注分区代号时，分区代号由拉丁字母和阿拉伯数字组合而成，字母在前、数字在后并排地书写，如 B3、C5 等。分区代号与图形名称同时标注时，则分区代号写在图形名称的后边，中间空出一个字母的宽度，如：*A*　B3；*E*—*E*　A7；$\frac{D}{2:1}$　C5 等。

二、比例（GB/T 14690—1993）

图中图形与其实物相应要素的线性尺寸之比称为比例。

需要按比例绘制图样时，应由表 1-5 规定的系列中选取适当的比例。

表 1-5　图样比例

种　类	比　例		
原值比例	1:1		
放大比例	5:1	2:1	
	$5\times10^n:1$	$2\times10^n:1$	$1\times10^n:1$
缩小比例	1:2	1:5	1:10
	$1:2\times10^n$	$1:5\times10^n$	$1:1\times10^n$

注：*n* 为正整数。

必要时，也允许选取表 1-6 中的比例。

表 1-6　图样比例（允许选用）

种　类	比　例				
放大比例	4:1	2.5:1			
	$4\times10^n:1$	$2.5\times10^n:1$			
缩小比例	1:1.5	1:2.5	1:3	1:4	1:6
	$1:1.5\times10^n$	$1:2.5\times10^n$	$1:3\times10^n$	$1:4\times10^n$	$1:6\times10^n$

注：*n* 为正整数。

比例符号应以“:”表示。比例的表示方法如 1:1、1:500、20:1 等。比例一般应注写在标题栏中的比例栏内。必要时，可在视图名称的下方或右侧标注比例，如$\frac{I}{2:1}$，$\frac{A}{1:100}$，$\frac{B—B}{2.5:1}$，平面图形 1:100。标注图例见图 1-13。

应当指出，在作图时，不论采用何种比例，图样中所标注的尺寸数值都必须是机件的实际尺寸。即图样中的尺寸标注与绘图所用的比例及作图的准确度无关，如图 1-14 所示。

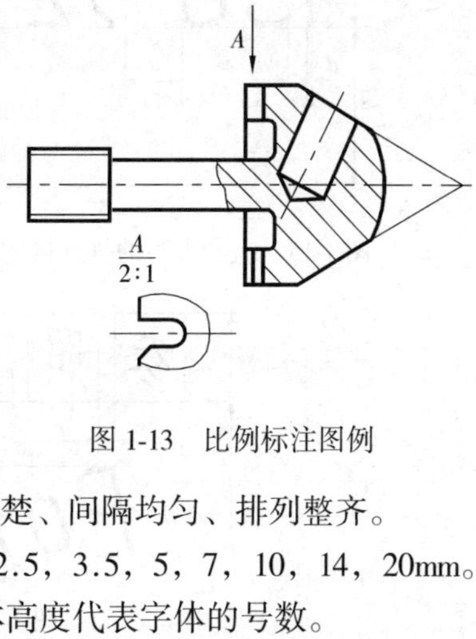

图 1-13　比例标注图例

三、字体（GB/T 14691—1993）

字体是指图样中汉字、数字、字母的书写形式。

1. 基本要求

(1) 在图样中书写字体时必须做到：字体工整、笔画清楚、间隔均匀、排列整齐。

(2) 字体高度（用 *h* 表示）的公称尺寸系列为：1.8，2.5，3.5，5，7，10，14，20mm。需要书写更大的字时，其字体高度应按$\sqrt{2}$的比率递增。字体高度代表字体的号数。

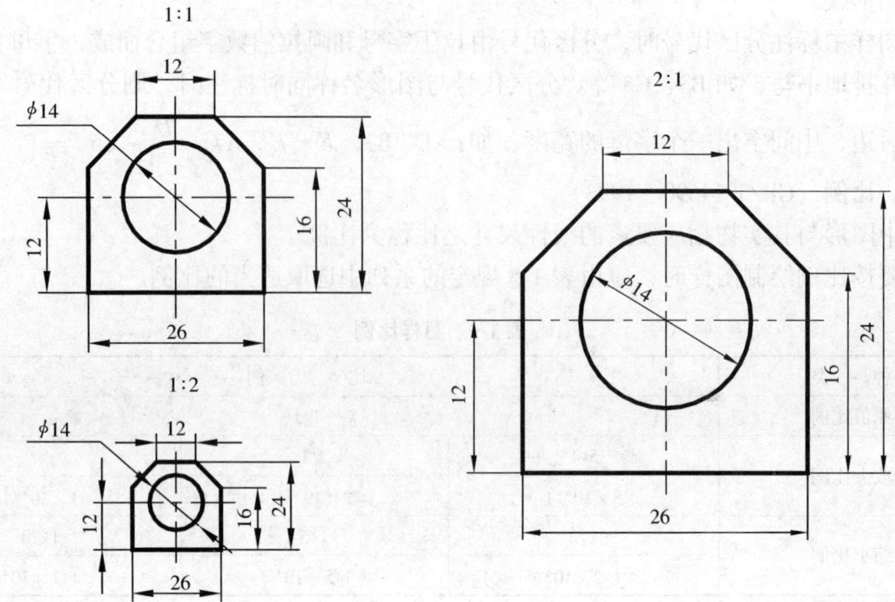

图 1-14　尺寸标注为实际尺寸

(3) 汉字应写成长仿宋体字，并应采用中华人民共和国国务院正式公布推行的《汉字简化方案》中规定的简化字。汉字字高不应小于 3.5mm，其字宽一般为 $h/\sqrt{2}$。

(4) 字母和数字分 A 型和 B 型。A 型字体的笔画宽度（d）为字高（h）的 1/14，B 型字体的笔画宽度（d）为字高（h）的 1/10。

在同一图样上，只允许选用一种形式的字体。

(5) 字母和数字可写成斜体和直体。斜体字字头向右倾斜，与水平基准线成 75 度。

(6) 汉字、拉丁字母、希腊字母、阿拉伯数字和罗马数字等组合书写时，其排列格式和间距应符合图 1-15 至图 1-17 和表 1-7、表 1-8 的规定。

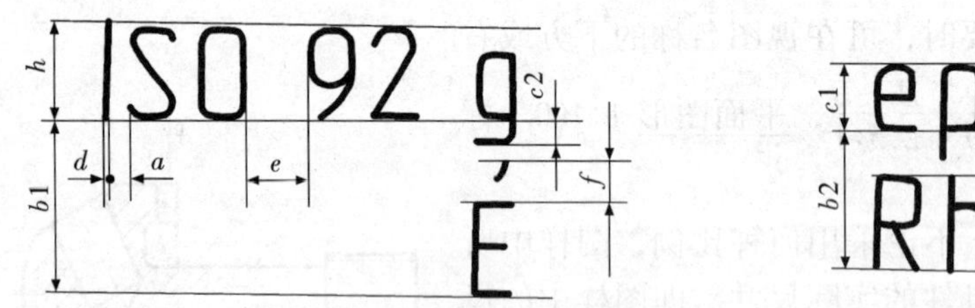

图 1-15　组合书写的排列格式和间距（一）

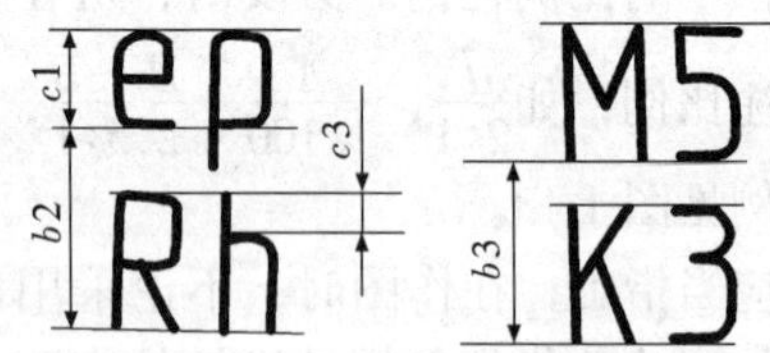

图 1-16　组合书写的排列格式和间距（二）

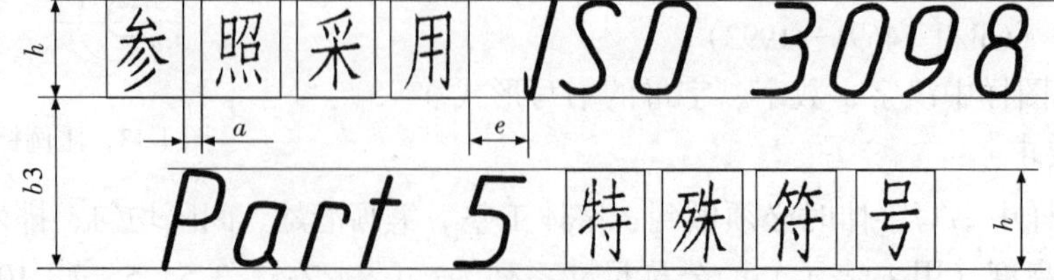

图 1-17　组合书写的排列格式和间距（三）

表 1-7　A 型字体　　(单位：mm)

书写格式		基本比例	尺寸							
大写字母高度	h	$(14/14)h$	1.8	2.5	3.5	5	7	10	14	20
小写字母高度	$c1$	$(10/14)h$	1.3	1.8	2.5	3.5	5	7	10	14
小写字母伸出尾部	$c2$	$(4/14)h$	0.5	0.72	1.0	1.43	2	2.8	4	5.7
小写字母出头部	$c3$	$(4/14)h$	0.5	0.72	1.0	1.43	2	2.8	4	5.7
发音符号范围	f	$(5/14)h$	0.64	0.89	1.25	1.78	2.5	3.6	5	7
字母间间距①	a	$(2/14)h$	0.26	0.36	0.5	0.7	1	1.4	2	2.8
基准线最小间距(有发音符号)	$b1$	$(25/14)h$	3.2	4.46	6.25	8.9	12.5	17.8	25	35.7
基准线最小间距(无发音符号)	$b2$	$(21/14)h$	2.73	3.78	5.25	7.35	10.5	14.7	21	29.4
基准线最小间距(仅为大写字母)	$b3$	$(17/14)h$	2.21	3.06	4.25	5.95	8.5	11.9	17	23.8
词间距	e	$(6/14)h$	0.78	1.08	1.5	2.1	3	4.2	6	8.4
笔画宽度	d	$(1/14)h$	0.13	0.18	0.25	0.35	0.5	0.7	1	1.4

①　特殊的字符组合，如 LA、TV、Tr 等，字母间间距可为 $a=(1/14)h$。

表 1-8　B 型尺寸　　(单位：mm)

书写格式		基本比例	尺寸							
大写字母高度	h	$(10/10)h$	1.8	2.5	3.5	5	7	10	14	20
小写字母高度	$c1$	$(7/10)h$	1.26	1.75	2.5	3.5	5	7	10	14
小写字母伸出尾部	$c2$	$(3/10)h$	0.54	0.75	1.05	1.5	2.1	3	4.2	6
小写字母出头部	$c3$	$(3/10)h$	0.54	0.75	1.05	1.5	2.1	3	4.2	6
发音符号范围	f	$(4/10)h$	0.72	1.0	1.4	2.0	2.8	4	5.6	8
字母间间距①	a	$(2/10)h$	0.36	0.5	0.7	1	1.4	2	2.8	4
基准线最小间距(有发音符号)	$b1$	$(19/10)h$	3.42	4.75	6.65	9.5	13.3	19	26.6	38
基准线最小间距(无发音符号)	$b2$	$(15/10)h$	2.7	3.75	5.25	7.5	10.5	15	21	30
基准线最小间距(仅为大写字母)	$b3$	$(13/10)h$	2.34	3.25	4.55	6.5	9.1	13	18.2	26
词间距	e	$(6/10)h$	1.08	1.5	2.1	3	4.2	6	8.4	12
笔画宽度	d	$(1/10)h$	0.18	0.25	0.35	0.5	0.7	1	1.4	2

①　特殊的字符组合，如 LA、TV、Tr 等，字母间间距可为 $a=(1/10)h$。

2. 字体示例

(1) 长仿宋体汉字示例

10 号字

字体工整　笔画清楚　间隔均匀　排列整齐

7 号字

横平竖直　注意起落　结构均匀　填满方格

5号字

技术制图 机械电子 汽车船舶 土木建筑 矿山井坑 港口

3.5号字

螺纹 齿轮 端子 接线 飞行 指导 驾驶 舱位 挖填 施工 引水 通风闸 阀坝 棉麻化纤

(2) 拉丁字母示例（A型）。

大写斜体

ABCDEFGHIJKLMN

OPQRSTUVWXYZ

小写斜体

abcdefghijklmnopqrstuvwxyz

(3) 阿拉伯数字（A型）示例

斜体 *1234567890*

直体 1234567890

(4) 罗马数字（A型）示例

斜体 *Ⅰ Ⅱ Ⅲ Ⅳ Ⅴ Ⅵ Ⅶ Ⅷ Ⅸ Ⅹ*

直体 Ⅰ Ⅱ Ⅲ Ⅳ Ⅴ Ⅵ Ⅶ Ⅷ Ⅸ Ⅹ

3. 综合应用规定

用作指数、分数、注脚、极限偏差等的数字和字母，一般应采用小一号的字体。

综合应用举例：

10^3 R8 M24-6h

$\phi 20^{+0.010}_{-0.023}$ $7^{\circ}{}^{+1^{\circ}}_{-2^{\circ}}$ $\frac{3}{5}$

$\phi 25\frac{H6}{m5}$ $\frac{II}{2:1}$

四、图线（GB/T 17450—1998、GB/T 4457.4—1984）

1. 定义

(1) 图线 起点和终点间以任意方式连接的一种几何图形，形状可以是直线或曲线、连续线和不连续线。

注：1. 起点和终点可以重合，如一条图线形成圆的情况。

2. 图线长度小于或等于图线宽度的一半，称为点。

（2）线素　不连续线的独立部分，如点、长度不同的划和间隔。

（3）线段　一个或一个以上不同线素组成一段连续的或不连续的图线，如：实线的线段或由“长划、短间隔、点、短间隔、点、短间隔”组成的双点画线的线段。

2. 图线的形式及应用

绘制图样时，应采用表 1-9 中规定的图线。有关图线的应用举例如图 1-18 所示。

表 1-9　图线名称、型式、代号、线的宽度及其应用

名　称	型　　式	线宽	一　般　应　用
粗实线	————	b	可见轮廓线 可见过渡线
细实线	————	约 $b/3$	尺寸线及尺寸界线 剖面线 重合断面的轮廓线 螺纹的牙底线及齿轮的齿根线 引出线 分界线及范围线 弯折线 辅助线 不连续的同一表面的连线 成规律分布的相同要素的连线
波浪线	～～～～	约 $b/3$	断裂处的边界线 视图和剖视的分界线
双折线	—\/—\/—	约 $b/3$	断裂处的边界线
虚　线	- - - - - - -	约 $b/3$	不可见轮廓线 不可见过渡线
细点画线	—·—·—·—	约 $b/3$	轴线 对称中心线 轨迹线 节圆及节线
双点画线	—··—··—	约 $b/3$	相邻辅助零件的轮廓线 极限位置的轮廓线 坯料的轮廓线或毛坯图中制成品的轮廓线 假想投影轮廓线 试验或工艺用结构（成品上不存在）的轮廓线 中断线

注：1. 表中所提供的线宽为推荐宽度。具体使用时，可按图样的类型和尺寸大小在下列数系中选择。该数系的公比为 $1:\sqrt{2}$（$\approx 1:1.4$）：

0.18mm，0.25mm，0.35mm，0.5mm，0.7mm，1mm，1.4mm，2mm。

粗线、中粗线和细线的宽度比率为 4:2:1，在同一图样中，同类图线的宽度应一致。

2. 表中所列图线只是本标准中的常用部分。

3. 一般情况下，粗线宽度可选择 $b=0.7\sim1.0$mm 间。

3. 图线的画法

（1）间隙。除非另有规定，两条平行线之间的最小间隙不得小于 0.7mm。

注：计算机绘图时，图样上图线的间隙不表示真实的间距，如螺纹的表示。当建立数据系统时应考虑这种情况。

（2）相交。基本线型应恰当地相交于画线处，如图 1-19 所示。

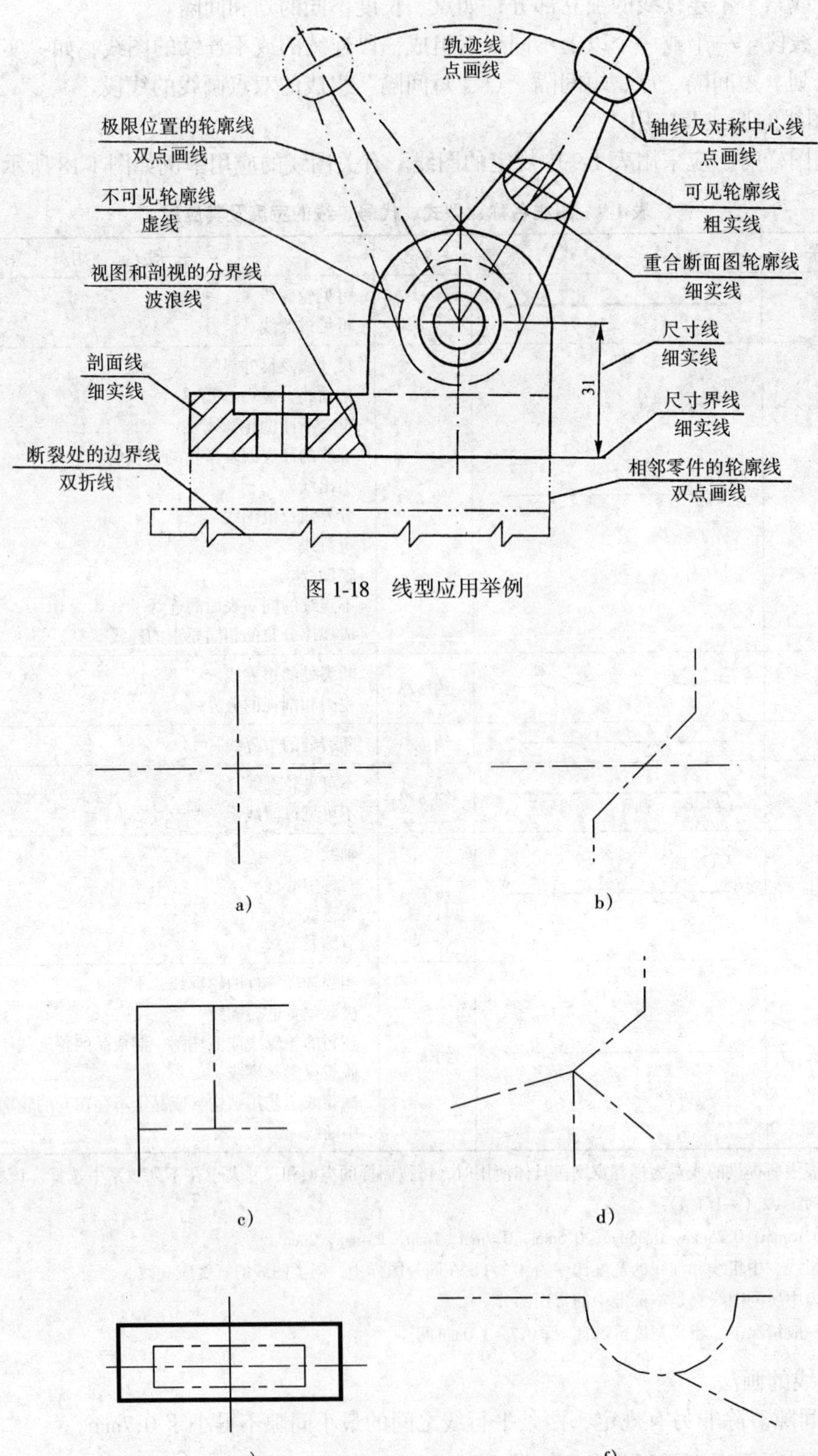

图 1-18 线型应用举例

图 1-19 相交处画法

（3）点画线和双点画线的首末端应是画线而不应是点（或短画线）。点画线一般应超出图形轮廓 2～5mm。

（4）当某些图线重合时，应按粗实线、虚线和细点画线的顺序只画前面的一种图线。

4. 正确应用绘制图线的综合示例

如图 1-20 所示，看图时一定要注意体会标有序号处的画法要领。

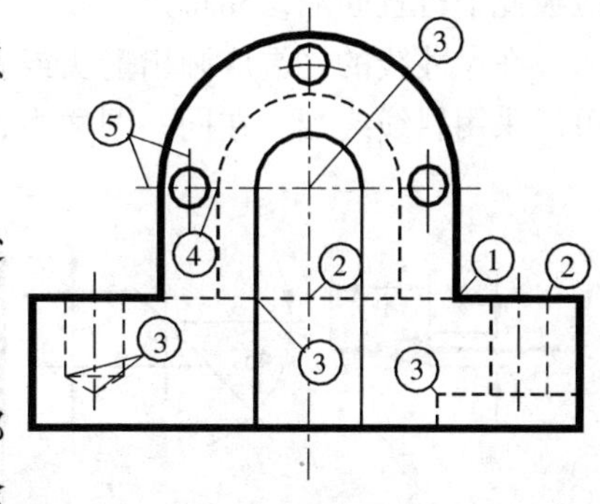

图 1-20　图线的正确绘制

五、尺寸注法（GB/T 4458.4—1984）

图样中应正确而清晰地标注尺寸，以确定形体各部分的大小。下面只介绍本标准中的一些基本内容，其余内容安排在后面的章节中阐述。

1. 基本规则

（1）机件的真实大小应以图样上所注的尺寸数值为依据，与所画图形的大小和准确度无关。

（2）图样中的尺寸以毫米为单位时，不需标注其单位的代号或名称；若采用其它单位，则必须注明相应单位的代号或名称。

（3）图样中所注尺寸应为该图样所示机件的最后完工尺寸，否则需另加说明。

（4）机件的每一个尺寸，在图样上一般只可标注一次，并应标注在最能反映其特征的图形上。

2. 尺寸标注的基本要素

一个完整的尺寸应由尺寸界线、尺寸线和尺寸数字三个基本要素组成，如图 1-21 所示。

（1）尺寸界线　尺寸界线表示所注尺寸的范围，用细实线绘制。一般由图形的轮廓线、轴线或对称线处引出，但也可直接利用这些线作为尺寸界线，如图 1-21 所示。尺寸界线应超出尺寸线终端约 2～3mm，且应与尺寸线垂直，必要时允许倾斜，如图 1-22 所示。

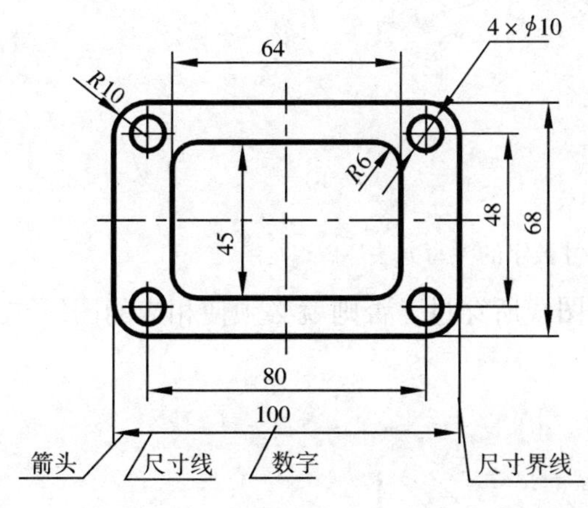

图 1-21　尺寸的组成

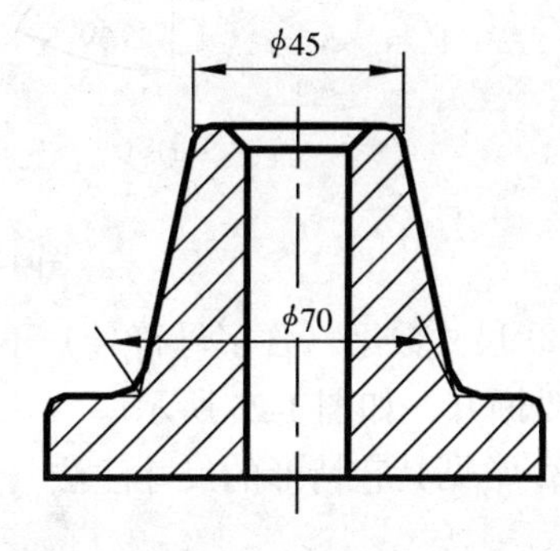

图 1-22　倾斜的尺寸界线

（2）尺寸线　尺寸线表示度量尺寸的方向，应采用细实线单独绘制，而不能与图形中的任何图线重合（或被替代），也不得画在其它图线的延长线上。

线性尺寸线应绘制成与所标注线段间隔大于等于 5mm 的平行线。各线性尺寸线之间也应彼此平行且间隔≥5mm。

在尺寸线的终端应画出箭头或斜线，且与尺寸界线接触。只有在其垂直于尺寸界线时才可以采用斜线终端。在同一图样中，其终端的形式应一致，如图 1-23 所示。

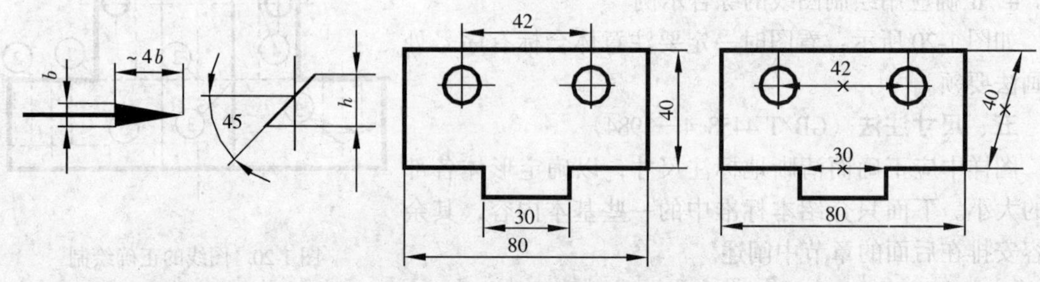

图 1-23　尺寸线及其终端

(3) 尺寸数字　尺寸数字用以表示机件各部分的大小。

① 线性尺寸数字的方向一般应按图 1-24 所示的情况来注写，并尽可能避免在图示 30°范围注写尺寸。

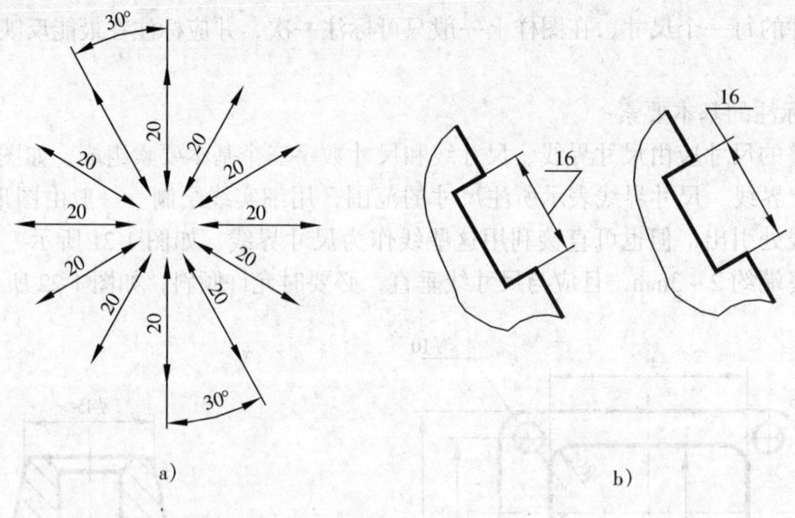

图 1-24　线性尺寸数字的注写方法

② 尺寸数字（含字母符号）不得被任何图线所穿过，否则就必须使相应的图线在尺寸数字处断开，如图 1-25 所示。

3. 常见其它情形的尺寸注法（表 1-10）

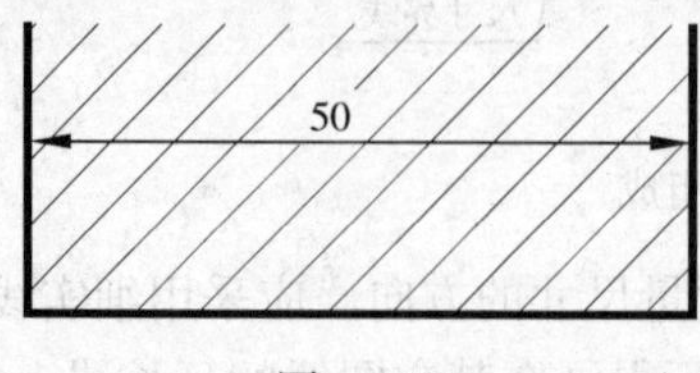

图　1-25

表 1-10 常见尺寸的注法

项目	图例	说明
角度	90° 60° 20° 15°	1. 角度数字一律写成水平，填在尺寸线的中断处，必要时允许写在外面，或引出标注，如图例中的 15° 2. 尺寸线用圆弧绘制，圆心为该角的顶点 3. 尺寸界线应沿径向引出
圆的直径	φ20 φ20 φ10 φ10 φ10 φ5 φ5 φ5	1. 圆或大于半圆的圆弧应标注直径 2. 标注直径尺寸时，在数字前加注符号“φ” 3. 尺寸线应通过圆心，并在接触圆周的终端画箭头 4. 标注小圆尺寸时，箭头和数字可分别或同时注在外面
圆弧半径	R15 R80 R64 a) b) c) R5 R5 R5 R5 R3 R5 R6 R3 d)	1. 小于半圆的圆弧应标注半径（图 a） 2. 标注半径时，应在数字前加注符号“*R*” 3. 尺寸线应通过圆心，带箭头的一端应与圆弧接触 4. 半径过大或图纸范围内无法标其圆心位置时，可按图 b 标注，若不需标出其圆心位置时，可按图 c 形式标注 5. 标注小半径时，可将箭头和数字注在外面图 d
球的直径或半径	Sφ25 SR25 R10	1. 标注球的直径或半径时，应在符号“φ”或“*R*”前再加符号“*S*” 2. 在不致误解时，如螺钉的头部，可省略“*S*”
小部位的直线尺寸	3 2 3 5 4 3 4 3 4 2 4	1. 小尺寸串联时，箭头画在尺寸界线的外侧，其中间可用小圆点或斜线代替箭头 2. 数字可写在中间、尺寸线上方、外侧或引出标注

六、剖面符号（GB/T 4457.5—1984）

在剖视图及剖面图中，物体材料的类别应按表 1-11 中规定的剖面符号来表示。

表 1-11 剖面符号

材料	符号	材料	符号
金属材料（已有规定剖面符号者除外）		木质胶合板（不分层数）	
线圈绕组元件		基础周围的泥土	
转子、电枢、变压器和电抗器等的叠钢片		混凝土	
非金属材料（已有规定剖面符号者除外）		钢筋混凝土	
型砂、填砂、粉末冶金、砂轮、陶瓷刀片、硬质合金刀片等		砖	
玻璃及供观察用的其它材料		格网（筛网、过滤网等）	
木材 纵剖面		液体	
木材 横剖面			

第二节 常用绘图工具和仪器的使用方法

正确、熟练地使用绘图工具和仪器是保证绘图质量、提高画图速度的重要因素。因此，必须养成正确使用与维护绘图工具和仪器的良好习惯。

一、图板、丁字尺和三角板及其用法（图 1-26 ~ 图 1-30）

1. 图板

用作铺放图纸的垫板。其表面要平坦，工作边要平直、光滑。常用规格有 0 号、1 号和 2 号三种。

2. 丁字尺

主要用于画水平线及作为三角板移动时的导向。其尺头与尺身工作边应相互垂直，且平直、光滑。

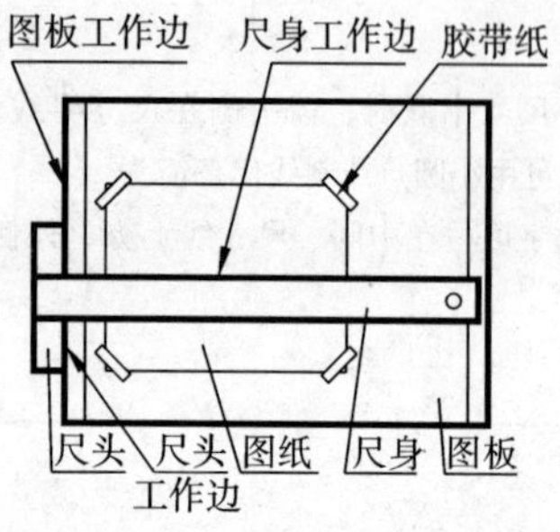

图 1-26 图板与丁字尺

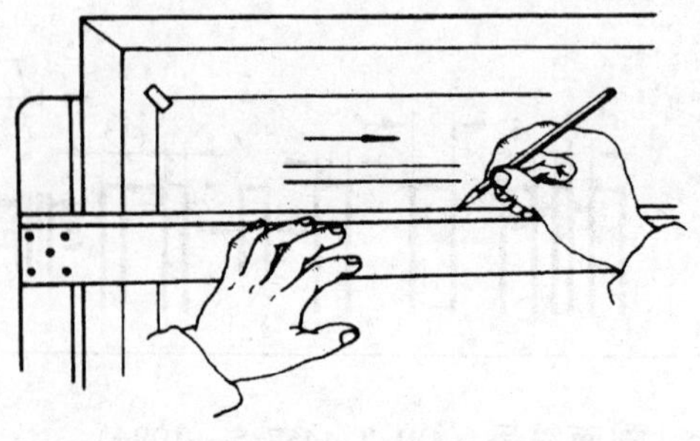
图 1-27 丁字尺和图板配合画水平线

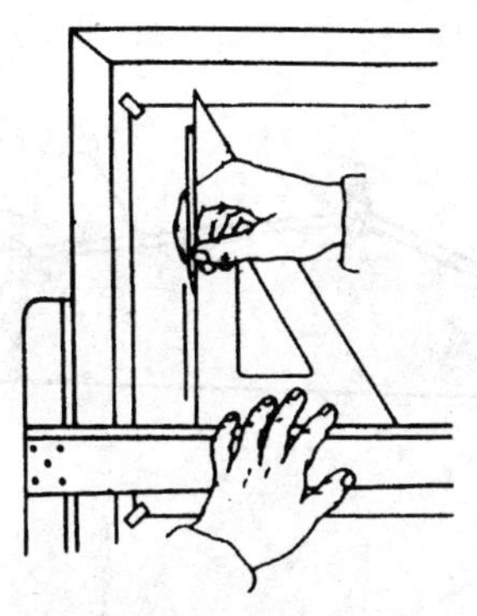

图 1-28 画垂直线

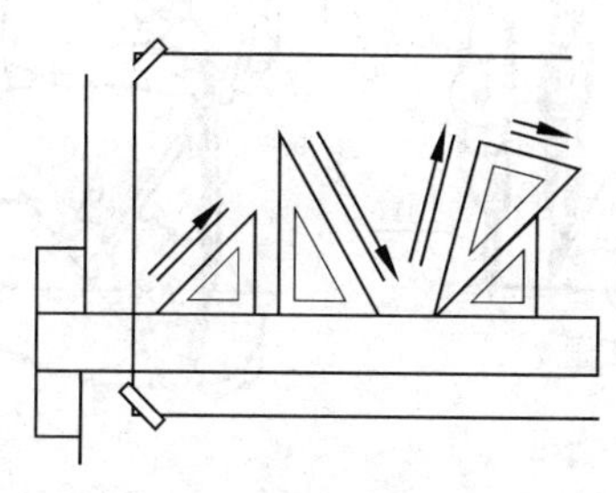

图 1-29 画 15°整倍数的倾斜线

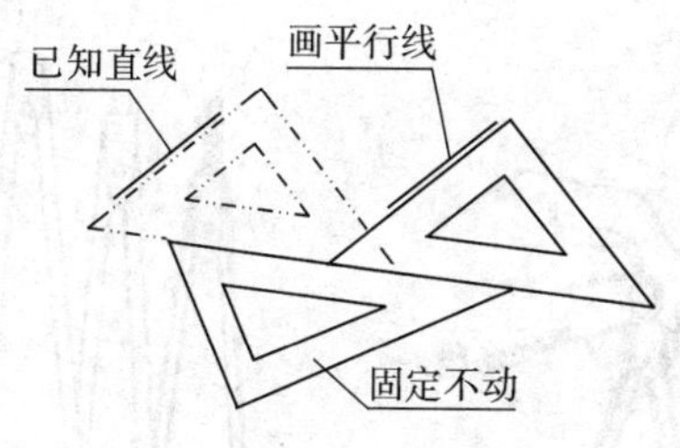

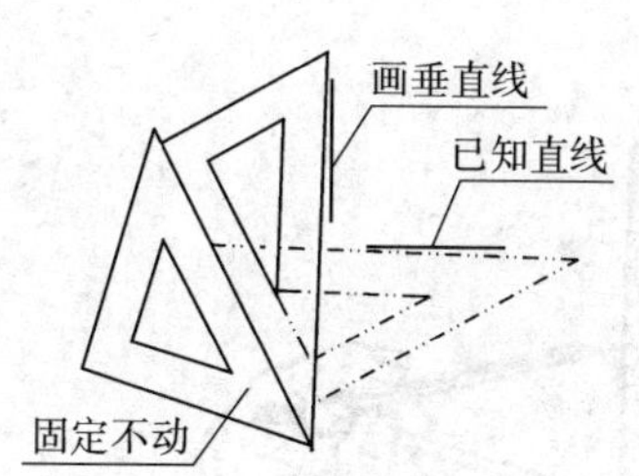

图 1-30 用一付三角板画已知直线的平行线和垂直线

3. 三角板

一付三角板有 45°、90°角和 30°、60°、90°角的各一块。与丁字尺配合可画出一系列的与水平线分别成 15°、30°、45°、60°、75°、90°的直线。也可通过两块三角板的配合来绘制各种位置已知直线的平行线或垂直线。

二、圆规和分规及其用法

1. 圆规

主要用来画圆和圆弧。圆规及其附件如图 1-31 所示。

当画圆和圆弧时，固定腿上的钢针要用其带台肩的尖端，以保证较好的定心效果；活动腿上则需安装铅芯插脚，画大圆时可接上加长杆，具体用法与要领如图 1-32 所示。

当用作描深（画墨线）时，则只需将画图时用的铅芯插脚换成鸭嘴插脚即可。作为分规使用时，就得采用活动腿上装钢针插脚，并使用固定腿上钢针的锥形尖端。

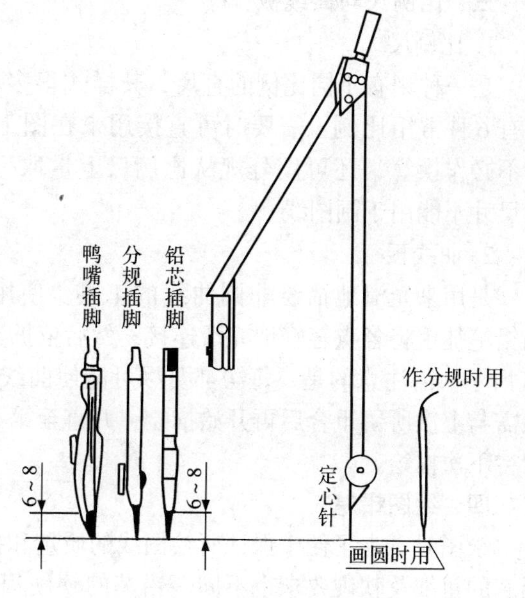

图 1-31 圆规及其附件

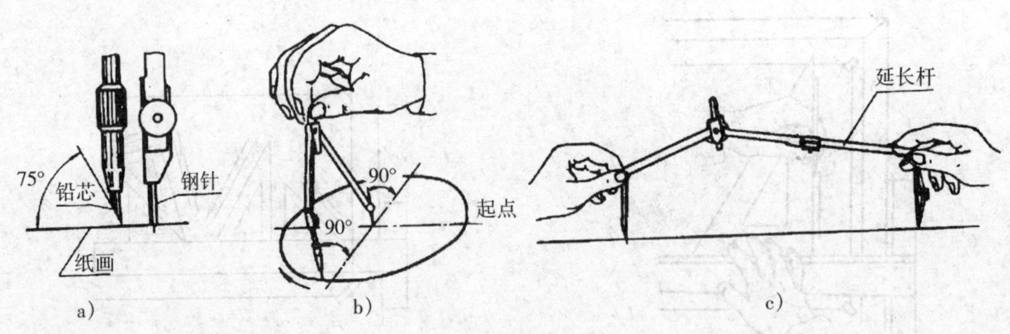

图 1-32　圆规的用法

2. 分规

主要用来量取尺寸和截取线段，有时也用作等分线段。如图 1-33 所示。

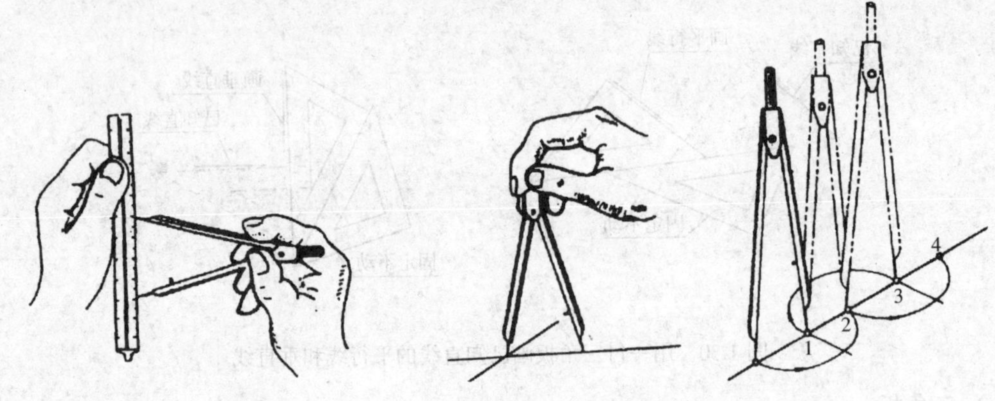

图 1-33　分规的用法

三、比例尺与曲线板

1. 比例尺

是一种刻有不同比例的直尺，其样式很多。图 1-34 所示为常见的三棱尺，在其尺面上刻有 6 种常用比例；需要时可直接用来在图上度量尺寸而不必作换算，还可用分规从比例尺上量取尺寸。但比例尺寸不能用于画图线。

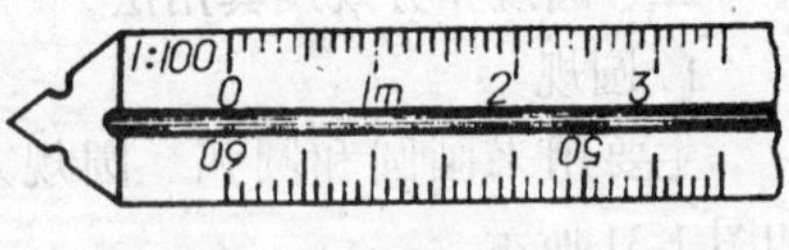

图 1-34　三棱比例尺

2. 曲线板

是用来光滑地描绘非圆曲线的工具。使用时，应先用铅笔徒手将各点轻轻地光滑连接；然后依据其曲率变化情况分几段进行依次描绘，如图 1-35 所示。需注意的是，每次都要尽可能使曲线板上某一段与曲线上的每个点吻合，且前两点需与上次所留重合后再开始描绘，并直至第三点，而后两点（即第三、四点）间部分则仍留待下次描绘。

四、绘图铅笔

绘图时，为了便于保证所绘图线的质量和提高绘图速度，随着所绘图线的不同，对所用铅芯的粗细及软硬要求也不同。铅芯的软硬程度通常用 B 和 H 表示，B 前的数字愈大，表示铅芯愈软（其所画痕迹愈黑），H 前的数字愈大，表示铅芯愈硬（其所画痕迹愈淡），HB

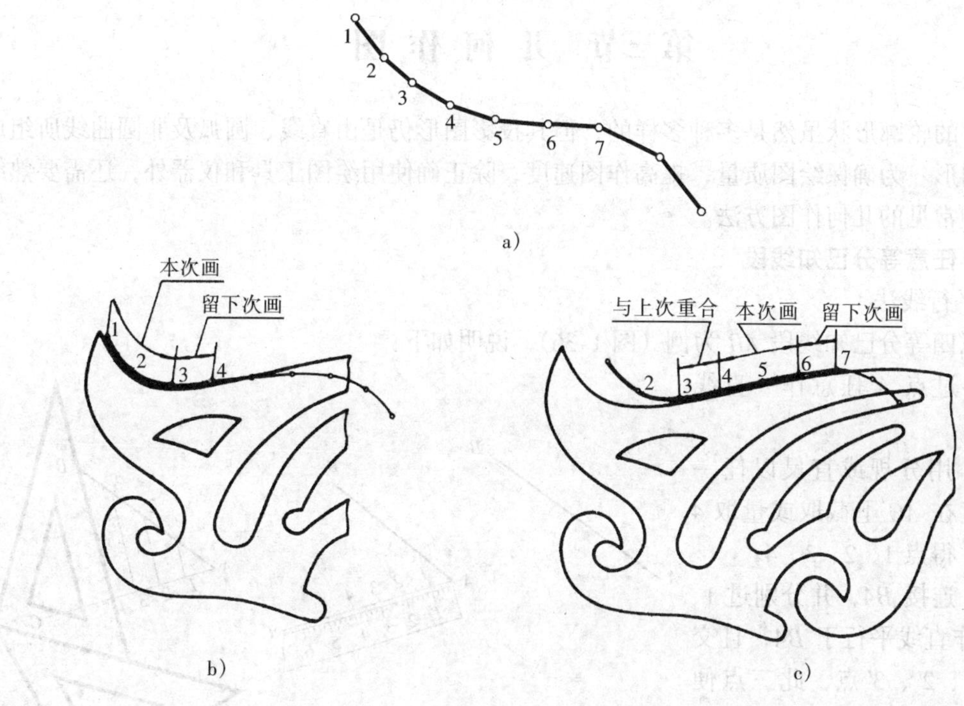

图 1-35　曲线板的用法

则表示铅芯硬度适中。同时，还应将铅笔削磨成一定的形状以方便绘图。实际使用时，可参考表 1-12 进行选择。

表 1-12　铅笔及铅芯的选用

用途	铅笔			圆规用铅芯	
	画细线	写　字	画粗线	画细线	画粗线
软硬程度	H 或 2H	HB	HB 或 B	H 或 HB	B 或 2B
削磨形状	~10　20 ~ 25		b		b
	锥形		铲形	楔形	截面为矩形的四棱柱

五、其他绘图用品

1. 图纸

绘图用纸要求质地坚实，有较好的韧性和厚度。通常使用的图纸有正反面之分，其鉴别办法是：用橡皮擦拭时，相对容易起毛的一面为反面，绘图时应选择正面来用。

2. 其他

绘图时，一般还需要有胶带纸、擦图片、橡皮、小刀、砂纸和毛刷等。

如果条件允许，绘图时还可使用各种专用模板、绘图墨水笔及绘图机等先进工具，以便更好地提高绘图质量和速度。

第三节　几 何 作 图

机件的轮廓形状虽然是多种多样的，但其投影图形仍是由直线、圆弧及非圆曲线所组成的几何图形。为确保绘图质量，提高作图速度，除正确使用绘图工具和仪器外，还需要熟练掌握各种常见的几何作图方法。

一、任意等分已知线段

1. 平行线法

现以四等分已知线段 *AB* 为例（图 1-36），说明如下：

（1）过点 *A* 任意作一直线 *AC*；

（2）用分规或直尺以任一适当长度在 *AC* 上截取或量取 4 等分点，得点 1、2、3、4；

（3）连接 *B*4，并分别过 1、2、3 点作直线平行于 *B*4，且交 *AB* 于 1′、2′、3′点，此三点便将 *AB* 四等分了。

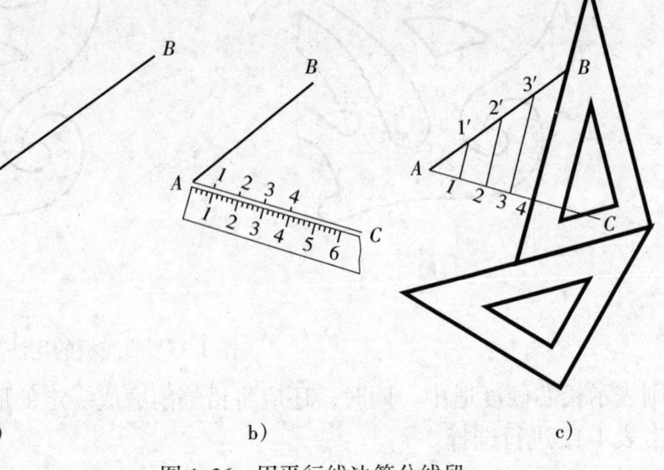

图 1-36　用平行线法等分线段

2. 试分法

现以图 1-37 所示的五等分已知线段 *AB* 为例，说明如下：

首先，估计选取约 *AB* 长度的 1/5 作为分规两钢针尖端的间距，并用分规对 *AB* 线段进行试分（至 *C* 点）。其次，使分规两钢针尖端间距增量 1/5*BC* 长后，再重新试分。这样，经多次试分后，可实现将 *AB* 五等分。

二、等分圆周和作正多边形

1. 三等分圆周和作正三角形

已知圆心 *O* 和半径 *R*，既可用圆规或分规来三等分圆周，如图 1-38a 所示，也可用三角板配合丁字尺来三等分圆周，如图 1-38b 所示。顺次连接三个等分点，即可得正三角形，如图 1-38c 所示。

2. 六等分圆周和作正六边形

（1）已知正六边形的对角线长（或圆的直径）时，作图方法如图 1-39 所示。其中，图 1-39a 图是用圆规或分规来等分圆周的；图 1-39b 图则是用三角板和丁字尺配合对圆周进行等分的。

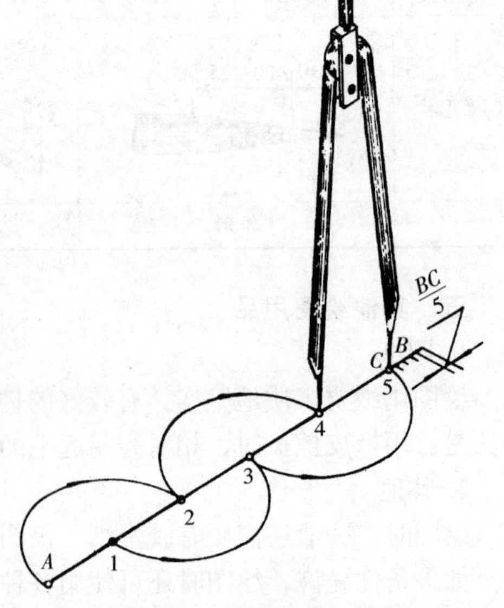

图 1-37　试分法等分线段

（2）已知正六边形的对边间距 *S* 时，可用三

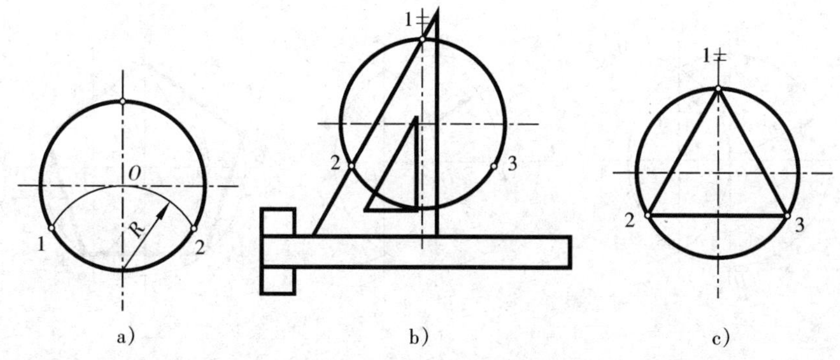

图 1-38　三等分与正三角形

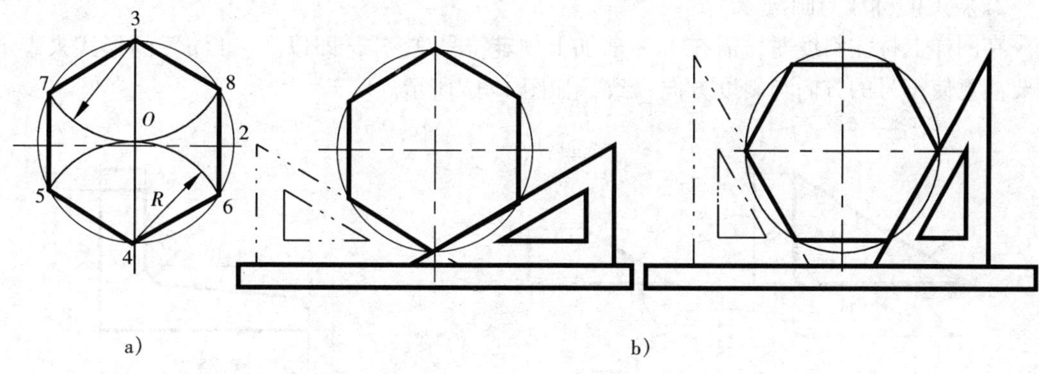

图 1-39　六等分与正六边形

角板和丁字尺配合来作图，如图 1-40 所示。

3. 五等分圆周和作正五边形

已知正五边形的外接圆时，作图方法如图 1-41 所示，要领如下：

（1）二等分 OA，得中点 E，如图 1-41a 所示。

（2）在 EC 上取 F 点，使 $EF=EB$，如图 1-41b 所示。

（3）以 BF 为正五边形边长，等分圆周，顺次连接各点即可，如图 1-41c 所示。

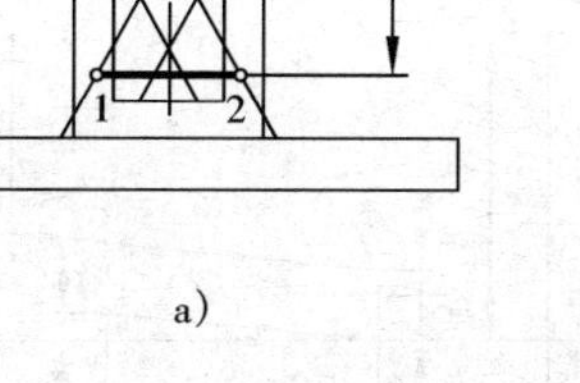

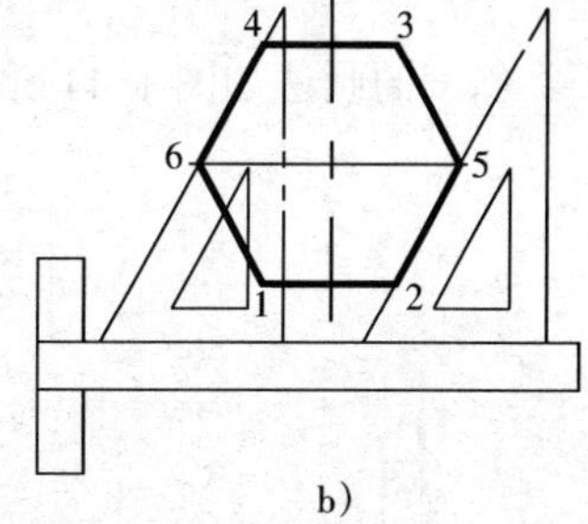

图 1-40　作正六边形

a）根据尺寸 S 求得四个顶点　b）完成正六边形

三、斜度和锥度

1. 斜度的概念与规定符号

斜度是指一直线（或平面）相对于另一直线（或平面）的倾斜程度。其大小以他们夹角的正切值来确定，并将此值简化为 1∶n 的形式，如图 1-42a 所示。

在图样上应采用图 1-42b 所示的图形符号表示斜度。按此图所示绘制其符号时，应以尺寸数字高度（h）的约 1/10(h/10) 作为线宽。

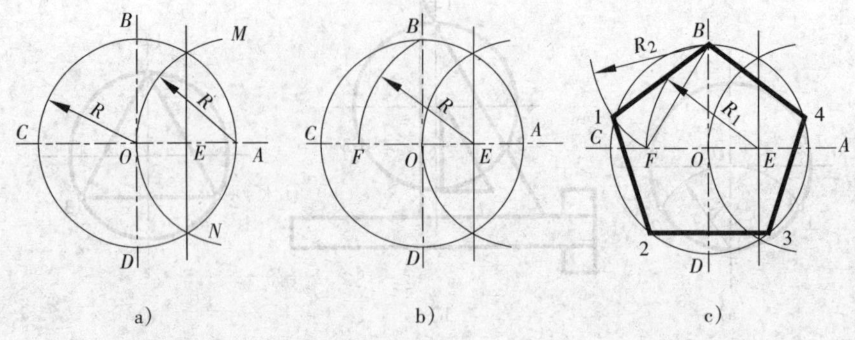

图 1-41　五等分与正五边形

2. 斜度的标注与画法

在图样上标注斜度时，需在 1∶n 前加上规定符号“∠”，即以“∠1∶n”的形式来表示，并要注意使符号的方向与斜度方向一致，如图 1-43 所示。

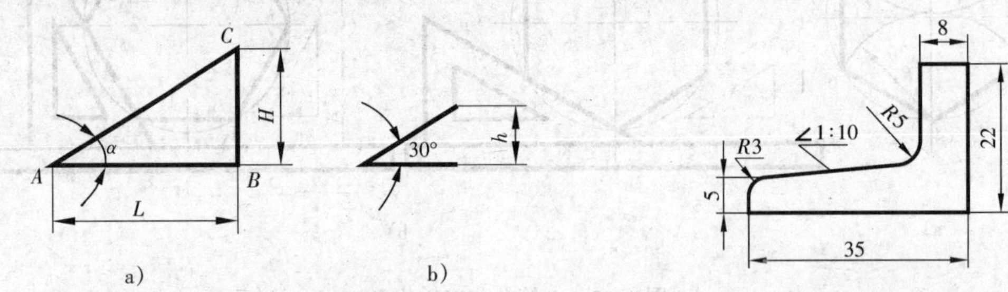

图 1-42　斜度及其符号

a）斜度 = $\tan\alpha = H/L = 1:n$　b）斜度符号 h = 字高，符号线宽 = $h/10$

图 1-43　斜度的标注

斜度的画法如图 1-44 所示。

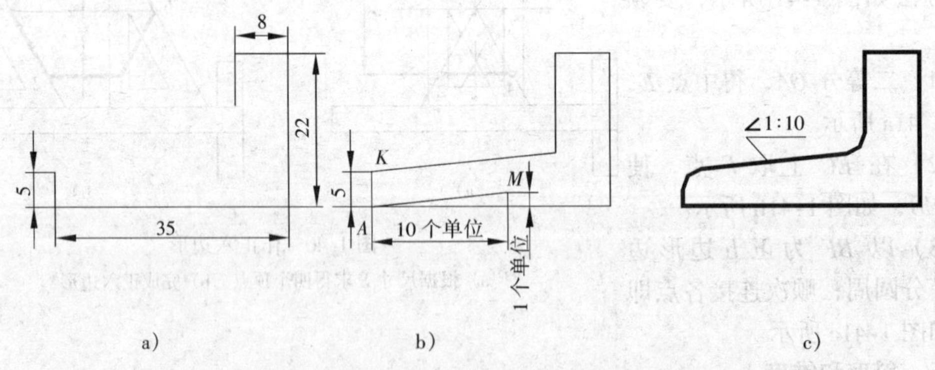

图 1-44　斜度的画法

a）按已知尺寸画图　b）作 AM 为 1∶10 的斜度，过 K 作直线平行 AM　c）画圆弧并描深

3. 锥度的概念与规定符号

锥度是指正圆锥的底圆直径与高度之比（对于正圆台，则为底圆和顶圆直径之差与其高度之比），并将此值化为 1∶n 的形式，如图 1-45a 所示。

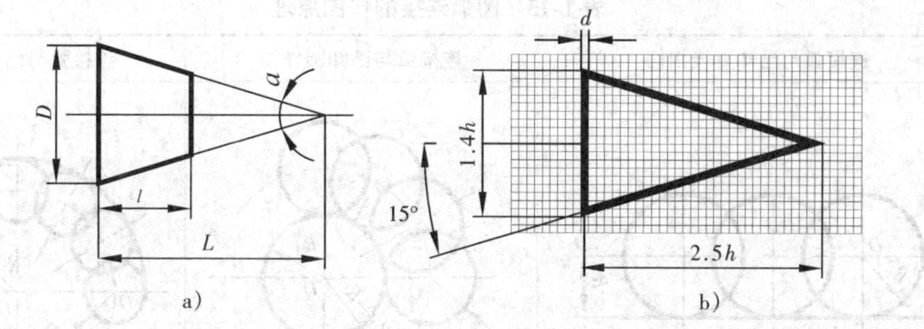

图 1-45　锥度及其符号

在图样上应采用图 1-45b 所示的图形符号（GB/T 15754—1995）表示锥度，并按图中所画线宽和尺寸进行绘制。

4. 锥度的标注（GB/T 15754—1995）与画法

在图样上标注锥度时，锥度符号应配置在基准线上，且应靠近圆锥轮廓标注。基准线应通过引出线与圆锥的轮廓线相连，且基准线应与圆锥的轴线平行。符号的方向应与圆锥方向一致，锥度值则应写在基准线上方，如图 1-46 所示。

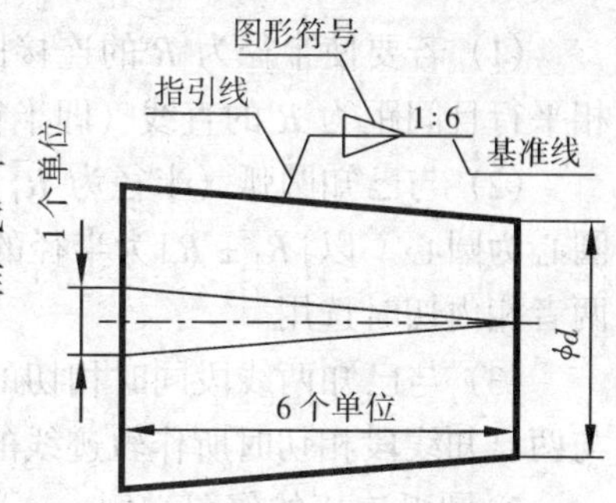

图 1-46　锥度画法与标注

锥度的画法可按图 1-46 所示。从画图线的角度而言，也可先将锥度值转化为斜度值，然后按斜度画法。例如，先将该图中的锥度值由 1∶6 转化为 1∶12，再根据斜度值为 1∶12 来按斜度画法作图。

当所标注的锥度是标准圆锥系列之一（尤其是莫氏锥度或米制锥度，见 GB/T 1443）时，可用标准系列号和相应的标记表示，如图 1-47 所示。

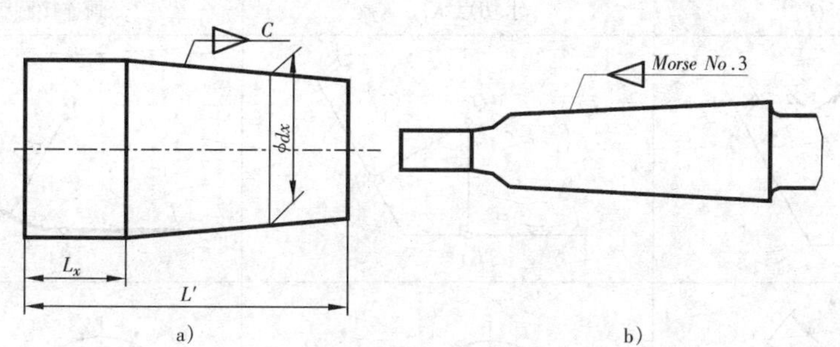

图 1-47　锥度标注

四、圆弧连接

在实际机件上，常常会遇到一个表面通过某平面或曲面光滑地过渡到另一个表面的情形，这种过渡称为面面相切。其反映到投影图上，通常为一条线段通过某半径为 R 的圆弧与另一条线段光滑相连；这种情况的作图即称为圆弧连接，其中起光滑连接作用的圆弧称为连接圆弧。

1. 圆弧连接的作图原理（见表 1-13）

圆弧连接的关键是准确地求出连接圆弧的圆心和切点（即连接点）的位置。其中，准确地求取圆心尤为重要，其作图原理是：

表 1-13　圆弧连接的作图原理

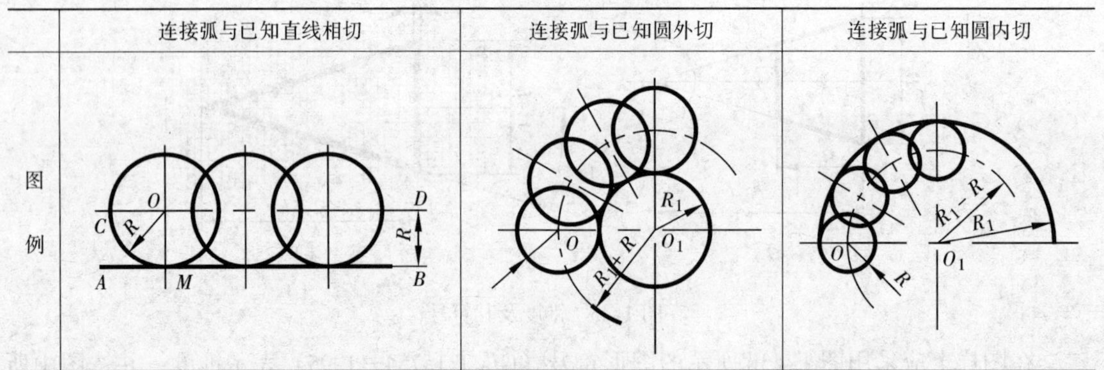

(1) 若要使半径为 R 的连接圆弧与已知直线相切，则其圆心位置必须位于与已知直线相平行且间距为 R 的直线（即半径为 R 且与已知直线相切的圆弧的圆心轨迹线）上。

(2) 与已知圆弧（半径为 R_1）相切的半径为 R 的圆弧，其圆心必然位于以已知圆弧的圆心为圆心，以 $|R_1 \pm R|$ 为半径的圆弧上。其中，“+”号为两者相外切时选用，“-”号为两者相内切时选用。

(3) 与已知两线段同时相切的半径为 R 的连接圆弧，其圆心必然位于该连接圆弧分别与两已知线段相切时所作轨迹线的交点上。

2. 圆弧连接的作图举例

常见的各种圆弧连接的作图方法和步骤见表 1-14。

表 1-14　各种圆弧连接的作图方法和步骤举例

连接要求	作图方法和步骤：求圆心 O	求切点 K_1、K_2	画连接圆弧
连接直线与直线	（图：R，O，Ⅰ，Ⅱ）	（图：O，K_1，K_2，Ⅰ，Ⅱ）	（图：O，R，K_1，K_2，Ⅰ，Ⅱ）
连接一直线和一圆弧	（图：R_1，$R+R_1$，O_1，O，R，Ⅰ）	（图：K_2，O，O_1，K_1，Ⅰ）	（图：K_2，R，O，O_1，K_1）
外接两圆弧	（图：O，$R+R_1$，$R+R_2$，O_1，O_2）	（图：O，K_1，K_2，O_1，O_2）	（图：R，K_1，K_2，O_1，O_2）

（续）

连接要求	作图方法和步骤		
	求圆心 O	求切点 K_1、K_2	画连接圆弧
内接两圆弧	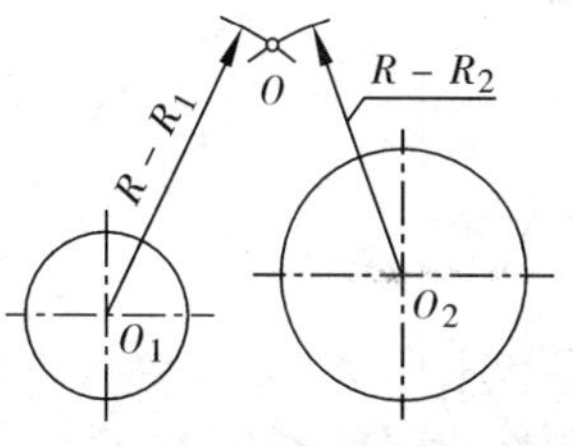	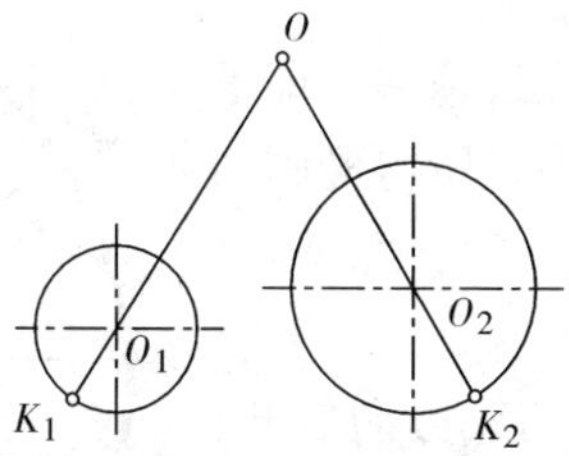	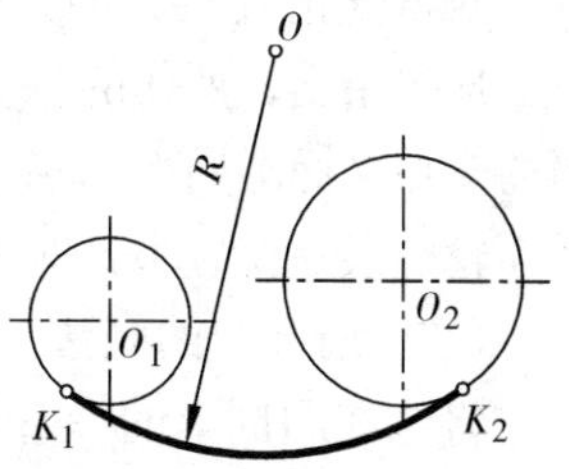

五、工程上常用的平面曲线的画法

工程上常用的非圆平面曲线有椭圆、渐开线、摆线和螺旋线等，下面只介绍前两种平面曲线的作图方法。

（一）椭圆的画法

1. 四心法

已知椭圆的长轴 AB 和短轴 CD，用四心法近似画椭圆（见图 1-48），作图步骤如下：

（1）连接 AC，以 O 为圆心，OA 为半径，画弧交 OC 延长线于 E；再以 C 为圆心，取 CE 为半径，画弧交 AC 于 E_1，如图 1-48a 所示。

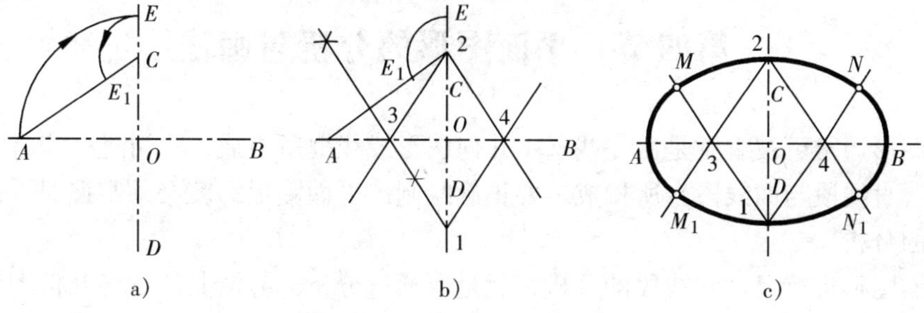

图 1-48　用四心法画椭圆

（2）作 AE_1 的中垂线，并使其交长轴于点 3，交短轴于点 1；再对称地取点 4 和点 2；然后分别连接 1 与 3、1 与 4、2 与 3、2 与 4 并延长，如图 1-48b 所示。

（3）分别以点 1、2 和 3、4 为圆心，$1C$ 长（即 $2D$ 长）和 $3A$ 长（即 $4B$ 长）为半径，画圆弧至与线 13、14 和 23、24 相交（M、N、M_1、N_1 为交点）处，如图 1-48c 所示。

2. 同心圆法

已知椭圆的长轴 AB、短轴 CD，其作图步骤如下（见图 1-49）：

（1）以 O 为圆心，分别以 OA 长和 OC 长为半径作同心圆。

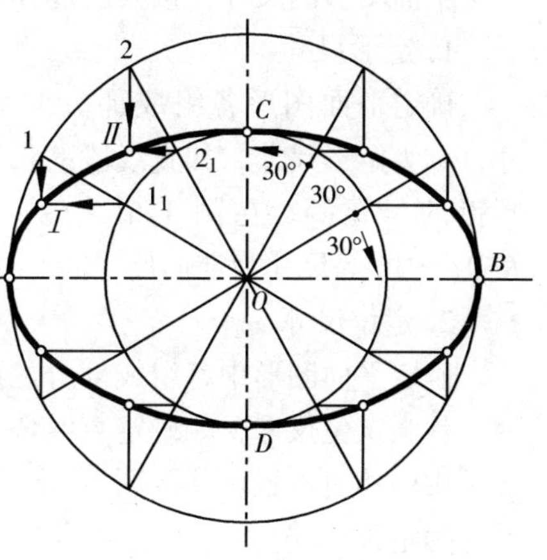

图 1-49　同心圆法画椭圆

(2) 过 O 作 12 等分两同心圆周的直径线，得各圆周上的 12 个等分点。

(3) 分别过大圆周上各等分点作短轴的平行线，同时分别过小圆周上各等分点作长轴的平行线。所得到的 12 个交点即为椭圆周上的点，顺次光滑连接，即为所求椭圆。

应当指出，所作的等分直径线愈多，即求出的交点（椭圆周上的点）愈多，所得椭圆的平面轮廓误差就愈小，即作图结果就愈精确。

(二) 渐开线的画法

将绕在圆周上的一直线沿切线方向展开，如展开的过程是连续的纯滚动，则该直线上任一点的轨迹即为这个圆周（称为基圆）的渐开线，如图 1-50 所示。其作图步骤如下：

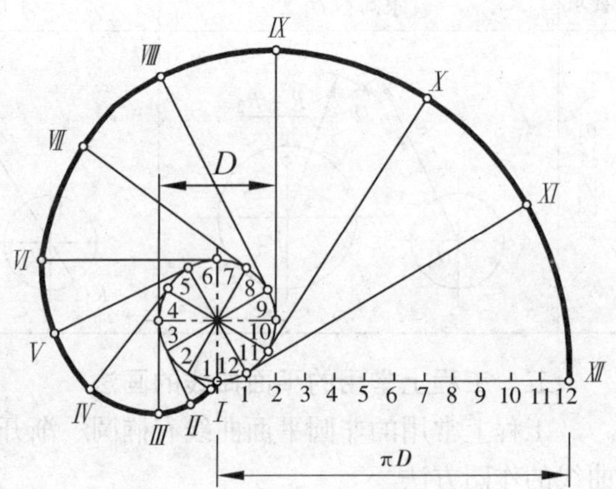

图 1-50　渐开线的画法

(1) 将基圆分成若干等分（图中为 12 等分），并找出基圆展开线上的对应等分点；

(2) 过圆周上各等分点向同一方向分别作圆的切线，并依次截取$\frac{1}{12}\pi D$，$\frac{2}{12}\pi D$，$\frac{3}{12}\pi D$，…，πD；

(3) 顺次光滑连接各切线上的截取点，即得到了所求基圆的渐开线。

第四节　平面图形的分析与画法

平面图形通常可被看做是由一些基本几何图形或线框所组成，也可进一步将其看做是由一些线段（直线段与曲线段）所构成。要正确绘制出平面图形，就必须掌握对平面图形的尺寸和线段的分析。

对平面图形进行尺寸和线段的分析，就是要通过分析，弄清其所含各几何图形及线段的形状、大小和他们之间的相对位置与连接关系，进而解决画图的方法和步骤问题。

一、平面图形的尺寸分析

平面图形的尺寸，按其所起作用的不同，可分为定形尺寸和定位尺寸两类。

1. 定形尺寸

确定平面图形各组成部分的形状与大小的尺寸，称为定形尺寸，如直线段的长度、圆的直径和圆弧的半径等。在图 1-51 中的 $\phi5$、$R12$、$R15$、$R50$、$R10$ 等尺寸为定形尺寸。

2. 定位尺寸

确定平面图形中各组成部分之间相对位置的尺寸，称为定位尺寸，如确定直线段和曲线段的圆心在图中的相对位置尺寸。图 1-51 中的 8、45、75 等尺寸为定位尺寸。

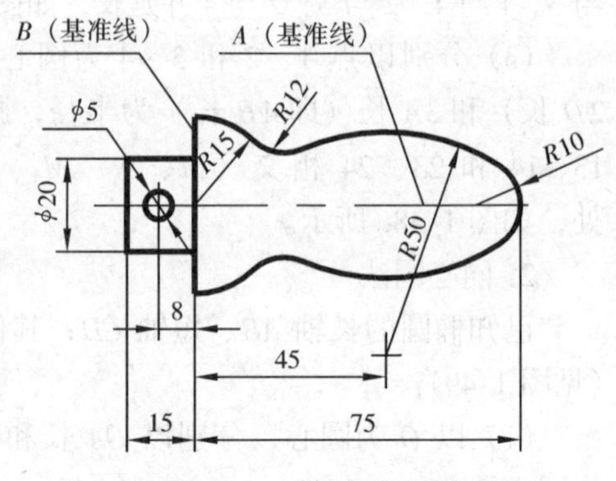

图 1-51　手柄的平面图

应当指出的是，平面图形中有的尺寸对某一组成部分是起定形的作用，而对另一组成部分可能起的是定位作用。如图 1-51 中的 15，它对两水平直线段而言，起的是定形作用，但其对左右两竖直线段而言，却起的是定位作用。所以，在认定一个尺寸是定形尺寸还是定位尺寸时，应针对某一具体的被研究对象而言。

3. 尺寸基准

确定平面图形中各组成部分在某方向上的相对位置时所选定的参照对象，即标注某方向上定位尺寸时的起点，称为该方向的尺寸基准。一般应选择图中的对称线、较长直线段和较大圆的中心线等作为尺寸基准。对于平面图形，应在水平方向和竖直方向至少各确定一个尺寸基准。如图 1-51 中，*A* 为竖直方向的尺寸基准，*B* 则为水平方向的尺寸基准。

二、平面图形的线段分析

根据平面图形中所给出的各线段的定形和定位（两个）尺寸的完整程度，可将他们分为以下三种类型：

1. 已知线段

只要根据所注尺寸而无需借助连接关系即可直接画出的线段，称为已知线段。如图 1-51 中 $\phi5$ 的圆、*R*15 和 *R*10 的圆弧、长度为 15 的直线段等。

2. 中间线段

必须借助其一端与相邻线段间的连接关系才能画出的线段，称为中间线段。如图 1-51 中 *R*50 的圆弧，过一已知点且与定圆弧或圆相切的直线等。

3. 连接线段

必须借助其两端与相邻线段间的连接关系才能画出的线段，如图 1-51 中 *R*12 的圆弧，两圆弧的切线等。

应当指出的是，在两条已知线段之间，可以有多条中间线段，但最多只能有一条连接线段。

三、平面图形的画法

画平面图形时，应首先对其进行尺寸分析和线段分析；然后，按正确的顺序作图，即：

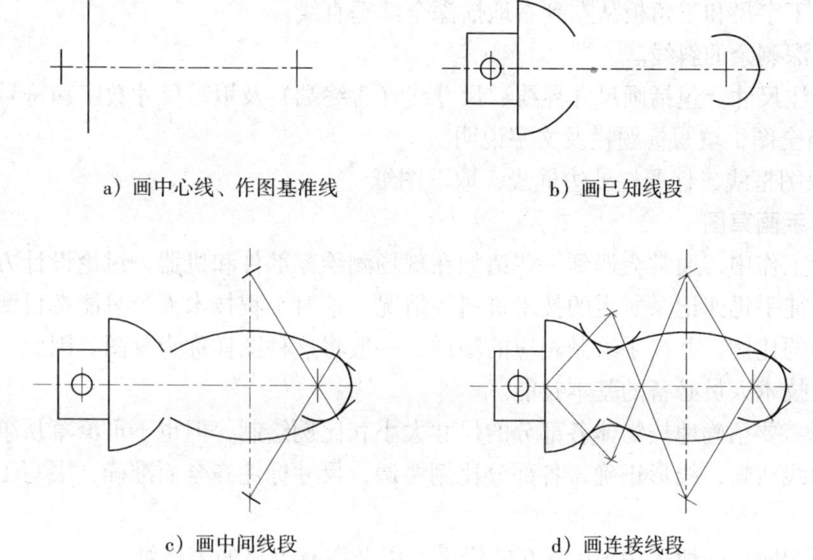

a）画中心线、作图基准线　　b）画已知线段

c）画中间线段　　d）画连接线段

图 1-52　手柄平面图的作图步骤

先画出所有的已知线段，再画出各条中间线段，最后画连接线段。图 1-51 手柄平面图的作图步骤如图 1-52 所示。

第五节　绘图的方法和步骤

为了保证绘图质量，提高绘图速度，除了正确运用前面所学知识与作图技能外，还需要有一个比较合理的绘图工作程序，现介绍如下。

一、用仪器绘图

1. 准备工作

（1）准备绘图工具和仪器　准备好干净的所用工具、仪器和用品，尤其要注意按各线形的要求削磨铅笔和圆规中用的铅芯。

（2）选比例、定图幅　根据所绘图形的大小、复杂程度及数量等，选好绘图比例及图纸幅面与格式。

（3）固定图纸　将其正面朝上，置于图板左下方适当位置，用丁字尺校正其水平状态，并用胶带纸使之固定。

2. 画底稿

（1）按国标的相应规定，用细线画出幅面的边框线、图框线及标题栏。

（2）布局。根据每个图形的最大轮廓尺寸，结合尺寸标注，规划各图形的方位，使它们均匀分布且松紧适度，并画出各图形的基准线。

（3）画底图。由主要轮廓到细节，以细、轻和准为要领画出各图形。

（4）校对底稿，修正错误，擦去不要的图线及污迹。

3. 描深并标注尺寸

（1）描深所有的圆和圆弧及非圆曲线。

（2）用丁字尺自上而下地描深所有的水平线。

（3）用丁字尺和三角板从左到右地描深全部垂直线。

（4）描深剩余的斜线。

（5）标注尺寸。包括画尺寸界线、尺寸线（含终端）及填写尺寸数字和符号。

4. 校核全图，填写标题栏及文字说明。

5. 描深图框线、标题栏外边框线，取下图纸。

二、徒手画草图

在实际工作中，通常会遇到一些诸如在现场测绘零部件和机器、讨论设计方案与交流设计意图、用徒手迅速记录所需的技术资料等情况。这时工程技术人员只能按目测形状、大小及各部分间的比例，并徒手绘制相应的图样，一般将这种图样称为草图。因此，用徒手画草图也是工程技术人员必备的基本技能。

草图不需要精确地按物体各部分的尺寸大小和比例绘制，但也不可潦草从事。画草图的要求是：图线清晰，线形正确，各部分比例协调，尺寸标注齐全而准确，书写工整，绘图速度要快。

徒手画图时，一般采用 HB 或 B 的铅笔，以及印有方格的表格纸。

徒手画草图的基本要领如下：

（1）如采用表格纸，则应尽量使图形中的直线与分格线重合，并通过格线来控制图形（或视图）间的投影对应关系，见图 1-53a。

（2）对于 30°、45°、60°等特殊角度的斜线，可根据其斜率，分别按近似比值（正切值）3/5、1、5/3，借助方格作为直角三角形的斜边画出，见图 1-53a。

（3）画线时运笔力求自然，看清笔尖前进的方向，随时注视线段的终端，以控制图线。

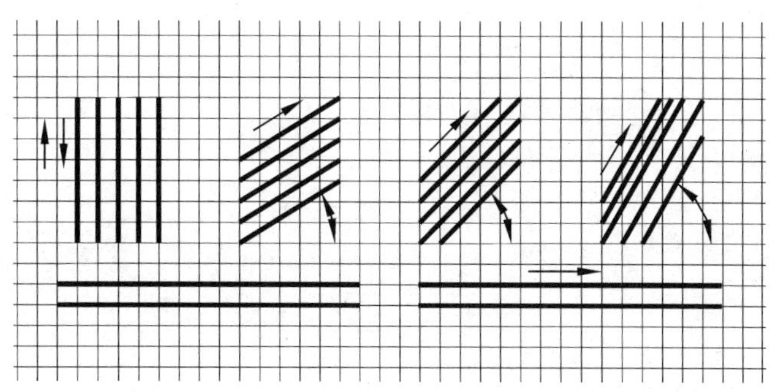

a）徒手画直线的方法

b）运笔手势

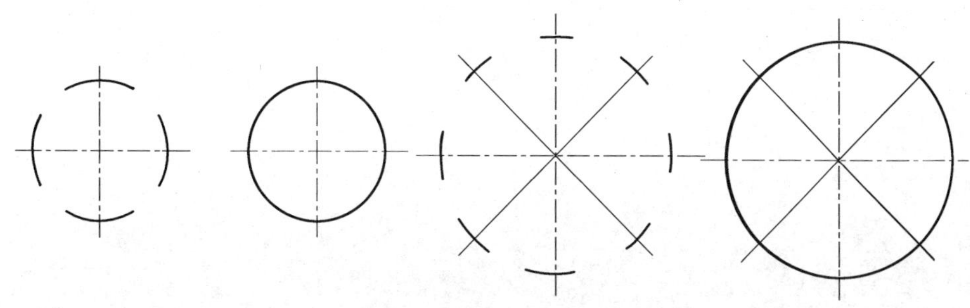

c）徒手画圆的方法

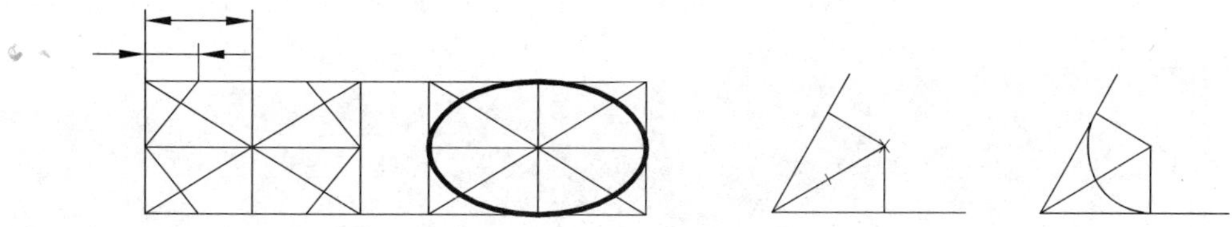

d）徒手画椭圆、圆角

图 1-53　徒手画草图

(4) 画直线时，以顺手为原则，图纸可斜着放，铅笔向运动方向倾斜。画短线时，以手腕运笔；画长线时，则以手臂动作，见图 1-53b。

(5) 画圆时，可先按半径在中心线上截取四个点，再分四段连贯而成。对于较大的圆，也可另作两条通过圆心且与水平线成 45°的斜线上再取四点，分成八段画出，见图 1-53c。

(6) 画椭圆及圆角时，可用类似于上一条的思路和办法，先定出若干个点，再分段连贯地画出，见图 1-53d。

第二章　点、直线、平面的投影

第一节　投　影　法

一、投影法的基本概念

在日常生活中，我们常常遇到当太阳光或灯光照射物体时，墙壁或地面上会出现物体的影子，投影法与这种自然现象类似。如图 2-1 所示，光源用点 *S* 表示，称为投射中心，光线称为投射线，*P* 面称为投影面。过投射中心 *S* 分别向△*ABC* 各顶点作投射线 *SA*、*SB*、*SC*，与投影面 *P* 交于 *a*、*b*、*c* 三点，则△*abc* 称为△*ABC* 在投影面 *P* 上的投影，这种投影的方法称为投影法。

二、投影法的分类

常用投影法有两类：中心投影法和平行投影法。

1. 中心投影法

投射线汇交一点的投影法，称为中心投影法。用中心投影法得到的投影称为中心投影，如图 2-1 所示。在中心投影法中，改变△*ABC* 与投影中心或投影面之间距离，则其投影△*abc* 的大小也随之改变，所以它不适用于绘制机械图样，多用于绘制建筑物的直观图。

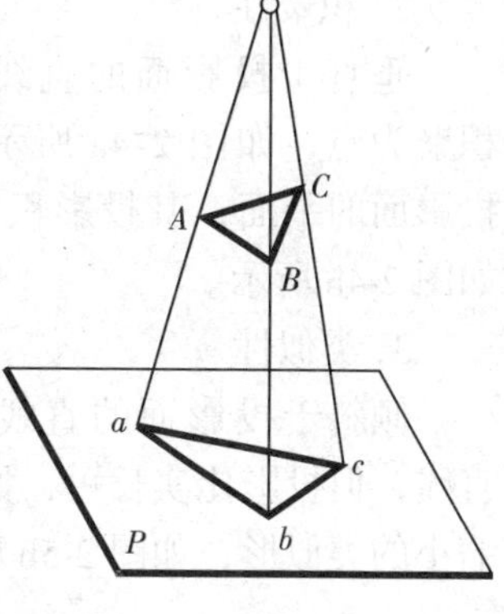

图 2-1　中心投影法

2. 平行投影法

若将图 2-1 中的投射中心移至无穷远处，则各投射线互相平行，投射线相互平行的投影法称为平行投影法，如图 2-2 所示。

平行投影法又分为斜投影法和正投影法。

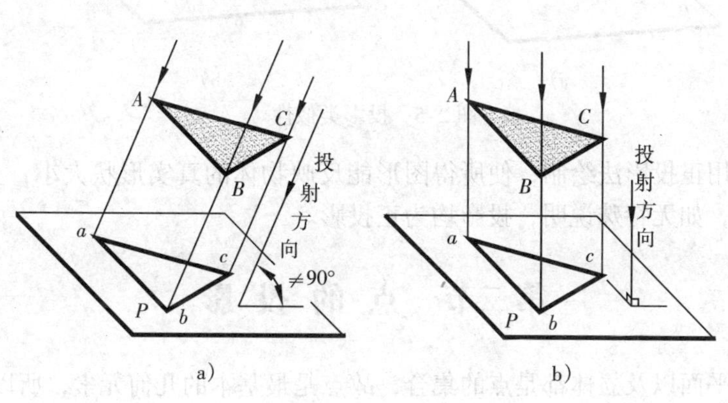

图 2-2　平行投影法

a）斜投影法　b）正投影法

(1) 斜投影法　投射线与投影面相倾斜的平行投影法，称为斜投影法。所得的投影称为斜投影，如图 2-2a 所示。

(2) 正投影法　投射线与投影面相垂直的平行投影法，称为正投影法。所得到的投影称为正投影，如图 2-2b 所示。

三、正投影法的投影规律

1. 显实性

平行于投影面的线段，其投影反映该线段的实长，如图 2-3a 所示；平行于投影面的平面，其投影反映该平面的实形，如图 2-3b 所示。

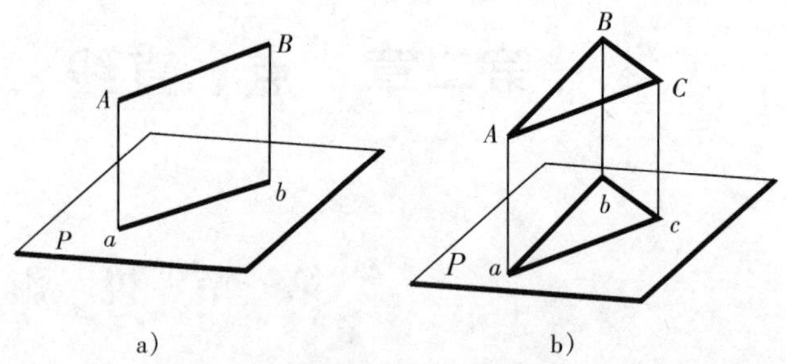

图 2-3　投影反映实长或实形

2. 积聚性

垂直于投影面的直线，其投影积聚为点，如图 2-4a 所示；垂直于投影面的平面，其投影积聚为直线，如图 2-4b 所示。

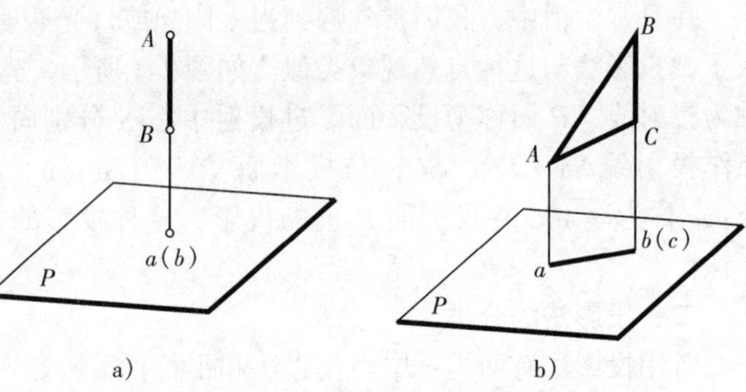

图 2-4　投影积聚为点或直线

3. 类似性

倾斜于投影面的直线投影仍为直线，但投影比实长短，如图 2-5a 所示。倾斜于投影面的平面图形，投影成为边数相同的缩小的类似形，如图 2-5b 所示。

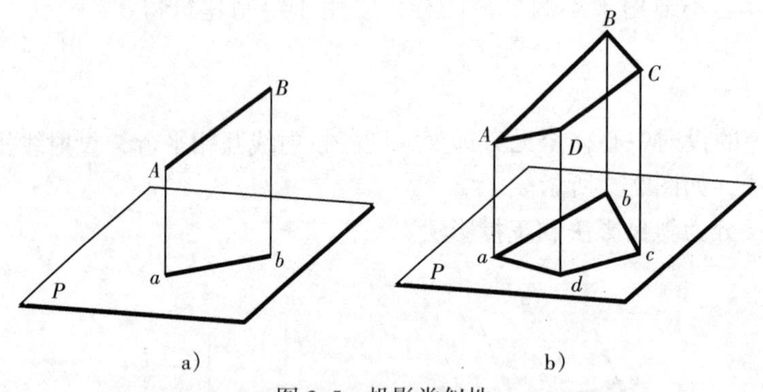

图 2-5　投影类似性

机械图样采用正投影法绘制，使所得图形能反映物体的真实形状大小，且作图较简便。故在以后章节中，如无特殊说明，投影均为正投影。

第二节　点 的 投 影

任何直线、平面以及立体都是点的集合，故点是最基本的几何元素，所以首先研究点投影的基本规律。如无其它说明，仅有点的一个投影不能确定点的空间位置。为了确定几何元素的空间位置，需建立正投影的三投影面体系。

一、三投影面体系的建立

用互相垂直相交的三个投影面，形成三投影面体系，如图 2-6 所示，其中 H 面称水平投影面；V 面称为正面投影面；W 面称为侧面投影面。投影面两两相交，其交线称为投影轴。其中 H 面与 V 面的交线为 OX 轴；H 面与 W 面的交线为 OY 轴；V 面和 W 面的交线为 OZ 轴。三投影轴的交点称为原点 O。

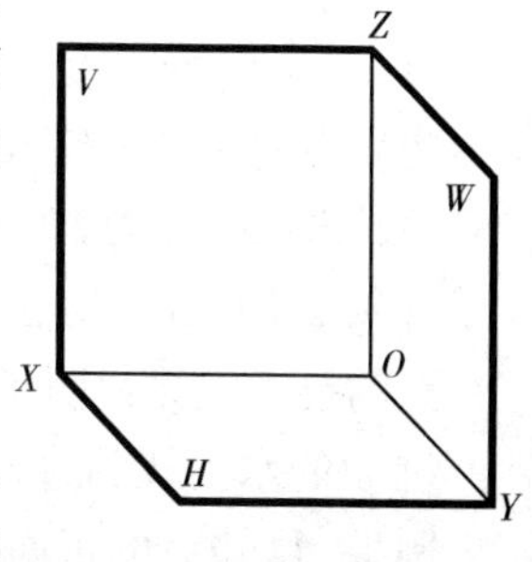

图 2-6　三投影面体系

二、点在三投影面体系中的投影

1. 点的投影

如图 2-7a 所示，由空间点 A 分别引垂直于三个投影面 H、V、W 的投射线，与投影面相交，得到点 A 的三个投影。a 为水平投影、a' 为正面投影、a'' 为侧面投影。

空间点用大写字母表示，其水平投影用相应的小写字母表示。正面投影用相应的小写字母加上一撇表示，侧面投影用相应的小写字母加两撇表示。

得到各投影后，V 面不动，分别将 H、W 面绕投影轴 OX、OZ 按图示箭头方向各旋转 90°和 V 面形成一个平面。展开时，H 面和 W 面沿 OY 轴分开而形成 OY_H 和 OY_W，展开后，它们分别与 OZ 轴和 OX 轴在同一直线上，如图 2-7b 所示。

在投影时，投影面大小不受限制，通常不必画出投影面的边框，如图 2-7c 所示。

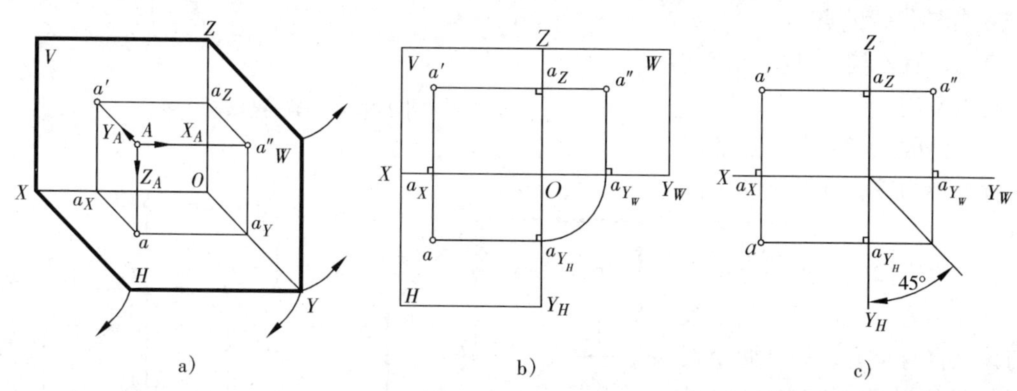

图 2-7　点的投影

2. 点的直角坐标和投影规律

如把三投影面体系看作空间直角坐标系，则 H、V、W 面为坐标面，OX、OY、OZ 轴为坐标轴，点 O 为坐标原点。由图 2-7a 可知，点 A 的直角坐标 X_A、Y_A、Z_A 即为点 A 到三个坐标面的距离，且与点 A 的投影 a、a'、a''的关系为：

$Aa'' = aa_Y = a'a_Z = Oa_X = X_A$

$Aa' = aa_X = a''a_Z = Oa_Y = Y_A$

$Aa = a'a_X = a''a_Y = Oa_Z = Z_A$

由此可知：

a 由 Oa_X 和 Oa_Y 决定，即点 A 由 X_A、Y_A 两坐标决定；

a' 由 Oa_X 和 Oa_Z 决定，即点 A 由 X_A、Z_A 两坐标决定；

a'' 由 Oa_Y 和 Oa_Z 决定，即点 A 由 Y_A、Z_A 两坐标决定。

所以，空间点 A（X_A、Y_A、Z_A）在三投影面体系中有唯一确定的一组投影 a、a'、a''。反之，如已知点 A 的一组投影 a、a'、a''，即可确定该点的坐标值，即确定其空间位置。根据以上分析，可知点的投影规律如下：

（1）点的正面投影和水平投影的连线垂直于 OX 轴，即 $a'a \perp OX$ 轴。

（2）点的正面投影和侧面投影的连线垂直于 OZ 轴，即 $a'a'' \perp OZ$ 轴。

（3）点的水平投影到 OX 轴的距离和点的侧面投影到 OZ 轴的距离相等，都反映空间点的 Y 坐标，即 $aa_X = a''a_Z = Y_A$。

点的投影规律说明了点的任一投影和其余两投影之间的关系。根据第三条规律可以得到：过 a 的水平线和过 a'' 的铅垂线必定交于过点 O 的 45°角分线上，如图 2-7c 所示。

例 1：已知点的正面投影 a' 和水平投影 a，求作其侧面投影 a''，如图 2-8a 所示。

解：作图步骤：

（1）作 $\angle Y_HOY_W$ 的角平分线。

（2）过 a 作 OY_H 的垂线，并与角平分线相交，自交点作 OY_W 的垂线，与过 a' 所作 OZ 的垂线相交即得 a''，如图 2-8b 所示。

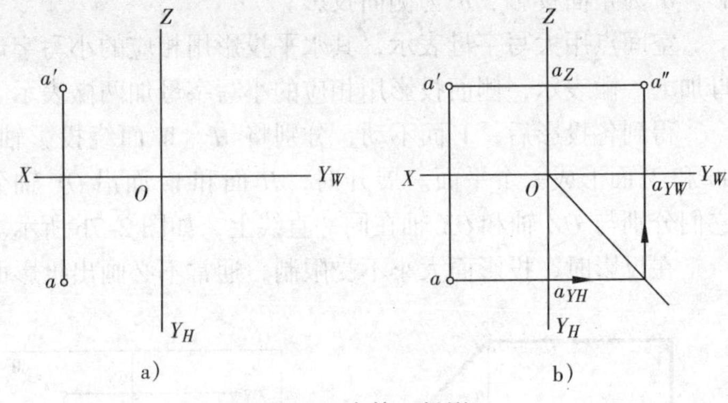

图 2-8　求第三投影

3. 各种位置的点

点的位置不同，其坐标值和投影特点不同。

（1）一般位置的点　点的三个坐标均不为零，如图 2-7 中的 A 点。

（2）投影面上的点　点必有一个坐标为零，在该投影面上投影与该点自身重合，另外两个投影面的投影分别在相应投影轴上，如图 2-9 中的 B、C 点。

（3）投影轴上的点　点必须有两个坐标为零，在包括此轴的两个投影面上的投影都与该点自身重合，在另一投影面上的投影与原点重合，如图 2-9 中的 D 点。

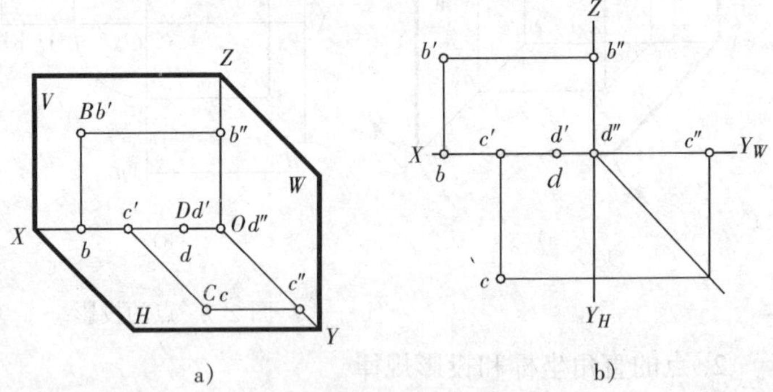

图 2-9　投影面和投影轴上的点

例 2：已知 $A(15,10,20)$，求作点 A 的三面投影。

解：作图步骤：

（1）在 OX 轴截取 $Oa_X = 15$，得 a_X，如图 2-10a 所示。

（2）过 a_X 作 OX 轴的垂线，并在此直线上取 $a_Xa' = 20$，得 a'，取 $a_Xa = 10$，得 a，如图 2-10b 所示。

（3）作 Y_HOY_W 的角平分线。过 a 作 OY_H 轴的垂线，使其与角平分线相交，自交点作 OY_W 的垂线与过 a' 所作 OZ 的垂线交于 a''，即得点 A 的三面投影，如图 2-10c 所示。

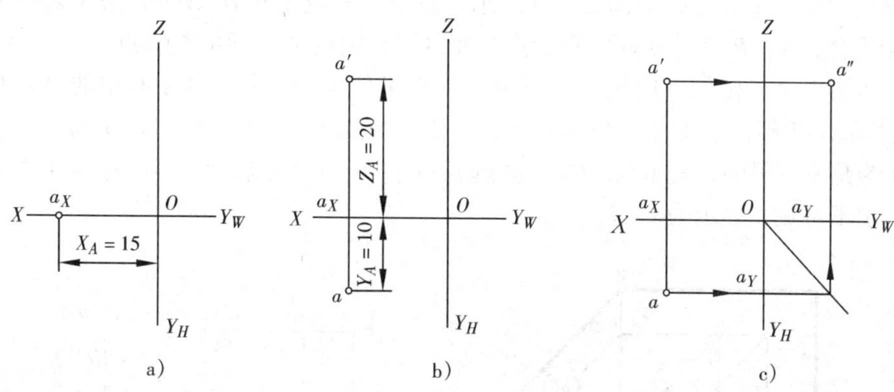

图 2-10　已知点的坐标求作投影图

三、两点的相对位置及重影点

1. 两点相对位置

两点的相对位置是指两点间的左右、前后和上下位置关系。

通过比较两点的各个同面投影之间的坐标关系，可以判断空间两点的相对位置，在投影图中是由它们的各个同面投影的坐标差来确定的。

由图 2-11 可看出，已知两点的三个投影的相对位置时，可根据正面或侧面投影判断上下位置；根据正面或水平面投影判断左右位置；根据水平或侧面投影判断前后位置。

例 3：已知点 *A* 的三个投影，另一点 *B* 在 *A* 上方 10mm；左方 20mm；前方 15mm，求点 *B* 的三面投影，如图 2-12 所示。

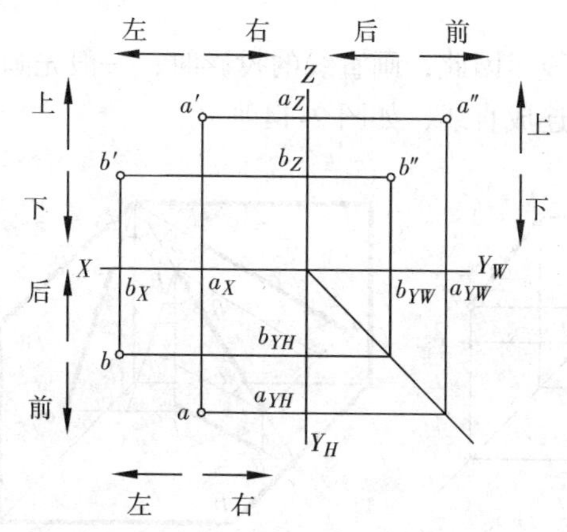

图 2-11　两点的相对位置

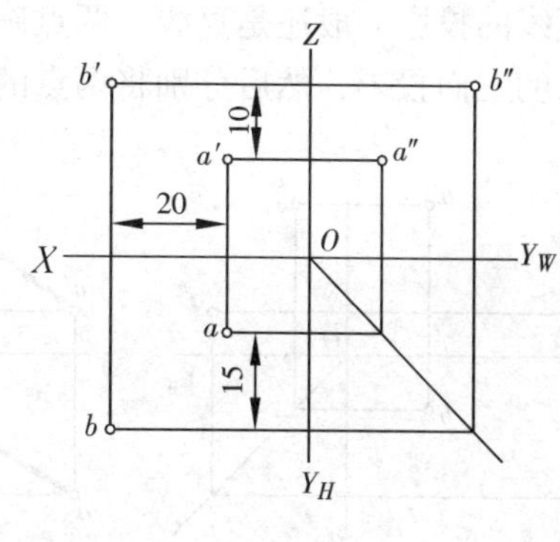

图 2-12　两点的相对位置

解：作图步骤：

(1) 在 a' 左方 20mm，上方 10mm 处确定 b'。

(2) 作 $bb' \perp OX$，且在 a 前 15mm 处确定 b。

(3) 根据投影关系求解 b''。

2. 重影点

空间两点位于某投影面的同一条投射线上时，这两点在该投影面上的投影重合，称这两点为对该投影面的重影点，如图 2-13a 所示。点 A、B 位于对 H 面同一条投射线上，其 H 面的投影重合，A、B 是对 H 面的重影点，而 A、C 则是对 W 面的重影点。

重影点有两个坐标值对应相等，而第三个坐标值不等，如图 2-13b 中的 A、B 两点的 X、Y 坐标值均相等，但 Z 坐标值不相等，由于 A 在 B 的上方，所以在 H 面投影 a 是可见的，b 认为是不可见的，表示为（b）。同理，对于 A、C 两点，由于 C 点在 A 左方，所以 c'' 可见，a'' 不可见，表示为（a''）。

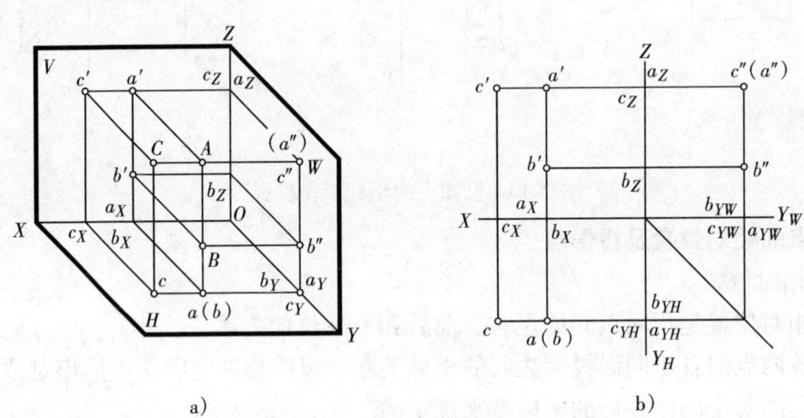

图 2-13　重影点

第三节　直线的投影

一、直线的投影

直线的投影一般还是直线。两点确定一条直线，因此，画直线的投影时，一般先画出两个端点的三面投影，然后分别将两点的同面投影连成直线，如图 2-14 所示。

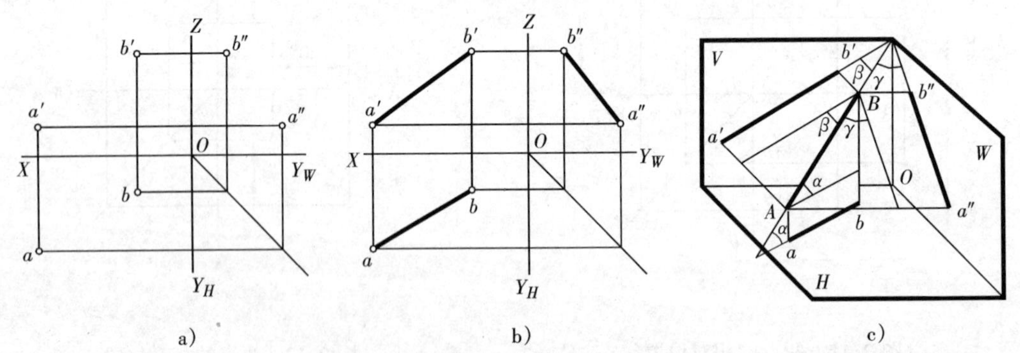

图 2-14　一般位置直线的三面投影

在三投影面体系中，直线有三种位置：一般位置直线、投影面平行线和投影面垂直线。后两种直线统称为特殊位置直线。

1. 一般位置直线

对三个投影面都倾斜的直线，称为一般位置直线。直线对 H、V 面和 W 面倾角分别用 α、β、γ 表示。

由图 2-14c 可知，$ab = AB\cos\alpha$；$a'b' = AB\cos\beta$；$a''b'' = AB\cos\gamma$。

由此可见，一般位置直线的投影特性为：三个投影都倾斜于投影轴，且都小于实长。

2. 投影面平行线

只平行于一个投影面的直线称为投影面的平行线。平行于 H 面的直线称为水平线；平行于 V 面的直线称为正平线；平行于 W 面的直线称为侧平线。

图 2-15 所示为正平线 AB 的三面投影。由于 $AB /\!/ V$，即 AB 线上所有点的 Y 坐标相同，从图 2-15b 可以看出，正平线的投影特点为：

（1）正面投影 $a'b' = AB$，且 $a'b'$ 与 OX、OZ 轴夹角反映直线对 H 面和 W 面的倾角 α、γ。

（2）水平投影 $ab /\!/ OX$ 轴，小于实长。

（3）侧面投影 $a''b'' /\!/ OZ$ 轴，小于实长。

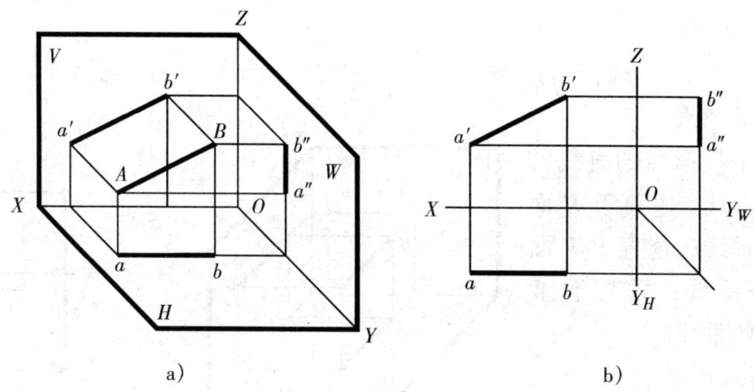

a)　　　　b)

图 2-15　正平线投影

同样，水平线和侧平线也有类似特性，见表 2-1。

表 2-1　投影面平行线

名称	立体图	投影图	投影特性
水平线（$/\!/ H$）			1）$a'b' /\!/ OX$，$a''b'' /\!/ OY_W$ 2）$ab = AB$ 3）反映夹角 β、γ 大小
正平线（$/\!/ V$）			1）$ab /\!/ OX$，$a''b'' /\!/ OZ$ 2）$a'b' = AB$ 3）反映夹角 α、γ 大小

（续）

名称	立体图	投影图	投影特性
侧平线（$/\!/ W$）			1）$ab /\!/ OY_H$，$a'b' /\!/ OZ$ 2）$a''b'' = AB$ 3）反映夹角 α、β 大小

总之，投影面平行线的投影特性为：

（1）在所平行的投影面上的投影，反映实长，且其投影与投影轴的夹角，反映直线与相应投影面的真实倾角。

（2）在另外两个投影面上的投影，平行于相应的投影轴，且小于实长。

3．投影面垂直线

垂直于一个投影面的直线称为投影面的垂直线。垂直于 H 面的直线称为铅垂线；垂直于 V 面的直线称为正垂线；垂直于 W 面的直线称为侧垂线。

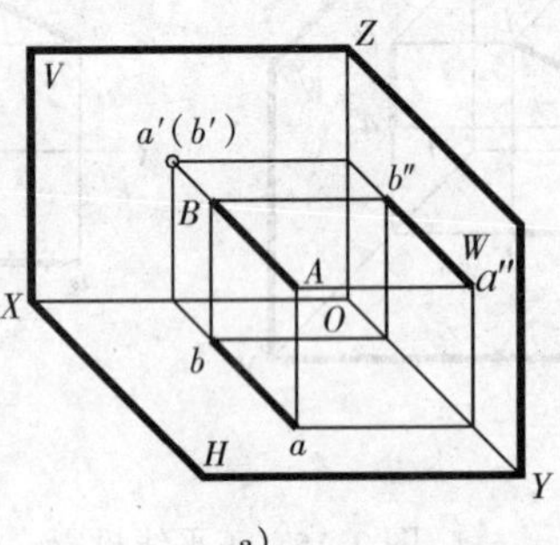

a）

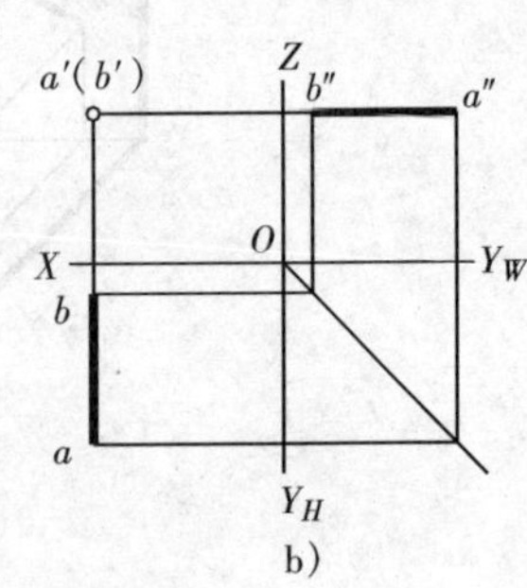

b）

图 2-16　正垂线的投影

图 2-16 所示正垂线 AB 的三面投影。由于直线 AB 垂直于 V 面，也就同时平行于 H 面和 W 面，因而线上各点 X 和 Z 坐标相同。因此，从图 2-16 所示中可看出，正垂线的投影特点为：

（1）正面投影 $a'b'$ 积聚为一点；

（2）水平投影 $ab \perp OX$ 轴，且反映实长；

（3）侧面投影 $a''b'' \perp OZ$ 轴，也反映实长。

同样，铅垂线和侧垂线也有类似的投影特性，见表 2-2。

表 2-2　投影面垂直线

名称	立体图	投影图	投影特性
铅垂线（$\perp H$）			1）H 面投影为一点，有积聚性 2）$a'b' \perp OX$，$a''b'' \perp OY_W$ 3）$a'b' = a''b'' = AB$

（续）

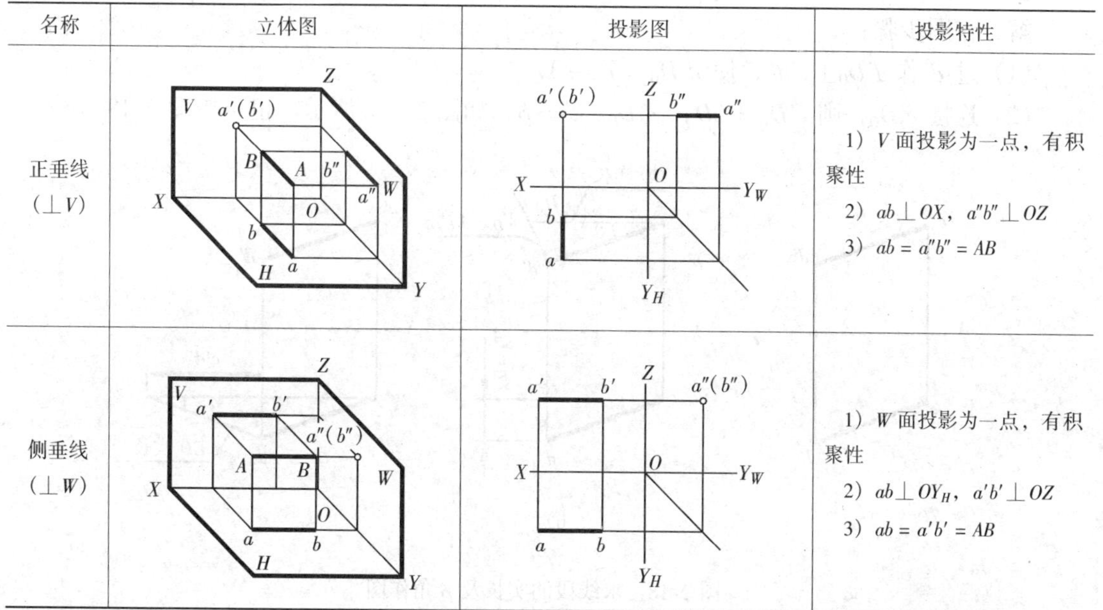

名称	立体图	投影图	投影特性
正垂线（⊥V）			1）V面投影为一点，有积聚性 2）$ab \perp OX$，$a''b'' \perp OZ$ 3）$ab = a''b'' = AB$
侧垂线（⊥W）			1）W面投影为一点，有积聚性 2）$ab \perp OY_H$，$a'b' \perp OZ$ 3）$ab = a'b' = AB$

总之，投影面的垂直线的投影特性为：

(1) 在所垂直的投影面上的投影积聚为一点。

(2) 在另外两个投影面上的投影，垂直于相应的投影轴，且反映实长。

二、线段的实长及倾角

一般位置直线的三面投影均不反映线段的实长，也不反映线段对各投影面的倾角。用直角三角形法可求出线段的实长及其对投影面的倾角。

图2-17a所示的AB为一般位置直线。ab、$a'b'$都小于直线AB，过A点作$AB_0 /\!/ ab$交Bb于B_0，则在直角三角形ABB_0中，$AB_0 = ab$，$BB_0 = Z_B - Z_A$，即等于a'、b'到OX轴的距离差，$\angle BAB_0 = \alpha$（即直线AB对H面的倾角α），AB为直角三角形的斜边。可见，已知线段的两面投影，就可以求出线段的实长及其倾角，此种方法称为直角三角形法，作图如图2-17b、c所示。

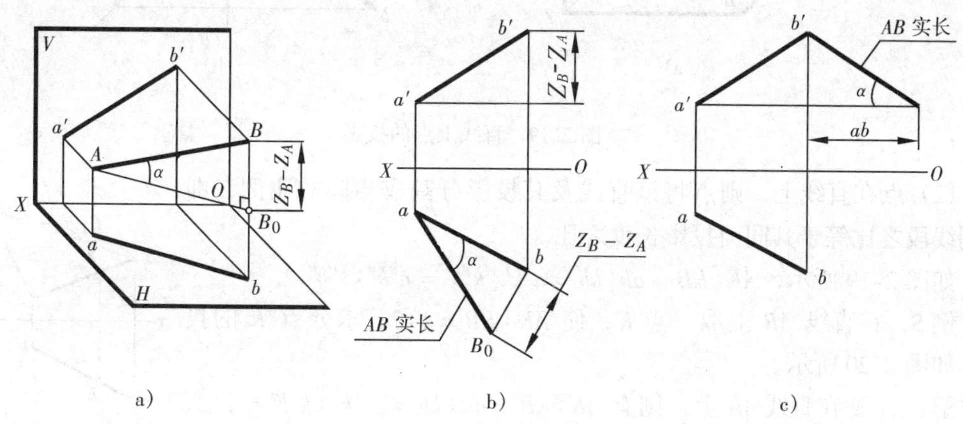

图2-17 直角三角形法求线段实长的作图方法

例 4：求线段 CD 的实长及 β 角，如图 2-18 所示。

解：作图步骤：

（1）过 d' 作 $d'D_0 \perp c'd'$，使 $d'D_0 = Y_D - Y_C$。

（2）连接 $c'D_0$，则 $c'D_0 = CD$，$\angle D_0c'd' = \beta$，如图 2-18b 所示。也可用图 2-18c 作图。

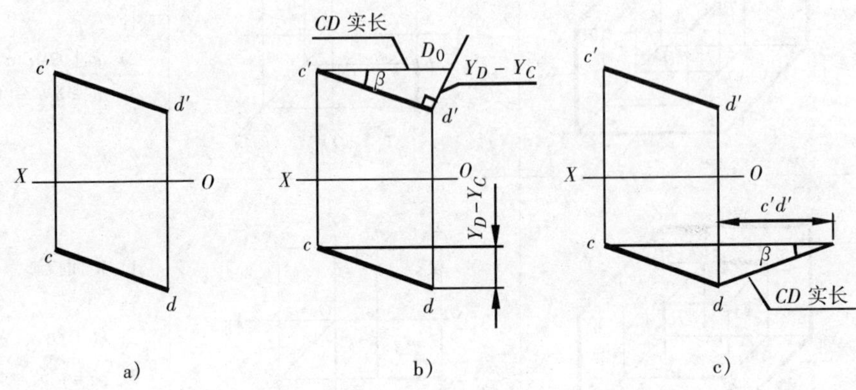

图 2-18　求线段的实长及 β 角作图

三、直线上的点

（1）点在直线上的投影规律：点在直线上，则点的各投影必在该直线的同面投影上，反之也成立。

如图 2-19 所示，点 K 在直线 AB 上，则点 K 的投影 k、k'、k'' 分别在 ab、$a'b'$、$a''b''$ 上，而且 k、k'、k'' 符合点的投影规律。

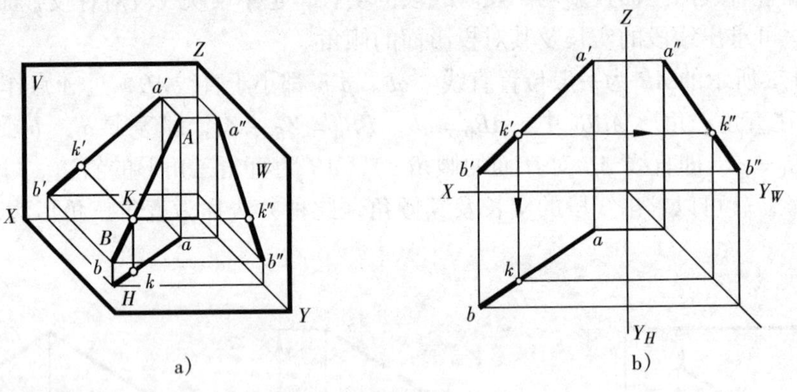

图 2-19　直线上点的投影

（2）点在直线上，则点将该直线及其投影分割成相同的比例，即分割线段之比等于其同面投影长度之比。

如图 2-19 所示，$AK:KB = ak:kb = a'k':k'b' = a''k'':k''b''$。

例 5：在直线 AB 上取一点 K，使 $AK:KB = 1:2$，求分点 K 的投影，如图 2-20 所示。

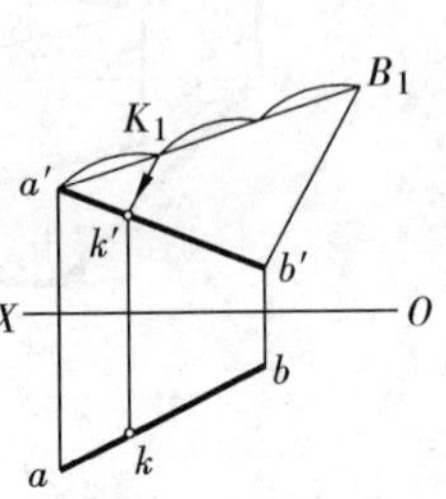

图 2-20　直线上取点

解：点 K 在直线 AB 上，则有 $AK:KB = ak:kb = a'k':k'b' = 1:2$，作图步骤为：

(1) 过 a' 任作一斜线 $a'B_1$，取任意单位，在该线段上取 $a'K_1:K_1B_1=1:2$，连接 $b'B_1$，再过 K_1 作 $k'K_1/\!/b'B_1$，交 $a'b'$ 于 k'。

(2) 过 k' 作 OX 轴的垂线交 ab 于 k，则 k、k' 为 K 的投影。

例 6：判断点 K 是否在直线 AB 上，如图 2-21a 所示。

分析：由于直线 AB 处于特殊位置（为侧平线），所以需要通过作图做出判断。其解法有两种：

解法 1：做出 W 面投影，观察 k'' 是否在 $a''b''$ 上。从图 2-21b 所示，可看出 k'' 不在 $a''b''$ 上，所以 K 不在直线 AB 上。

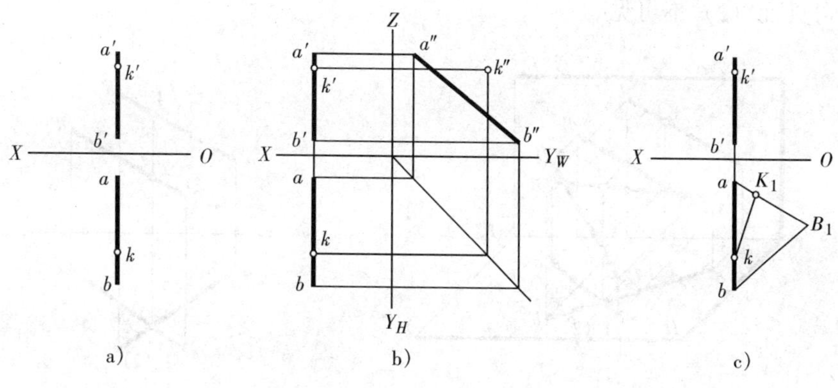

图 2-21　判断点是否在直线上

解法 2：作图步骤：

(1) 在 H 面上过 a 任作一斜线，使 $aK_1=a'k'$；$K_1B_1=k'b'$。

(2) 连接 kK_1、bB_1，因 kK_1 与 bB_1 不平行，故 k 不在直线 AB 上，如图 2-21c 所示。

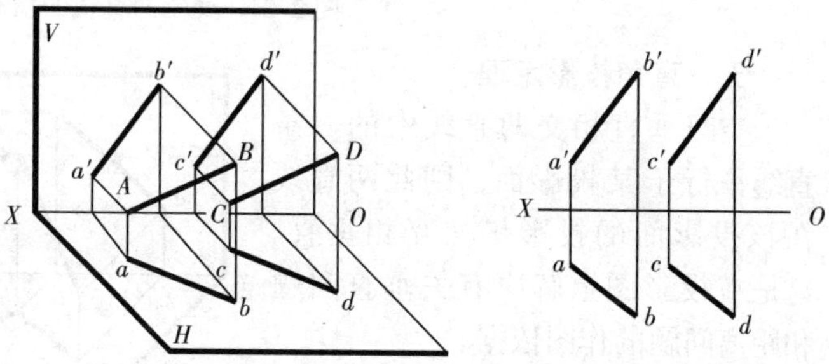

图 2-22　平行两直线投影特性

四、两直线的相对位置

空间两直线的相对位置包括平行、相交和交错三种情况。前两种称为同面直线，后一种称为异面直线，下面分析其投影特性。

1. 两条平行直线

空间两直线平行，其同面投影平行，如图 2-22 所示。图中有直线 $AB/\!/CD$，则有 $ab/\!/cd$，$a'b'/\!/c'd'$，$a''b''/\!/c''d''$。

2. 两条相交直线

空间两直线相交，其同面投影一定相交，且各同面投影的交点一定符合点的投影规律，如图 2-23 所示。AB、CD 直线交于 K，则水

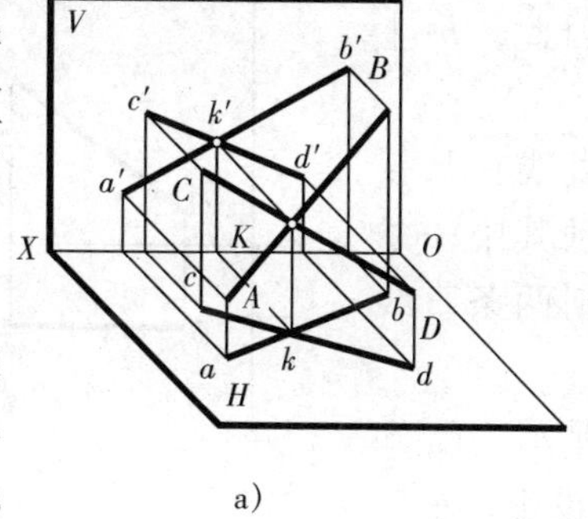

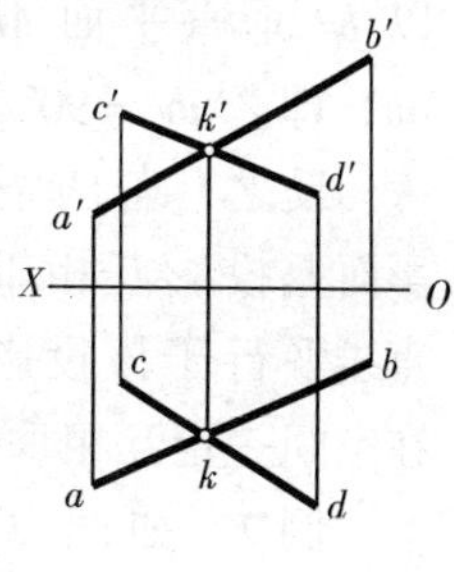

图 2-23　相交两直线的投影特性

平投影 k 为 ab 与 cd 的交点，正面投影 k' 是 $a'b'$ 与 $c'd'$ 的交点，同时，侧面投影 k'' 是 $a''b''$ 与 $c''d''$ 的交点。由于 k、k'、k'' 是同一点 K 的三面投影，它们之间应符合点的投影规律。

3. 两条交错直线

空间既不平行，又不相交的两条直线称为两条交错直线。在投影图上，既不符合两直线平行，又不符合两直线相交投影特性，如图 2-24 所示。AB、CD 两交错直线，它们的水平投影相交，正面投影平行。也有的两交错直线的各组同面投影均相交，但交点决不会满足点的投影规律。这种交点实际上是重影点的投影，如图 2-24 所示。ab、cd 的交点是对 H 面的重影点Ⅰ、Ⅱ的水平投影，Ⅰ在直线 AB 上，Ⅱ在直线 CD 上，从正面投影可看出：$Z_{Ⅰ} > Z_{Ⅱ}$，故 1 可见而（2）不可见。

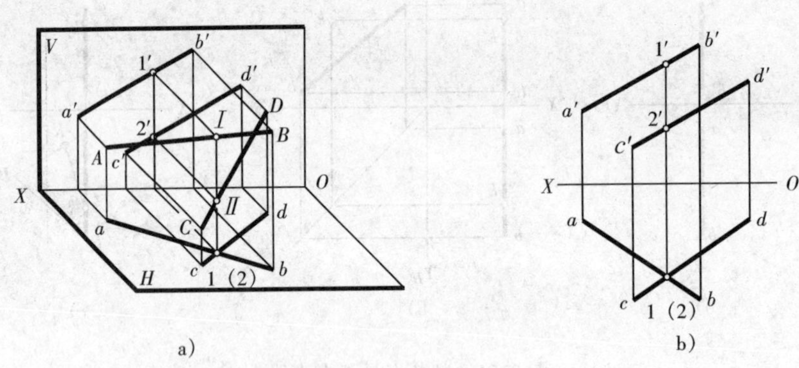

图 2-24 交错两直线的投影特性

五、直角投影定理

空间垂直相交两直线中的一条直线平行于某投影面，则此两直线在该投影面的投影仍然互相垂直。这是在投影图上解决有关垂直问题和距离问题的作图依据。

如图 2-25 所示，两条相交直线 $AB \perp BC$，$BC /\!/ H$ 面，AB 倾斜于 H 面。由 $BC \perp AB$、$BC \perp Bb$，所以 BC 垂直平行面 $ABba$；由于 $BC /\!/ bc$，所以 bc 垂直平面 $ABba$，因此，$bc \perp ab$，即 $\angle abc = 90°$。

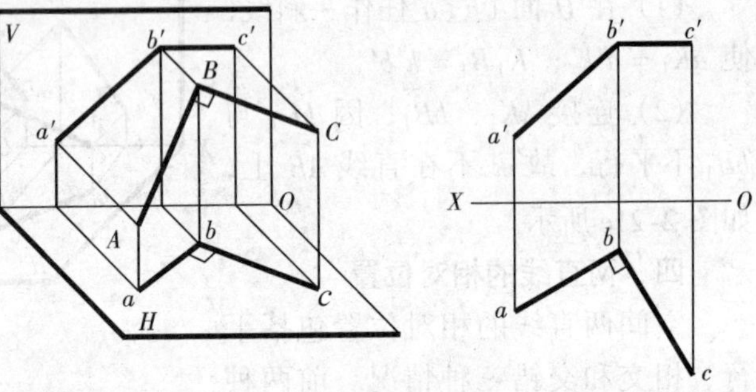

图 2-25 直角投影定理

反之，若两条相交直线在某投影面上投影互相垂直，且其中一条直线平行于该投影面，则两条直线在空间一定互相垂直。

例 7：如图 2-26a 所示，已知 $BC /\!/ V$ 面和 A 点的两面投影，求 A 点到直线 BC 的距离。

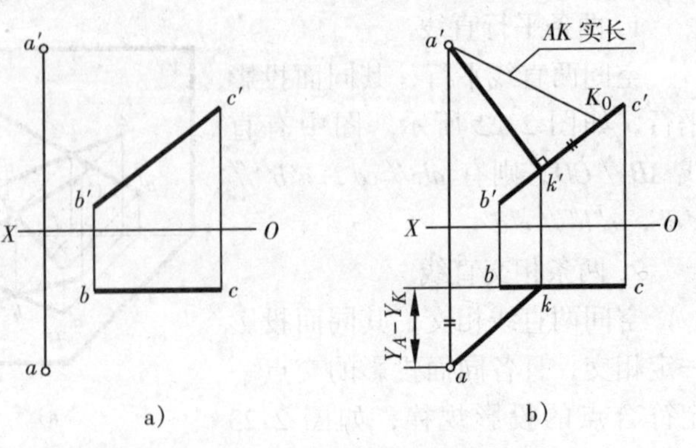

图 2-26 求点到直线的距离

分析：过点 A 作 $AK \perp BC$，AK 的实长即为 A 到直线 BC 的距离，由于 $BC // V$ 面，据直角投影定理可知，它们的正面投影 $a'k' \perp b'c'$，做出垂足 K 的水平投影，再用直角三角形法求 AK 实长。

解：作图步骤：

（1）过 a' 作 $a'k' \perp b'c'$，得交点 k'，再由 k' 求 k，连 ak，得 AK 的两面投影；

（2）利用直角三角形法求 AK 的实长，如图 2-26b 所示。

第四节　平面的投影

一、平面的表示法

由几何学可知，平面的空间位置可用下列几种方法确定：

（1）不在同一直线上的三个点，如图 2-27a 所示；

（2）一直线和直线外的一个点，如图 2-27b 所示；

（3）两条相交直线，如图 2-27c 所示；

（4）两条平行直线，如图 2-27d 所示；

（5）任意平面图形，如图 2-27e 所示。

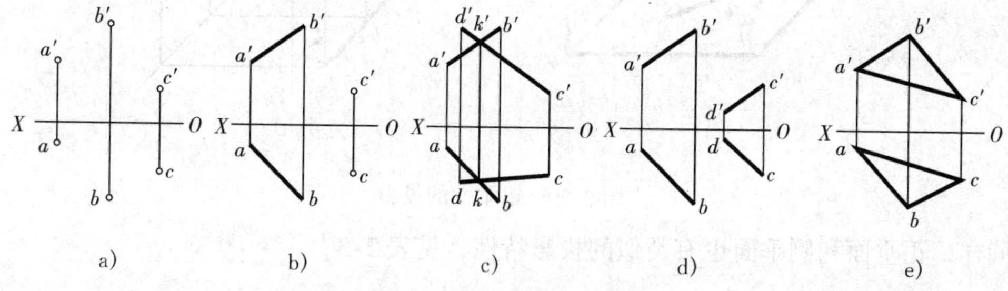

图 2-27　几何元素表示平面

上述五种表示平面的方法可以相互转换。

二、各种位置平面的投影

在三投影面体系中，平面对投影面的相对位置有三种：一般位置平面、投影面垂直面和投影面平行面。其中后两种平面称为特殊位置平面。

1. 一般位置平面

对三个投影面都倾斜的平面，称为一般位置平面。平面与投影面 H、V、W 面的倾角分别用 α、β、γ 表示。

如图 2-28 所示，一般位置的平面 $\triangle ABC$ 的三面投影 $\triangle abc$、$\triangle a'b'c'$、$\triangle a''b''c''$ 均为边数相同的三角形，既不反映该平面图形的实形，也没有积聚性。

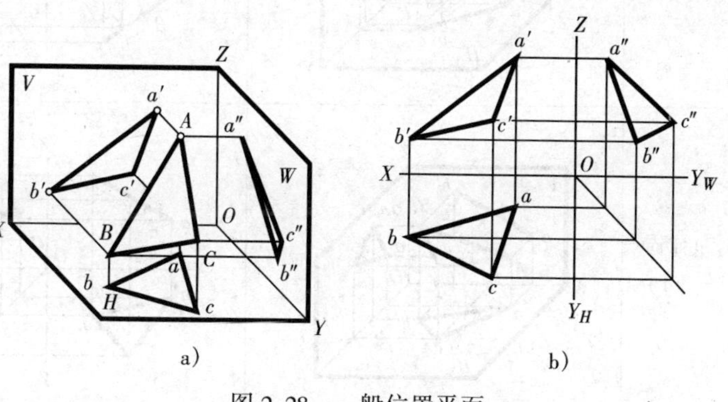

图 2-28　一般位置平面

由此可见，一般位置平面的投影特性为：三个投影都是小于实形的类似形，不反映平面与投影面的倾角 α、β、γ 的真实大小。

2. 投影面的垂直面

只垂直于一个投影面的平面，称为投影面的垂直面。只垂直于 *H* 面的平面称为铅垂面，只垂直于 *V* 面的平面称为正垂面，只垂直于 *W* 面的平面称为侧垂面。

图 2-29 所示为铅垂面△*ABC* 的投影。由于△$ABC \perp H$，而倾斜于 *V* 面和 *W* 面，因此，铅垂面的投影特性为：

（1）水平投影积聚为倾斜的线段。

（2）水平投影与 *OX* 轴、*OY* 轴的夹角分别反映△*ABC* 对 *V* 面、*W* 面的倾角 β、γ。

（3）正面投影和侧面投影为类似形。

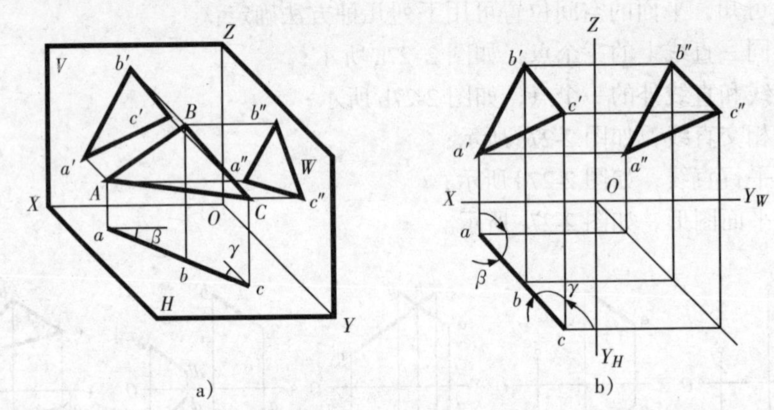

图 2-29　铅垂面的投影

同样，正垂面和侧垂面也有类似的投影特性，见表 2-3。

表 2-3　投影面垂直面

名称	立体图	投影图	投影特性
铅垂面（$\perp H$）	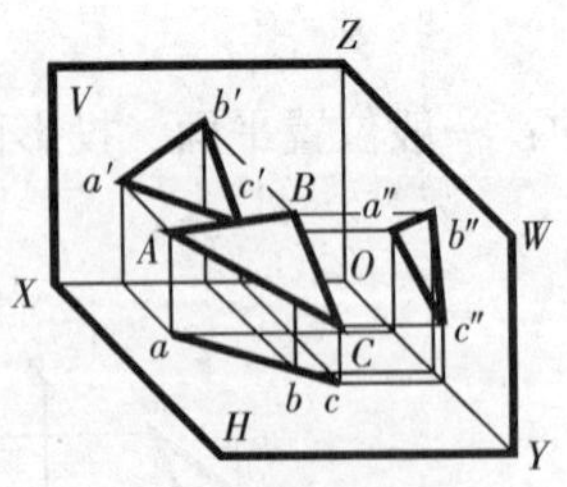	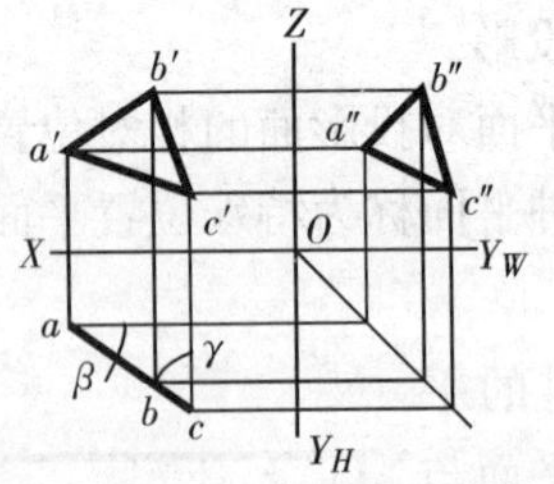	1）*H* 面投影为斜直线，有积聚性，且反映 β、γ 大小 2）*V*、*W* 面投影不是实形，但有类似性
正垂面（$\perp V$）	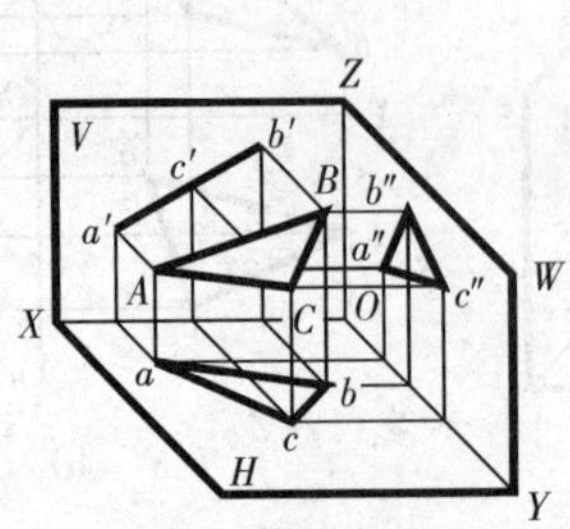	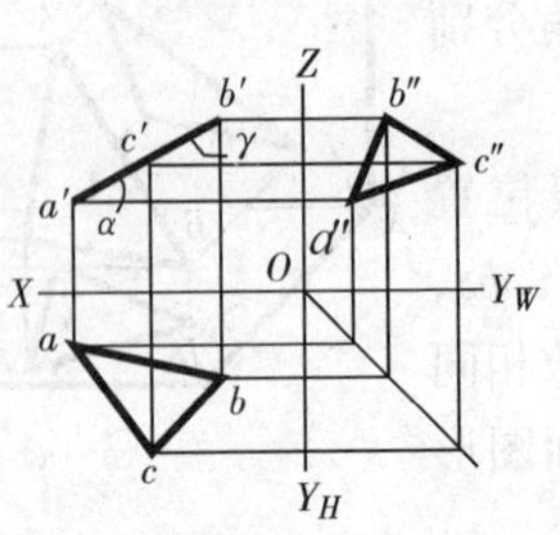	1）*V* 面投影为斜直线，有积聚性，且反映 α、γ 大小 2）*H*、*W* 面投影不是实形，但有类似性

（续）

名称	立体图	投影图	投影特性
侧垂面（⊥*W*）	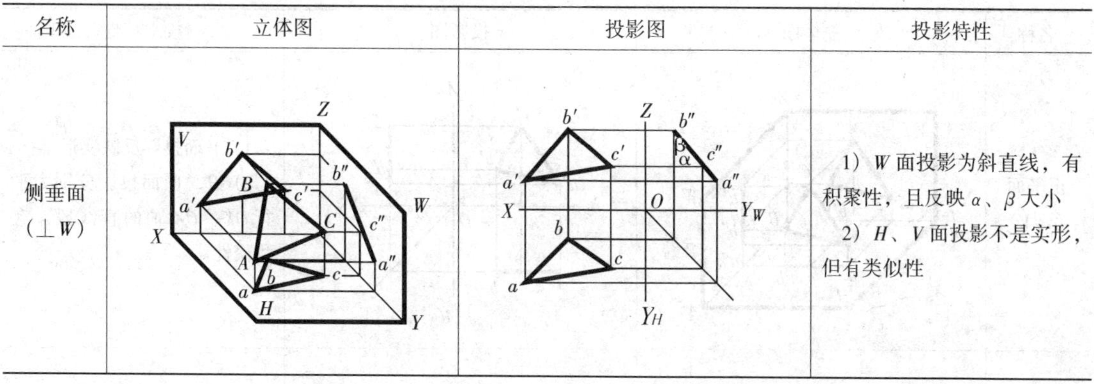		1）*W* 面投影为斜直线，有积聚性，且反映 α、β 大小 2）*H*、*V* 面投影不是实形，但有类似性

总之，投影面的垂直面的投影特性为：

（1）在其所垂直的投影面上的投影积聚为一倾斜线段，该倾斜线段与投影轴的夹角，反映该平面与相应投影面的倾角；

（2）在另外两个投影面上的投影为类似形。

3. 投影面的平行面

平行于一个投影面的平面称为投影面的平行面。平行于 *H* 面的平面称为水平面，平行于 *V* 面的平面称为正平面；平行于 *W* 面的平面称为侧平面。

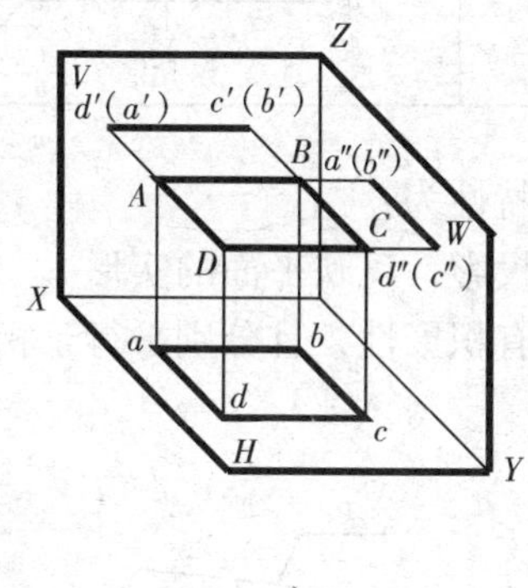

a)

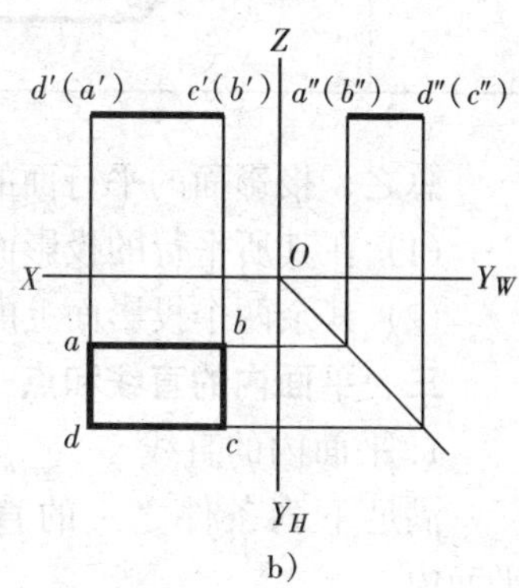

b)

图 2-30　水平面投影面

图 2-30 所示水平面四边形 *ABCD* 的投影，由于水平面平行于 *H* 面，就一定垂直于 *V* 面和 *W* 面，因此水平面的投影特性为：

（1）水平投影 *abcd* 反映四边形 *ABCD* 的实形。

（2）正面投影和侧面投影积聚为直线，且分别平行于 *OX* 轴和 OY_W 轴。

同样，正平面和侧平面也有类似的投影特性，见表 2-4。

表 2-4　投影面平行面

名称	立体图	投影图	投影特性
水平面（∥*H*）			1）*H* 面投影反映实形 2）*V*、*W* 面投影分别为平行 *OX*、OY_W 轴的直线段，有积聚性

（续）

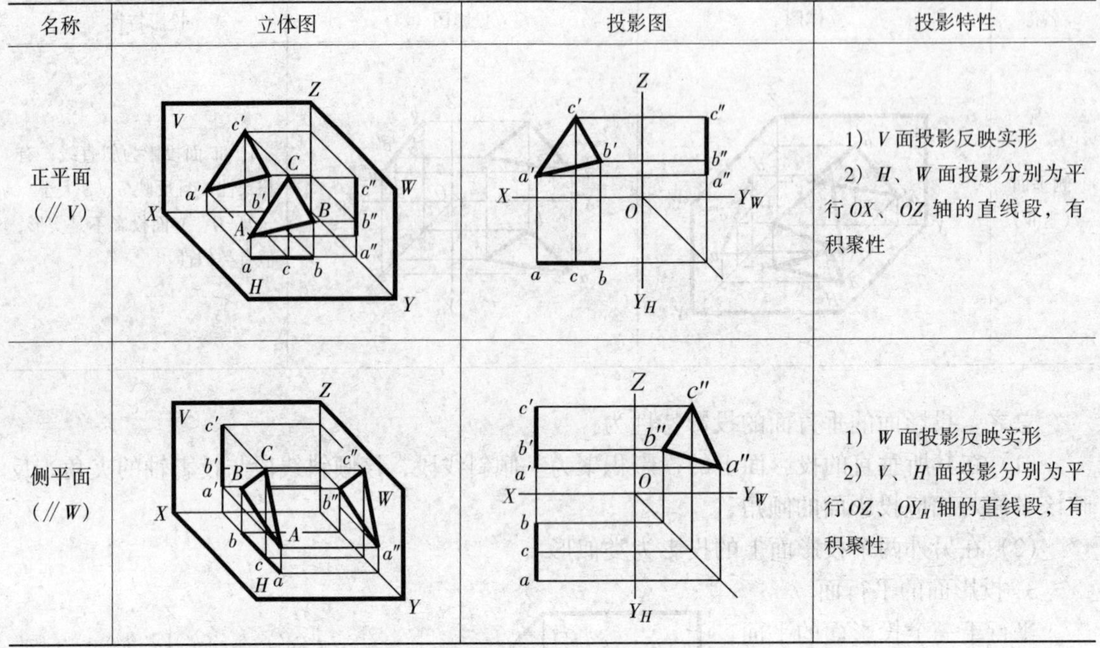

名称	立体图	投影图	投影特性
正平面（// V）			1）V 面投影反映实形 2）H、W 面投影分别为平行 OX、OZ 轴的直线段，有积聚性
侧平面（// W）			1）W 面投影反映实形 2）V、H 面投影分别为平行 OZ、OY_H 轴的直线段，有积聚性

总之，投影面的平行面的投影特性为：

（1）在其所平行的投影面上的投影，反映平面的实形。

（2）其余两个投影面上的投影有积聚性，且分别平行于相应的投影轴。

三、平面内的直线和点

1. 平面内的直线

满足下列条件之一的直线在该平面内。

（1）通过平面内的两点；

（2）通过平面内的一点，且平行于平面内的一直线。

如图 2-31a 所示，AB、AC 为两条相交直线，点 M 在直线 AB 上，点 N 在直线 AC 上，则直线 MN 必在 AB 与 AC 相交直线决定的平面 P 上，如图 2-31b 所示为其投影图。

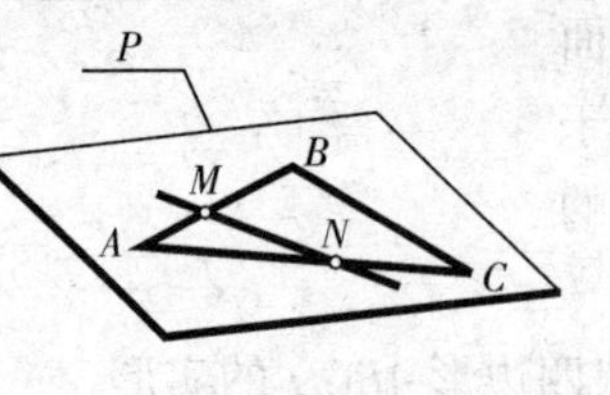

a)

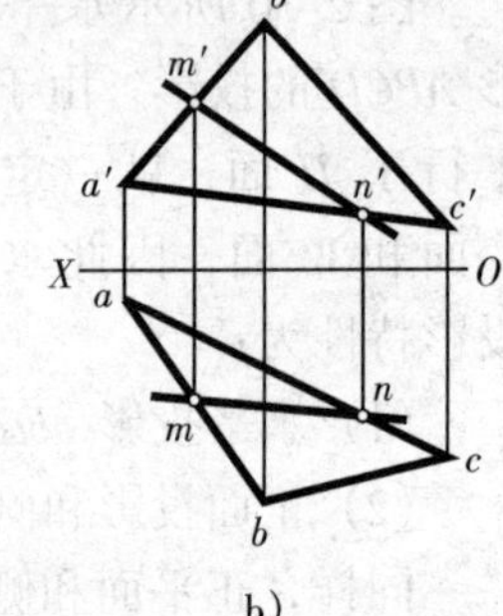

b)

图 2-31　平面上取直线（一）

又如图 2-32a 所示，DE 与 EF 两条相交直线决定一平面 Q，在 DE 上取一点 M，过 M 作 MN // EF，则 MN 必在 Q 平面上，如图 2-32b 为其投影图。

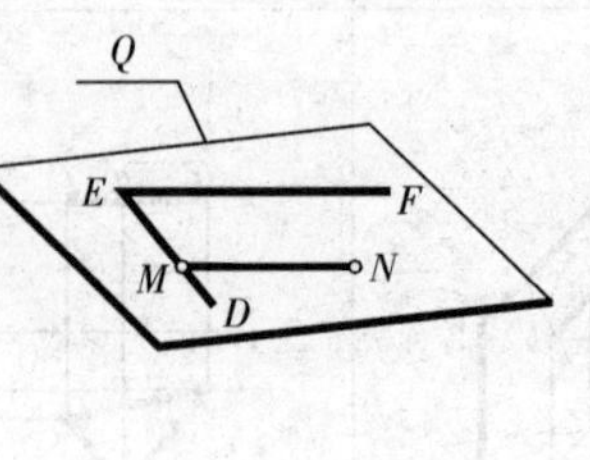

a)

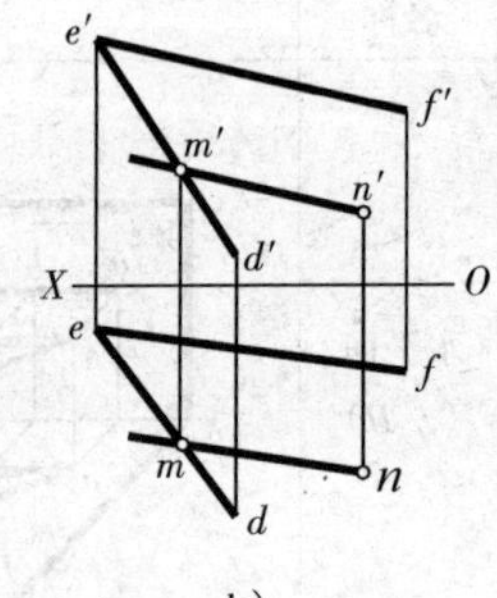

b)

图 2-32　平面上取直线（二）

2. 平面上的点

点在平面内的条件是：

如果点在平面的某一直线上，则此点必在该平面内。

如图 2-33a 所示，两条相交直线 AB 和 BC 决定一平面，点 D 在直线 AB 上，点 E 在直线 BC 上，因此，点 D 及 E 均在 AB 和 BC 所决定的平面上，图 2-33b 为其投影图。

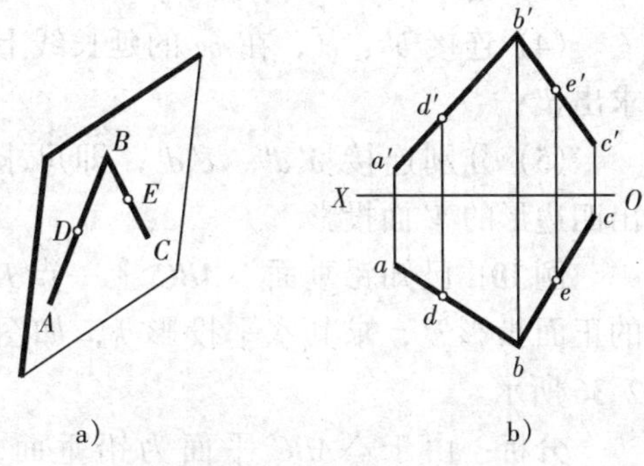

图 2-33　平面上的点

例 8：已知△ABC 面内一点 K 的 H 面投影 k，试求其 V 面投影 k'，如图 2-34 所示。

分析：点 K 在平面内，则必在平面内的一条直线上。所以过点的已知投影 k，任作面内一辅助直线，可以求出此线的 V 面投影，即可求出 k'。引辅助线时，应使作图尽量简单，可以过平面内两已知点作辅助线，如图 2-34a 所示；也可以过平面内一已知点，作平面内已知直线的平行线，如图 2-34b 所示，还可以任意引得，如图 2-34c 所示。其中图 2-34a 最简单。

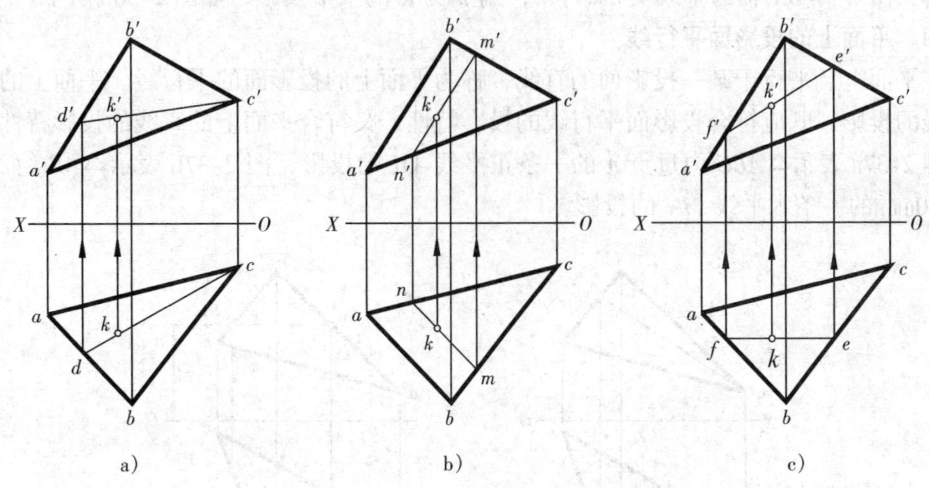

图 2-34　在平面上作点

解：(1) 连 ck，并延长使其与 ab 交于 d。

(2) 在 $a'b'$ 上求出 d'，连接 $d'c'$。

(3) 据 k' 在 $d'c'$ 上求出 k'。

例 9：已知四边形 $ABCD$ 的 H 面投影 $abcd$ 和 V 投影 $a'b'c'$，如图 2-35 所示，试完成其 V 面投影。

分析：A、B、C 三点确定一个平面，它们的 H、V 面投影均已知。因此，完成四边形 $ABCD$ 的 V 面投影，实际上就是已知 ABC 平面内一点 D 的 H 面投影 d，求其 V 面投影 d'。

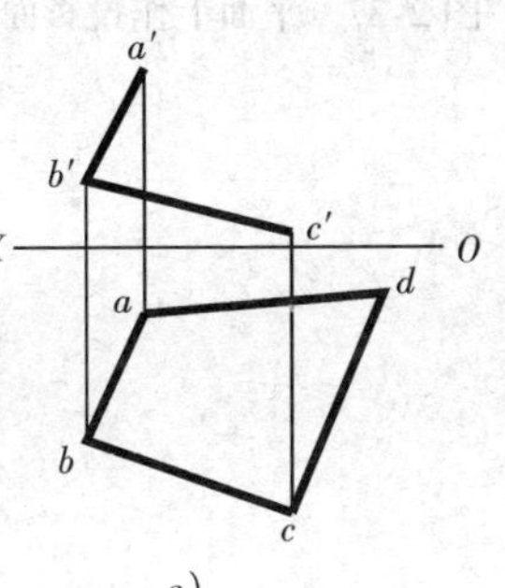

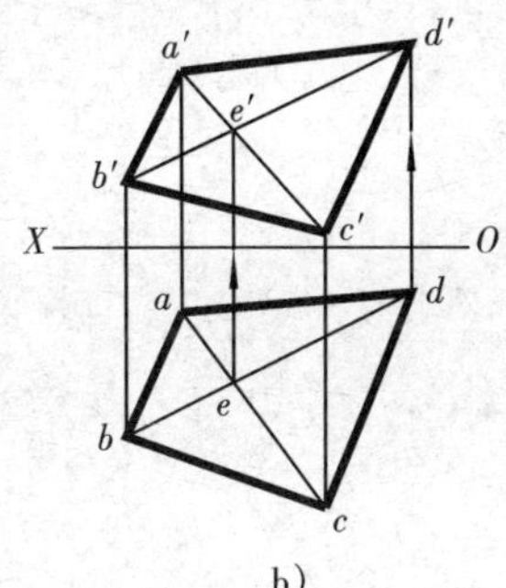

图 2-35　完成四边形的投影

解：(1) 连接 a、c 和 a'、c'，得辅助线 AC 的投影；

(2) 连接 b、d 交 ac 于 e；

(3) 由 e 在 $a'c'$ 上求出 e'；

(4) 连接 b'、e'，在 be 的延长线上求出 d'；

(5) 分别连接 $a'd'$、$c'd'$，即可求出四边形的 V 面投影。

例 10：已知铅垂面△ABC 上一点 K 的正面投影 k'，求其水平投影 k，如图 2-36 所示。

分析：由于△ABC 平面为铅垂面，其水平投影有积聚性，所以平面上点的水平投影也必在平面的水平投影上，即在积聚的直线上。

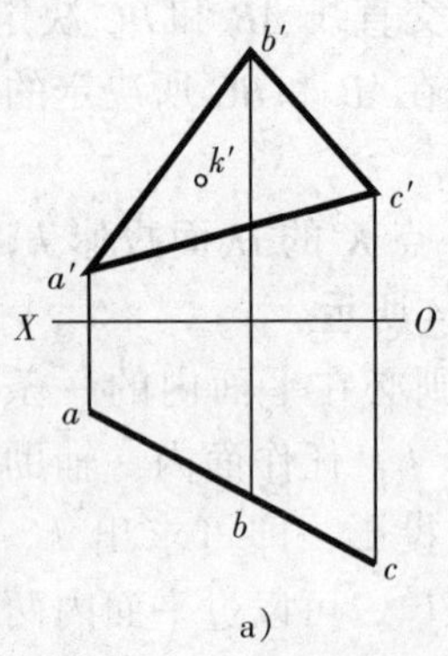

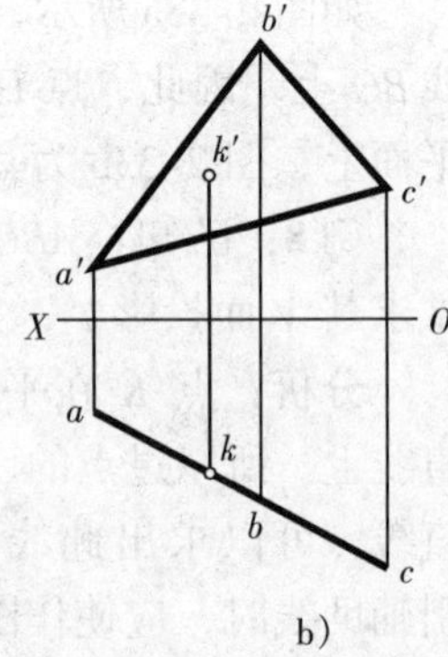

图 2-36　求铅垂面上点的投影

解：由 k' 作 OX 轴的垂线交 abc 于 k，则 k 为 K 的水平投影，如图 2-36b 所示。

四、平面上的投影面平行线

在平面上且平行于某一投影面的直线，称为平面上的投影面的平行线。平面上的投影面平行线的投影，既应符合投影面平行线的投影特性，又符合平面上的直线的投影特性。

图 2-37a 表示△ABC 内过点 A 的一条正平线 AM 的投影，图 2-37b 表示△ABC 面内距 H 面为 20mm 的一条水平线 MN 的投影。

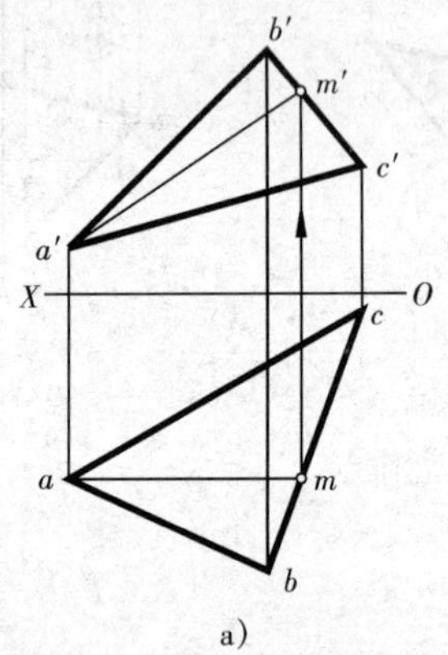

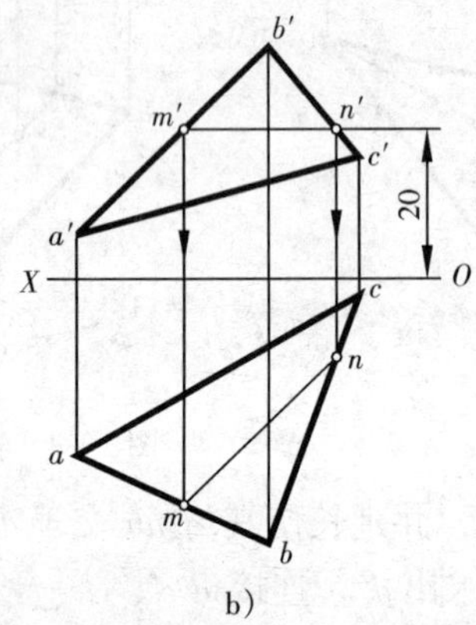

图 2-37　平面上作投影面平行线

第三章　直线与平面、平面与平面的相对位置

直线与平面及平面与平面之间的相对位置可分为平行、相交、垂直三种情况，垂直为相交的特殊情况。

第一节　平 行 问 题

一、直线与平面平行

根据初等几何所述，一直线与平面上任一直线平行，则直线与该平面平行，如图 3-1a 所示。直线 AB∥直线 CD，直线 CD 属于△DEF，所以直线 AB∥△DEF，图 3-1b 表示了直线与平面平行的投影特征，由于 ab∥cd，$a'b'$∥$c'd'$，所以，直线 AB∥直线 CD，又因为直线 CD 属于△DEF，所以直线 AB∥△DEF。

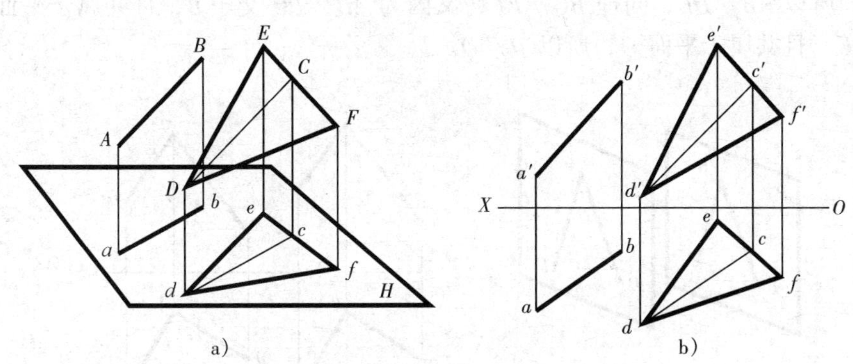

图 3-1　判断直线与平面平行

例 1：过已知点Ⅰ（1，1′），作平面与直线 AB（ab，$a'b'$）平行，见图 3-2。

解：若过点作直线与 AB 直线平行，则含此直线所作的平面均平行于直线 AB，所以过点Ⅰ，可作无穷个平面与直线 AB 平行。

例 2：判断直线 AB 与△Ⅰ Ⅱ Ⅲ是否平行，见图 3-3。

解：在△Ⅰ Ⅱ Ⅲ中任取一点 C，作 CF∥AB，判断 CF 是否在平面△Ⅰ Ⅱ Ⅲ内，若在，则直线 AB∥△Ⅰ Ⅱ Ⅲ，反之，则直线 AB 不平行于△Ⅰ Ⅱ Ⅲ。

（1）取 1′2′上一点 c'，作 $c'f'$∥$a'b'$，cf∥ab。

（2）从图 3-3 中可以看出，f'在 2′3′上，f 在 23 上，且符合点的投影规律，所以 CF 属于△Ⅰ Ⅱ Ⅲ，故直线 AB 平行于△Ⅰ Ⅱ Ⅲ。

二、平面与平面平行

根据初等几何定理：若一平面内的相交两直线与另一个平面内的相交两直线平行，则此两平面平行。

如图 3-4a 所示，平面 P 内相交两直线 AB、BC，分别与平面 Q 内相交两直线 DE、EF

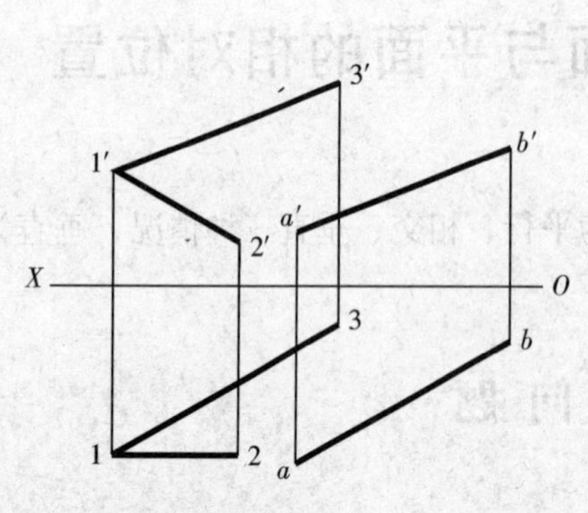

图 3-2　含定点作平面与定直线平行

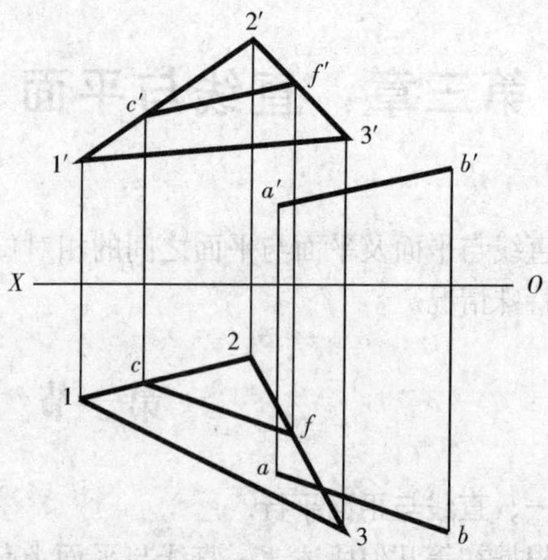

图 3-3　判断直线与平面是否平行的作图

平行，即 $AB /\!/ DE$，$BC /\!/ EF$，所以，平面 $P /\!/$ 平面 Q，图 3-4b 为其投影图。因为 $ab /\!/ de$，$a'b' /\!/ d'e'$，所以 $AB /\!/ DE$，同理 $BC /\!/ EF$，又因为 AB、BC 交于 B，且共属于平面 P，DE 与 EF 交于 E，且共属于平面 Q，所以 $P /\!/ Q$。

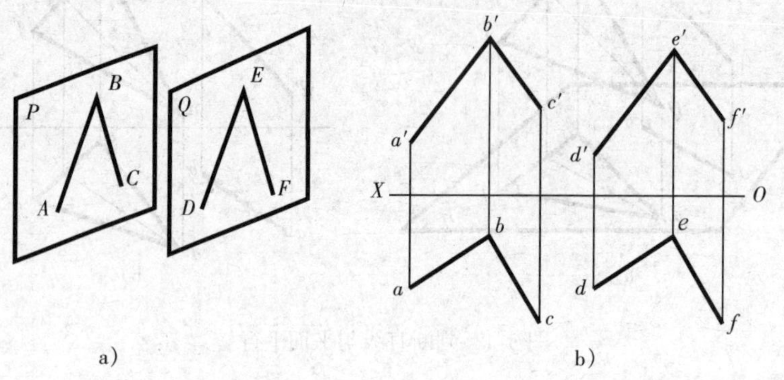

图 3-4　判断平面与平面平行

例 3：过点 Ⅰ 作平面平行于△*ABC* 平面，如图 3-5 所示。

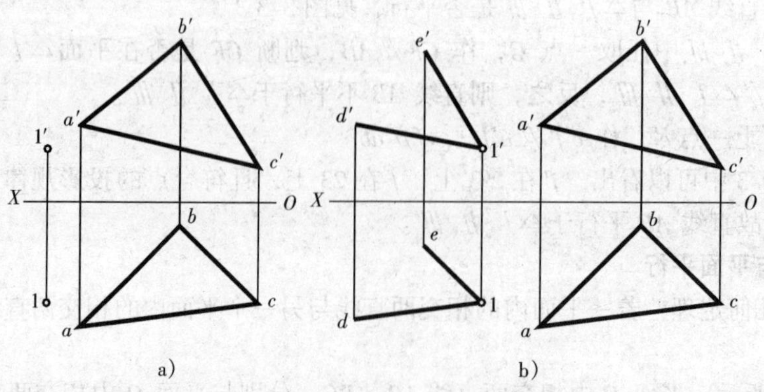

图 3-5　过点 Ⅰ 作平面与已知平面平行

解：只要过点Ⅰ作两相交直线，且分别平行于△*ABC* 的任两条边，则所作两相交直线所确定的平面即与△*ABC* 平面平行。

作 $1'e' /\!/ b'c'$ $1e /\!/ bc$

$1'd' /\!/ a'c'$ $1d /\!/ ac$

则平面、*E* Ⅰ *D* 即为所求。

例 4：判断四边形 *ABCD* 与△*EFG* 是否平行，见图 3-6。

解：

分析：要判别两平面是否平行，只要看能否在一个平面上做出一对相交直线与另一个平面上的一对相交直线平行，能做出，则平行，反之，则不平行。

作图：

(1) 过 a' 作 $a'1' /\!/ e'g'$，$a'2' /\!/ e'f'$；

(2) 作出 $a1$，$a2$，显然 $a1$ 不平行 eg，$a2$ 不平行 ef。

所以，四边形 *ABCD* 与△*EFG* 不平行。

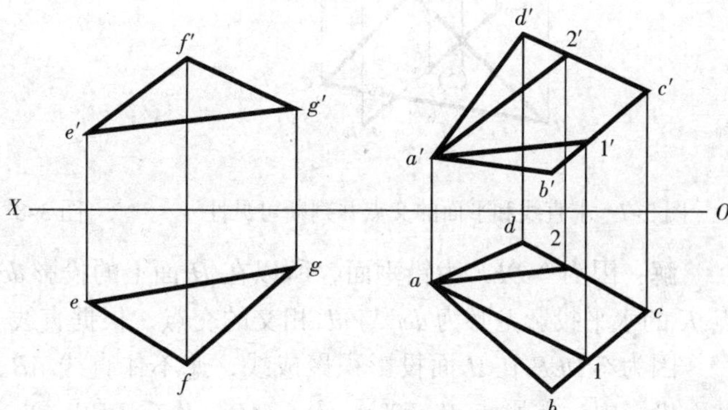

图 3-6 判断两平面是否平行

第二节 相 交 问 题

直线和平面相交，交点是直线和平面的共有点。两平面相交于一条直线，交线是两平面的共有线，直线与平面相交与两平面相交均可归纳为以下两种情况：

一、特殊情况

1. 一般位置直线与特殊位置平面相交

由于特殊位置平面的某些投影有积聚性，因此，直线与特殊位置平面相交，可利用该平面投影的积聚性，直接求出交点的一个投影，然后再利用点的投影规律，或点的所属性原则，求交点的其它投影。

如图 3-7 所示，一般位置直线 *MN* 与正垂面△*ABC* 相交，△*ABC* 在 *V* 面的投影为直线 $a'b'c'$，因为交点属于△*ABC*，所以交点的 *V* 面投影一定在 $a'b'c'$ 上。又因为交点又属于 *MN*，所以交点的 *V* 面投影也一定在 $m'n'$ 上，所以 $a'b'c'$ 与 $m'n'$ 的交点 k' 一定为 *MN* 与△*ABC* 交点 *K* 的正面投影，已知 k' 利用点的所属性原则，可求出 *K* 在 *H* 面的投影 *k*。

为了增加图形的直观性，需要判别直线与平面的重影部分的可见性，交点的投影为线段投影可见性的分界点，规定可见部分画粗实线，不可见部分画虚线。

判断可见性的一般方法是利用交叉直线的重影点。在图 3-7 中，判断 *MN* 在 *H* 面投影的可见性时，找出交叉直线 *MN* 与 *AB* 对 *H* 面的一对重影点 1 (2)，Ⅰ∈*MN*，Ⅱ∈*AB*，分别求其 *V* 面投影 $1'$，$2'$，$Z_{Ⅰ} > Z_{Ⅱ}$，所以 $k1$ 可见，画粗实线。故而知另一段不可见，画虚线。

例 5：求直线 *AB* 与铅垂面△*DEF* 的交点，见图 3-8。

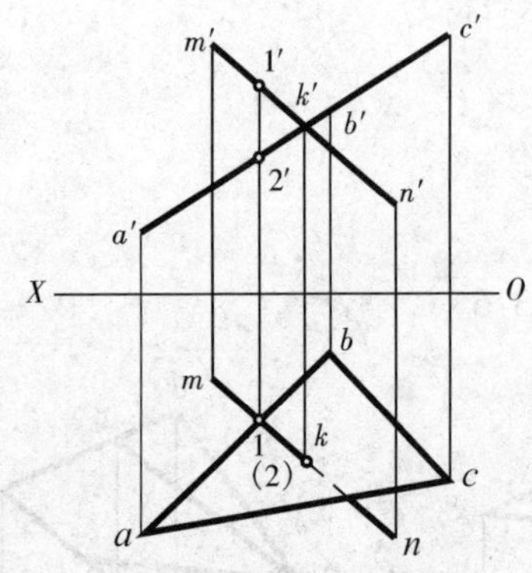

图 3-7　求直线和平面的交点并判断可见性

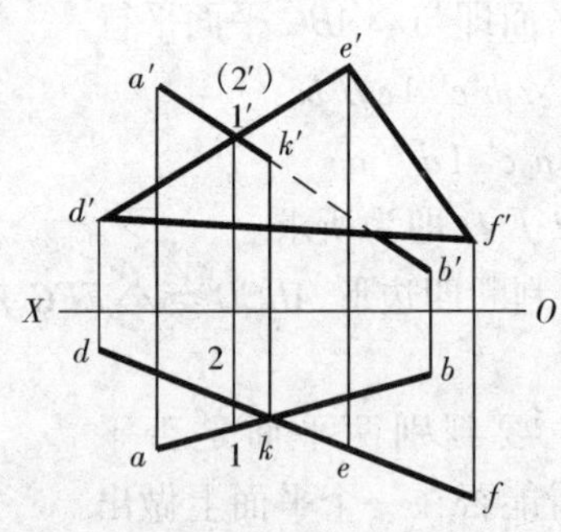

图 3-8　求直线与平面的交点并判断可见性

解：因为△*DEF* 为铅垂面，所以在 *H* 面上的投影 *def* 有积聚性，直线 *AB* 与△*DEF* 的交点 *K* 的水平投影 *k* 必为 *def* 与 *ab* 相交的交点，根据直线上点的投影规律，由 *k* 求出 *k'*。

因为△*DEF* 在 *H* 面投影积聚成线，遮不住直线 *AB*，所以水平投影 *ab* 全部可见，但在 *V* 面投影中，重影点 1'（2'），$I \in AB$，$II \in DEF$，$Y_I > Y_{II}$，所以 *k'* 1' 可见，画粗实线，而交点另一侧则不可见，为虚线。

2. 投影面垂直线与一般位置平面相交

投影面的垂直线与一般位置平面相交，其交点的一个投影重合在直线有积聚性的投影上，而另一个投影则可利用交点属于平面，用面上取点的方法求出。

例 6：求正垂线 *EF* 与一般位置平面△*ABC* 的交点，见图 3-9。

解：因为 $EF \perp V$ 面，所以 *e'*(*f'*) 积聚为一点，交点 *K* 的 *V* 面投影（*k'*）与 *e'*(*f'*) 重合。因为 $K \in ABC$，所以 $k' \in a'b'c'$，利用面内取点的辅助线法求出 *k*。

选择 *EF* 与 *AC* 对 *H* 面的重影点，判别直线对面投影的可见性，如图 3-9 所示。

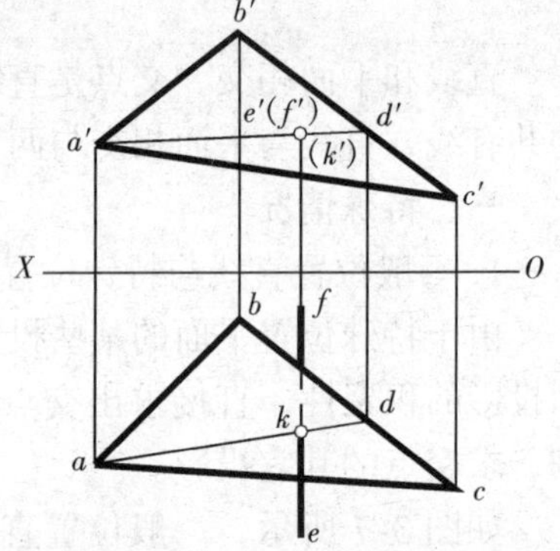

图 3-9　特殊位置直线与一般位置平面相交

3. 一般位置平面与特殊位置平面相交

两平面相交，其交线为一条直线。求两平面交线就是求两平面的共有线，也可求任意两个共有点的连线，也可求一个共有点，并确定交线方向。

如图 3-10a、b 为一般位置平面△*ABC* 与铅垂面 *EFGH* 相交，只要求出交线 *MN* 上的两个点 *M*、*N*，连接即为所求，而 *M* 为 *AC* 与 *EFGH* 的交点，*N* 为 *BC* 与 *EFGH* 的交点，平面与平面相交，转化为求直线与平面的交点的作图。

（1）求直线 *AC* 与 *EFGH* 的交点，在 *H* 面上求得 *ac* 与 *ef*(*g*)(*h*) 的交点 *m*，由 *m*→*m'*。

（2）求直线 *BC* 与 *EFGH* 的交点，在 *H* 面上求得 *bc* 与 *ef*(*g*)(*h*) 的交点 *n*，由 *n*→*n'*。

（3）连接 *mn*，*m'n'* 即为所求交线的投影。

（4）判别可见性。交线 *MN* 为两相交平面可见与不可见的分界线，△*ABC* 以 *MN* 为界，*ABNM* 在 *EFGH* 之前，则 *ABNM* 在正投影上可见，即 *a'b'n'm'* 画粗实线。交线另一侧 *MNC*

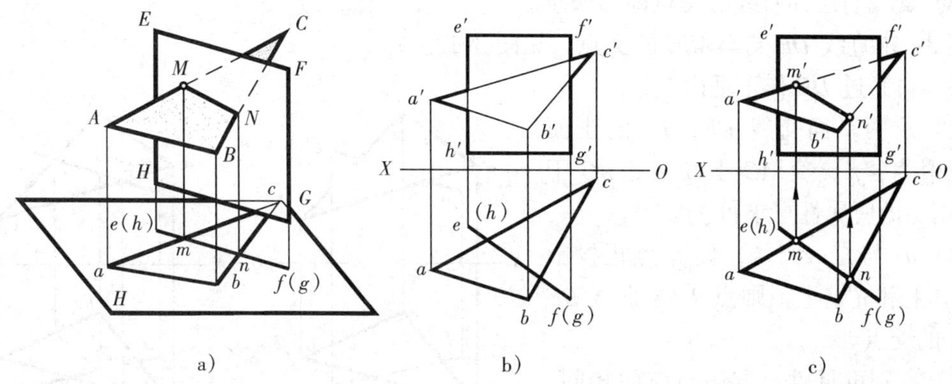

图 3-10　一般位置平面与投影面垂直面相交

在 *EFGH* 后，则二平面重合部分不可见，画虚线，其余画粗实线。又因为 *EFGH* 在 *ABC* 之后，所以 $e'h'$ 与△$a'b'c'$ 重合部分画虚线，两平面的水平投影均为可见。

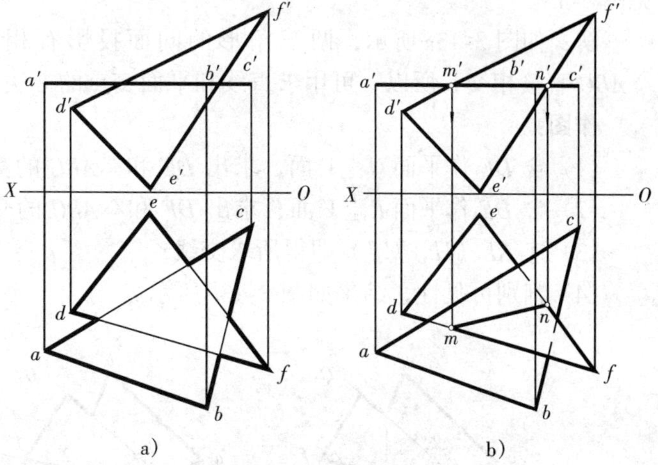

图 3-11　一般位置平面与投影面平行面相交

例 7：求一般位置平面△*DEF* 与水平面△*ABC* 的交线，见图 3-11。

解：

分析：求两平面交线，可求△*DEF* 中任二条边与△*ABC* 的交点，连接即可。

作图：（1）求△*DEF* 的边 *DF* 与△*ABC* 的交点。

因为△*ABC* 为水平面，所以 *V* 面投影积聚成直线 $a'b'c'$，找出 $a'b'c'$ 与 $d'f'$ 的交点 m'，并求出 m，见图 3-11b，即得交点 $M(m, m')$。

（2）求直线 *EF* 与△*ABC* 的交点，同上，可求得 $a'b'c'$ 与 $e'f'$ 的交点 n' 及 n，得交点 $N(n,\ n')$；

（3）连接 mn，$m'n'$，可得交线 *MN* 的 *H* 面和 *V* 面投影；

（4）判断可见性，正投影均可见，因为 *MN* 为可见与不可见分界线，且 *MNF* 在△*ABC* 之上，所以 mnf 可见，反之，*MDEN* 在△*ABC* 之下，所以水平投影重合部分不可见，见图 3-11b。

二、一般情况

1. 一般位置直线与一般位置平面相交

当直线和平面都处于一般位置时，交点的求法如下：

（1）过已知直线作辅助平面。为作图方便，辅助平面一般应做成特殊位置平面，可利用其积聚性；

（2）求辅助平面与已知平面的交线。

(3) 交线与已知直线的交点即为所求。

例 8：求直线 DE 与△ABC 的交点，见图 3-12。

解：(1) 过 DE 作正垂面 P_V。

(2) 求两平面交线 GF，P_V 的正面投影积聚为 $g'f'$，交 AC 于 G，交 BC 于 F，利用点的所属性可求得 gf。

(3) de 与 fg 交于 k，且 K 点正投影 k' 在 $g'f'$ 上和 $d'e'$ 上，则点 K 为直线 DE 与 ABC 的交点。

(4) 判别可见性，方法与前面相同，结果如图 3-12b 所示。

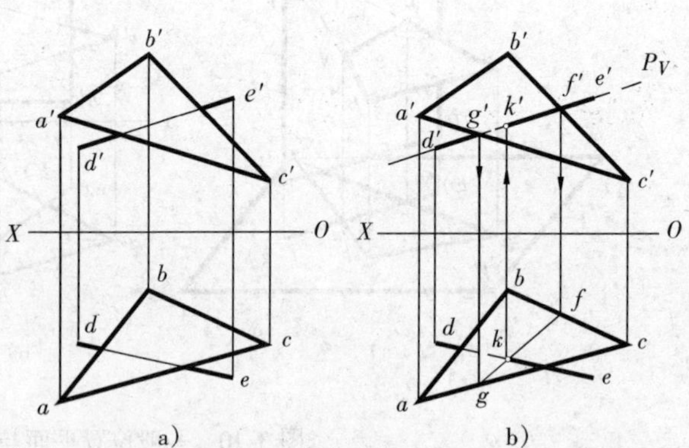

图 3-12 作辅助平面 P，求直线与平面的交点

a) 已知 b) 作图求解

2. 一般位置平面与一般位置平面相交

例 9：求△ABC 和△DEF 的交线，见图 3-13。

解：如图 3-13a 所示，两三角形的同面投影有相互重叠的部分，且 DE 与 DF 均与△ABC 直接相交，所以，可用求直线和平面交点的方法求出两个共有点，连接即为所求。

作图：

(1) 含 DE 作平面 $Q \perp V$ 面，求出 DE 和△ABC 的交点 K，画法见图 3-13a；

(2) 含 DF 作平面 $R \perp V$ 面，求出 DF 和△ABC 的交点 L，画法同上，见图 3-13b；

(3) 连 KL（kl，$k'l'$）即得所求交线；

(4) 判别可见性，结果如图 3-13c 所示。

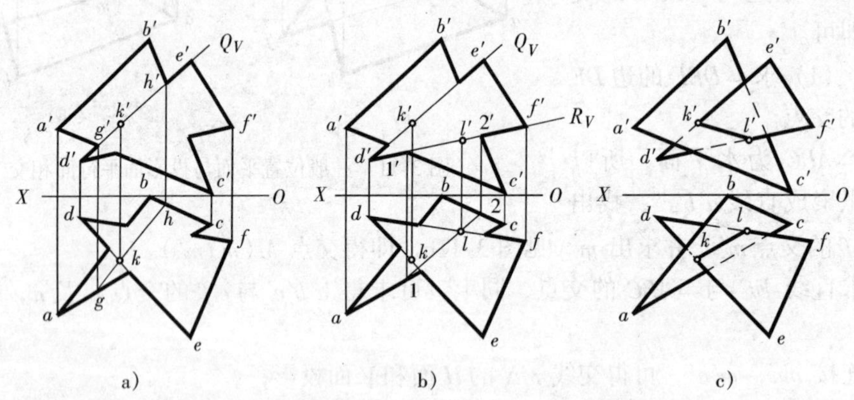

图 3-13 利用线面交点法确定两平面图形的交线

第三节 垂 直 问 题

一、直线和平面垂直

从初等几何定理可知，如图 3-14 所示，直线 $L \perp P$ 面内相交直线 AB、CD，则 $L \perp P$ 面。

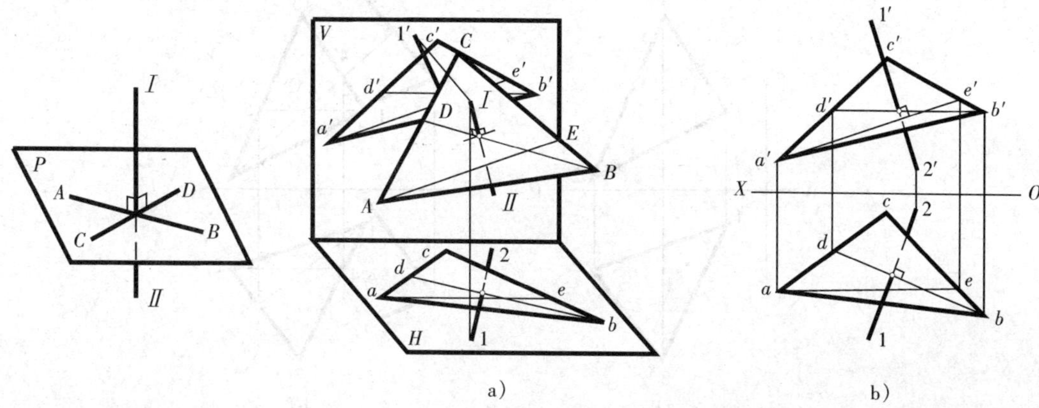

图 3-14　直线垂直于平面的条件　　　图 3-15　直线垂直于平面的投影特性

如图 3-15a 所示，直线Ⅰ Ⅱ ⊥△*ABC*，则必垂直于平面内的水平线 *BD* 和正平线 *AE*，根据直角投影特性可得：$12 \perp bd$，$1'2' \perp a'e'$，由此可得：若直线与平面垂直，则直线的水平投影垂直于平面内的水平线的水平投影，直线的正面投影垂直于平面内的正平线的正面投影；反之，若直线与平面的投影具备上述条件，则直线与平面垂直。

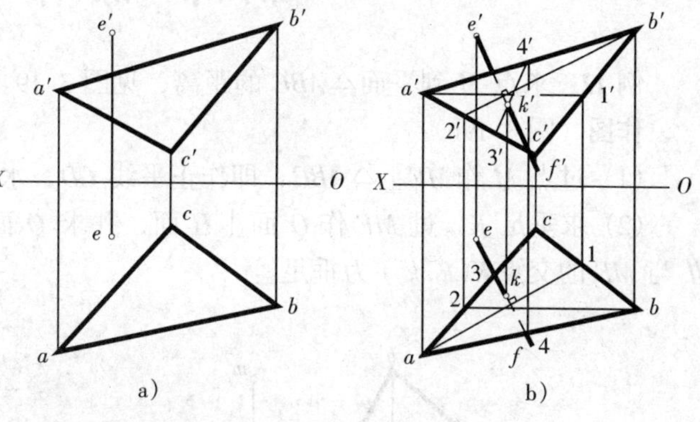

图 3-16　过点 *E* 作 *EF*⊥△*ABC*

a) 已知　b) 作图求解

例 10：过点 *E* 作直线垂直于△*ABC*，并求交点，见图 3-16。

解：(1) 在△*ABC* 中，过点 *A* 作水平线 *A*Ⅰ，并求其投影 $a'1'$，$a1$。

(2) 在△*ABC* 中，过点 *B* 作正平线 *B*Ⅱ，并求其投影 $b2$，$b'2'$。

(3) 过 e' 作 $e'f' \perp b'2'$，过 e 作 $ef \perp a1$，则 *EF* 即为所求。

(4) 求交点——垂足 k，并判别可见性。

二、两平面垂直

如图 3-17 所示，直线 *L*⊥平面 *P*，且 *L*∈平面 *Q*，则平面 *Q*⊥平面 *P*，也就是说，如果一个平面经过另一个平面的垂线，则这两个平面相互垂直。

例 11：过点 *A* 作平面垂直于△Ⅰ Ⅱ Ⅲ。

解：(1) 在△$1'2'3'$ 中，作 $1'5'$ // *X* 轴，并求出 15，在△123 中作 24 // *X* 轴，并求出 $2'4'$（图 3-18）。

(2) 过 a' 作 $a'c' \perp 2'4'$，过 a 作 $ac \perp 15$，则直线 *AC*⊥△Ⅰ Ⅱ Ⅲ。

(3) 含点 *A* 作任意直线 *AB*，则 *AB*×*AC* 所在平面⊥△Ⅰ Ⅱ Ⅲ。

注：本题中，*AC* 为唯一的，但过 *AC* 作△Ⅰ Ⅱ Ⅲ 的垂直平面可有无穷多个解，上例仅是其中之一。

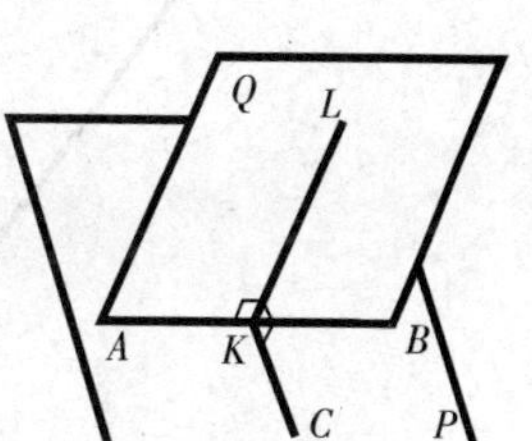

图 3-17　两平面垂直的条件

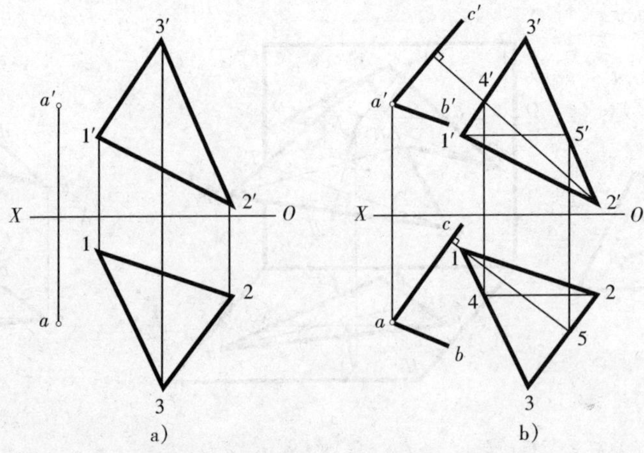

图 3-18 过点 A 作平面垂直于△Ⅰ Ⅱ Ⅲ

a）已知 b）作图求解

第四节 综 合 举 例

例 12：求点 M 到平面△ABC 的距离，见图 3-19。

作图（图 3-19b）：

(1) 过点 M 作 MF⊥△ABC，即作正平线 CD，水平线 AE，mf⊥ae，$m'f'$⊥$d'c'$。

(2) 求垂足 K，过 MF 作 Q 面⊥H 面，并求 Q 面与△ABC 的交线 Ⅰ Ⅱ（12,1′2′），Ⅰ Ⅱ 与 MF 的交点 $K(k,k')$ 为垂足。

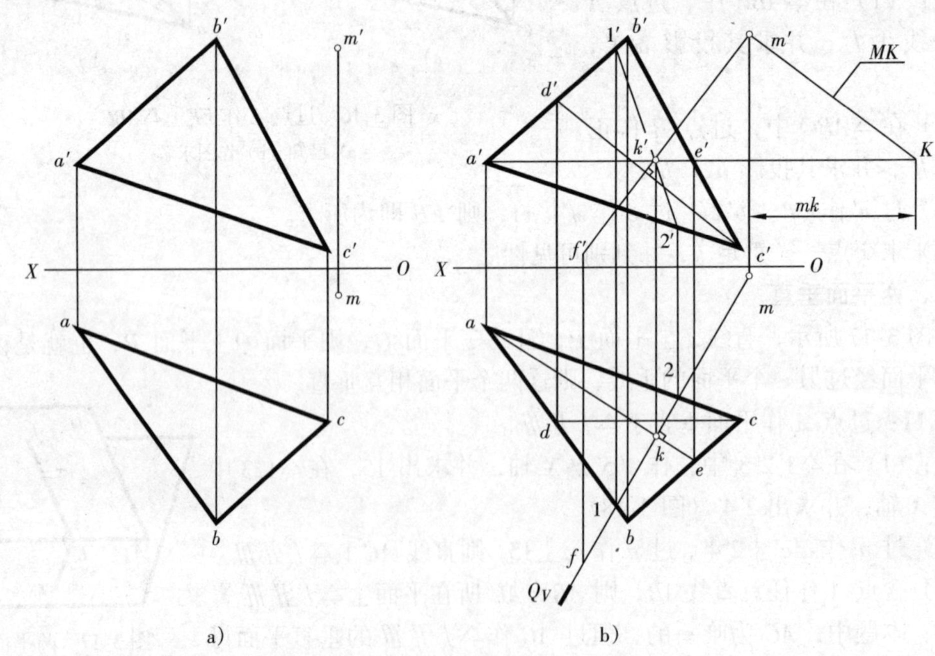

图 3-19 求点 M 到平面△ABC 的距离

(3) 用直角三角形法求 MK 实长，$m'k = MK$，MK 即为点 M 到△ABC 的距离。

例 13：已知点 A 到△CGH 的距离为 15mm，见图 3-20，求 a。

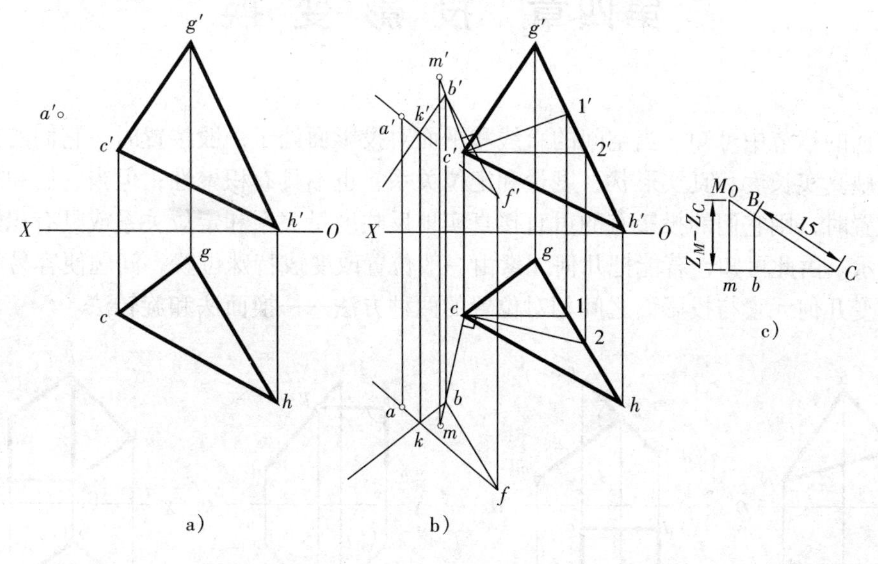

图 3-20　已知点 A 到平面的距离，据 a' 求 a

a) 已知　b) 作图求解　c) 求垂线实长

解：(1) 过点 C 在△CGH 内作 CⅠ∥V 面，CⅡ∥H 面。

(2) 含点 C 作 CM⊥△CGH，即 $cm \perp c2$，$c'm' \perp c'1'$。

(3) 用直角三角形法求 CM 的实长，并确定实长为 15mm 的 BC 的水平投影长，如图 3-20c 所示，求出 b，b'。

(4) 含点 B 作平面平行于△CGH。

(5) 在所作平面内含点 A 作直线 $FK(fk, f'k')$，在 fk 上根据 a' 求出 a。

第四章　投 影 变 换

从前面的章节中可知，当空间的直线和平面对投影面处于一般位置时，它们的投影都不能直接反映真实长度和真实形状、度量和定位关系，也不具有积聚性；但当它们和投影面处于特殊位置时，则它们的投影有的可直接真实地反映度量关系和定位关系或具有积聚性，如图 4-1 所示。由此可知，若能把几何元素由一般位置改变成特殊位置，问题便容易解决。本章介绍改变几何元素与投影面之间相对位置的两种方法——换面法和旋转法。

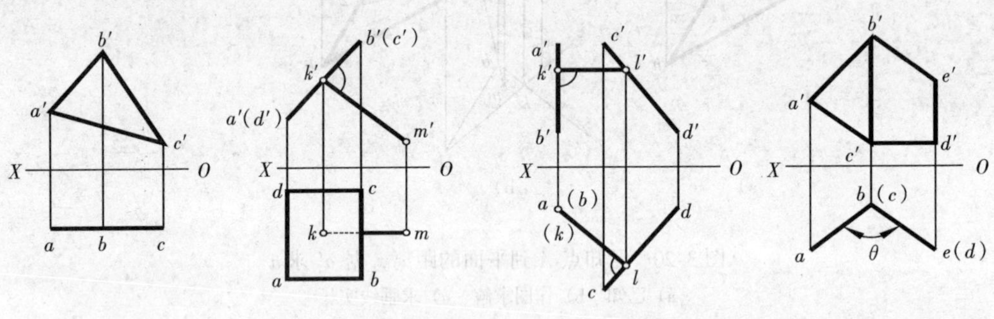

a）△$a'b'c'$反映△ABC平面的真形　b）$m'k'$反映M点到$ABCD$平面的距离（MK）　c）kl反映交叉两直线AB、CD的距离（KL）　d）∠abe反映平面△ABC与平面$BCDE$的夹角θ

图 4-1　特殊位置几何元素的度量

一、更换投影面——换面法

几何元素不动，更换投影面，使空间几何元素对新的投影面的相对位置处于有利于解题的特殊位置，然后求出几何元素在新投影面上的投影，这种方法称为更换投影面法，简称换面法，如图 4-2a 所示。处于 V/H 投影体系中的铅垂面△ABC 的两个投影不反映实形，如果用平行于△ABC，同时又垂直于 H 面的 V_1 面替换 V 面，那么，在 V_1/H 投影体系中△ABC 成为正平面，它在 V_1 面上的投影△$a_1'b_1'c_1'$则反映实形。

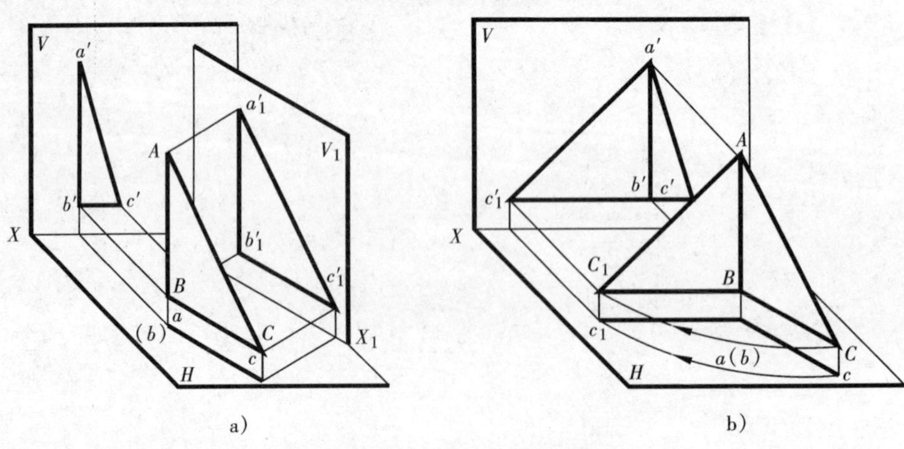

a)　b)

图 4-2　投影变换的两种基本方法

二、旋转几何元素——旋转法

投影面不动，绕某一轴线旋转空间几何元素，使之与投影面之间处于有利于解题的特殊位置，然后求出旋转后的新投影，这种方法称为旋转法。轴线的位置选择视作图方便而定，本书只研究绕垂直轴旋转的情况，如图 4-2b 所示。V/H 投影体系不变，使其中的铅垂面 $\triangle ABC$ 绕铅垂轴 AB 旋转到与 V 面平行的位置，此时 $\triangle ABC_1$ 成为正平面，其正面投影 $\triangle a'b'c_1'$ 则反映平面实形。

下面分别介绍这两种方法。

第一节　换　面　法

一、点的换面

1. 使用换面法遵守的原则

(1) 在新建的投影面体系中仍采用正投影法。

(2) 新投影面必须使空间已知的几何要素处于最有利的解题位置。

(3) 新投影面必须垂直于一个原有的投影面。

2. 点的一次换面

(1) 换 V 面，如图 4-3a 所示。A 点在 V/H 投影体系中的投影为 a、a'，现令 H 面不动，用新的铅垂面 V_1（$V_1 \perp H$）来代替 V 面，形成 V_1/H 新投影体系和新投影轴为 O_1X_1。过点 A 作投射线垂直于 V_1 面，得到 V_1 面上的新投影 a_1'，a_1' 和 a 是 A 点在新体系 V_1/H 中的两个投影。然后将 V_1 面绕 O_1X_1 轴旋转到与 H 面重合的位置，得投影图，如图 4-3b、c 所示。

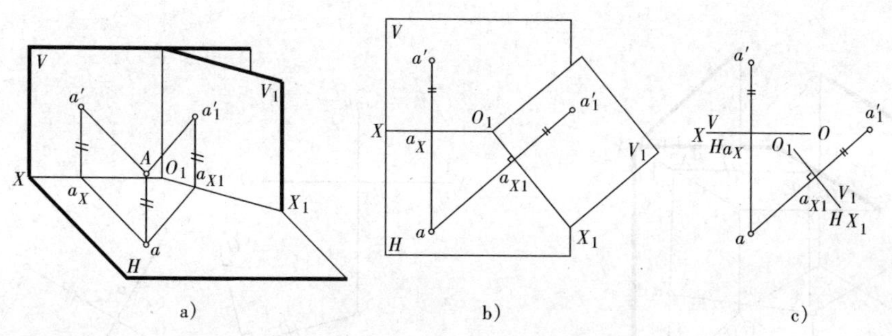

图 4-3　点的一次换面（换 V 面）

由于在 V_1/H 体系中仍采用正投影法，所以 $a_1'a \perp O_1X_1$。另外，在 V/H 体系和 V_1/H 体系中，具有公共的 H 面，所以点 A 到 H 面的距离（Z 坐标）在两个投影体系中都是相等的，$a_1'a_{X1} = a'a_X = Aa$，即更换 V 面，点的 Z 坐标不变。

(2) 换 H 面，如图 4-4a 所示。用 H_1（$H_1 \perp V$）面代替 H 面，建立新投影体系 V/H_1，新投影轴 O_1X_1，点 A 在 H_1 面的投影为 a_1，如图 4-4b、c 所示。图中 $a'a_1 \perp O_1X_1$，$a_1a_{X1} = aa_X = Aa'$，即更换 H 面，点的 Y 坐标不变。

从以上更换 V 面和更换 H 面的投影图可以总结出点的换面规律：

1) 新投影和被保留的旧投影的连线垂直于新投影轴；

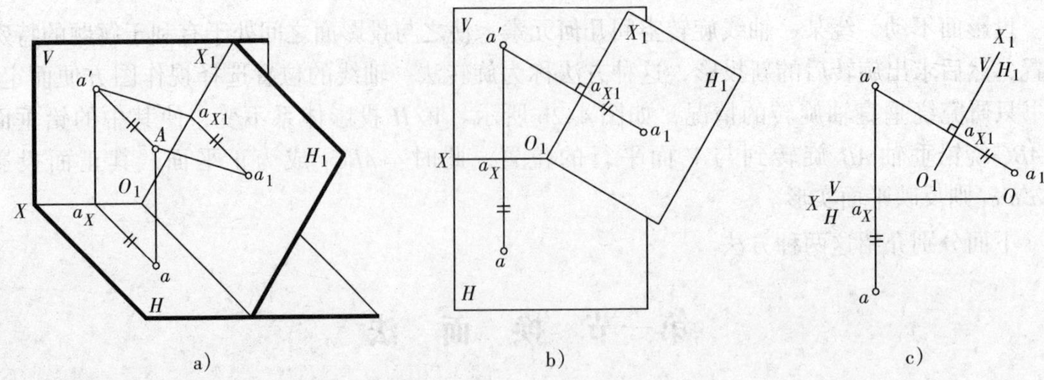

图 4-4　点的一次换面（换 H 面）

2）新投影到新投影轴的距离等于被替换的旧投影到旧投影轴的距离。

3. 点的两次换面

在解题时，有时仅一次换面不能完成，需要进行二次或多次换面。

在更换两次或两次以上的投影面时，求点的新投影的作图方法和原理，与一次换面时完全相同，只是新投影面的设置要交替更换：

$V/H \to V_1/H \to V_1/H_2 \to V_3/H_2 \cdots\cdots$ 或 $V/H \to V/H_1 \to V_2/H_1 \to V_2/H_3 \cdots\cdots$

如图 4-5a 所示，为 $V/H \to V_1/H \to V_1/H_2$ 的变化情况，其作图步骤如下：

（1）先换 V 面，以 V_1 面替换 V 面，建立 V_1/H 体系，得新投影 a_1'，此时 $a_1'a_{X1} = a'a_X$。

（2）再换 H 面，以 H_2 面替换 H 面，建立 V_1/H_2 体系，得到投影 a_2，此时 $a_2a_{X2} = aa_{X1}$，如图 4-5b 所示。

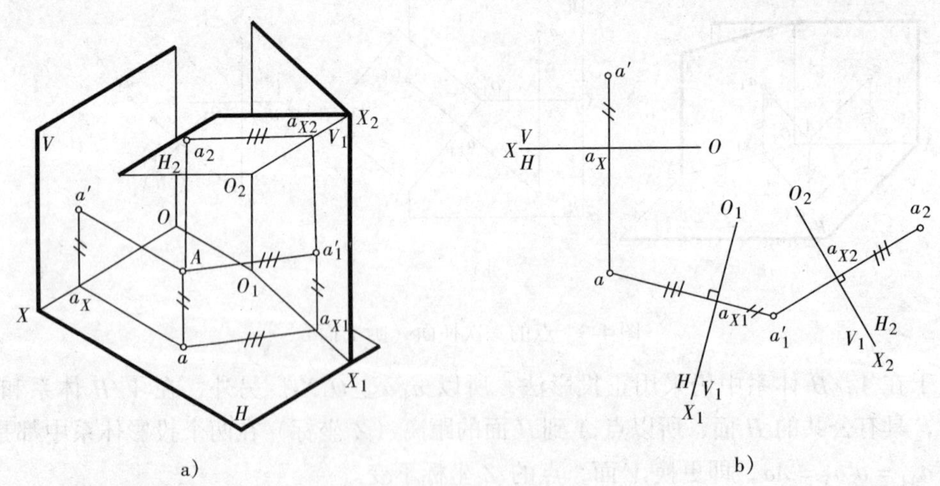

图 4-5　点的二次换面

二、直线的换面

1. 一次换面

（1）把一般位置直线变换为投影面平行线。如图 4-6a 所示，AB 在 V/H 投影体系中为一般位置直线，现选用平行于直线 AB，且垂直于 H 面的平面 V_1 为新投影面，组成新投影

体系 V_1/H。在 V_1/H 体系中，AB 成为 V_1 面的平行线，其新投影 $a_1'b_1'$ 反映直线 AB 的实长，即 $a_1'b_1' = AB$，又因在变换过程中，直线 AB 与 H 面的相对位置始终未发生改变，所以 $a_1'b_1'$ 与 O_1X_1 轴的夹角为直线 AB 与 H 面的倾角 α。

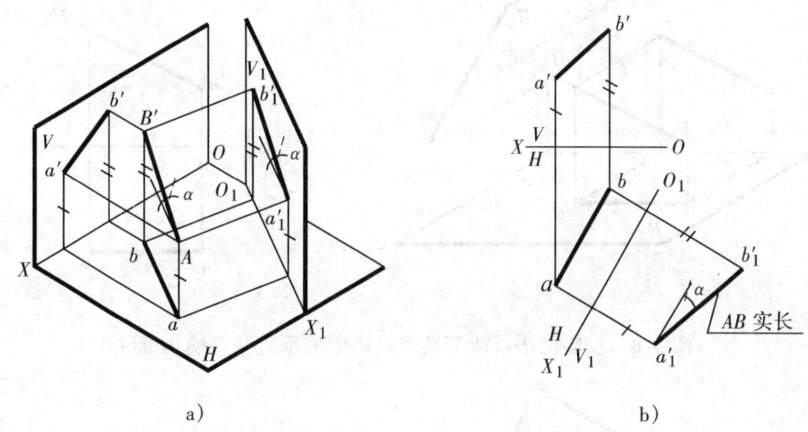

图 4-6　一般位置直线变换为投影面的平行线（换 V 面）

在图 4-6b 中，为了使新投影面 V_1 平行于直线 AB，则新投影轴 O_1X_1 应平行于 ab，新投影轴确定后，按照点的换面法，分别求出 a_1'，b_1'，连接 $a_1'b_1'$ 成为 AB 的新正面投影，且 $a_1'b_1' = AB$，$a_1'b_1'$ 与 O_1X_1 轴的夹角反映直线 AB 对 H 面的倾角 α。

图 4-7 所示为更换 H 面，求直线 AB 的实长和 V 面倾角 β 的作图过程。

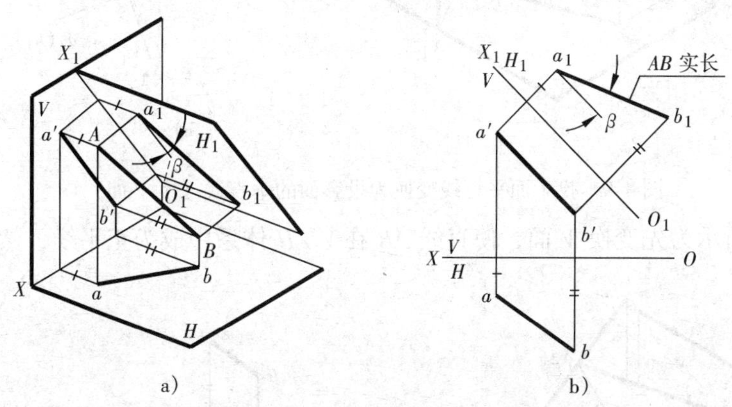

图 4-7　一般位置直线变换为投影面的平行线（换 H 面）

（2）把投影面平行线变换为投影面的垂直线。如图 4-8a 所示，在 V/H 体系中，AB 为正平线，要使 AB 变换为新投影面的垂直线，所选的新投影面 H_1 应垂直于正平线 AB，因此它必垂直于投影面 V。直线 AB 在新投影 V/H_1 体系中为铅垂线，作图方法如图 4-8b 所示，图中 $O_1X_1 \perp a'b'$。

图 4-9 所示为更换 V 面，一次换面，将水平线变换为 V_1 面的正垂线。

2. 二次换面

若将一般位置直线变换为投影面的垂直线，必须变换两次投影面。第一次把一般位置直线变换为投影面平行线；第二次再把投影面平行线变换为投影面垂直线。

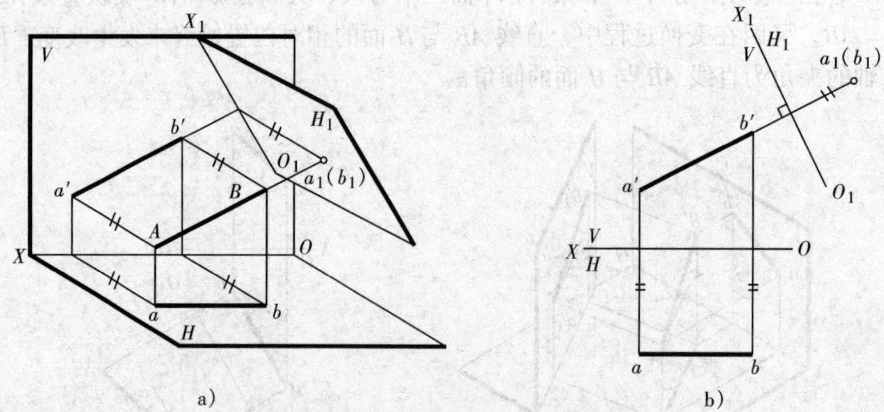

图 4-8 投影面平行线变换为投影面的垂直线（换 H 面）

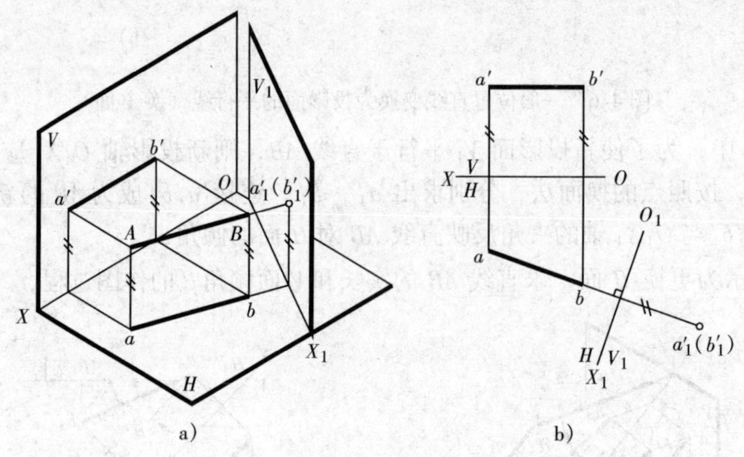

图 4-9 投影面平行线变换为投影面的垂直线（换 V 面）

如图 4-10 所示为先变换 V 面，使直线 AB 在 V_1/H 体系中成为正平线，然后再换 H 面，

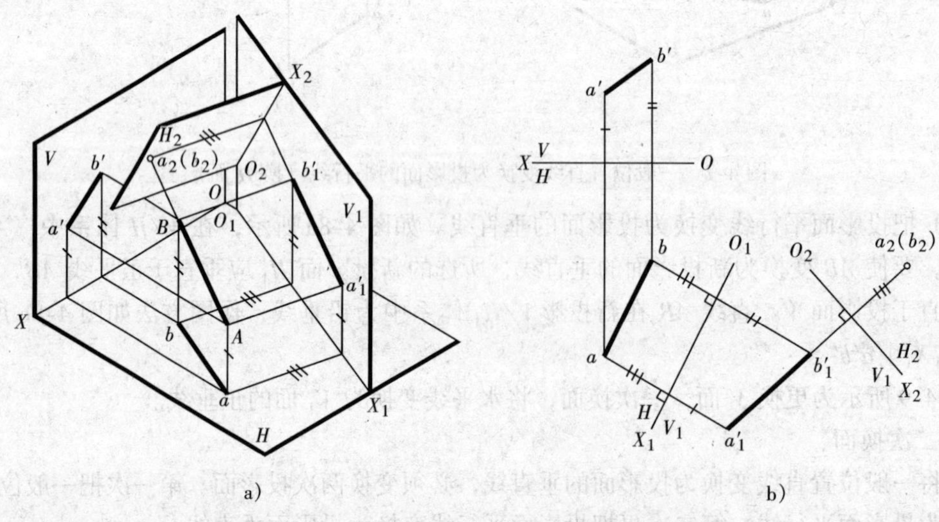

图 4-10 一般位置直线变换为投影面的垂直线

使直线 AB 在 V_1/H_2 体系中成为铅垂线。其作图方法如图 4-10b 所示，其中 $O_1X_1 /\!/ ab$、$O_2X_2 \perp a_1'b_1'$。

以上是先变换 V 面，后变换 H 面，两次换面，使一般位置直线 AB 成为铅垂线。

同理，也可以经 $V/H \to V/H_1 \to V_2/H_1$ 变换，使一般位置直线成为正垂线。

三、平面的换面

1. 一次换面

(1) 把一般位置平面变换为投影面垂直面。为使一般位置平面与新投影面垂直，只要使平面中的一条直线垂直于新投影面即可。如在平面中选择一条投影面的平行线，那么经过一次换面，就可以使这条平行线成为投影面的垂直线，包含此线的平面自然也成为投影面的垂直面。

在图 4-11a 中，$\triangle ABC$ 在 V/H 体系中为一般位置平面，CD 是此平面中的水平线，更换 V 面为 V_1 面，使 V_1 面同时垂直于直线 CD 和 H 面。

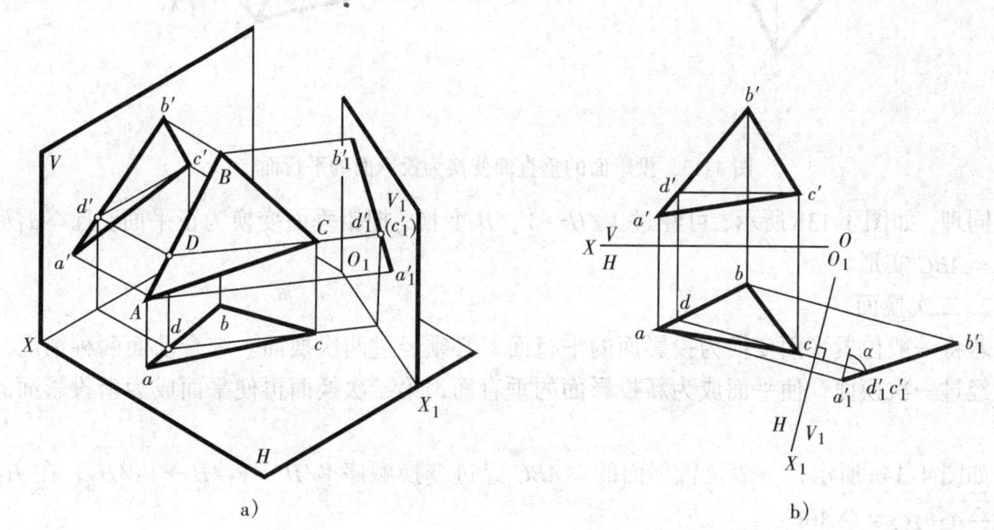

图 4-11 一般位置平面变换为投影面的垂直面（换 V 面）

作图时，使新投影轴与$\triangle ABC$ 内水平线的水平投影垂直，即 $O_1X_1 \perp cd$。新轴确定后，利用点的换面法，可以求出$\triangle ABC$ 在 V_1 面上的投影，此投影积聚为直线，可以反映出平面对 H 面的倾角 α，如图 4-11b 所示。

同理，经过 $V/H \to V/H_1$ 变换，求平面与 V 面倾角 β，如图 4-12 所示，图中 $O_1X_1 \perp b'e'$（BE 为平面内正平线）。

(2) 把投影面垂直面变换为投影面平行面。平行于投影面的垂直面设定新投影面，只需一次换面，就可以使之成为新投影面的平行面。图 4-13a 中，$\triangle ABC$ 为 V/H 体系中的正垂面，平行于该平面有积聚性的正面投影 $a'b'c'$，设定 O_1X_1 轴，此时，在 V/H_1

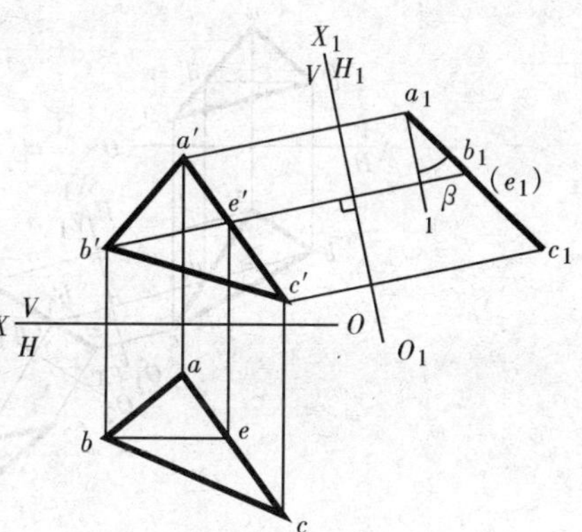

图 4-12 一般位置平面变换为投影面的垂直面（换 H 面）

体系中，$H_1 // \triangle ABC$，按点的换面法分别求出 a_1、b_1、c_1，连接$\triangle a_1b_1c_1$ 就反映了$\triangle ABC$ 的实形。

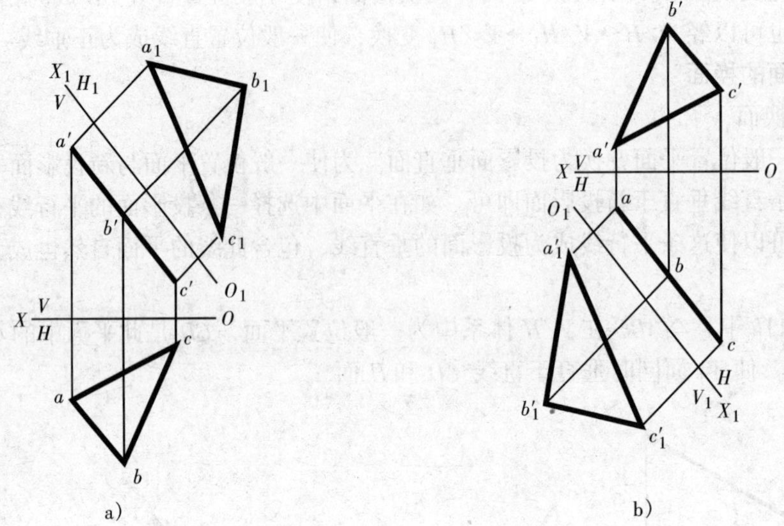

图 4-13　投影面的垂直面变换为投影面的平行面

同理，如图 4-13b 所示，可经过 $V/H \to V_1/H$ 变换，把铅垂面变换为正平面，且$\triangle a_1'b_1'c_1'$ 反映$\triangle ABC$ 实形。

2. 二次换面

若将一般位置平面变换为投影面的平行面，必须经过两次换面。综合前面两种情况，可以先经过一次换面，使平面成为新投影面的垂直面，第二次换面再使平面成为新投影面的平行面。

如图 4-14a 所示，一般位置平面的$\triangle ABC$ 经过变换顺序 $V/H \to V_1/H \to V_1/H_2$，在 H_2 面上得$\triangle a_2b_2c_2 = \triangle ABC$。

如图 4-14b 所示，变换顺序为 $V/H \to V/H_1 \to V_2/H_1$，在 V_2 面上得$\triangle a_2'b_2'c_2' = \triangle ABC$。

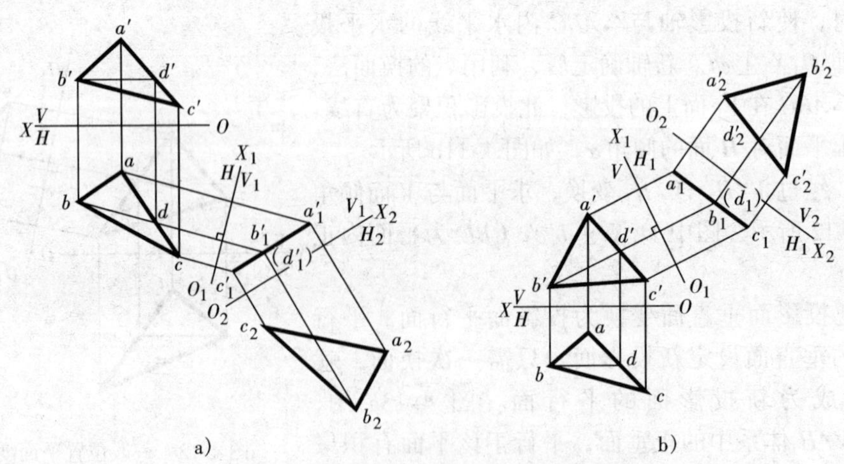

图 4-14　一般位置平面变换为投影面平行面

四、应用举例

用换面法解决空间几何问题时，应根据已知几何元素和待求几何元素之间的关系，分析它们与投影面之间处于怎样的相对位置，才能有利于解题，然后考虑如何换面，使之达到预想的位置。只有思路清晰、步骤合理，才能使作图简便。

例 1：求点 C 到直线 AB 的距离（见图 4-15a)，并求出距离的投影。

分析：如图 4-15c 所示，将 AB 直线变为投影面的垂直线，则 C 点到 AB 的垂线 CK 必平行于该投影面，它的投影反映实长，此即为点 C 到 AB 的距离。

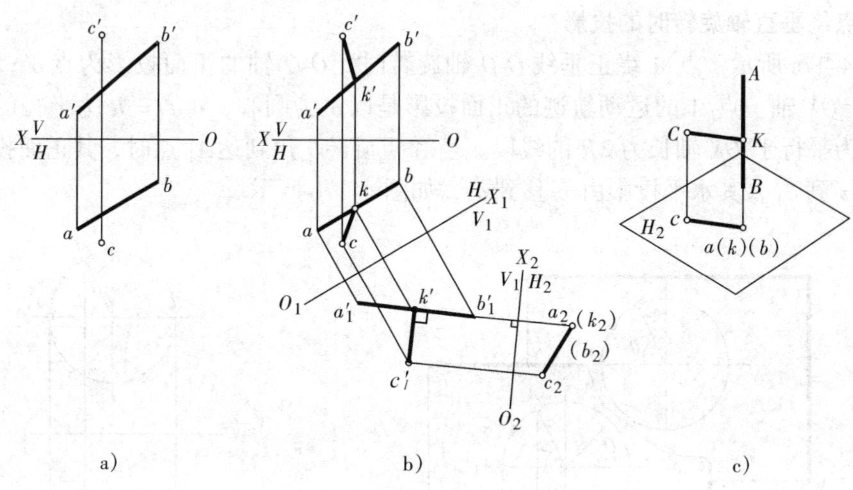

图 4-15　求点 C 到直线 AB 的距离

解：作图步骤如下：

（1）如图 4-15b 所示，先将 AB 变为 V_1 面的平行线，即作 $O_1X_1 /\!/ ab$，得 $a'_1b'_1$，同时求出 c'_1。

（2）再将 AB 变为 H_2 面的垂直线，即作 $O_2X_2 \perp a'_1b'_1$，得 a_2b_2（积聚为一点）及 c_2。

（3）作 $c'_1k'_1 \perp a'_1b'_1$（$c'_1k'_1 /\!/ O_2X_2$），k_2 也积聚在 a_2b_2 处，则 c_2k_2 即为点 C 到 AB 的距离。

（4）将点 k 从 V_1/H_2 体系返回到 V/H 体系，得 CK 的投影 ck、$c'k'$，如图 4-15b 所示。

例 2：过点 K 作△ABC 的垂线 KL，并求出垂线的投影，见图 4-16。

分析：$KL \perp$△ABC，当△ABC 垂直某投影面时，KL 应平行于该投影面。此时，它们的投影可以直接反映直角，容易解题。

解：作图步骤如下：

（1）作△ABC 内的水平线 CE（$c'e'$，ce）。

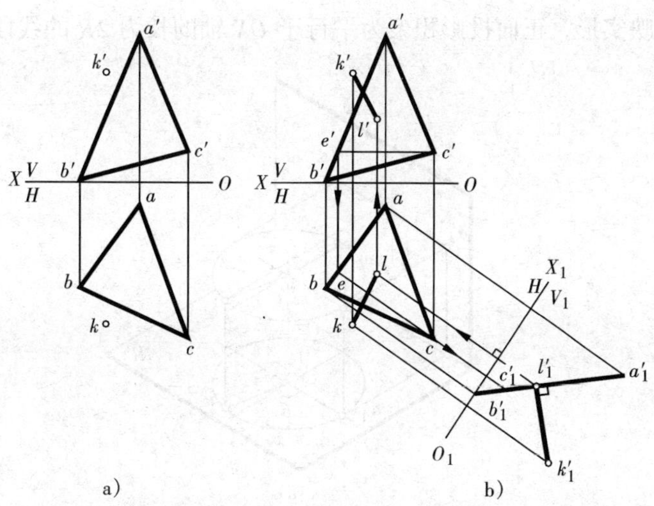

图 4-16　作一般位置平面的垂线

(2) 作新轴 $O_1X_1 \perp ce$，求△ABC 及点 K 在 V_1/H 体系中的投影△$a'_1b'_1c'_1$ 和 k'_1，△$a'_1b'_1c'_1$ 应积聚为直线。

(3) 作 $k'_1l'_1 \perp a'_1b'_1c'_1$，在 H 面上作 $kl /\!/ O_1X_1$ 轴。

(4) 由 l、l'_1 可求出 l'，连接 KL 的各投影即可。

第二节　旋　转　法

一、点绕垂直轴旋转时的投影

如图 4-17a 所示，点 A 绕正垂线 O-O 轴旋转时，O-O 轴的正面投影为点 o'；水平投影 o-o 垂直于 OX 轴。点 A 的运动轨迹的正面投影是以 o' 为圆心，$o'a' = R$ 为半径的圆；水平投影积聚为平行于 OX 轴长为 $2R$ 的线段。当 A 点旋转 θ 角到达 A_1 点时，其正面投影面转过 θ 角，由 a' 到 a'_1，其水平投影由 a 移到 a_1，如图 4-17b 所示。

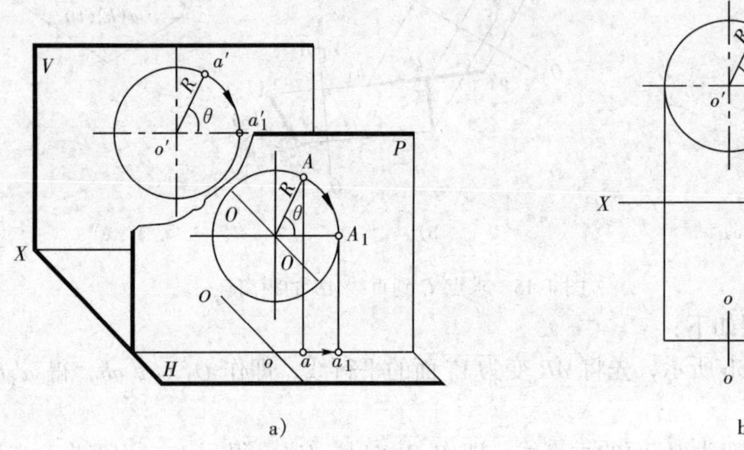

图 4-17　点绕正垂线轴旋转

图 4-18 所示为点 A 绕铅垂线 O-O 轴旋转时投影作图的情形。运动轨迹圆的水平投影反映实形，正面投影积聚为平行于 OX 轴的长为 $2R$ 的线段。

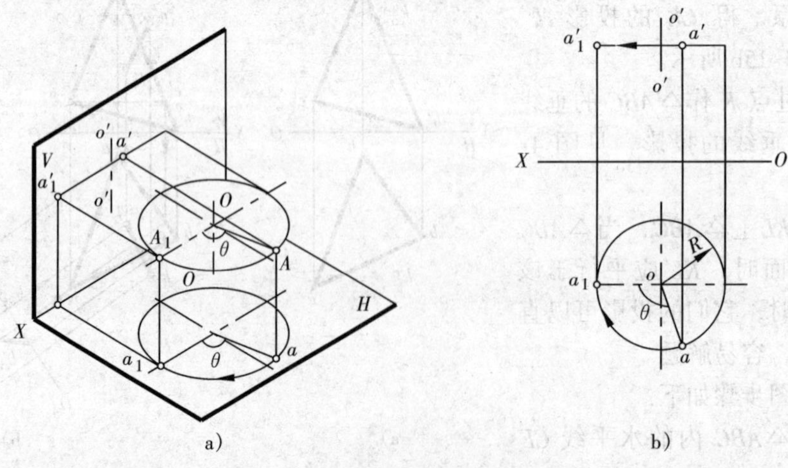

图 4-18　点绕铅垂线轴旋转

总之，点绕投影面垂直线作旋转时，其投影特性是：在轴线垂直的投影面上的投影作圆周运动，圆心为旋转轴在该投影面上的投影，半径是点在该面的投影到圆心的距离（即点到旋转轴的距离）；在另一个投影面上，点的投影作与投影轴平行的直线运动。

二、直线的旋转

直线的旋转可以归结为该直线上两点的旋转作图。在旋转过程中，两点必须遵守“三同”原则，即同轴、同向、同角。

图 4-19 所示为线段 *AB* 绕铅垂轴 *O-O* 顺时针旋转 θ 的作图情况。

为作图简便，可由 o 作 $oe \perp ab$，然后 oe 顺时针转 θ 角后得 oe_1，再作 $a_1b_1 \perp oe_1$，并取 $a_1e_1 = ae$，$e_1b_1 = eb$，即得 a_1b_1。

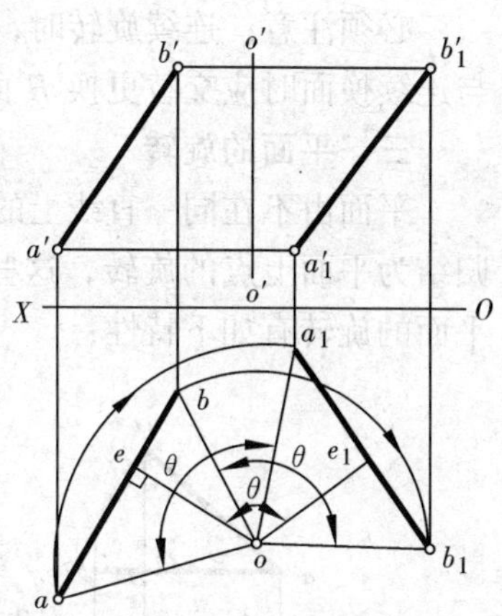

图 4-19　线段绕铅垂轴旋转

直线绕垂直轴旋转的特性为：在与旋转轴垂直的投影面上直线的投影长度不变，即直线对该投影图的倾角不变。

1. 将一般位置直线转为投影面平行线

如图 4-20 所示，将一般位置直线 *AB* 可以转为正平线。如 *AB* 为正平线，则正面投影反映实长，且与 *OX* 轴的夹角为 α。旋转 *AB* 时，只有绕铅垂线旋转，才不改变 *AB* 对 *H* 面的倾角 α，所以旋转轴为铅垂线。为作图方便，可使旋转轴通过点 *A*，只需旋转点 *B* 就可以。具体作图步骤为：

（1）以 $a(o)$ 为圆心，ab 为半径画弧，使 $ab_1 /\!/ OX$ 轴。

（2）过 b' 作平行于 *OX* 轴的直线，在此直线上求出 b_1'。$a'b_1' = AB$，$\angle a'b_1'b' = \alpha$，如图 4-20b 所示。

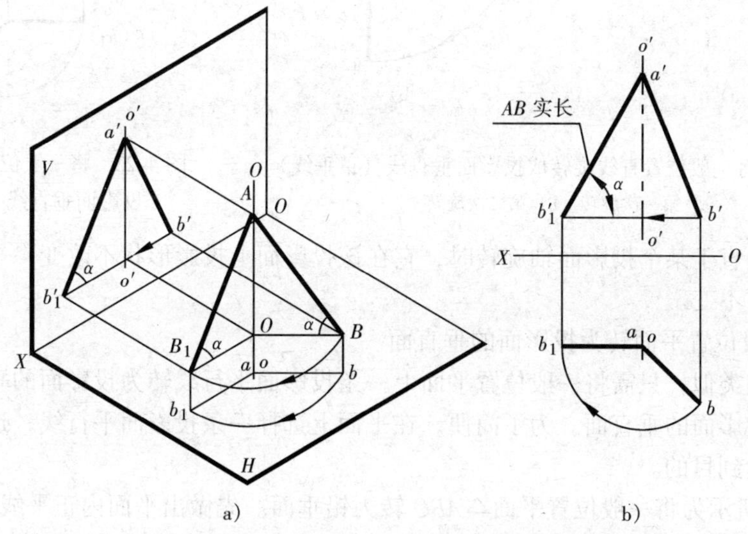

图 4-20　将一般位置直线旋转成投影面平行线（旋转轴为铅垂线）

图 4-21 所示为直线 *AB* 绕正垂线轴旋转为水平线的投影图。图中水平投影 a_1b 反映实长和对 *V* 面夹角 β。

2. 将一般位置直线转为投影面垂直线

一般位置直线要成为投影面垂直线，需要改变它对两个投影面倾角。因此，必须交替地绕垂直不同投影面的轴旋转两次，先将一般位置直线转成为投影面平行线，再将投影面的平行线转成投影面的垂直线。

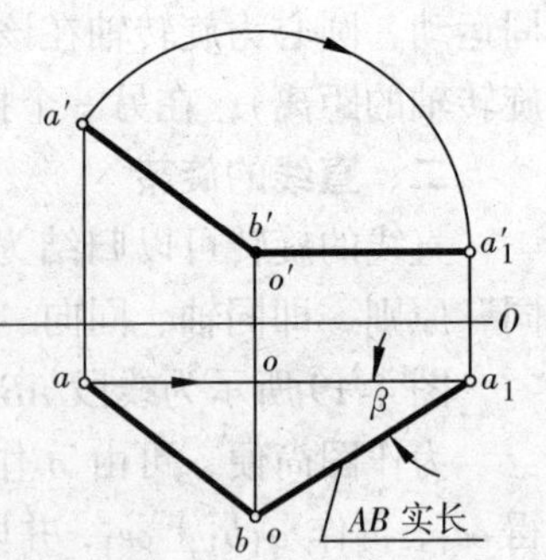

图 4-21　将一般位置直线旋转成投影面平行线（旋转轴为正垂线）

如图 4-22a 所示，一般位置直线 AB 第一次绕过点 A 的正垂线转成为水平线 AB_1（ab_1，$a'b_1'$）。如图 4-22b 所示，第二次水平线 AB_1 绕过点 B_1 的铅垂轴转成正垂线 A_2B_1（a_2b_1，$a_2'b_1'$）。如果将 AB 转为铅垂线，需先绕铅垂线轴后绕正垂线轴旋转两次，如图 4-23 所示。

必须注意：连续旋转时，铅垂轴和正垂轴应交替使用，这与连续换面时应交替更换 H 面和 V 面的原理是一致的。

三、平面的旋转

平面由不在同一直线上的三点确定。因此，平面的旋转就归结为平面上点的旋转，这些点仍绕同轴、同向、同角旋转。平面的旋转有如下特性：

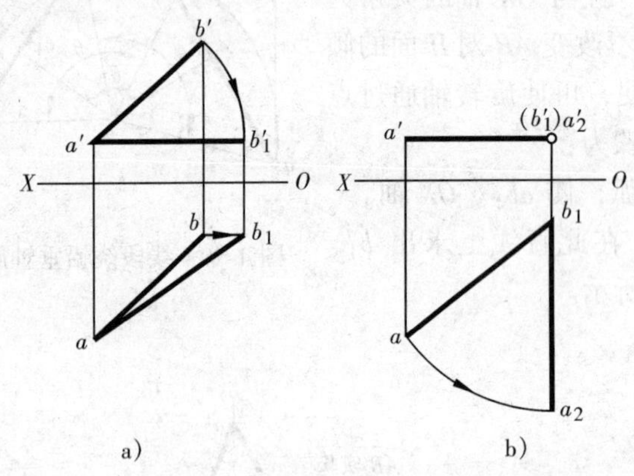

图 4-22　将一般位置直线旋转成投影面垂直线（正垂线）
a）第一次旋转　b）第二次旋转

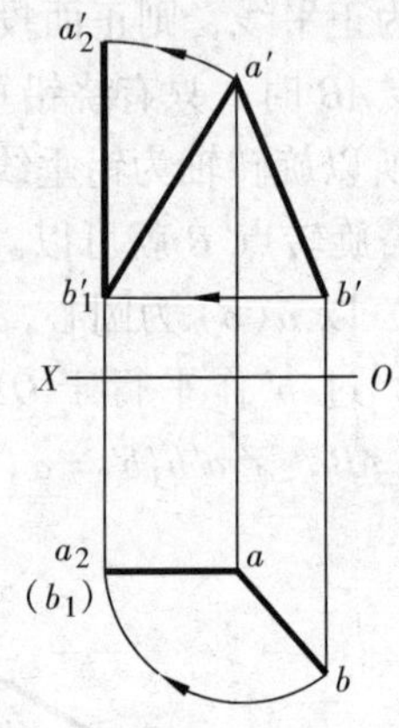

图 4-23　将一般位置直线旋转成投影面垂直线（铅垂线）

平面绕垂直于某个投影面轴旋转时，它在该投影面上投影形状不改变，平面对该投影面的倾角也始终不变。

1. 将一般位置平面转为投影面的垂直面

与换面法类似，只需将一般位置平面上一条投影面平行线转为投影面的垂直线，则该平面也就成为投影面的垂直面。为了简便，在平面上选择一条投影面平行线，这样只需一次旋转，便可以达到目的。

图 4-24 所示为将一般位置平面△ABC 转为铅垂面。先做出平面内正平线 AD(ad，$a'd'$)，将 AD 绕过点 A 的正垂轴顺时针转成铅垂线 AD_1(ad_1，$a'd_1'$)，然后分别旋转 A、B、C 三点，求出平面旋转后的正面投影△$a'b_1'c_1'$，再求出积聚的水平投影 b_1ac_1 和该平面对 V 面的倾角 β。

同理，也可将△ABC 转为正垂面，并求出该平面对 H 面的倾角 α，如图 4-25 所示。

2. 一般位置平面转为投影面平行面

一般位置平面转为投影面平行面，需改变平面对两个投影面的倾角，因此，必须交替绕

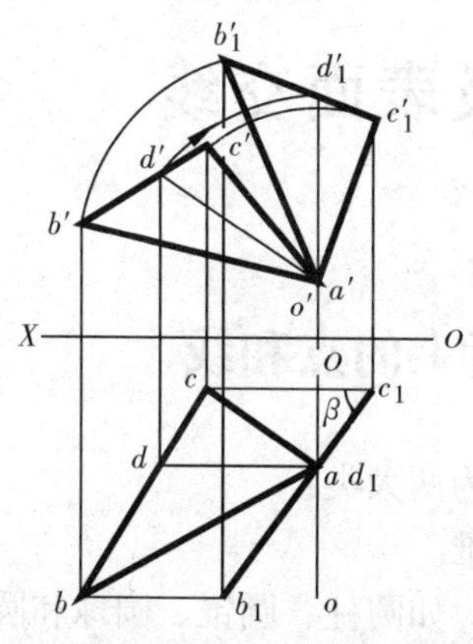

图 4-24　一般位置平面旋转成铅垂面

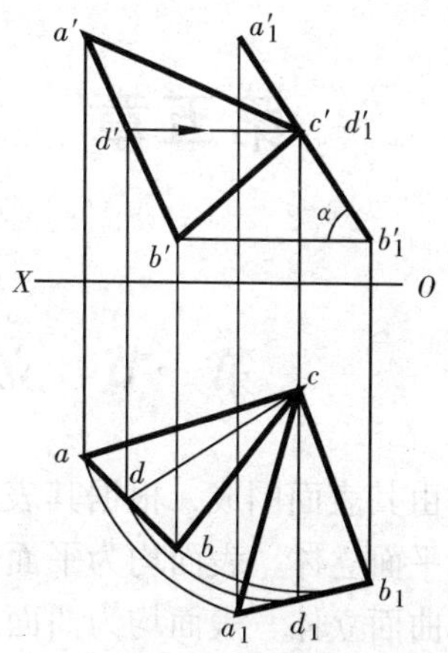

图 4-25　一般位置平面旋转成正垂面

垂直两个投影面的轴连续旋转两次。第一次将平面变为一个投影面的垂直面，第二次将投影面的垂直面变为另一个投影面的平行面。

如图 4-26 所示，将一般位置平面$\triangle ABC$旋转为水平面。首先，作水平线$AD(ad, a'd')$，并将AD绕过点A的铅垂轴O-O转为正垂线$AD_1(ad_1, a'd_1')$，$\triangle ABC$随之转为正垂面$\triangle AB_1C_1(\triangle ab_1c_1, \triangle a'b_1'c_1')$。其次，绕经过点$B_1$的正垂轴$O_1$-$O_1$，将$\triangle AB_1C_1$转为水平面$\triangle A_2B_1C_2(\triangle a_2b_1c_2, \triangle a_2'b_1'c_2')$。

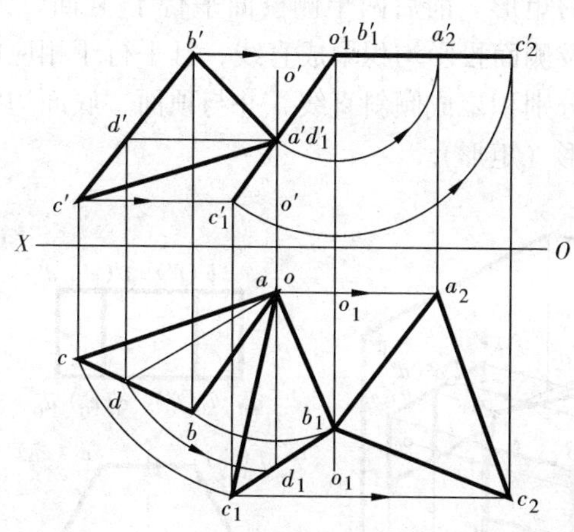

图 4-26　一般位置平面旋转成投影面平行面

第五章　立体的投影及表面交线

第一节　立体的投影及表面上的点和线

立体由其表面围成，根据其表面性质的不同，可分为两大类：

(1) 平面立体　表面均为平面的立体，如棱柱、棱锥。

(2) 曲面立体　表面均为曲面或曲面与平面的立体，如圆柱、圆锥、圆球和圆环。

一、平面立体

画平面立体的投影图，可归结为求各条棱线及所有顶点的投影，在画平面立体的投影图时，一定要区分可见性，可见棱线的投影应画成粗实线，不可见棱线的投影应画成虚线。

1. 棱柱

(1) 形成和投影分析

图 5-1 所示为一正六棱柱直观图及投影图。正六棱柱由顶面、底面和六个侧棱面围成，其顶面与底面为互相平行的正六边形，且平行于 H 面，其水平投影反映实形，且重合，正面投影与侧面投影积聚成直线，且平行于相应的投影轴。正六棱柱的每个侧棱面均是由两条侧棱线与两条底棱线围成的矩形。前后两个侧棱面平行于 V 面，为正平面，正面投影反映实形，且重合。水平投影及侧面投影均积聚成直线，且平行于相应的投影轴。另外四个侧棱面均为铅垂面，水平投影分别积聚成倾斜直线，并与顶面、底面边线的水平投影重合。正面投影和侧面投影均为类似形（矩形）。

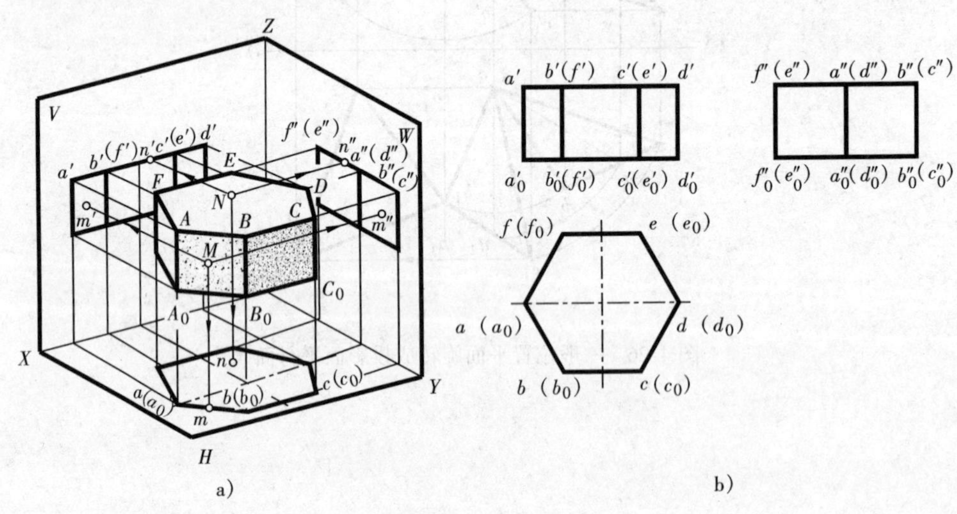

图 5-1　正六棱柱在三投影体系中的直观图和投影图

正六棱柱的三面投影图的画图步骤如下：

1）一般先画出对称中心线。

2）画反映实形的投影面上的投影，即画棱柱的水平投影——正六边形。

3）根据投影关系画出正面投影与侧面投影。

由于物体的三面投影的形状和大小与物体对投影面距离的大小无关，所以将投影轴省略不画，但应注意，在取消投影轴后，仍要保持各投影图之间的投影关系。对物体上各点的位置可用其相对坐标值来保证。

(2) 棱柱表面取点

如图 5-2 所示，正六棱柱表面有点 M 和 N，已知 M 正面投影 m'，N 的水平投影 n，求作它们的另外两个投影。

在立体表面取点，其作图方法与在平面内取点是一致的，但要明确所取点的位置，即它属于哪个表面，根据表面的可见性，可区分该点投影的可见性。

因为 m' 可见，所以点 M 必在左前方的棱面 AA_0B_0B 上，由于 AA_0B_0B 为铅垂面，水平投影积聚成直线 aa_0b_0b，所以 m 必在 aa_0b_0b 上，由 m，m' 可求 m''，因为 $a''a''_0b''_0b''$ 可见，所以 m'' 可见。

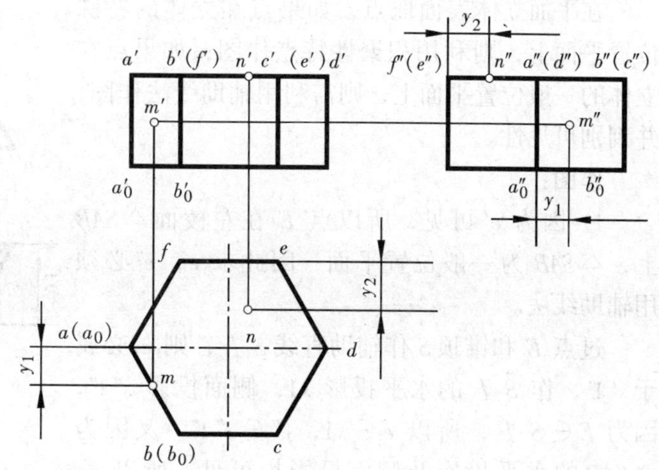

图 5-2　正六棱柱表面上点的投影

因为 n 可见，所以点 N 必在顶面 $ABCDEF$ 上，由于 $ABCDEF$ 为水平面，其正面投影与侧面投影积聚成直线，则 n'，n'' 在这两条直线上，作图方法如图 5-2 所示。

2. 棱锥

(1) 形成和投影分析

图 5-3 所示为一正三棱锥的直观图和投影图。正三棱锥由底面和三个侧棱面围成，从图中可以看出，底面△ABC 为水平面，水平投影反映实形△ABC，正面投影与侧面投影积聚成直线，侧表面△SAB 及△SBC 为两对称的一般位置平面，三面投影均为类似形。侧面投影重合于△$s''a''b''$ 并可见。侧表面△SAC 为侧垂面，正面投影与水平投影均为类似形，且△$s'a'c'$ 不可见，侧面投影积聚成斜线。三条棱线中，SA 与 SC 为一般位置直线，SB 为侧平线。

正三棱锥的三面投影图的画图步骤如下：

1）一般可先画底面的水平投影和另两个积聚性投影。

2）画出锥顶的三面投影。

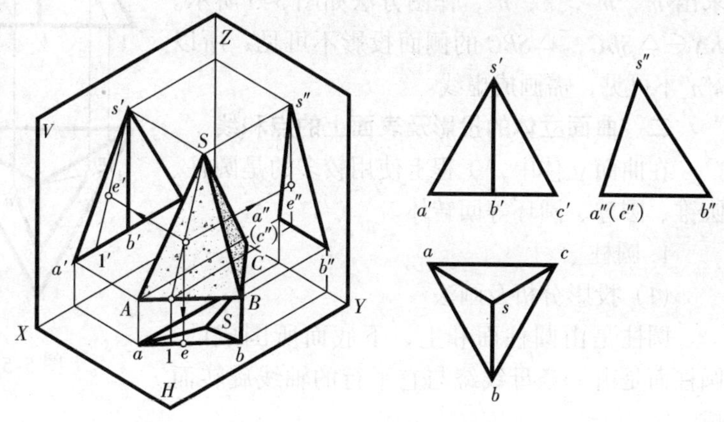

图 5-3　正三棱锥的直观图和投影图

3）将锥顶和底面三个顶点的同面投影连接起来。

(2) 棱锥表面上取点

如图 5-4 所示，已知正三棱锥表面上点 E、F，E 的正面投影为 e'，F 的水平投影为 f，求它们的另两个投影。

在平面立体表面取点，如果点在立体的特殊位置平面上，则利用积聚性特点作图；如果点在立体的一般位置平面上，则需利用辅助线法作图，并判别可见性。

作图：

1）因为 e' 可见，所以点 E 在左棱面△SAB 上，△SAB 为一般位置平面，因此求 e，e'' 必须用辅助线法。

过点 E 和锥顶 S 作辅助直线 SⅠ，则 e' 必属于 $s'1'$，作 SⅠ 的水平投影 $s1$，侧面投影 $s''1''$，因为 $E \in S$Ⅰ，所以 $e \in s1$，$e'' \in s''1''$，又因为△SAB 的水平投影及侧面投影均可见，所以 e，e'' 可见。

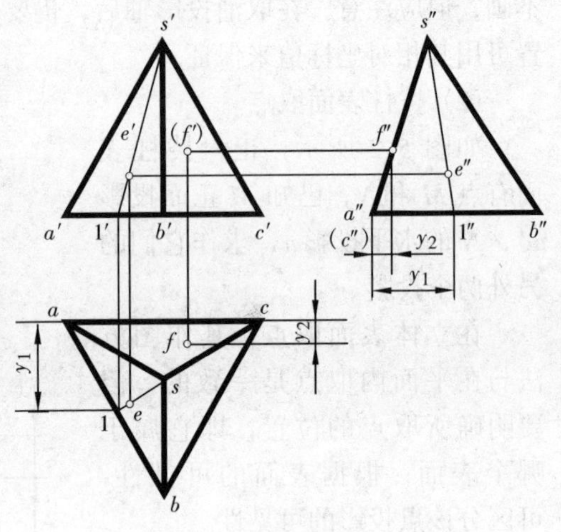

图 5-4　棱锥表面上点的投影

2）因为 f 可见，所以点 F 在后棱面△SAC 上，△SAC 的侧投影积聚成线，因此 f'' 可直接求出，即 $f'' \in s''a''(c'')$，由 f，f'' 可求出 f'。因为△$s'a'c'$ 不可见，所以 f' 为不可见。

(3) 棱锥表面上取线段

平面立体表面取线最终也将归结为平面立体表面取点，需注意的是，在连接点的投影时，只有在同一表面上的点的同面投影才能连接。

例 1： 已知三棱锥表面上线段 MN 的正面投影，求其水平投影（图 5-5）。

从图中可见，MN 为折线，分别在侧表面△SAB 与△SBC 上，则其折线的折点 K 在棱线 SB 上，可直接求出 k'，k''，k。MN 分别在△SAB 与△SBC 上，利用棱锥表面取点的方法求出 m，m''，n，n''，作图方法如图 5-5 所示。$KN \in$ △SBC，△SBC 的侧面投影不可见，所以 $k''n''$ 不可见，需画成虚线。

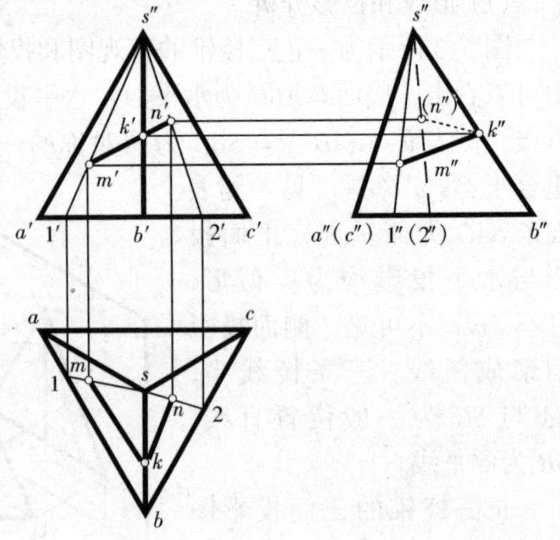

图 5-5　棱锥表面上线段的投影

二、曲面立体的投影及表面上的点和线

在曲面立体中，工程上使用较多的是圆柱、圆锥、圆球、圆环等回转体。

1. 圆柱

(1) 投影分析及画法

圆柱是由圆柱面和上、下底面所围成的。圆柱面是由一条母线绕与它平行的轴线旋转而成。

图 5-6 为直立圆柱在三投影面体系中的直观图和投影图。

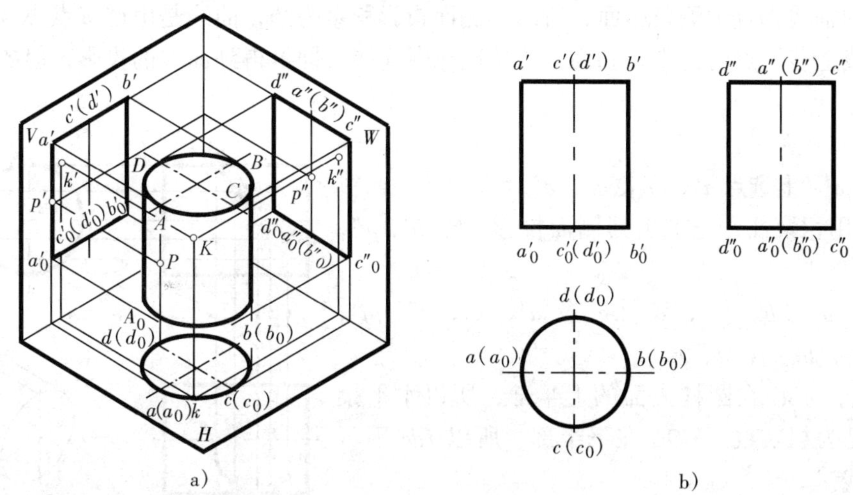

图 5-6　圆柱的投影

如图 5-6 所示，圆柱的上、下底面与水平投影面平行，水平投影反映实形（圆），圆柱体的轴线为铅垂线，圆柱面为铅垂面，其水平投影积聚在圆周上（与上、下底面轮廓线的投影圆周相重合），也就是说，圆周上任何一点都是圆柱面上相应位置直素线的水平投影。

圆柱的正面投影和侧面投影均为大小全等的矩形线框，正面投影中矩形线框的上下两条水平直线 $a'c'(d')b'$、$a'_0c'_0(d'_0)b'_0$ 为圆柱上下底面的正面投影，左右两条铅垂的直线为圆柱面上最左、最右素线的投影，它们把圆柱面分成等分的前后两部分，前半部可见，后半部不可见，故称它们为圆柱面前后可见与不可见的分界线，即前后转向轮廓线。圆柱的侧面投影的矩形线框的上下两条水平的直线段为圆柱上下底面的侧面投影，左右两条铅垂的直线为圆柱面上最前、最后素线的投影，它们把圆柱面分为等分的左右两部分，为圆柱侧面投影的可见性分界线，即左右转向轮廓线。左半部可见，右半部不可见。

极限素线作外形轮廓线时，画其投影，其它素线投影则只确定在投影中的位置而不画其投影。所以，最左、最右素线正面投影为直线段，侧面投影与轴线的侧面投影重合，水平投影在横向中心线与圆周相交的位置。最前、最后素线侧面投影为直线段，正面投影与轴线的正面投影重合，水平投影在竖向中心线与圆周相交的位置。

(2) 圆柱表面取点、取线

如图 5-7 所示，圆柱面上有两点 P、K，已知其正面投影 p' 和 k'，求另外两面投影。

作图：P 点位于圆柱面最左的素线上，所以 p，p'' 可直接求出。

K 点在圆柱面上不属于极限素线，则利用圆柱面积聚性的水平投影圆周，先求出 k，再由 k，k' 求出 k''。由于点 k 在圆柱面的前右半部，所以其侧面投影 k'' 不可见。

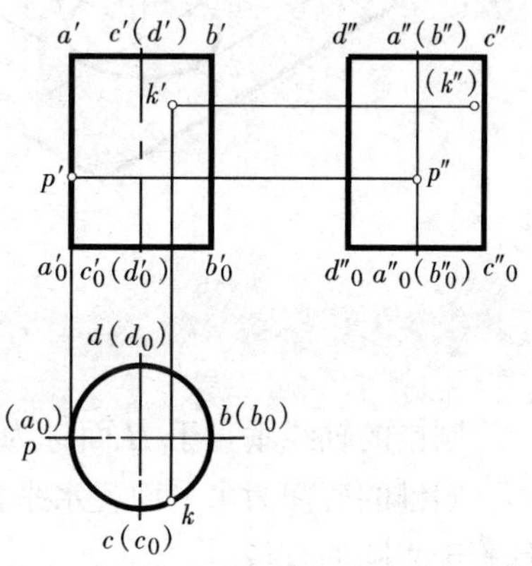

图 5-7　圆柱表面上点的投影

例 2：如图 5-8 所示，已知圆柱表面上的曲线 AE 的正面投影 $a'e'$，试求其另外两投影。

分析：圆柱面上只有素线方向为直线，其余为曲线。

此圆柱面的轴线垂直于侧投影面，所以其侧面投影积聚为圆，曲线是由许多点集合而成，只要求出曲线上若干点的投影，同面投影依次光滑连接，即可得到曲线的投影，但要判别其可见性。

作图：

1）在 $a'e'$ 上选点 a'，b'，c'，d'，e'。

2）利用积聚性，先求出其侧面投影 a''，b''，c''，d''，e''。

3）由 a'，b'，c'，d'，e' 及 a''，b''，c''，d''，e''，求出 a，b，c，d，e。

4）由于 ABC 在圆柱表面的上半部，所以水平投影 abc 可见为粗实线，CDE 在下半部，所以 cde 不可见，画虚线。

5）同面投影光滑连接即可。

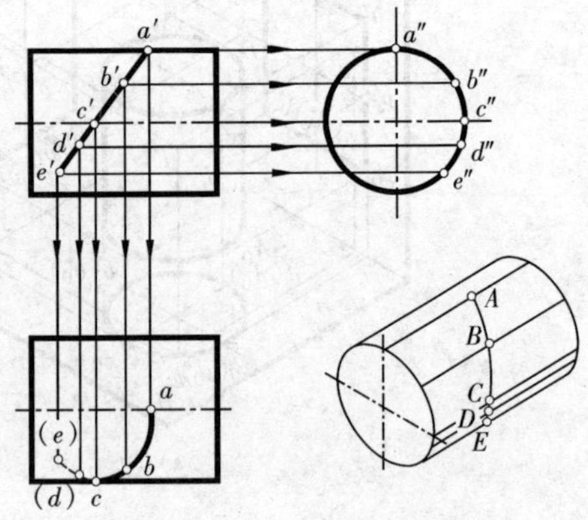

图 5-8　圆柱表面上曲线的投影

2. 圆锥

(1) 投影分析及画法

圆锥由圆锥面和底面围成。圆锥面是由一条直母线绕着与它相交的轴线旋转而形成的。图 5-9 为正立的圆锥直观图及其投影图。

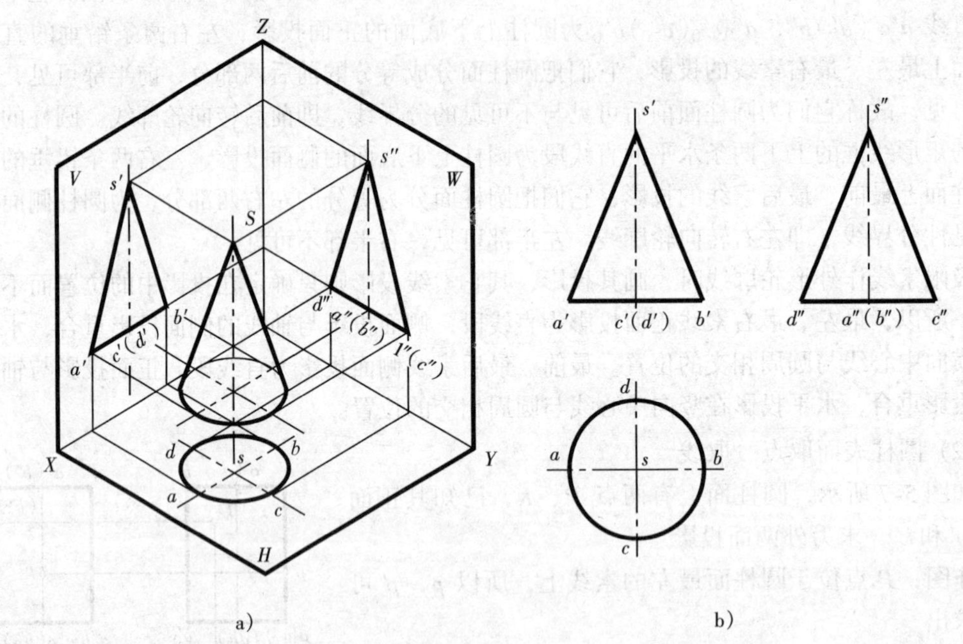

图 5-9　圆锥的投影

圆锥的轴线垂直于 H 面，为铅垂线。

圆锥的底面为水平面，水平投影反映实形——圆，正面投影与侧面投影均积聚成直线，且等于底圆的直径。

圆锥面的三面投影都无积聚性，其水平投影为圆，与底面的水平投影重合，正面投影和侧面投影为全等的等腰三角形线框。正面投影的等腰三角形线框中，两腰为最左、最右素线的投影，它们将圆锥面分为前、后两半部分，前半部分可见，后半部不可见，为圆锥前后两半部的转向轮廓线，底边为圆锥底面的投影。侧面投影的等腰三角形线框中，两腰为最前、最后素线的投影，它们将圆锥面分成左右两半部分，左半部可见，右半部不可见，为圆锥左右两半部的转向轮廓线，底边仍为圆锥底面的侧面投影。

最左、最右素线正面投影为三角形的两腰，侧面投影与轴线投影重合，水平投影与圆的水平对称中心线重合，最前、最后素线的侧面投影为三角形的两腰，正面投影与轴线的正面投影重合，水平投影与圆的垂直对称中心线重合。

(2) 圆锥表面取点、取线

例 3：如图 5-10 所示，已知圆锥表面上 M 点的正面投影 m'，K 点的正面投影 k'，求它们的另外两个投影。

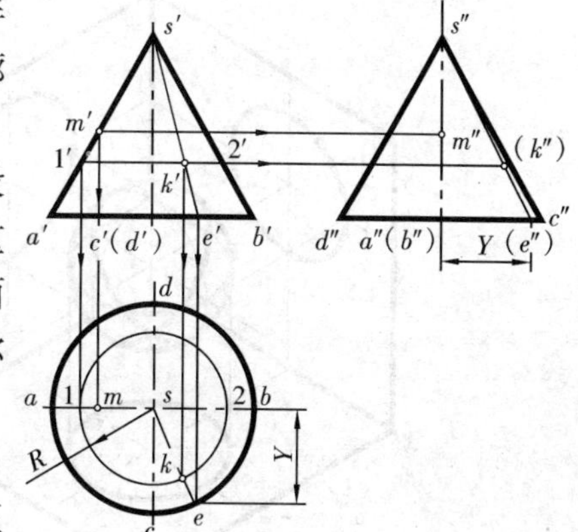

图 5-10　圆锥表面上点的投影

分析：从图中可知，M 点在最左素线 SA 上，所以 m，m'' 可直接求出，而 K 点在圆锥面上一般位置，所以需要做辅助线才能求出 k，k'' 点。

作图：

1) 因为 $m' \in s'a'$，所以 $m \in sa$，$m'' \in s''a''$ 直接作图即可。

2) 点 K 为一般位置的点，求 k，k'' 有两种方法。

① 辅助素线法

过点 K 及锥顶 S 作锥面上的素线 SE 为辅助素线。先过 k' 作 $s'e'$，由 e' 求出 e，e''，连 se 及 $s''e''$ 则得 SE 的水平投影及侧面投影，因为 $K \in SE$，所以 $k' \in s'e'$，$k \in se$，$k'' \in s''e''$，从而求得 k，k''，因为 K 在前右半部分，所以 k'' 不可见。

② 辅助平面法（辅助纬圆法）

过点 K 在锥面上作一水平辅助圆，该圆与圆锥轴线垂直，称为纬圆。纬圆的水平投影为圆，正面及侧面投影为直线。过 k' 作水平线交 $s'a'$ 于 $1'$ 点，$s'b'$ 于 $2'$ 点，其水平投影为以点 s 为圆心，$1'2'$ 为直径的圆，则 k 在该圆上，利用 k'，k 可求出 k''，k'' 不可见。

例 4：已知圆锥表面的曲线 AE 的正面投影 $a'e'$，求其另外两投影，见图 5-11。

分析：圆锥面上只有素线为直线，在曲线 AE 上选若干点 A，B，C，D，E，其中 C 在最前素线上，由 c' 可直接求出 c''，c。A，B，D，E 则为一般位置点，所以利用辅助素线法或辅助纬圆法可分别求出其另外两投影，并判别其可见性，最后依次光滑连接各点的同面投影，即得曲线投影。

作图过程见图 5-11。

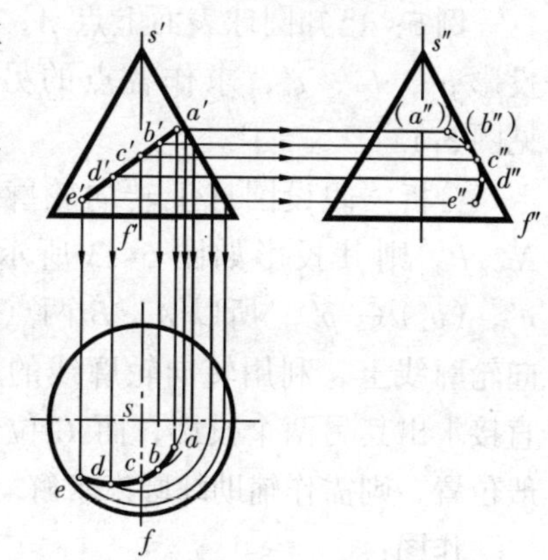

图 5-11　圆锥表面上曲线的投影

3. 圆球

(1) 投影分析

圆球由圆球面围成。圆球面是由一圆母线，以它的直径为回转轴旋转而形成的。

图 5-12 是圆球在三投影体系中的直观图和投影图。

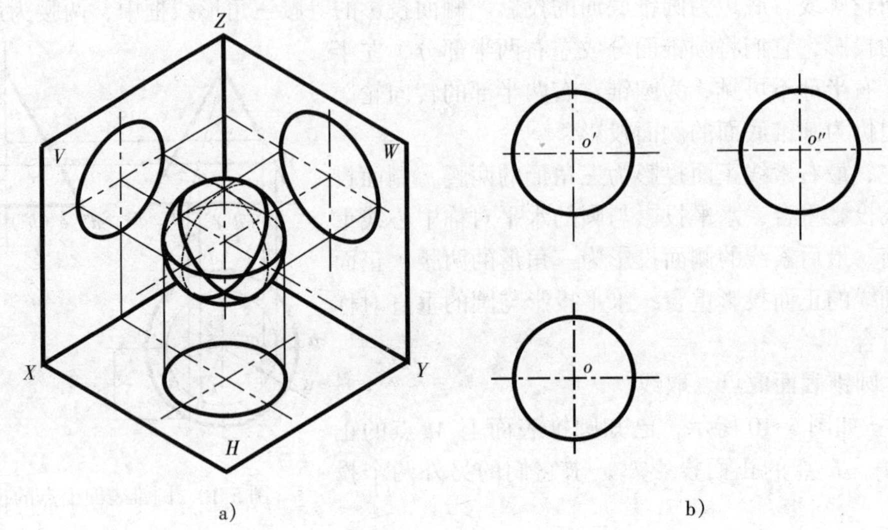

图 5-12　圆球的投影

圆球体的三个投影都是直径相等的圆。

正面投影的圆是平行于正投影面的圆素线的投影，它是前后半球面的可见与不可见的分界线，又称正视转向轮廓线。其水平投影与圆球水平投影的圆的水平中心线重合，侧面投影与圆球侧面投影的圆的垂直中心线重合。

水平投影的圆是平行于水平投影面的圆素线的投影，它是上下半球面的可见与不可见的分界线，又称俯视转向轮廓线，其正面投影与圆球正面投影圆的水平中心线重合，侧面投影与圆球侧面投影圆的水平中心线重合。

侧面投影的圆是平行于侧投影面的圆素线的投影，它是左右两半球面的可见与不可见的分界线，又称侧视转向轮廓线，其正面投影与圆球正面投影的圆的垂直中心线重合，水平投影与圆球的水平投影圆的垂直中心线重合。

(2) 圆球表面取点、取线

例 5：已知圆球表面上点 A，B，C 的正面投影 a'，b'，c'，求作各点的另外两个投影，见图 5-13。

分析：假设圆球上转向轮廓线的圆为 M，N，P，则其投影如图 5-13 所示，因为 $a' \in n'$，$(b') \in p'$，所以 A，B 两点均在圆球的转向轮廓线上，利用转向轮廓线的三面投影，可直接求出其另两个投影，而 C 位于圆球面的一般位置，则需作辅助纬圆来求解。

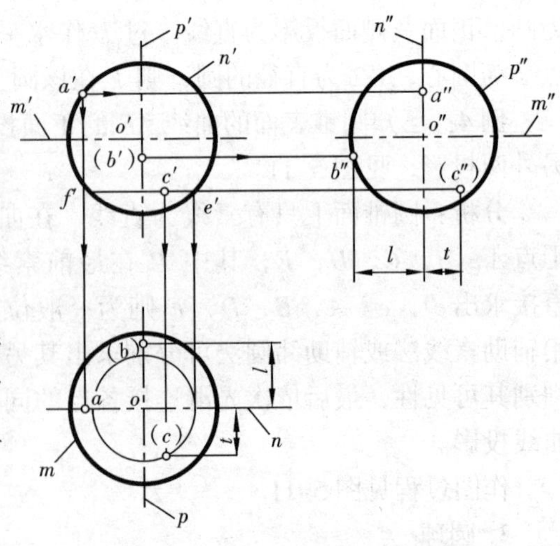

图 5-13　圆球表面上点的投影

作图：

① 因为 $a' \in n'$，所以过 a' 作垂线交 n 于 a，

过 a' 作水平线交 n'' 于 a''，因为 a' 可见，所以 A 位于圆球的左前上部，a，a'' 均可见。

② 因为 $(b') \in p'$，且 b' 不可见，所以，B 位于圆球的下后半部，过 b' 作水平线交 p'' 于 b''，b'' 在 p'' 的左半圆上，可见，由 (b')，b'' 求得 (b)，作法见图 5-13，b 为不可见。

③ 过 c' 作水平线交圆 n' 于点 e'，f'，以 $e'f'$ 为直径，o 为圆心，在俯视图上作水平圆，则点 c 的水平投影必在此圆上，由 c，c' 可求 c''，因为 c' 可见，故 c 在圆球的右下半部，所以 c，c'' 均不可见。

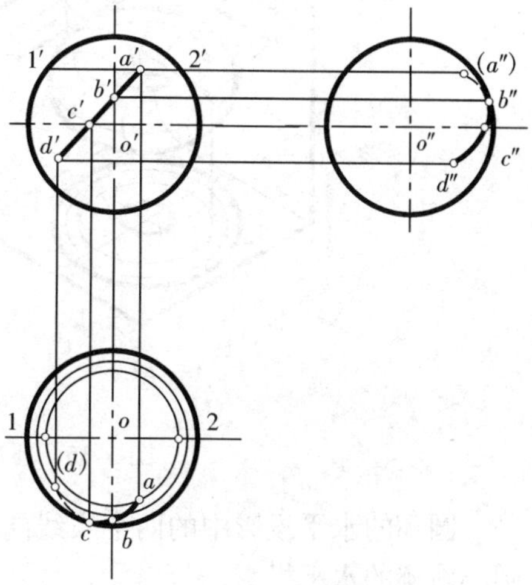

例 6：已知圆球表面上曲线 AD 的正面投影 $a'd'$，求其另外两投影，见图 5-14。

分析：在曲线 AD 上选 A，B，C，D 四点，其中点 B，C 为转向轮廓线上的点，可直接求出，A，D 为一般位置点，需用辅助纬圆法求解。

作图：

① B 点在侧视转向轮廓线上，可直接求 b''，由 b'，b'' 求出 b。

图 5-14　圆球表面上曲线的投影

② C 点在俯视转向轮廓线上，可直接求 c，由 c，c' 求出 c''。

③ 过 a' 作水平线与正视转向轮廓线的投影交于 $1'$，$2'$ 点，以圆球的球心的水平投影为圆心，$1'2'$ 为直径在水平投影面上作圆，则 a 必在该圆上，过 a' 作垂线交该圆于 a 点，因为 a' 可见，所以 A 位于圆球的前上右半部，所以 a 即为所求 A 点的水平投影，由 a，a'，求出 a'' 且 a'' 不可见。

点 D 的求法与 A 相同，因为 D 位于圆球的左下前部，所以 d'' 可见，d 不可见。

B，C 两点均在圆球的左、上、前部，所以 b'，b''，b，c'，c''，c 均可见。

④ 根据 A，B，C，D 各点投影的可见性可知，AB 在圆球的右上、前部，正面投影 $a'b'$ 可见，ab 可见，$a''b''$ 不可见，画虚线。BC 在圆球的左、上、前部，投影中 $b'c'$，bc，$b''c''$ 均可见，CD 在圆球的左、下、前部，投影中 $c'd'$，$c''d''$ 可见，cd 不可见，画虚线。

⑤ 依次光滑连接各点的同面投影，即得曲线 AD 的投影。

4. 圆环

(1) 投影分析

圆环面是由一个完整的圆绕着与其共面，但不通过圆心的轴线回转而成，外半圆回转形成外圆环面，内半圆回转形成内圆环面，上半圆回转形成上半环，下半圆回转形成下半环面。

图 5-15 为轴线垂直于水平面的圆环在三投影体系中的直观图和投影图。

如图 5-15b 所示，圆环的正面投影和侧面投影形状完全一样，水平投影是三个同心圆(其中有一个细点画线圆)。

圆环的正面投影中的两个圆是最左、最右素线的投影，虚线半圆表示内环面的轮廓线，粗实线半圆为外环面的轮廓线，上、下两条水平线是最高和最低纬圆的正面投影，也是内、外环面的分界线的正面投影，它们均为对正投影面的转向轮廓线。

圆环的侧面投影中的两个圆是最前、最后素线的投影。

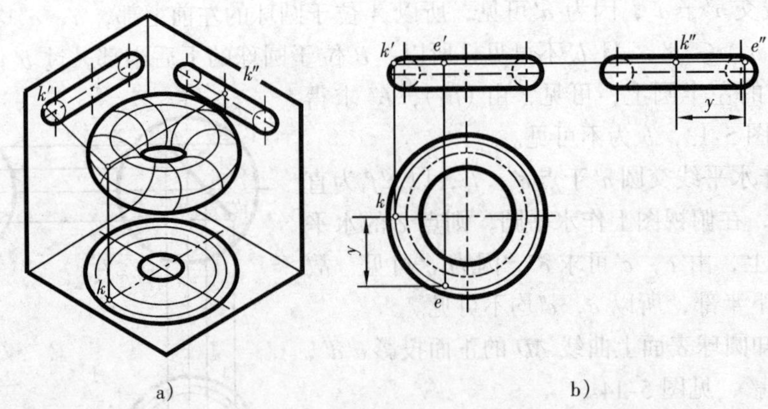

图 5-15　环在三投影体系中的直观图和投影图

圆环的水平投影中的两个实线同心圆是最大、最小纬圆的水平投影，细点划线圆是母线圆心轨迹的水平投影。

(2) 圆环表面取点

在图 5-15b 中，已知圆环上的点 K 的 V 面投影 k'，求 k 及 k''的作图方法。因为 K 属于正视的转向轮廓线，所以可直接求得。

又如，已知 E 点在 V 面投影 e'，求 e 及 e''。

过 E 在圆环面上作一纬圆，求出其水平投影一圆，则点 E 的 H 面投影 e 在此圆周上，因 e' 可见，所以点 e 在外圆环面的纬线上，由 e，e' 求出 e''。

第二节　平面与立体表面的交线

平面与立体表面相交所产生的交线称为截交线。该平面称为截平面，由截交线所围成的平面图形称为截断面，由于截交线既属于截平面，又属于立体表面，所以截交线是截平面与立体表面共有线，截交线上每一点均为截平面与立体表面的共有点，每个立体都是有一定范围的，所以截交线必是封闭的平面图形。截交线的形状取决于立体的几何性质及其与截平面的相对位置，通常由平面多边形、平面曲线或平面曲线与直线组成。

一、平面与平面立体表面的交线

平面与平面立体相交时，其截交线为封闭的平面折线——多边形，多边形的各边是截平面与立体表面的交线，多边形的顶点是截平面与立体棱线的交点。所以求截交线（平面与平面立体的截交线）可归结为：求平面立体棱线与截平面的交点，顺次连接成直线即可。

如图 5-16 所示，正六棱柱体被正垂面 P 截切，试完成其截切后的三面投影。

由图示可知，截平面 P 与正六棱柱的截交线为六边形，截交线的正面投影与 P_V 重合，水平投影与正六棱柱上、下底面的水平投影正六边形的各边重合。根据截交线各顶点的正面投影与水平投影，可求出其侧面投影，顺次连接即可，需注意：正六棱柱的最右的棱线被截断面所遮住，所以在侧投影中与最左棱线不重合部分为虚线段。

如果想求出截断面的实形，则可利用换面法的原理作出，读者可自行作图。

例 7：求正垂面 P 与正四棱锥的交线，如图 5-17 所示。

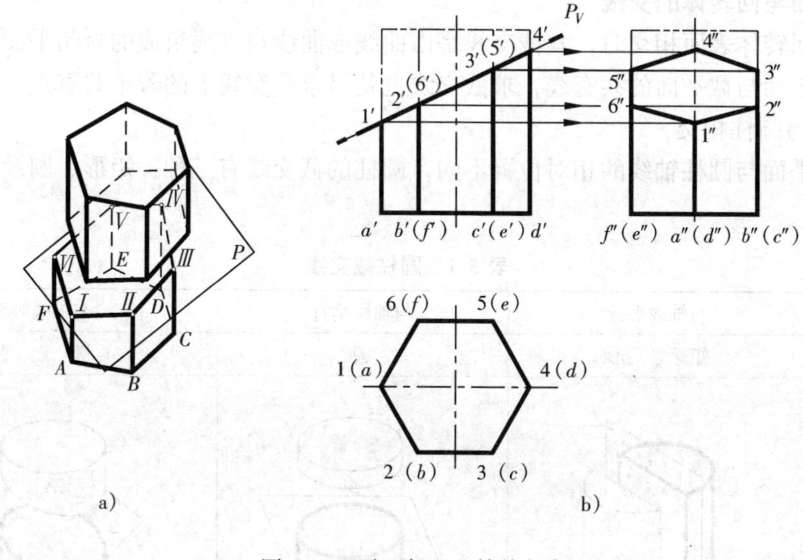

图 5-16　平面与正六棱柱相交

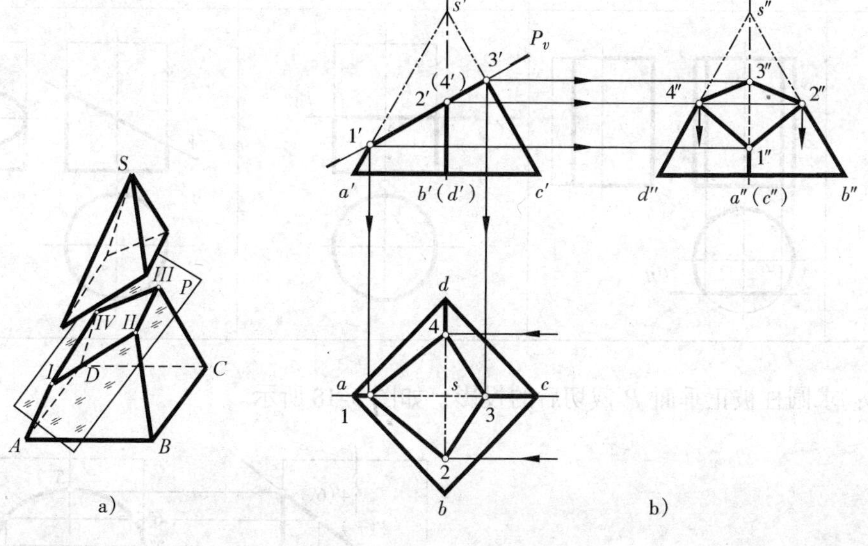

图 5-17　平面与四棱锥相交

分析：由图 5-17a 可见，截平面 P 与四棱锥的四个侧表面都相交，所以截交线为四边形，其顶点为四棱锥的四条棱线与截平面 P 的交点，由于截平面 P 为正垂面，所以，截交线的正面投影也积聚成直线可直接确定，然后再求水平投影和侧面投影。

作图步骤：

（1）直接求出截平面 P 与四棱锥四条棱线的交点的正面投影 1′，2′，3′，4′。

（2）根据点的投影规律，在四棱锥各棱线的水平和侧面投影中求出 1，2，3，4 及 1″，2″，3″，4″。

（3）将各点的同面投影顺次连接，即得截交线的各面投影，去掉被截切的部分，即为正四棱锥被正垂面 P 截切后的投影。

二、平面与回转体的交线

平面与回转体表面相交时，其截交线是由曲线或曲线与直线组成的封闭平面图形，截交线为回转体表面与截平面的共有线，求截交线也就是求截交线上的若干共有点，顺次连接。

1. 平面与圆柱相交

根据截平面与圆柱轴线的相对位置不同，圆柱的截交线有三种：矩形、圆及椭圆。见表5-1。

表 5-1　圆柱截交线

截平面位置	与轴线平行	与轴线垂直	与轴线倾斜
截交线形状	矩　　形	圆	椭　　圆
轴测图	P	P	P
投影图	P_H	P_V	P_V

例 8：求圆柱被正垂面 P 截切后的投影，如图 5-18 所示。

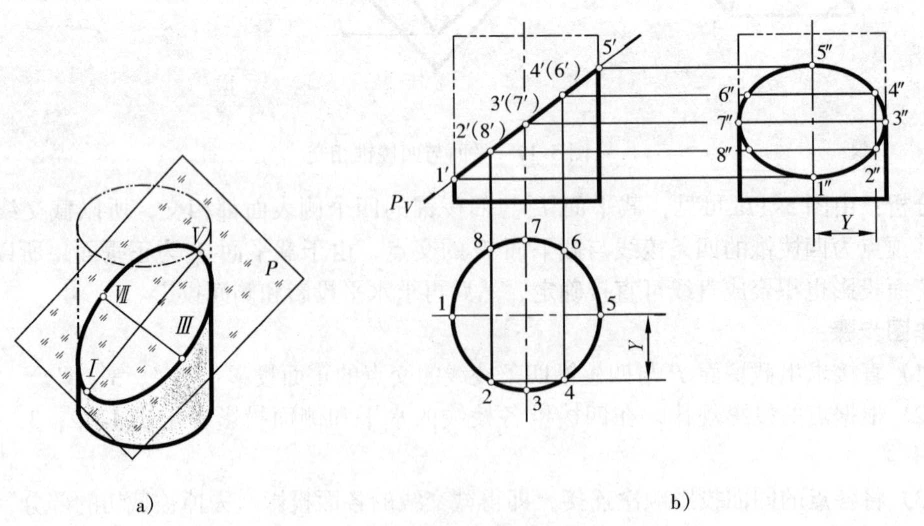

图 5-18　正垂面与圆柱相交

分析：

（1）由图 5-18a 可知，截平面与圆柱轴线倾斜相交，截交线为一椭圆。

（2）由于圆柱的轴线为铅垂线，截平面 P 为正垂面，所以截交线的正投影积聚在 P_V 上，水平投影重合在圆上，侧面投影为椭圆，但不反映实形，必须求出截交线上若干共有点的投影，顺次连接即得。

作图：

（1）画出截切后圆柱的正面投影和水平投影，在侧面投影中，仅画出圆柱的投影轮廓线，如图 5-18b 所示。

（2）求特殊点，所谓特殊点是指极限素线上的点，即截交线上最高、最低、最前、最后、最左、最右点，椭圆长、短轴的端点等。在图 5-18a 中，Ⅰ，Ⅲ，Ⅴ，Ⅶ 为转向轮廓线上的点，也是极限点和椭圆长、短轴的端点，根据其正面投影 1′，3′，5′，（7′），可求其侧面投影 1″，3″，5″，7″。

（3）求一般点，根据作图需要，可求若干一般点，方法如下：在截交线的正投影中任取一重影点 2′（8′），利用圆柱面的积聚性，求出 2，8 点，再由 2，2′求出 2″，8，8′求出 8″。依次类推，取若干点求其侧投影。

（4）求出足够一般点后，顺次光滑连接各点的侧面投影，即为截交线椭圆的侧面投影，此种画法比较精确。

椭圆截交线的另一种作法是求出椭圆的长、短轴后，用四心画法画出椭圆，此种方法较为简化。

例 9：如图 5-19a 所示，已知顶部开有长方槽圆柱的正投影与水平投影，试画出其侧面投影。

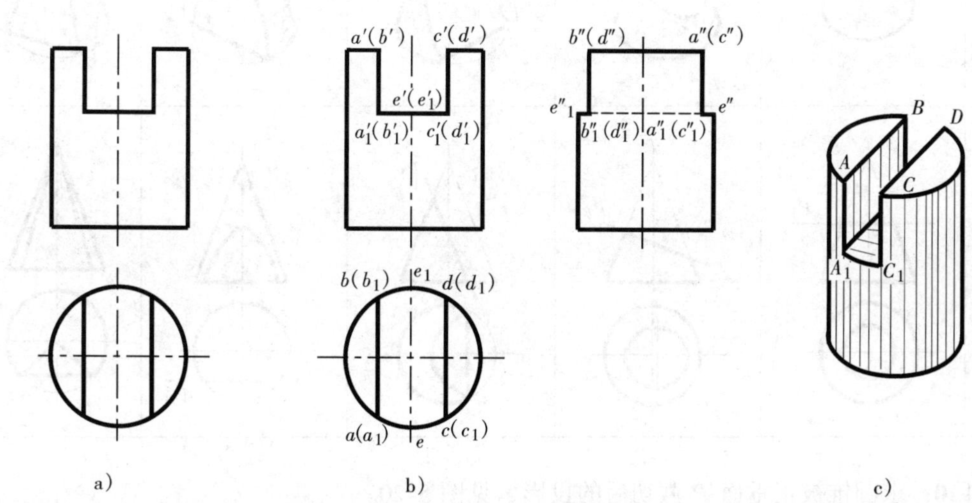

图 5-19　圆柱顶部切槽的画法

分析：圆柱上部被左、右对称的两个侧平面和一个水平面截切，两个侧平面与圆柱面的截交线为四条平行于圆柱轴线的铅垂线，水平面与圆柱面的截交线为平行于水平面的两段圆弧，利用截平面与圆柱表面投影的积聚性，可直接求出截交线的投影。

作图：

(1) 画出圆柱侧投影的轮廓线，如图 5-19b 所示；

(2) 由两侧平面与圆柱面所交的四条直线的水平投影积聚为 aa_1，bb_1，cc_1，dd_1 及正面投影为直线段 $a'a'_1$，$b'b'_1$，$c'c'_1$，$d'd'_1$，可直接求出其侧面投影 $a''a''_1$，$b''b''_1$，$c''c''_1$，$d''d''_1$；

(3) 由水平面与圆柱面所交的两段圆弧的水平投影 a_1ec_1，$b_1e_1d_1$ 与正面投影 $a'_1e'c'_1$，$b'_1e'_1d'_1$，可直接求出其侧面投影 $a''_1e''c''_1$，$b''_1e''_1d''_1$；

(4) 在侧面投影中，处于切口底面的截交线由于被圆柱面遮住一段不可见，应画成虚线。

图 5-19c 为该立体的轴测图。

2. 平面与圆锥的交线

由于截平面与圆锥轴线的相对位置不同，其截交线形状有五种：圆、椭圆、抛物线、双曲线及三角形，如表 5-2 所示。

表 5-2 圆锥截交线

截平面位置	与轴线垂直	与轴线倾斜且与所有素线相交	平行于任一条素线	平行于任两条素线（包括平行于轴线）	通过锥顶
截交线形状	圆	椭 圆	抛物线与直线组成	双曲线与直线组成	三角形
轴测图	P	P	P	P	P
投影图	P_V	P_V	P_V	P_H	

例 10：求圆锥被正垂面 P 截切后的投影，见图 5-20。

分析：由图 5-20a 可知，截平面为正垂面，而且与圆锥轴成斜交，$\beta > \alpha$，所以截交线为椭圆，其正面投影积聚成一直线与 P_V 重合，水平投影和侧面投影均为椭圆，且不反映实形。

作图：

(1) 求特殊点

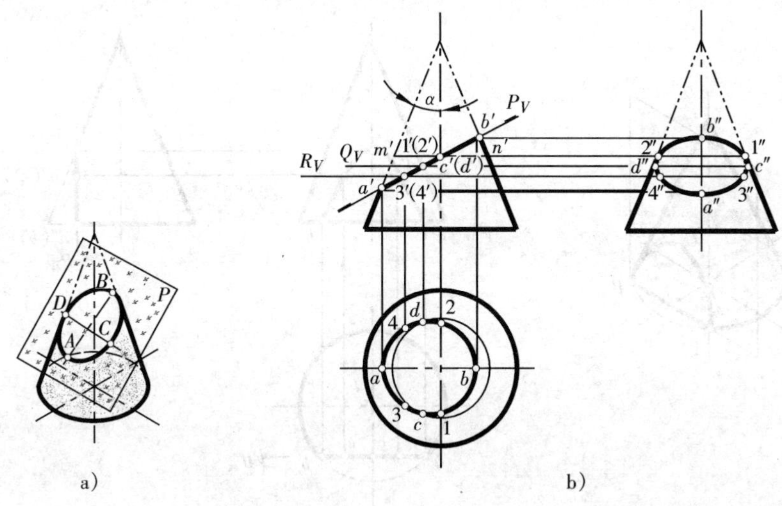

图 5-20　正垂面与圆锥相交

1）在正投影中确定极限素线上的点 A，B，1，2 的正面投影 a'，b'，1′，2′，然后在极限素线的水平投影及侧投影上求出 a，b，1，2 及 a''，b''，1″，2″，其中点 A，B 是最左、最右点，又是空间椭圆长轴的端点，同时亦为最高、最低点，如图 5-20b 所示。

2）求椭圆短轴 CD 的投影，其正投影 c'，d' 重合于 $a'b'$ 的中点，过 c'（d'）作纬圆的正投影，并画出其水平投影，则 c，d 必位于该纬圆水平投影的圆的圆周上，由 c，d，c'，d' 可求出 c''，d''。点 C，D 也为截交线的最前、最后点。

(2) 求一般点。取一般位置点Ⅲ，Ⅳ在正投影面中的投影 3′(4′)，利用辅助平面法，可求出其水平投影 3，4 和侧面投影 3″，4″。

(3) 判别可见性。截平面 P 上面部分的圆锥被切掉，截平面左低右高，所以截交线的水平投影与侧投影均可见。

(4) 将截交线上的点的水平投影和侧面投影均顺次光滑连接成椭圆（或利用长轴 ab，短轴 cd 作椭圆得截交线水平投影，利用长轴 $c''d''$，短轴 $a''b''$ 作椭圆，得截交线的侧面投影）。

(5) 整理外形轮廓线，在侧面投影上，椭圆应于圆锥的极限素线切于点Ⅰ，Ⅱ。

例 11：求圆锥被正平面 P 截切后的投影，如图 5-21 所示。

分析：截平面与圆锥轴线平行。所以 P 与圆锥面的交线为双曲线，与圆锥底面的交线为直线段，如图 5-21a 所示。截交线的正面投影反映实形，水平投影与侧面投影分别积聚为水平和垂直方向的直线，且分别与截平面 P 的水平投影与侧面投影分别重合。

作图（图 5-21b）：

(1) 先画出圆锥体的三面投影，根据截平面 P 与轴线的距离，可直接画出被截切后圆锥的水平及侧面投影。

(2) 求截交线的正面投影。

1）求特殊点。从水平投影及侧投影中可知，A，B 为截交线的最低点（亦为最左、最右点），它们在底圆上，可由 a，b 向上引垂线交底圆的正面投影为 a'，b'，点 c 为截交线的最高点，在圆锥的最前素线上，由 c'' 可直接求得 c'。

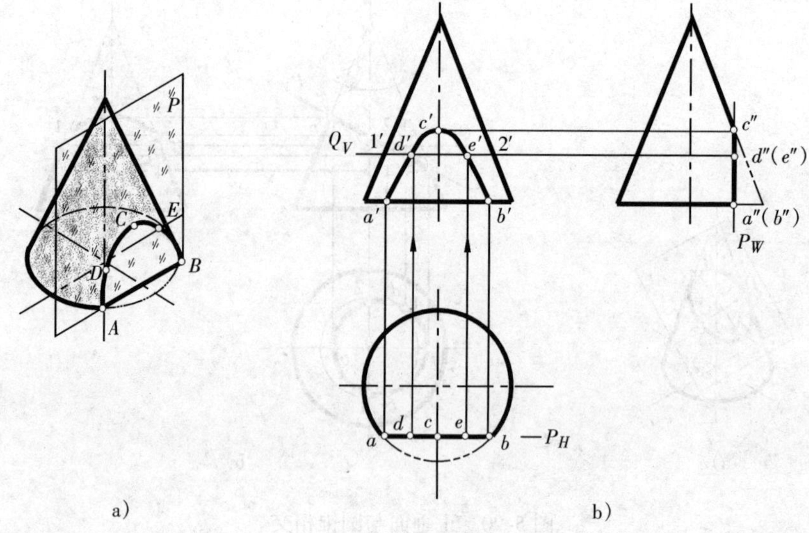

图 5-21　正平面与圆锥相交

2）求一般点。在侧投影上取重影点 d''（e''），利用辅助平面法求得 d，e。由 d''，d，e''，e 求出 d'，e'。

（3）判别可见性。由于 P 平面前面部分圆锥被切掉，所以截交线的正面投影可见。

（4）按截交线水平投影的顺序光滑连接 a'，d'，c'，e'，b'，即得截交线的正投影 $a'd'c'e'b'$。

3. 平面与圆球相交

平面与圆球面相交，其截交线均为圆。由于截平面对投影面位置的不同，截交线的投影也不同。

截平面平行于投影面时，在该投影面上截交线的投影为圆，其它投影为直线。

截平面垂直于投影面时，在该投影面上截交线的投影为直线，其它投影为椭圆或圆。

截平面为一般位置平面，则截交线的投影均为椭圆。

例 12：完成图 5-22a 所示的半圆球切槽的水平投影和侧面投影。

分析：矩形槽是由一个水平面和两个侧平面截切而成，其截交线为四段圆弧。

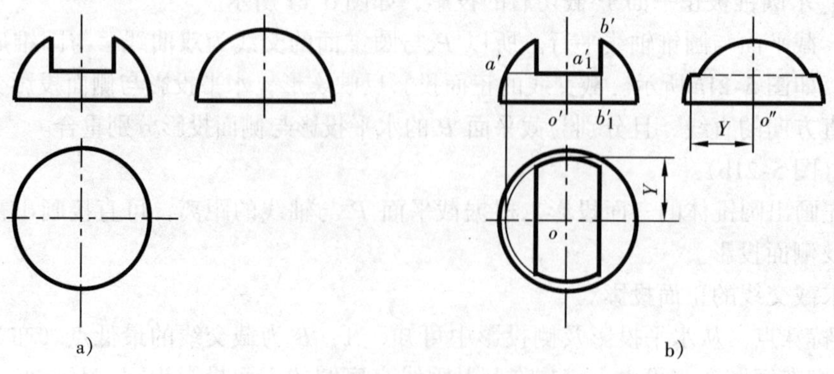

图 5-22　半球顶部切槽的画法

a）已知　b）作图求解

作图（图 5-22b）：

（1）水平面与球面的截交线为两段水平圆弧，在水平投影面上投影反映实形，侧投影面上投影为一直线。

以 o 为圆心，$o'a'$ 为半径画圆，与两侧平面在水平投影面上投影的两直线段相交，得到两段圆弧的水平投影。

（2）两侧平面与球面的交线为半径相等的两段圆弧，其侧面投影重合且反映实形。

以 o'' 为圆心，$b'b'_1$ 为半径画圆弧的侧面投影。

（3）画矩形槽水平底面的侧面投影，不可见部分画虚线。

三、综合举例

例 13：完成图 5-23 所示的顶尖的水平投影图。

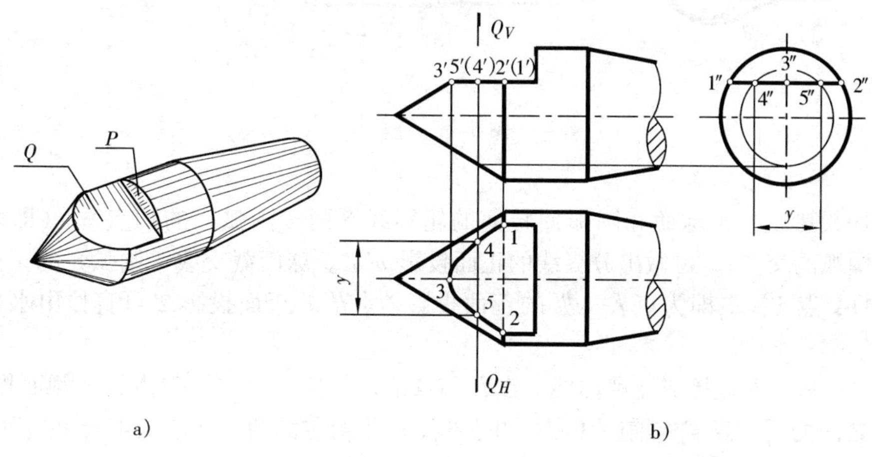

图 5-23　顶尖的截交线

分析：顶尖头部是由同轴的圆锥与圆柱组合而成。被互相垂直的平面 P、Q 截切，Q 平面平行于轴线，P 平面垂直于轴线。截平面 Q 截切圆锥所得截交线为双曲线，截切圆柱所得截交线为两直线，截平面 P 截切圆柱得截交线是一圆弧。

作图：

（1）截交线的正面投影都积聚成直线，侧面投影反映实形为部分圆。

（2）根据截交线的正面投影和侧面投影，画截交线的水平投影，先求出双曲线上的三个特殊点 1、2、3，再用辅助平面法求出双曲线上一般位置点 4、5。

（3）最后将 1、4、3、5、2 各点光滑连成曲线，并和圆柱截交线组成一个封闭的平面图形，即得截交线的水平投影。

例 14：完成图 5-24 所示连杆的主视图。

分析：连杆头部由同轴的圆柱、圆环和圆球组成，被两个前后对称的正平面截切，与圆环的截交线是平面曲线，与圆球的截交线是圆弧，截交线由圆弧和平面曲线组成，截交线的水平投影和侧面投影均积聚成直线段，正面投影反映实形。

作图：

（1）作特殊点（图 5-24b），特殊点包括球面和圆弧回转面分界线上的点Ⅰ、Ⅲ和最右点Ⅱ，为了找出点Ⅰ的正面投影，需先做出球面和圆弧回转面的分界线（是一个纬圆）的正

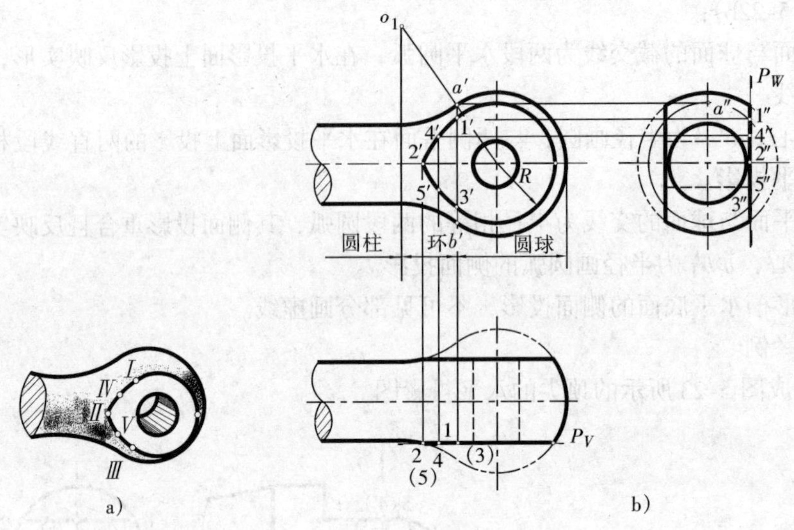

图 5-24　连杆

面投影。

在正面投影上找出球面和圆弧回转面的轮廓线（两段圆弧）的切点 a'（即两圆弧的连心线与圆弧的交点）。再做出分界线的正面投影 $a'b'$。球面截交线（圆弧）的正面投影与 $a'b'$ 连线的交点 1′、3′ 即为点Ⅰ、Ⅲ 的正面投影，点Ⅱ 的正面投影 2′ 可直接由水平投影求得。

(2) 作一般点并连接成光滑曲线，点Ⅰ 和点Ⅱ 之间应作一些一般点，从侧面投影入手，过 1″和 2″之间的任一点 4″作辅助纬圆，可求得上、下对称的两个一般点 4、5 的正面投影 4″、5″，然后依次光滑连接。

第三节　两回转体表面相交

两立体表面相交产生的交线称为相贯线。两回转体表面相贯线的形状随着两回转体的形状、大小及相对位置的不同而形状各异，但所有的相贯线都具有如下的特性：

1. 相贯线是相交两回转体表面的共有线，也是它们的分界线，相贯线上的点一定是两相交立体表面的共有点，所以求相贯线，实质就是求相交两回转体表面的共有点。

2. 立体是有一定的空间范围的，所以相贯线是封闭的。

3. 相贯线一般是封闭的空间曲线，特殊情况下为平面曲线或直线。

下面介绍求相贯线的两种常用的方法：

(1) 利用立体表面投影的积聚性，直接求相贯线上的点。

(2) 利用辅助平面法，求作相贯线上的点。

一、利用立体表面投影的积聚性，求相贯线

例 15： 求作轴线垂直相交的两圆柱表面的相贯线，如图 5-25a 所示。

分析： 两直径不同的圆柱体垂直相交，相贯线是一封闭的空间曲线。其前后、左右对称，直立圆柱体的柱面水平投影积聚成圆周，所以相贯线的水平投影也积聚在此圆周上，相贯线的侧面投影积聚在大圆周上。因此，只需要求做出相贯线的正面投影即可。

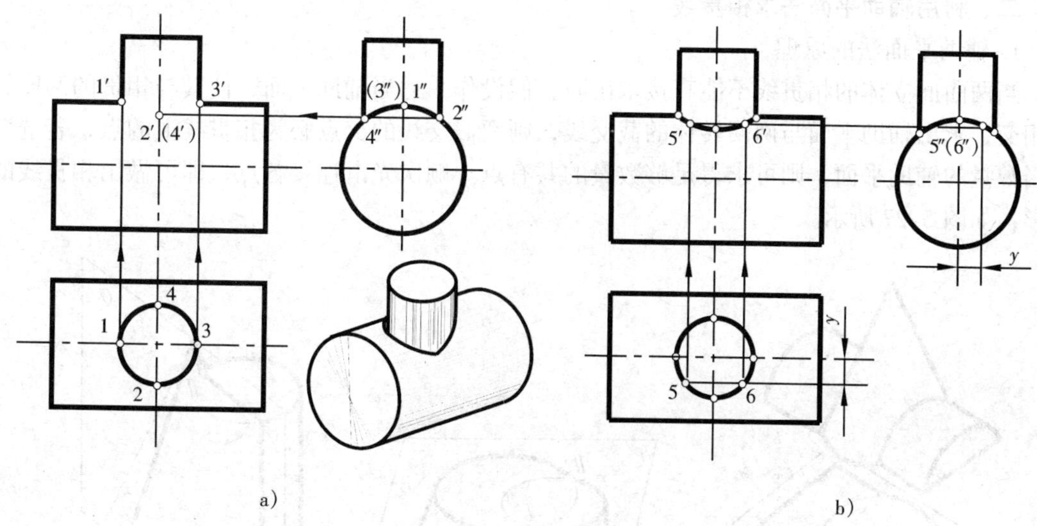

图 5-25　轴线互相垂直的两圆柱面交线的画法

a）作特殊点　b）作一般点后光滑连接各共有点的正面投影

作图（图 5-25b）：

（1）求特殊点。相贯线上的特殊点主要是转向轮廓线上的共有点和极限点。从图中可知，*Ⅰ*，*Ⅲ* 点既是相贯线的最高点，又是最左、最右点。*Ⅱ*，*Ⅳ* 点既是相贯线的最低点，又是最前、最后点，所以由已知投影 1，2，3，4 与 1″，2″，3″，4″，可求得 1′，2′，3′，4′。

（2）作一般点。先在相贯线的侧面投影中任取一重影点 5″(6″)，求出其水平投影 5，6，然后再求做出 5′，6′。利用此法可作若干一般点的正面投影。顺次光滑连接各共有点的正面投影，即完成作图（亦可先取 5，6，然后求 5″，6″，最后求 5′，6′）。

圆柱与圆柱正交，相交曲面为立体的外表面。另外，相交的曲面还会出现两内表面相交和外表面与内表面相交的形式。如图 5-26 所示，它们所产生的相贯线的形状及作图法均相同。

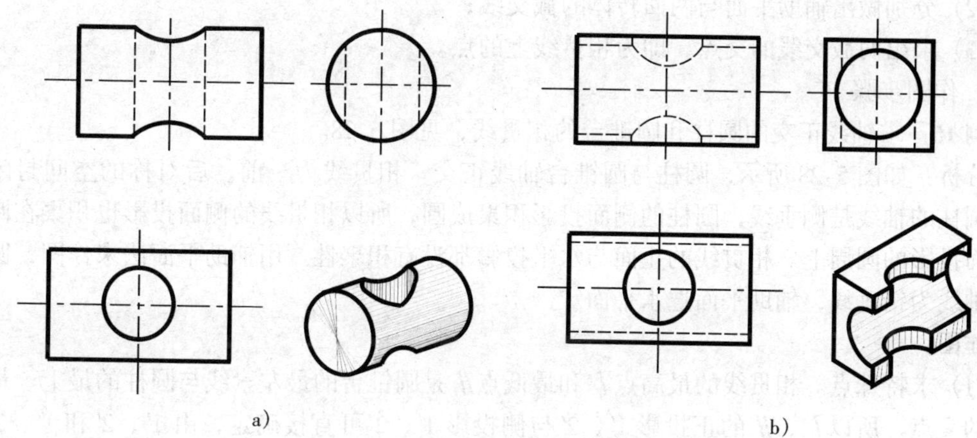

图 5-26　圆柱穿孔后的孔壁相贯线

a）圆柱孔与实心圆柱相交　b）两圆柱孔相交

二、利用辅助平面法求相贯线

1. 辅助平面法的原理

当两曲面立体的相贯线不能直接求出时，假设作一适当辅助平面，使其与相贯的两回转体相交，求出辅助平面与两回转体的截交线，则两截交线的交点必为相贯线上的点，若选取适当数量的辅助平面，则可求得足够数量的共有点。顺次光滑连接各点，即可做出相贯线的投影，如图 5-27 所示。

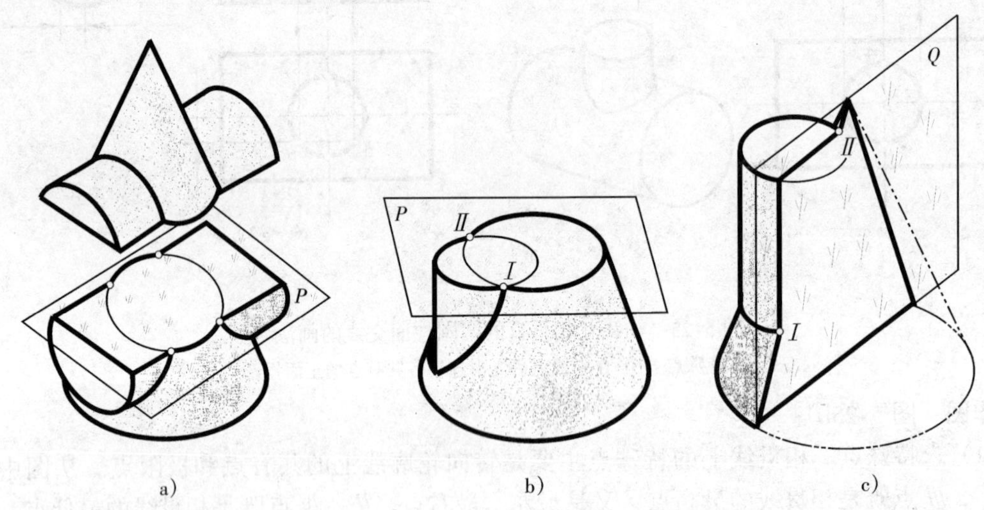

图 5-27　辅助平面法（三面共点）

2. 辅助平面的选择

为了便于作图，辅助平面应为特殊位置平面，并使其与两相贯曲面立体表面的截交线均为最简单的图形——平面多边形或圆；而且辅助平面还须作在两回转面的相交区域内，否则得不到共有点。

3. 用辅助平面法求相贯线的步骤

(1) 作辅助平面；

(2) 分别做出辅助平面与两回转体的截交线；

(3) 求出两截交线的交点，即为相贯线上的点。

4. 作图步骤

例 16：求轴线正交的圆柱和圆锥台的相贯线，见图 5-28。

分析：如图 5-28 所示，圆柱与圆锥台轴线正交，相贯线为一前、后对称的空间封闭曲线。圆柱的轴线是侧垂线，圆柱的侧面投影积聚成圆，所以相贯线的侧面投影也积聚在圆柱的侧面投影的圆周上。相贯线的正面与水平投影都没有积聚性。用辅助平面法来作图，圆锥台的轴线为铅垂线，辅助平面选水平面。

作图：

(1) 求特殊点。相贯线的最高点*I* 和最低点*II* 是圆锥台的最左素线与圆柱的最上、最下素线的交点，所以*I*、*II* 的正投影 1′、2′与侧投影 1″、2″可直接确定，由 1′、2′和 1″、2″可求出其水平投影 1、2。

点*III*、*IV* 为相贯线的最前点*III* 和最后点*IV*，分别位于水平圆柱的最前和最后素线，其侧

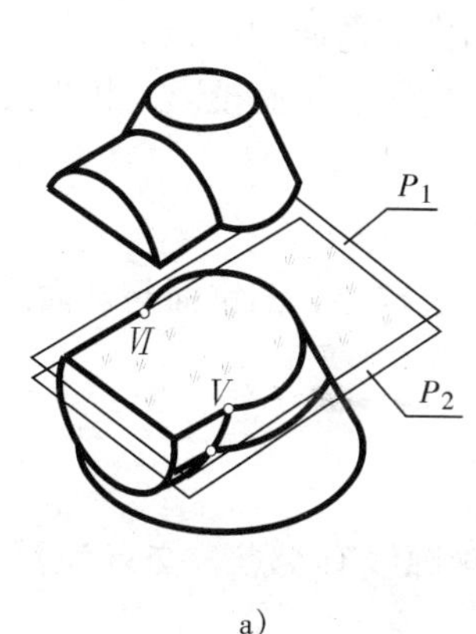

a)

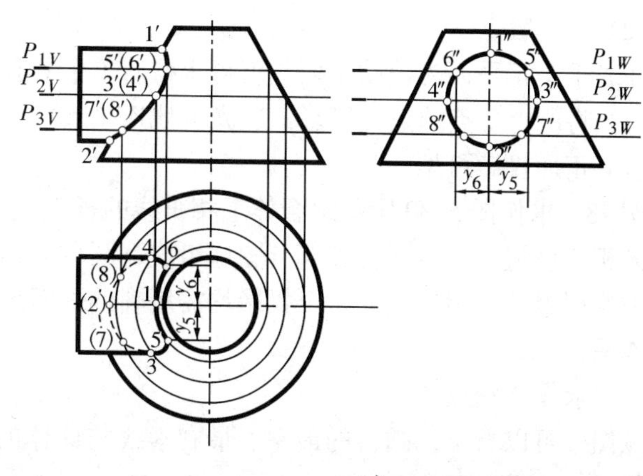

b)

图 5-28　圆柱与圆锥台正交的相贯线

面投影可直接求出，水平投影 3、4 可过圆柱轴线作辅助水平面（P_2）求出，再由 3、4 和 3″、4″可求得正面投影 3′、(4′)。

(2) 求一般点。作辅助水平面（P_1），平面(P_1)与圆锥台的截交线为圆，与圆柱的截交线为两平行直线，交点Ⅴ、Ⅵ即为相贯线上的点。求两截交线的水平投影，则它们的交点 5、6 即为Ⅴ、Ⅵ点的水平投影，其侧面投影在 P_{1W}上，正面投影在 P_{1V}上。

同理，作辅助平面（P_3），又可求出相贯线上Ⅶ、Ⅷ点的侧面投影（7″、8″）、水平投影（7、8）和正面投影(7′、8′)。

(3) 判别可见性。只有位于对两相贯体均可见表面的点才可见。在下半个圆柱面上的相贯线的水平投影是不可见的。3、4 两点是相贯线水平投影的可见与不可见的分界点，正面投影中相贯线前、后部分的投影重合，为可见。

(4) 按顺序将各点的同面投影连成光滑的曲线，正面投影中可见点 1′、5′、3′、7′、2′连成粗实线，水平投影中可见点 3、5、1、6、4 连成粗实线，4、(8)、(2)、(7)、3 各点连成虚线。

例 17：求圆柱与半圆球相贯线的投影，如图 5-29 所示。

分析：由图 5-29 可知，由于圆柱轴线垂直于水平投影面，其圆柱面的水平投影有积聚性，故选水平面或正平面作辅助面均可。若选用正平面作辅助面，则它与圆柱表面的截交线是二平行直线，与半球的截交线为一半圆，两截交线的交点就是两立体表面的共有点。

(1) 求特殊点

从图中可知，正面投影中两立体轮廓线的交点 1′、2′就是相贯线上两点Ⅰ、Ⅱ的正面投影，而且为相贯线上的最高点和最低点。由水平投影 3、4 可知，点Ⅲ和Ⅳ分别为相贯线上的最前点和最后点，其正面投影可用辅助平面法求出。如过点Ⅲ作一正平面（P_1），它与半球的截交线的正面投影为半圆，与圆柱的最前素线相交于 3′点。

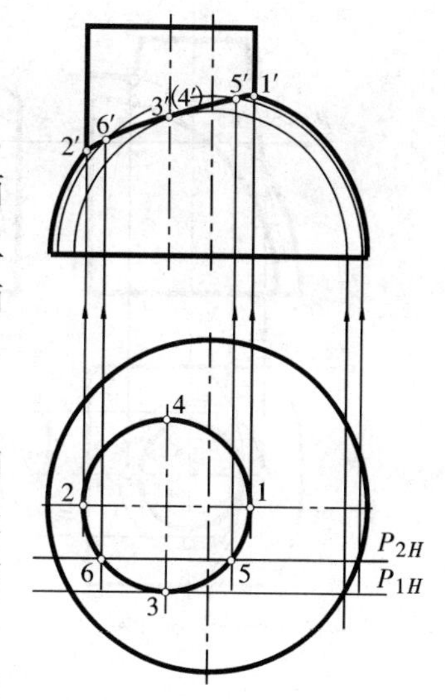

图 5-29　圆柱、球相贯

(2) 求一般点

作若干个正平面为辅助平面，就可求得若干个共有点。如作辅助面 P_2 可求得Ⅴ、Ⅵ。

(3) 将所得各点的正面投影依次光滑地连接起来，就为相贯线的正面投影，相贯线前后对称，其正面投影可见。

例 18：求作图 5-30 所示组合体上相贯线的投影。

分析：该组合体由圆台和部分圆球组成，圆台的轴线不通过球心，圆锥面与球面的各投影都没有积聚性，相贯线的三个投影均需用辅助平面法求之。

作图：

(1) 求作特殊点

从图中可以看出，圆台的最左、最右素线与球体的转向轮廓线有交点，交点为Ⅰ、Ⅲ，正投影 1′、3′可直接确定，再求 1、3、1″、3″。

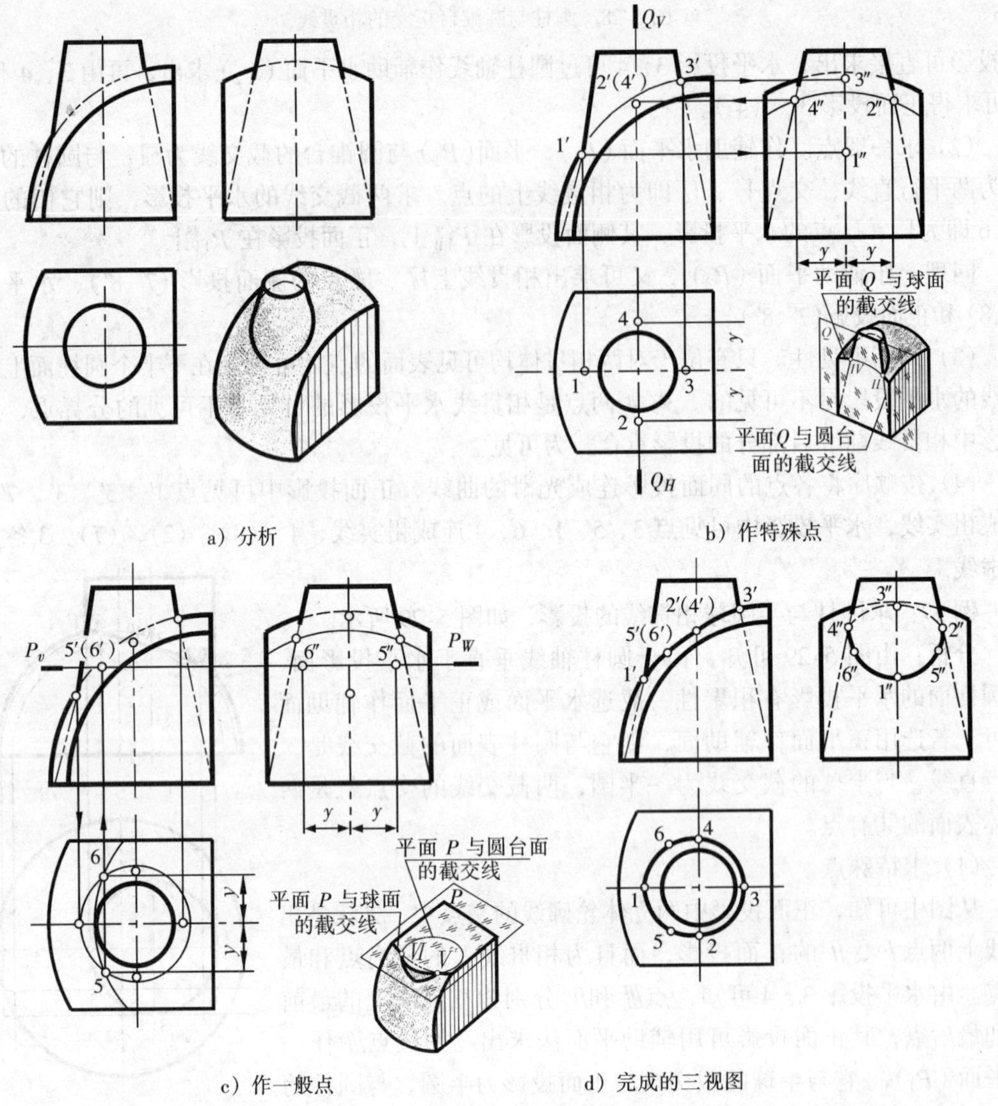

a) 分析　　b) 作特殊点

c) 作一般点　　d) 完成的三视图

图 5-30　利用辅助平面法求作相贯线

圆台的最前、最后素线与球面的交点为相贯线的最前、最后点。从侧面投影可以看出，分别过圆台的最前、最后素线作侧平面 Q，交球面为一段圆弧。交圆台为两直素线，两截交线的交点Ⅱ、Ⅵ即为相贯线上的点，求其投影的顺序为 2″、4″→2′、(4′)→2、4。

(2) 求作一般位置点

在Ⅰ、Ⅲ点之间作辅助平面——水平面，交圆台水平投影成圆，球面水平投影为一圆弧，圆与圆弧的交点即为相贯线上的点。

例如，作一水平面 P，在正面投影积聚为 P_V，P 与圆台的截交线为一圆，其水平投影反映实形；P 与球面的截交线为圆弧，水平投影也可直接求得。两截交线的水平投影交于 5、6 两点。由 5、6→5′(6′)，5′、6′为重影点，5′可见，6′不可见。求 5、6、5′(6′)→5″6″。

同理，再作若干辅助水平面，则可求得相贯线上一系列点。

(3) 依次连接各点的同面投影，并判别可见性。

完成的三面投影如图 5-30d 所示。

三、相贯线的特殊情况

两曲面立体的相贯线一般为空间曲线，如果相交两曲面都是二次曲面，且公切于一个二次曲面时，相贯线则成为两条平面曲线。如果它们的轴平面为某投影面平行面，则相贯线在该投影面上的投影积聚为直线段。如图 5-31 所示，两圆柱直径相等，轴线正交，且外切于同一圆球面，其相贯线转化为两个相同的椭圆，椭圆的正面投影为两条相交直线段，相贯线的水平投影与侧面投影分别与两圆柱的积聚性投影重合。

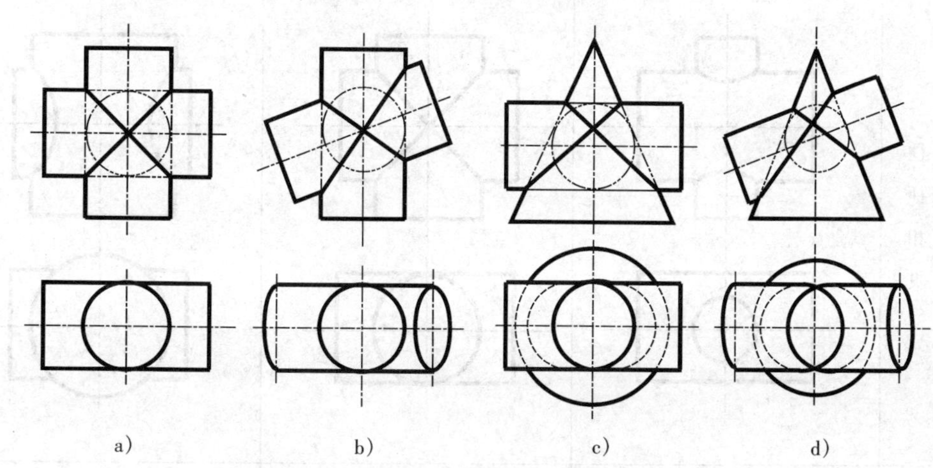

图 5-31　二次曲面的相贯线为平面曲线的情况

两回转曲面共轴线时，其相贯线是圆，且圆所在的平面垂直于回转曲面的轴线。该轴线为铅垂线时，圆的 V 面投影为直线，H 面投影为圆，如图 5-32 所示。

四、圆柱、圆锥相贯线的变化情况

通过上述分析，相贯线的空间形状和投影形状的变化与两曲面立体的表面性质、相互位置以及尺寸大小有关。见表 5-3、表 5-4。

五、相贯线的简化画法

如两圆柱的轴线垂直相交，如图 5-33 所示，在主视图上的相贯线可用圆弧代替。画法如下：分别以 1′或 2′为圆心，以大圆柱的半径 R 为半径画弧，与小圆柱的轴线相交于 O 点，

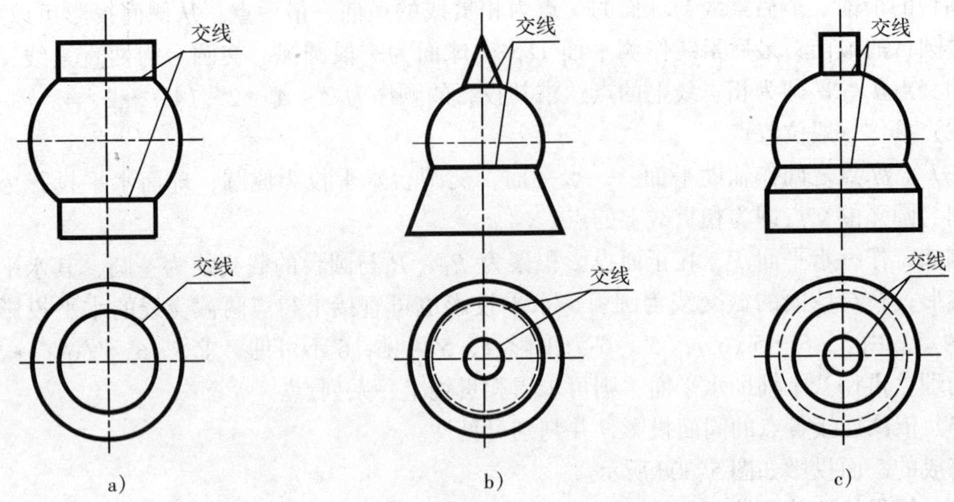

图 5-32　同轴线相贯线的情况

表 5-3　表面性质和相对位置相同而尺寸不同对相贯线形状的影响

相对位置	表面性质	尺寸变化：直立圆柱的直径变化时		
轴线正交	柱柱相贯			
	柱锥相贯			

表 5-4　表面性质和相对位置对相贯线形状的影响

表面性质	相对位置		
	轴线正交	轴线斜交	轴线交叉
柱柱相贯	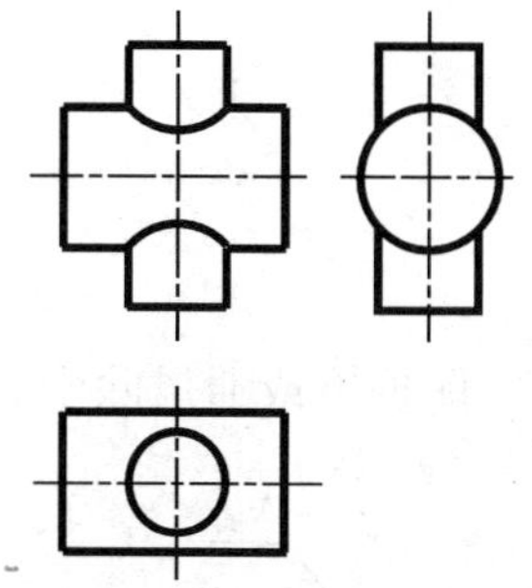	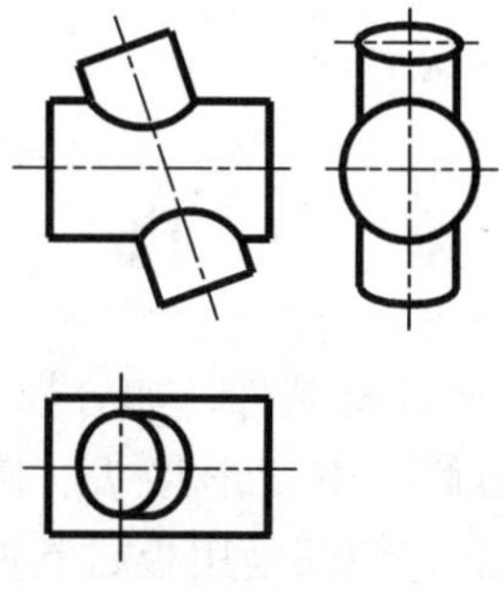	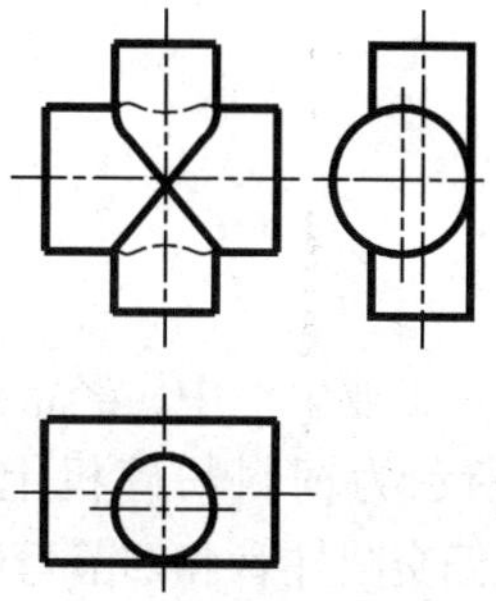
锥柱相贯	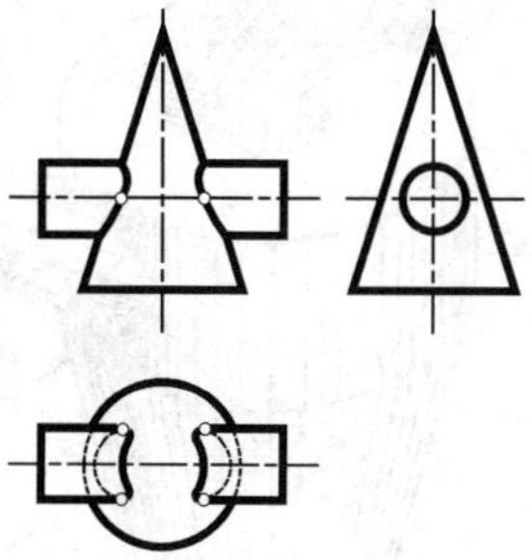	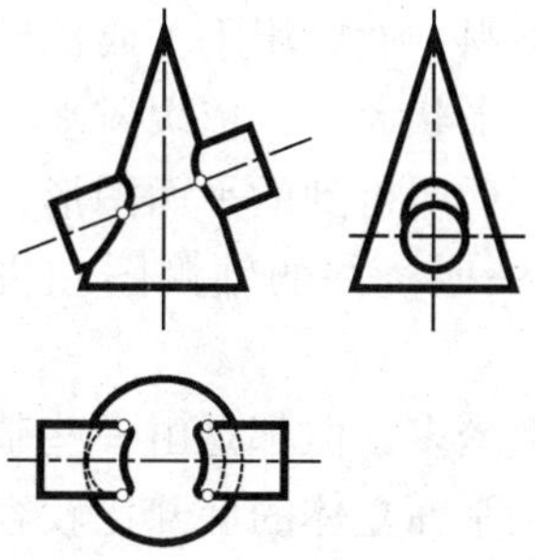	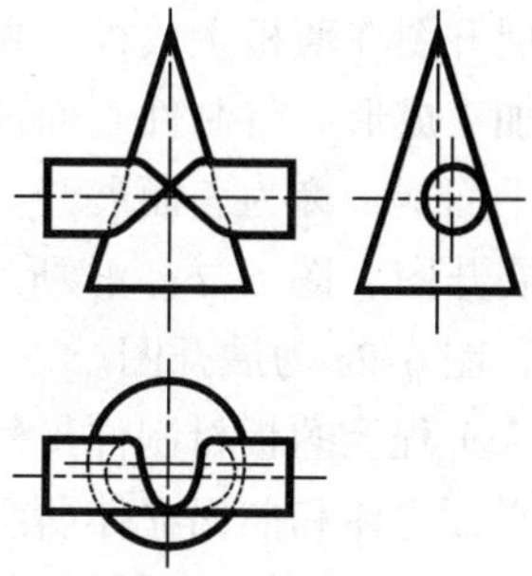
柱球相贯	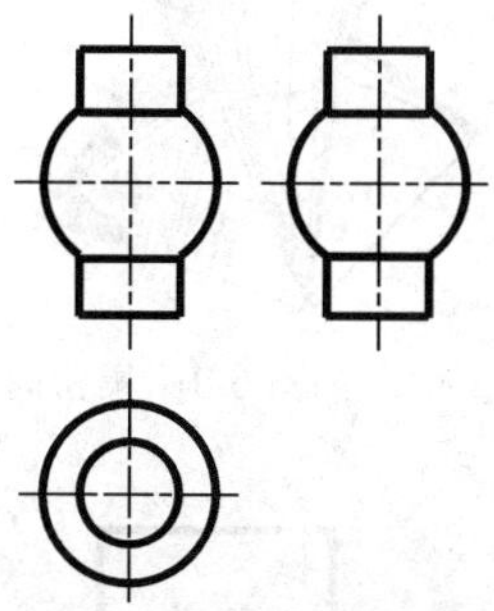	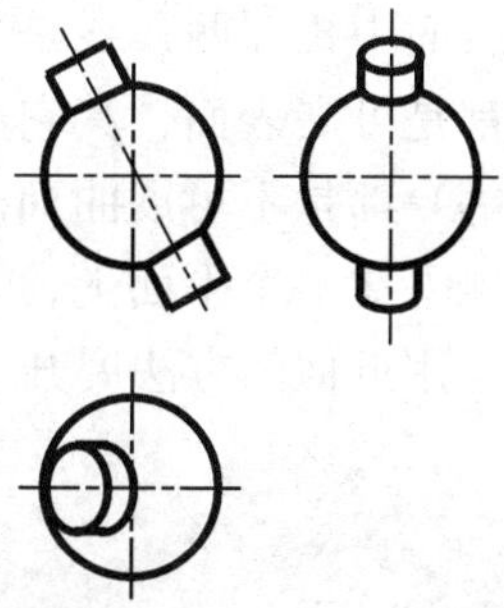	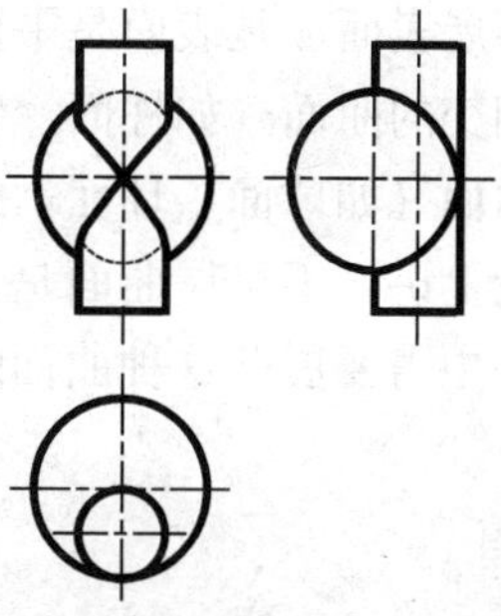

再以 O 点为圆心，R 为半径画弧，即为相贯线的正面投影，相贯线的圆弧是向大圆柱的轴线弯曲的。

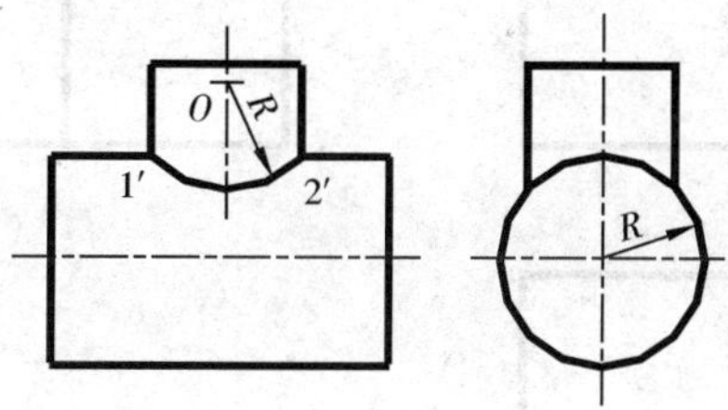

图 5-33　相贯线的简化画法

第六章　立体的表面展开

第一节　概　　述

在工业生产中，经常遇到金属板材制件，如容器设备、保护罩或通风除尘管道等。图6-1所示为饲料粉碎机上的集粉筒，由变形接头、圆锥管、偏交圆柱管和四节弯管组成。它们都是用板材卷曲焊接而成。在制造时，必须先画出它们的表面展开图，再根据展开图在薄板上放样，划线下料，然后用手工或机械方法加工成形。将制件表面按实际形状大小，依次摊平在同一平面上，称为表面展开。展开后所得到的平面图形，称为展开图。图6-2a、b所示为一四棱柱的轴测图和投影图，图6-2c为展开图。

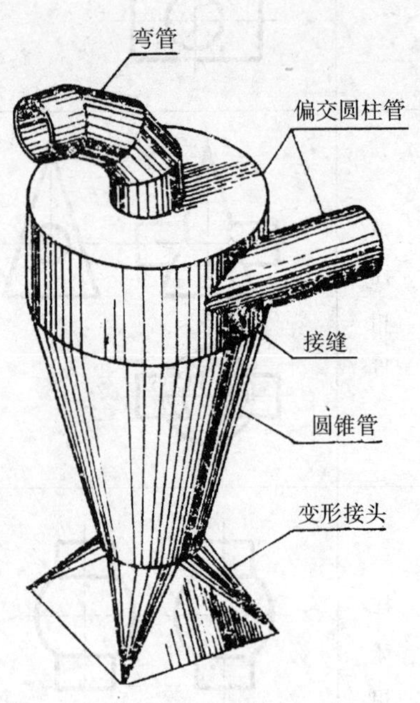

图6-1　集粉筒

工程上的板材制件虽然种类繁多，但都是由一些基本的平面立体和曲面立体所组成。平面立体的展开比较容易画出，曲面立体的展开较复杂。立体表面分为可展表面与不可展表面。凡表面是平面或直线面中相邻两素线是平行或相交的曲面（如柱面、锥面）都是可展表面，其它所有的曲面（如球面、环面、螺旋面等）都是不可展曲面。从理论上讲，不可展曲面是不可能摊平在一个平面上，若在生产中需要展开这种曲面时，可采用近似的方法展开。

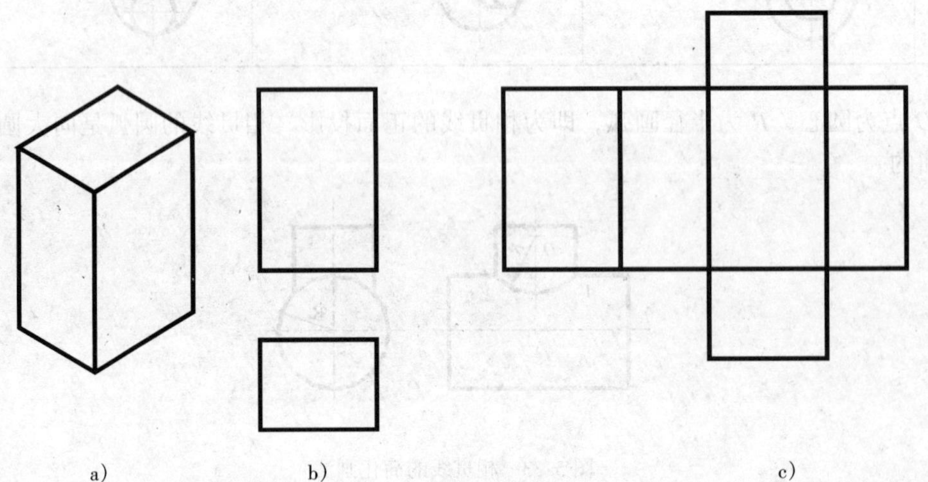

图6-2　四棱柱的展开

画表面展开图的过程一般是先按 1:1 的比例画出制件的正投影图，根据制件的正投影图来画展开图。展开图上要反映制件各表面的实形或各边的实长。当正投影图上没有直接反映其实形或实长时，需要通过一定的方法，先求出实形或实长，然后方能画出展开图。

在画展开图时，常用旋转法求一般位置直线的实长。如图 6-3a 所示，一般位置直线 AB，过 A 点以铅垂线为轴，使其旋转到平行于 V 面的位置 AB_1，则其 V 面投影 $a'b_1'$，即为直线 AB 的实长。在旋转过程中，因为回转轴通过端点 A，所以直线旋转以后点 A 的投影不变；点 B 绕回转轴的旋转轨迹为一水平圆周。图 6-3b 表示其投影图的作图方法，过 A 点作旋转轴 OO_1，其 H 面投影与 A 点的 H 面投影 a 重合，以点 a 为圆心，ab 为半径画圆弧，使 ab_1 平行于 X 轴。这时，B 点的 V 面投影 b' 将沿水平线移到 b_1' 点。这样，就把一般位置直线 AB 变换为正平线 AB_1，则 $a'b_1'$ 为 AB 直线的实长。

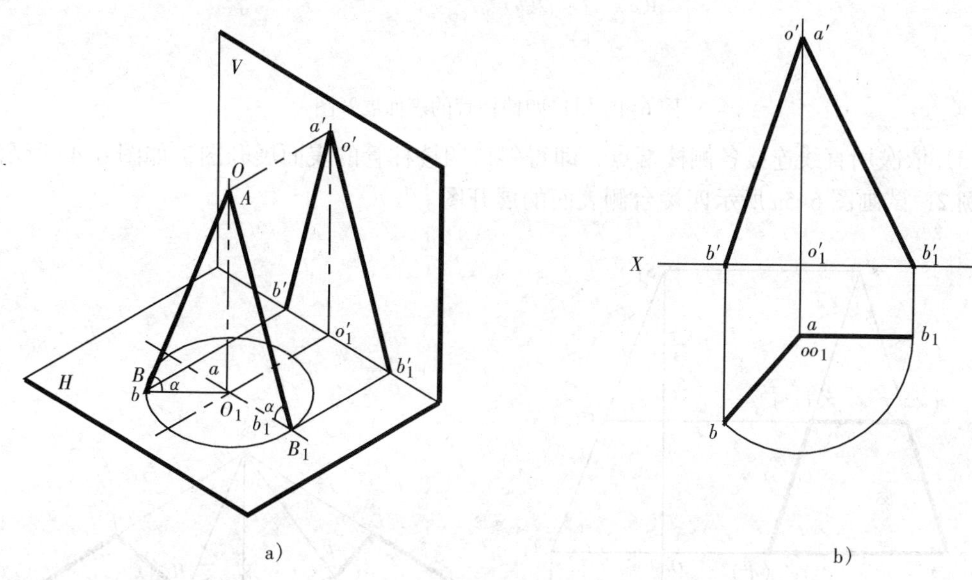

图 6-3　旋转法求实长

第二节　平面立体表面的展开

平面立体表面都是平面多边形。因此，画平面立体表面展开图时，只要画出所有多边形的实形，然后按一定顺序画在一个平面上，即得到其表面展开图。

例 1：试画图 6-4a 所示斜口四棱柱管表面的展开图。

分析：图 6-4b 为斜口四棱柱管的两面投影图。由于四棱柱管的各棱线和棱面均处于特殊位置，所以在投影图上可直接得出各条棱线的实长或各个棱面的实形。

作图：

(1) 展开管底各棱边。将管底各边（水平投影反映实长）展开成一条水平线 AA，量取 $AB=ab$、$BC=bc$、$CD=cd$、$DA=da$。

(2) 按位截取各侧棱长。过 A、B、C、D、A 各点作铅垂线，并分别量取 $A\text{I}=a'1'$、$B\text{II}=b'2'$、$C\text{III}=c'3'$、$D\text{IV}=d'4'$ 和 $A\text{I}=a'1'$，即得各端点Ⅰ、Ⅱ、Ⅲ、Ⅳ、Ⅰ。

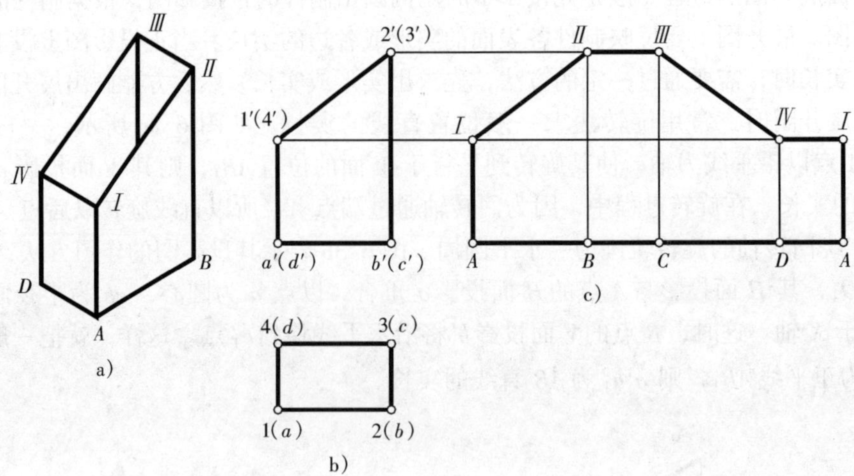

图 6-4　斜口四棱柱管的表面展开图

(3) 依次用直线连接各侧棱端点，即得斜口四棱柱管的表面展开图，如图 6-4c 所示。

例 2：试画图 6-5a 所示四棱台侧表面的展开图。

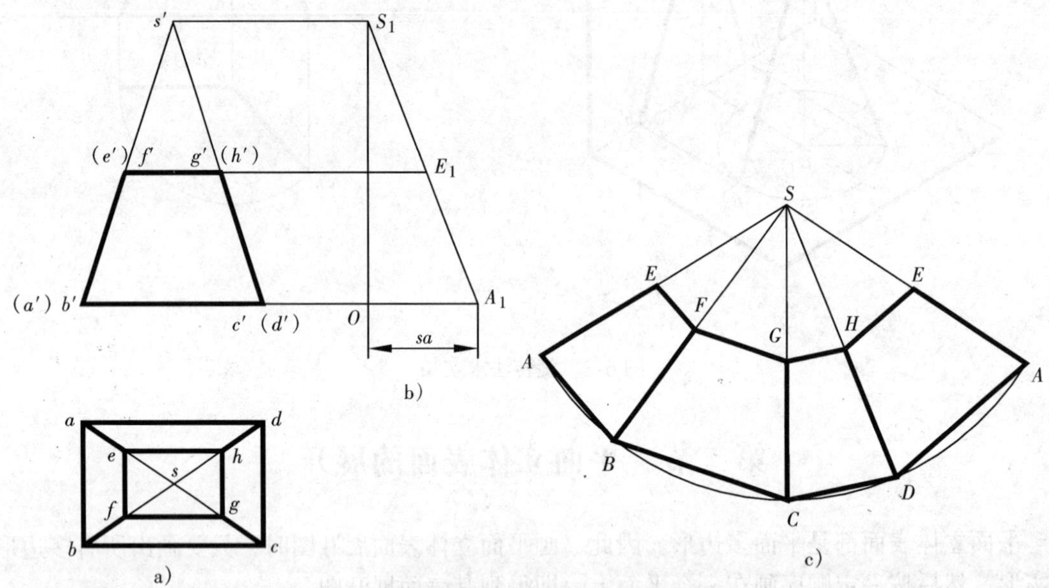

图 6-5　四棱台的侧表面展开图

分析：将棱线延长后交于一点 S，形成一个四棱锥。四棱锥的四条棱线实长相同，是一般位置直线；在俯视图上，四棱锥底边投影为实长。

作图：

(1) 如图 6-5a、b 所示，用直角三角形法求棱线实长。在 $a'd'$ 延长线上量取 $OA_1 = sa$，由 O 点作垂直线与过 s' 点的水平线交于 S_1，S_1A_1 即为四棱锥棱线的实长，再由 e' 作水平线交 S_1A_1 于 E_1，则 A_1E_1 即为棱台棱线的实长。

(2) 如图 6-5c 所示，以 S 点为圆心，S_1A_1 长为半径画圆弧，在圆弧上量取弦长 $AB =$

ab、$BC=bc$、$CD=cd$、$DA=da$，并将 A、B、C、D、A 各点与 S 点连线，得四棱锥的展开图。

(3) 在四棱锥展开图的 SA 棱线上，截取 $AE=A_1E_1$，由 E 点分别作与 AB、BC、CD、DA 各底边平行的线段 EF、FG、GH、HE，截出的部分即为四棱台侧表面的展开图。

第三节　可展曲面的展开

一、圆柱面的展开

1. 正圆柱面（正圆柱管）的表面展开

图 6-6a 所示圆柱，其展开图为一矩形。设圆柱直径为 d，高度为 H，其表面展开图矩形的长边为 πd，短边为圆柱高 H。直接画出矩形，即为正圆柱面的表面展开图，如图 6-6b 所示。

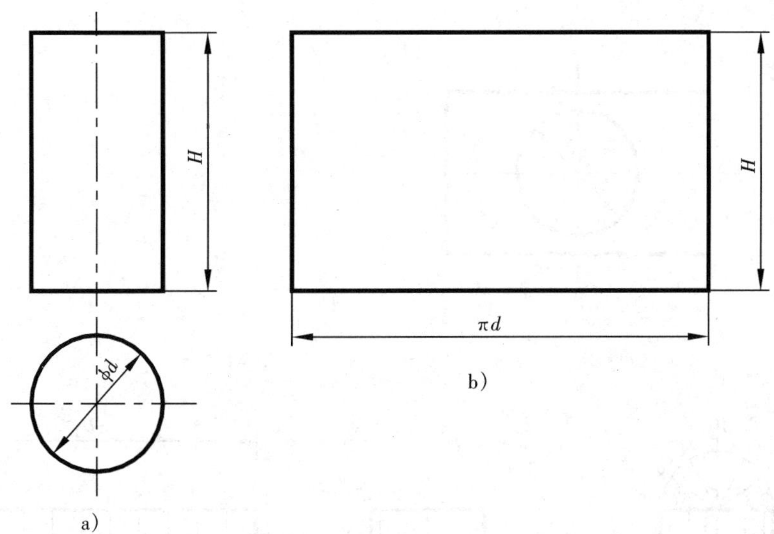

图 6-6　正圆柱面的表面展开

2. 斜截正圆柱面（斜口圆柱管）的表面展开

斜截正圆柱面展开的方法与正圆柱面展开基本相同，只是截头圆柱上各条素线的长度不完全相等，使斜口部分展成曲线，如图 6-7 所示。

作图步骤：

(1) 在俯视图上，将斜截圆柱的底圆分为 12 等分，通过各等分点引出各条素线的 V 面投影，如图 6-7a 所示。

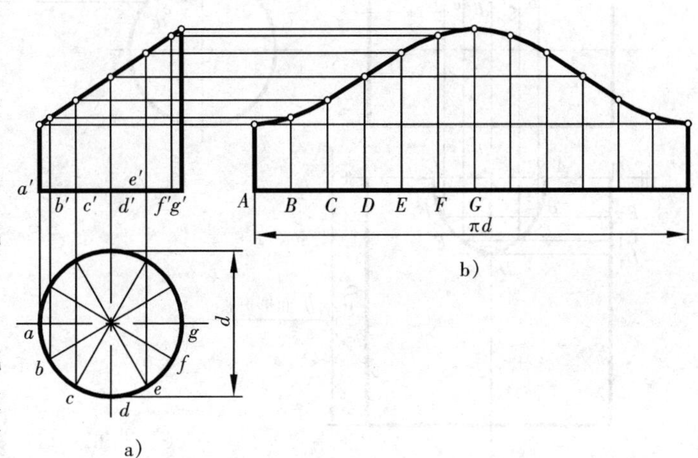

图 6-7　斜口圆管的展开

(2) 如图 6-7b 所示，将底圆展开成长度为 πd 的直线，并将它 12 等分，得点 A、B、C …，过这些点作铅垂线，并从圆管的正面投影量取对应素线的实长，得各素线的端点。

(3) 光滑连接斜口各端点，即得斜口圆柱管的表面展开图，如图 6-7b 所示。

3. 两个不等径正交圆柱面（三通管接头）的展开图

图 6-8a 所示为三通管接头的投影图。从图中可以看出，两圆管的相贯线是两个曲面的

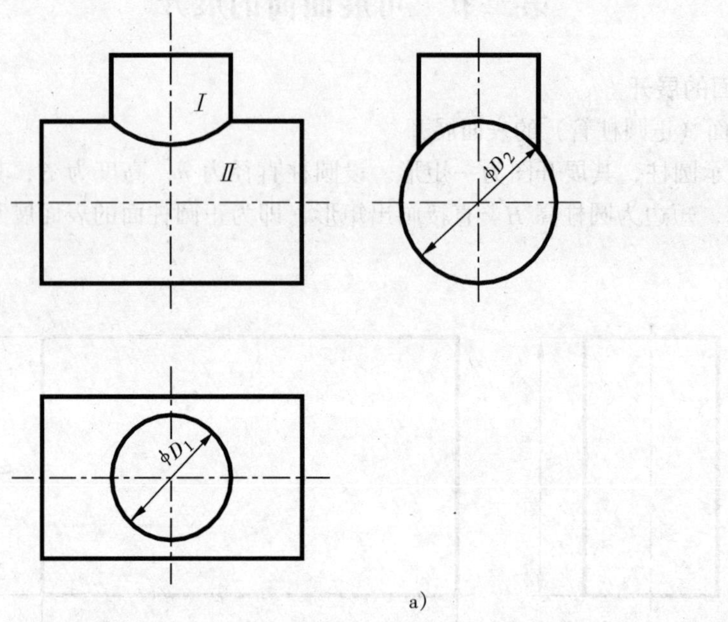

a)

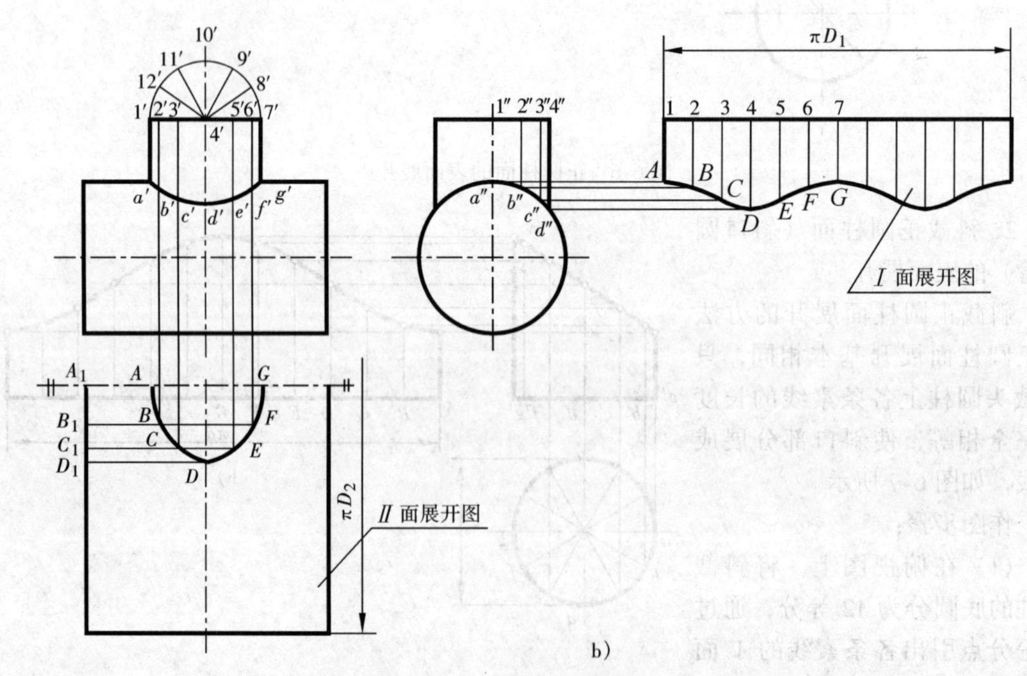

b)

图 6-8 三通管接头的展开

分界线，两相交曲面可沿其相贯线分为*I*、*II*两个部分，其展开图作法如下：

(1) 作圆柱面*I*的展开图

1) 将圆柱面*I*的顶圆圆周12等分，同时画出各等分点上素线的V面投影$1'a'$、$2'b'\cdots 7'g'$（圆柱的前半部分）。

2) 作一水平线，使其长度为πD_1，并12等分。过各分点作铅垂线，将V面投影$1'a'$、$2'b'$、$3'c'\cdots$对应地移到展开图的垂线上，得A、B、$C\cdots$各点。

3) 光滑连接A、B、$C\cdots$各点，即完成圆柱面*I*的展开图，见图6-8b。

(2) 作圆柱面*II*的展开图

1) 圆柱面*II*展开后是矩形，其水平边长为素线实长，可从投影图中量取，垂直边长为πD_2。

2) 确定出相贯线上对应点A、B、$C\cdots G$的位置。为此，先展开AD（$a''d''$）弧线，使$A_1B_1 = a''b''$、$B_1C_1 = b''c''$、$C_1D_1 = c''d''$。

3) 过A_1、B_1、C_1、D_1点作圆柱面的素线，分别在素线上量取$CE = c'e'$，$BF = b'f'$，$AG = a'g'$。

4) 光滑连接各端点，即得半个圆柱管*II*的展开图，另一半可与其对称地做出。

二、圆锥面展开

1. 正圆锥面（正圆锥管）的表面展开

如图6-9所示，圆锥表面展开图是扇形。其作图方法是：以圆锥母线L为半径作弧，取圆心角$\theta = \frac{D}{L}180°$，画出圆锥表面展开的扇形，即为正圆锥管的表面展开图。

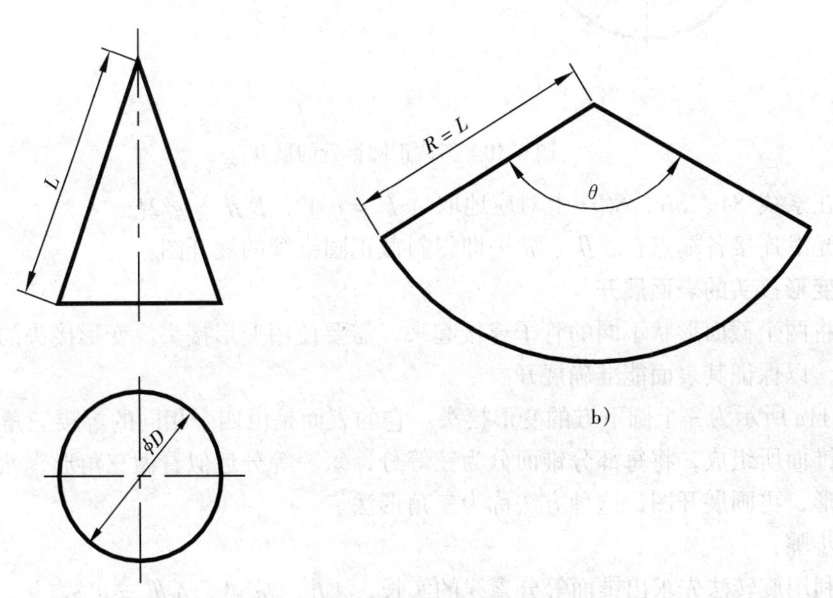

图6-9 正圆锥面的表面展开

2. 斜截正圆锥面（斜口圆锥管）的表面展开

斜截正圆锥面展开的方法与正圆锥面展开基本相同，只是圆锥表面上相邻两素线的长度不再相等，展开图不再是一个完整的扇形。

展开图作法如下：

(1) 在图 6-10a 的俯视图上，将斜截圆锥底圆 12 等分，通过各等分点引出各条素线的 V 面投影，再用旋转法求出各条素线上被截去部分的实长 $s'6_1'$、$s'5_1'\cdots s'2_1'$，$s'7'$、$s'1'$ 在主视图上已为实长。

(2) 画出完整圆锥表面展开后的扇形，如图 6-10b 所示，并将扇形弧长 $2\pi R$ 分成 12 等分，画出相应素线。

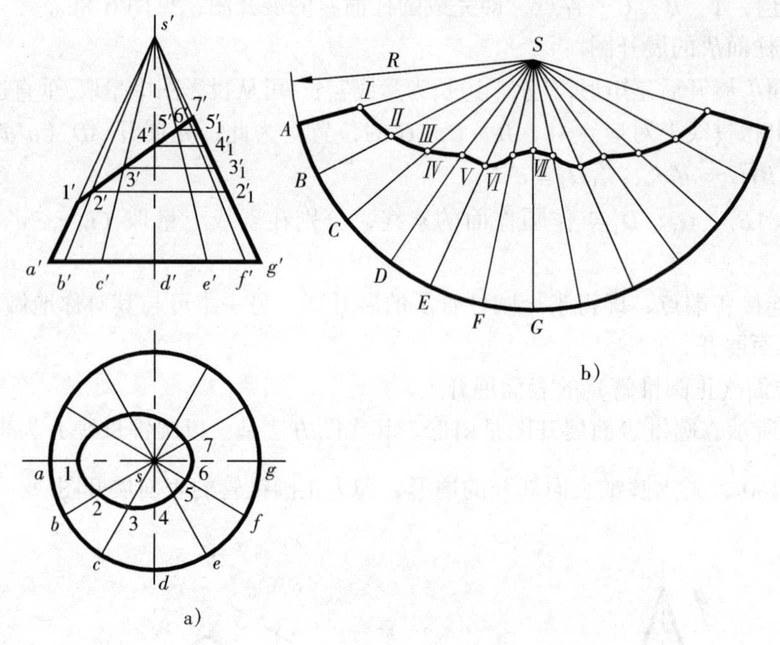

图 6-10　斜截正圆锥管的展开

(3) 在素线 SA、SB、$SC\cdots$ 上对应地取 $A\text{Ⅰ}=a'1'$、$B\text{Ⅱ}=g'2_1'\cdots$

(4) 光滑连接各端点Ⅰ、Ⅱ、Ⅲ…即得斜截正圆锥管的展开图。

三、变形接头的表面展开

如果将两个截面形状不同的管子连接起来，需要使用变形接头。变形接头的表面应设计成可展面，以保证其表面能准确展开。

图 6-11a 所示为一上圆下方的变形接头。它的表面是由四个相同的等腰三角形和四个相同的部分锥面所组成，将每部分锥面分为三等分，每一等分近似看做三角形，然后求出各三角形的实形，再画展开图，这种方法称为三角形法。

作图步骤：

(1) 利用旋转法先求出锥面等分素线的实长，$A\text{Ⅳ}=a'4_1'$，$A\text{Ⅲ}=a'3_1'$。

(2) 确定接缝。以后面三角形的中垂线为接缝展开，则前面的三角形ⅠAB 为展开图的对称中心。因此，首先画一水平线 $AB=ab$ 为底，$A\text{Ⅰ}=B\text{Ⅰ}=a'4_1'$ 为两腰，做出三角形 $A\text{Ⅰ}B$。

(3) 作一锥面的展开图。以 A 点为圆心，$a'3_1'$ 为半径画弧，再以Ⅰ为圆心，弦长 $\overset{\frown}{12}$ 为半径画弧，两弧相交得Ⅱ点；同理，可得到Ⅲ、Ⅳ点。光滑连接Ⅰ、Ⅱ、Ⅲ、Ⅳ点，得一锥面的展开图。

(4) 用上述方法依次做出其余三角形和锥面的展开图，即得变形接头的表面展开图，如图 6-11b 所示。

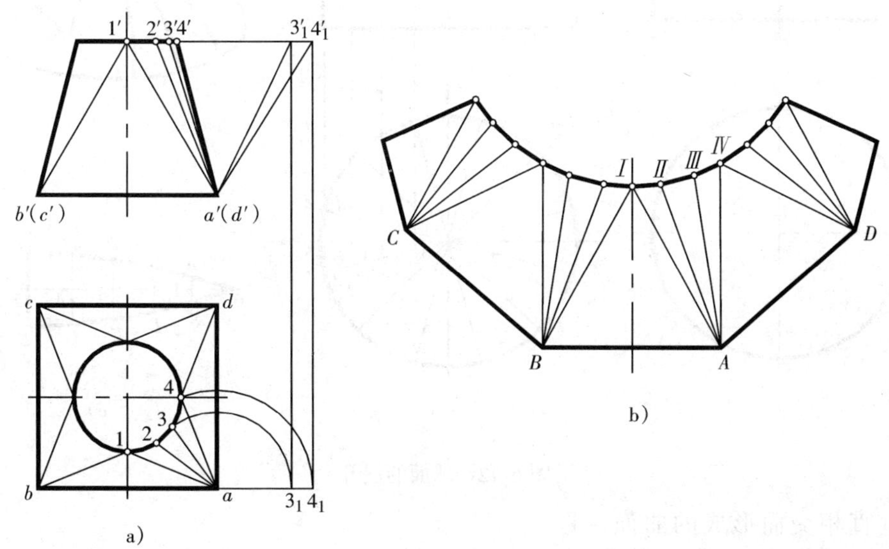

图 6-11　变形管接头的展开

第四节　不可展曲面的近似展开

一、球面的近似展开

球面是不可展曲面，在工程中一般采用近似柱面法展开。

图 6-12a 表示半圆球，画其展开图时，将球面分成若干小部分，如图 6-12c 所示，再把每一小部分近似当作圆柱面。圆柱面的展开图就是小部分球面的近似展开图。作图步骤如下：

(1) 如图 6-12b 所示，用通过球心的铅垂面将球面的水平投影分成 12 等分，把其中一等分 $0ee$ 视为垂直于 V 面的柱面的水平投影。

(2) 将主视图上 $0'5'$ 弧长分成 5 等分，得等分点的两面投影 $0'$、$1'$、$2'$、$3'$、$4'$、$5'$，0、1、2、3、4、5。

(3) 通过各等分点 1、2…5，作 Y 轴平行线 aa、bb…ee，这些平行线为此圆柱面上素线的投影，它们反映实长。

(4) 如图 6-12d 所示，作一水平线 05，使 $05 = 0'5'$，并将其 5 等分，得点 0、1、2、3、4、5，再过这些点作铅垂线，并以 05 线为对称轴，在各铅垂线上对应地量取 $AA = aa$、$BB = bb$…$EE = ee$。

(5) 光滑连接各端点，得到 $E0E$，即为 1/12 等分半球面的展开图。

二、正圆柱螺旋面的展开

图 6-13a 所示为一正圆柱螺旋面。它是水平直素线 AM 沿圆柱螺旋线运动，并始终与圆

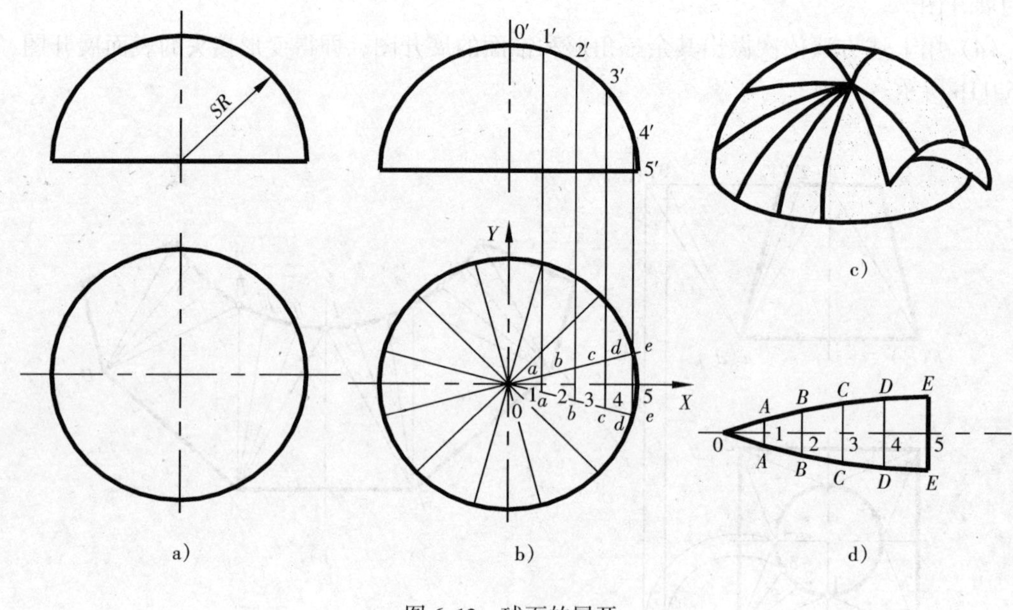

图 6-12　球面的展开

柱轴线垂直相交而形成的曲面，是不可展曲面。若需画其展开图时，只能采用近似展开法。制造时，按一个导程之间的正螺旋展开下料，再拼焊起来，其展开方法有图解法和计算法。现在介绍用计算法画螺旋面的展开图。

已知螺旋面的外径 D、内径 d、导程 L，根据螺旋线展开的原理，可以计算出外螺旋线的展开长 $L_0 = \sqrt{L^2 + (\pi D)^2}$，内螺旋线展开长 $l_0 = \sqrt{L^2 + (\pi D)^2}$，螺旋面宽度 $b = \frac{1}{2}(D - d)$。

外圆弧半径 $R = r + b$。

因为在开口圆环中，两螺旋线的展开图被看做是圆心角相同，半径分别为 R 和 r 的两个同心圆弧，所以 $\frac{R}{r} = \frac{L_0}{l_0}$，于是内圆弧半径 $r = \frac{l_0}{L_0} R = \frac{l_0}{L_0}(r + b)$。

化简可得 $r = \frac{b l_0}{L_0 - l_0}$

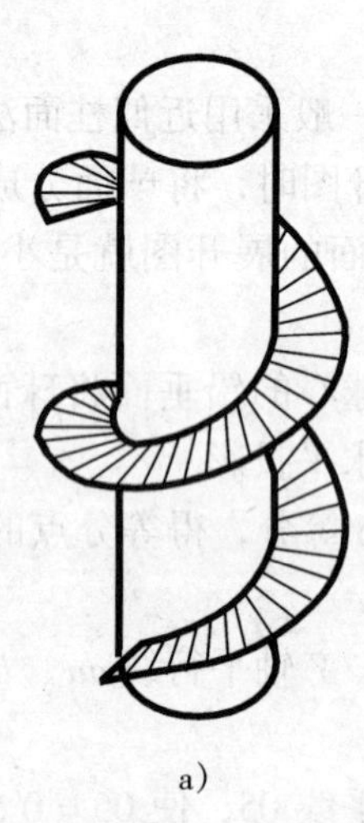

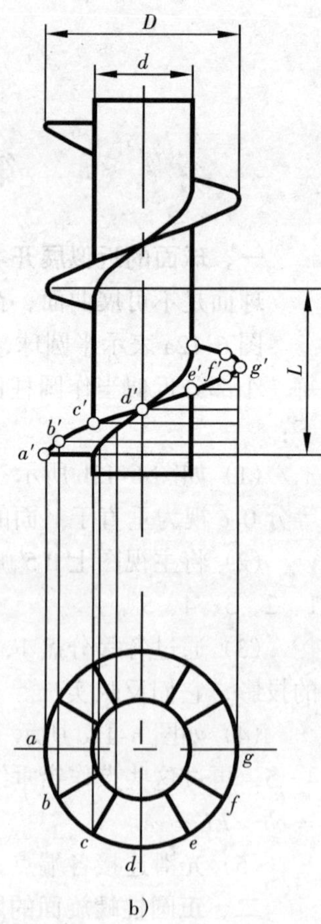

图 6-13　正螺旋面

开口角 $\theta=\dfrac{2\pi R-L_0}{2\pi R}$(rad) 或 $\theta=\dfrac{2\pi R-L_0}{\pi R}180°$，然后，以任意点为圆心，分别以 R 和 r 为半径作圆，截去 θ 角范围内的弧长，所得的环形平面即为圆柱正螺旋面的近似展开图，如图 6-14 所示。

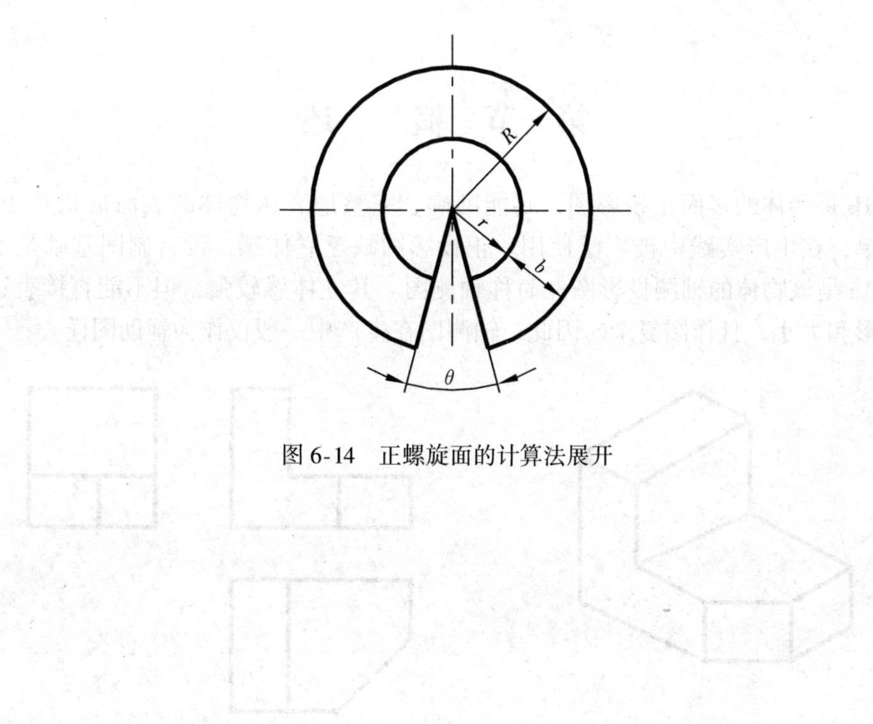

图 6-14　正螺旋面的计算法展开

第七章　轴　测　图

第一节　概　　述

图 7-1b 是物体的多面正投影图，它能准确、完整地表达物体的表面形状及相对位置，且作图简单，在生产实践中被广泛使用。正投影图缺乏立体感，没有制图基础是不易看懂的。图 7-1a 是该物体的轴测投影图，简称轴测图。其立体感较强，但不能直接表达物体各表面的实形和大小，且作图复杂。因此，轴测图在生产中一般仅作为辅助图样。

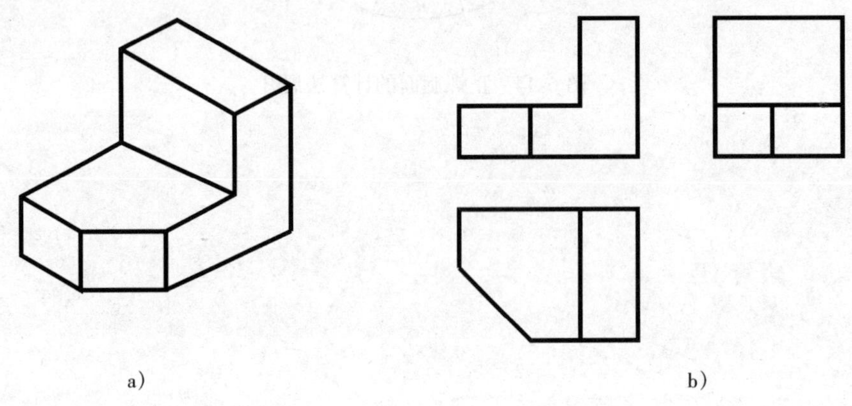

图 7-1　轴测图与三视图

一、轴测图的形成

如图 7-2 所示，将物体连同确定其空间位置的直角坐标系，沿不平行于任一坐标面的方向，用平行投影法投射到单一投影面 P 上，所得投影称为轴测投影图，简称轴测图。P 面

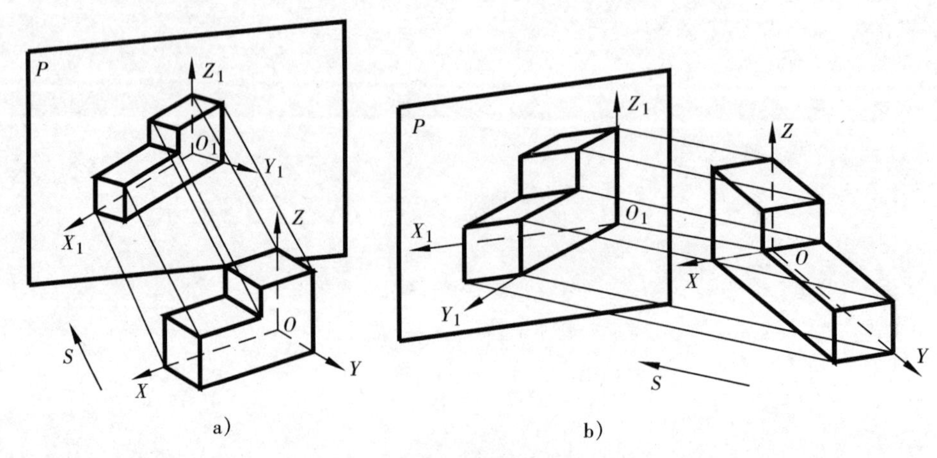

图 7-2　轴测图的形成

称为轴测投影面，S 是投射方向。

在轴测投影中，当 S 垂直于 P 面——正投影法，得到的为正轴测图；当 S 倾斜于 P 面——斜投影法，得到的为斜轴测图。

二、轴测轴、轴间角、轴向伸缩系数

（1）轴测轴　空间直角坐标轴 OX、OY、OZ 在轴测投影面上的投影 O_1X_1、O_1Y_1、O_1Z_1 称为轴测轴。

（2）轴间角　轴测轴之间的夹角$\angle X_1O_1Y_1$、$\angle Y_1O_1Z_1$、$\angle Z_1O_1X_1$ 称为轴间角。

（3）轴向伸缩系数　从图 7-2 可见，由于物体上三个坐标轴倾斜于轴测投影面，故其轴测投影长度缩短。轴测轴上的线段与空间坐标轴上对应线段的长度之比，称为轴向伸缩系数。O_1X_1、O_1Y_1、O_1Z_1 的轴向伸缩系数分别以 p、q、r 表示。

三、轴测图的分类

轴测图的分类如下：

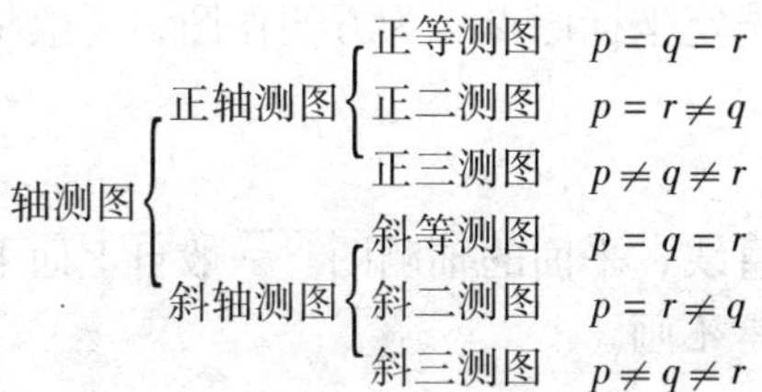

本章仅介绍正等测图和斜二测图的画法。

四、轴测投影的性质

轴测投影为平行投影，所以它具有平行投影的一切投影特性——所属性、平行性及等比性。应用较广泛的性质为：

（1）平行性　空间平行的直线，轴测投影后仍平行；空间平行于坐标轴的直线，轴测投影后仍平行于相应的轴测轴。

（2）沿轴量　OX、OY、OZ 轴方向或与其平行的方向，在轴测图中轴向伸缩系数是已知的，故画轴测图时要沿轴测轴或平行轴测轴的方向度量，这也是轴测图名称的来源。

第二节　正 等 测 图

在轴测投影中，若投射方向垂直于轴测投影面，且三个轴测轴的轴向伸缩系数也相等，所得轴测图称为正等轴测图，简称正等测图。

一、正等测图的轴间角、轴向伸缩系数

1. 轴间角

正等测图的三个轴间角均为 120°，其中 O_1Z_1 为铅垂方向，O_1X_1 和 O_1Y_1 分别与水平线成 30°，如图 7-3 所示。

2. 轴向伸缩系数

根据计算，正等测图中的轴向伸缩系数 $p=q=r=0.82$。为方便作图，常采用简化伸缩系数 $p=q=r=1$。这样画出的正等测图形状不变，只是三个轴向的尺寸均放大了 $1/0.82\approx1.22$ 倍，如图 7-4 所示。

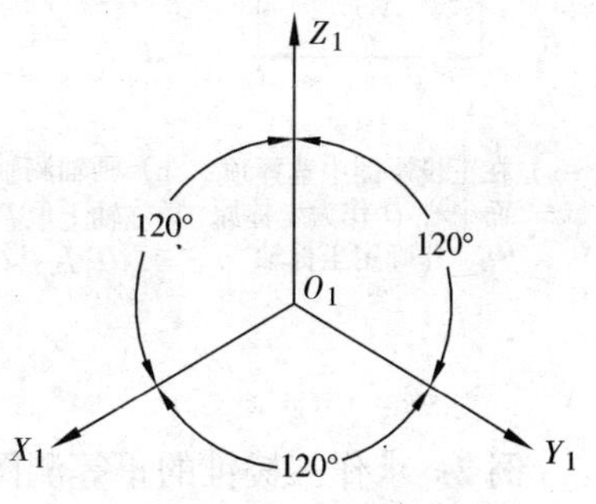

图 7-3　正等测图的轴间角

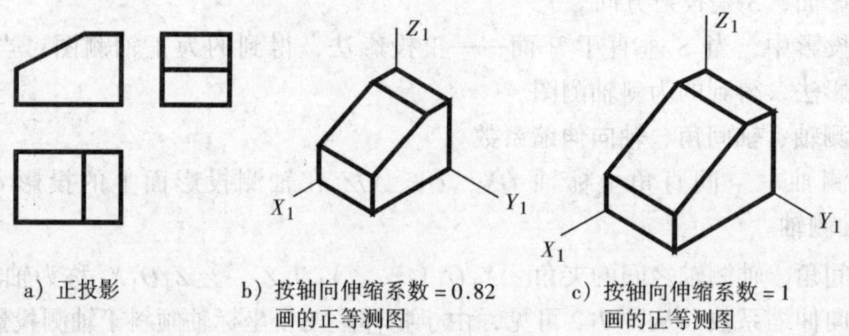

a）正投影　b）按轴向伸缩系数 = 0.82 画的正等测图　c）按轴向伸缩系数 = 1 画的正等测图

图　7-4

二、平面立体的正等测图画法

1. 一般作图步骤

(1) 根据形体结构特点选定坐标原点。为方便作图，一般将坐标原点选在物体顶面或底面的对称线上或顶点。

(2) 画轴测轴。

(3) 按点的坐标作点、直线、平面的轴测图。一般自上而下逐步作图。

轴测图中不可见棱线通常不画。

2. 举例

例 1：求作正六棱柱的正等测图。

画正六棱柱的正等测图时，可做出正六棱柱上各顶点的正等测投影，将相应点连起来即得到正六棱柱的正等测图。作图步骤见图 7-5。

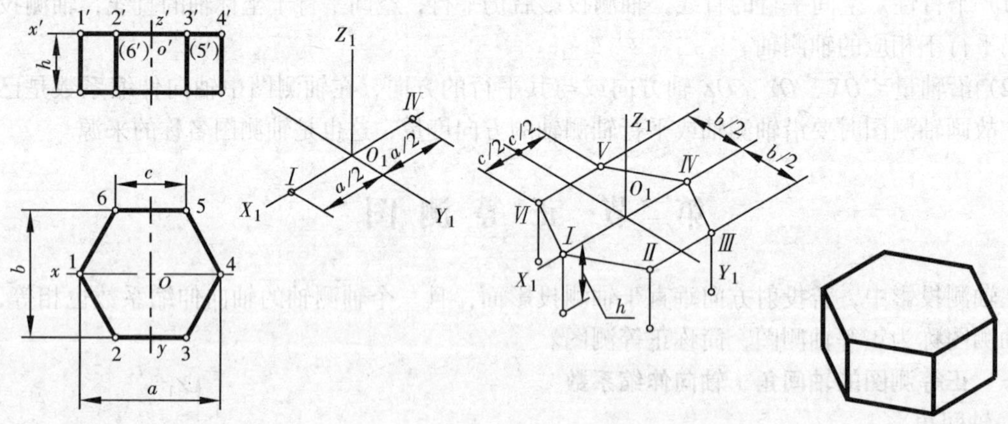

a）在正投影图中选择顶面中心 O 作为坐标原点，并确定坐标轴　b）画轴测轴，并在 O_1X_1 轴上取Ⅰ、Ⅳ两点，使 $O_1Ⅰ = O_1Ⅳ = a/2$　c）用坐标定点法做出顶面Ⅱ、Ⅲ、Ⅴ、Ⅵ四点，再由 h 做出底面各可见点　d）连接各可见点，擦去作图线，加深图线，即得正六棱柱的正等测图

图 7-5　正六棱柱的正等测图

例 2：求作三棱锥的正等测图。

作图步骤见图 7-6。

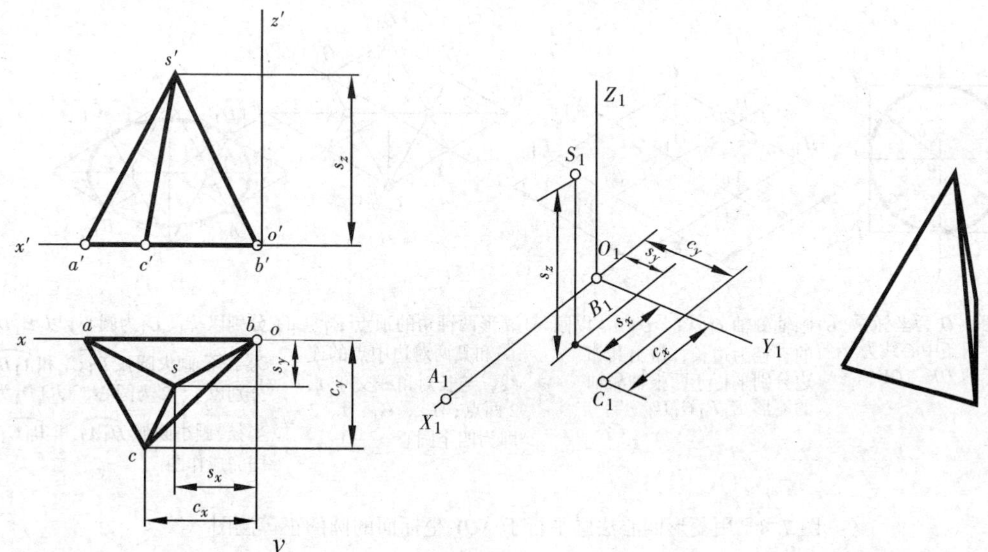

a）在正投影图中选择 B 点作为坐标原点，确定坐标轴

b）画轴测轴，在 O_1X_1 轴上直接取 B_1、A_1 两点，再由 C、S 两点的坐标作出 C_1、S_1

c）连接 S_1、A_1、B_1、C_1，擦去作图线，加深图线，即得三棱锥的正等测图

图 7-6　三棱锥的正等测图

注意：为作图方便，例 1 和例 2 坐标原点的选择方法不同。

三、回转体的正等测图画法

1. 平行于坐标面的圆的正等测图画法

平行于坐标面的圆的正等测图为椭圆。由图 7-7 可见，平行于各坐标面且直径相等的圆，正等测投影后椭圆的长、短轴均分别相等，但椭圆的长、短轴方向不同。平行于 XOY 坐标面的圆的正等测图，其椭圆的长轴垂直于 O_1Z_1 轴，短轴平行于 O_1Z_1；平行于 XOZ 坐标面的圆的正等测图，其椭圆的长轴垂直于 O_1Y_1 轴，短轴平行于 O_1Y_1 轴；平行于 YOZ 坐标面的圆的正等测图，其椭圆的长轴垂直于 O_1X_1 轴，短轴平行于 O_1X_1 轴。

正等测图中的椭圆通常采用菱形四心法，具体作图步骤如图 7-8。

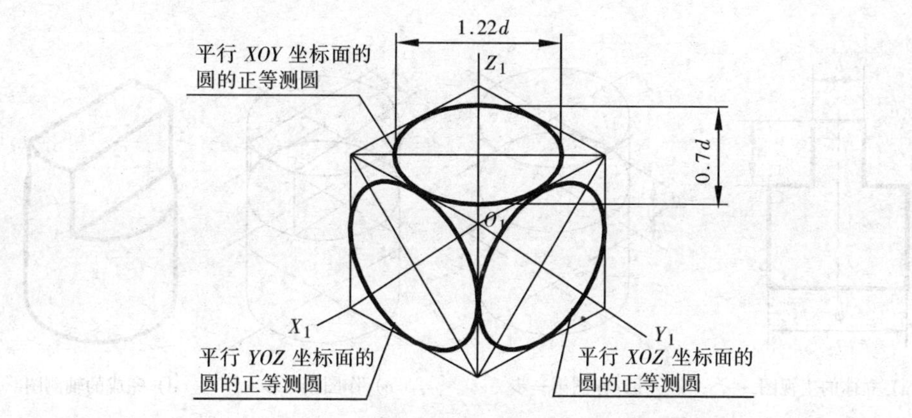

图 7-7　平行于各坐标面的圆的正等测图

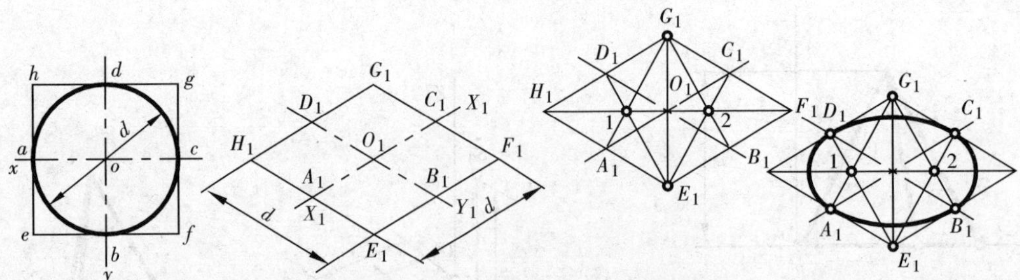

a）以圆心 O 为坐标原点，两条中心线为坐标轴 OX、OY

b）画轴测轴 O_1X_1、O_1Y_1。以圆的直径为边长，做出其邻边分别平行于两根轴测轴的菱形 $E_1F_1G_1H_1$

c）菱形两钝角的顶点 E_1、G_1和其两对边中点的连线，与长对角线交于 1、2 两点；E_1、G_1、1、2 即为四个圆心

d）分别以 E_1、G_1为圆心，以 E_1D_1 为半径，画大圆弧 $\overset{\frown}{D_1C_1}$ 和 $\overset{\frown}{A_1B_1}$。分别以 1、2 为圆心，以 $1D_1$为半径，画小圆弧 $\overset{\frown}{D_1A_1}$ 和 $\overset{\frown}{B_1C_1}$，即完成作图

图 7-8　用菱形四心法画平行于 *XOY* 坐标面的圆的正等测图

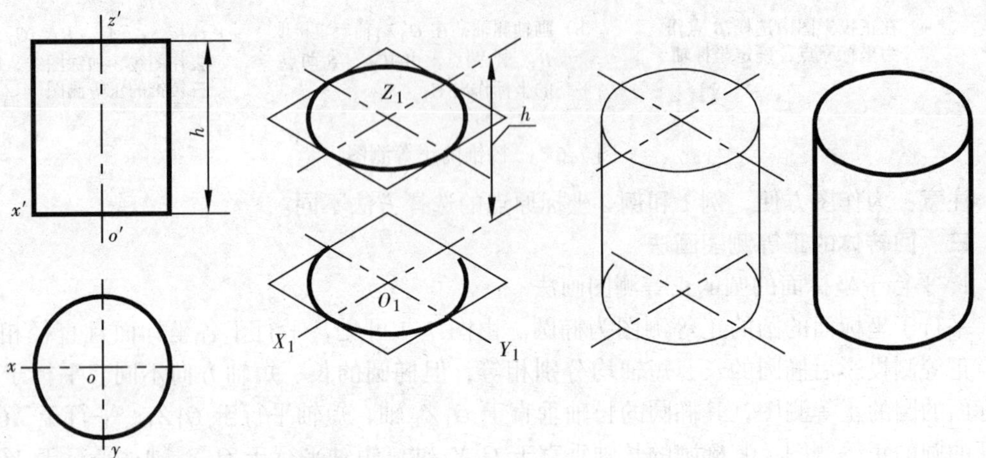

a）选定坐标原点 O 和坐标轴 OX、OY、OZ

b）作上、下底圆的正等测投影，其中心距等于高度 h

c）作两个椭圆的外公切线

d）完成的轴测图

图 7-9　圆柱体的正等测图的作图步骤

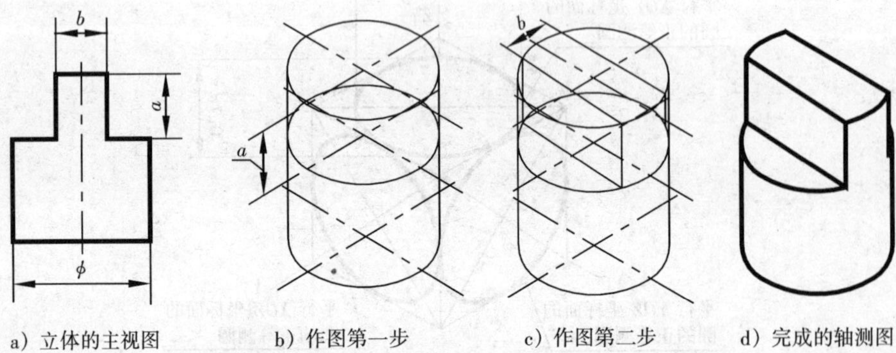

a）立体的主视图

b）作图第一步

c）作图第二步

d）完成的轴测图

图 7-10　被切圆柱体的正等测图

2. 回转体的正等测图的画法

图 7-9 和图 7-10 分别表示完整圆柱体和被切圆柱体的正等测图的画法。

3. 圆角的正等测图的画法

由图 7-8 可以看出：菱形的钝角与大圆弧相对，锐角与小圆弧相对；菱形相邻两条边的中垂线的交点就是圆心。由此可以得出平板上圆角的正等测图的近似画法，如图 7-11 所示。

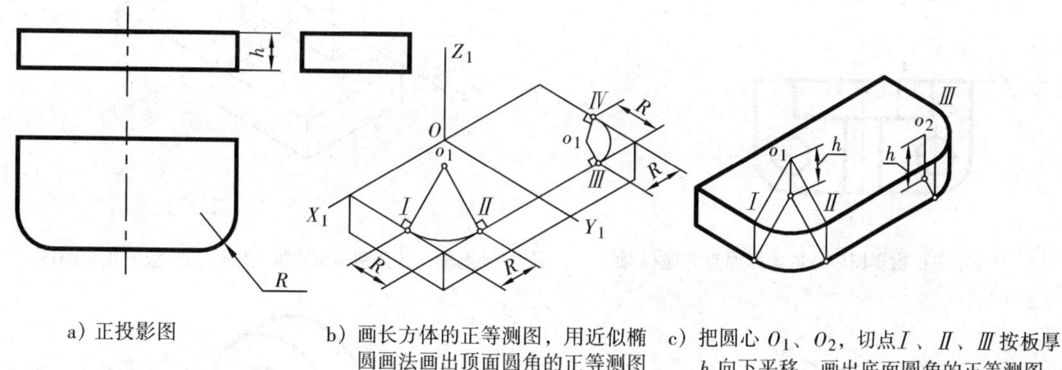

a）正投影图　b）画长方体的正等测图，用近似椭圆画法画出顶面圆角的正等测图　c）把圆心 O_1、O_2，切点Ⅰ、Ⅱ、Ⅲ按板厚 h 向下平移，画出底面圆角的正等测图

图 7-11　圆角正等测图的近似画法

4. 组合体的正等测图的画法

画组合体的轴测图顺序同画组合体的三视图相似。若为切割式组合体，则先画出完整形体的轴测图，然后再切割而成；若为堆叠式或综合式组合体，就按形体分析法分别画出各基本立体的轴测图，并注意它们之间的相对位置和连接关系。

例 3：作挖切式组合体的正等测图。

解：作图步骤如图 7-12 所示。

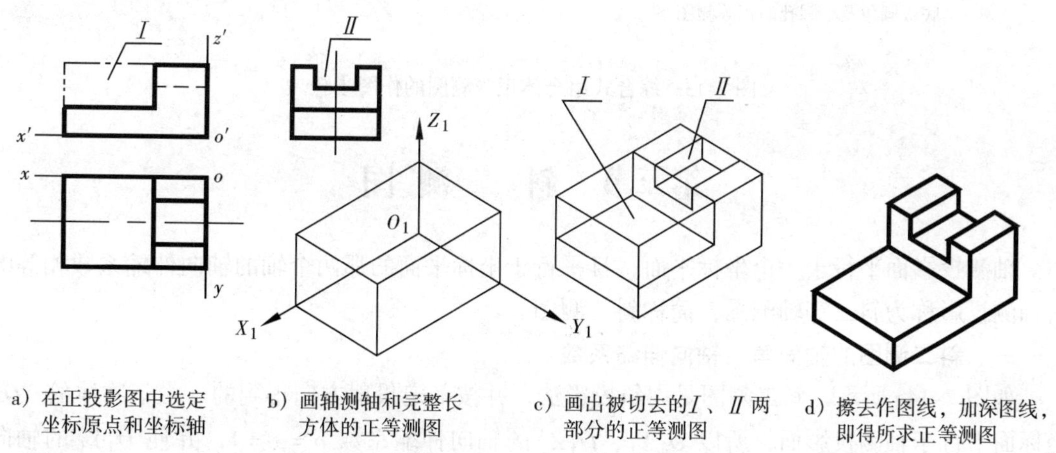

a）在正投影图中选定坐标原点和坐标轴　b）画轴测轴和完整长方体的正等测图　c）画出被切去的Ⅰ、Ⅱ两部分的正等测图　d）擦去作图线，加深图线，即得所求正等测图

图 7-12　挖切式组合体正等测图画法

例 4：作综合式组合体的正等测图。

解：按形体分析法，其作图步骤如图 7-13 所示。

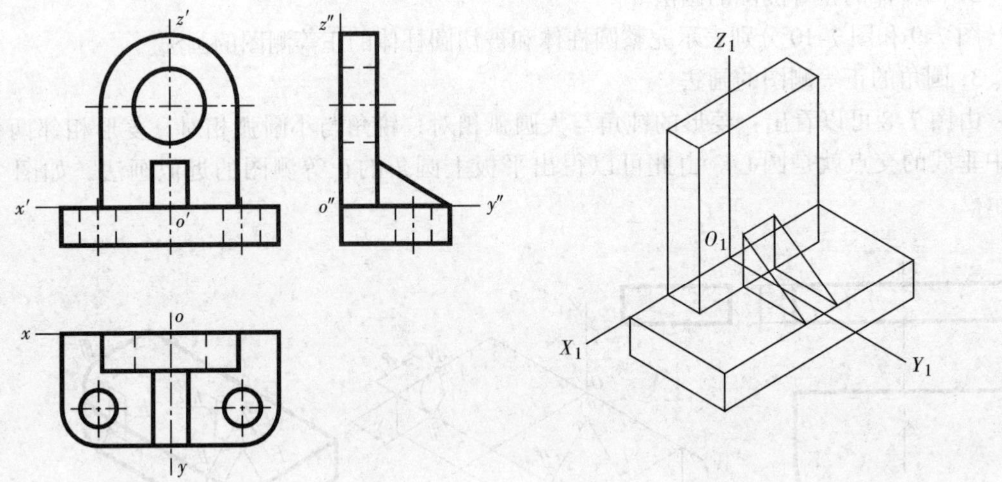

a）在正投影图中选取坐标原点和坐标轴　　b）画轴测轴，并分别画出底板、立板、肋板的正等测图

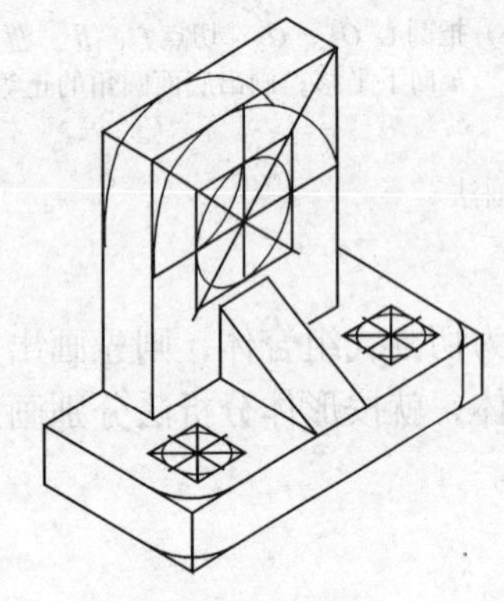

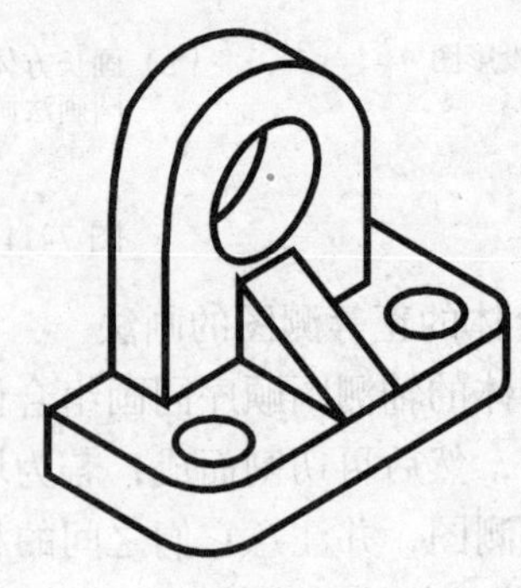

c）画出立板半圆柱面和圆孔底板圆角及小圆孔的正等测图　　d）擦去作图线，加深、完成全图

图 7-13　综合式组合体正等测图的作图步骤

第三节　斜 二 测 图

轴测投影面平行于一个坐标平面，且平行于坐标平面的那两个轴的轴向伸缩系数相等的斜轴测投影称为斜二等轴测图，简称斜二测图。

一、斜二测图的轴间角　轴向伸缩系数

如图 7-14a 所示，斜二测图是用斜投影法，并按一定投射方向得到的。由于物体的 XOZ 坐标面平行于轴测投影面，所以 O_1X_1、O_1Z_1 的轴向伸缩系数 $p=r=1$，并使 O_1Y_1 的轴向伸缩系数 $q=0.5$。

轴间角如图 7-14b 所示，$\angle X_1O_1Z_1=90°$，$\angle X_1O_1Y_1=\angle Y_1O_1Z_1=135°$。

在斜二测图中，物体的正面（XOZ 坐标面或其平行面）的形状反映实形。因此，斜二测图适用表达物体仅在一个方向上有圆或圆弧（或形状比较复杂）的形体。

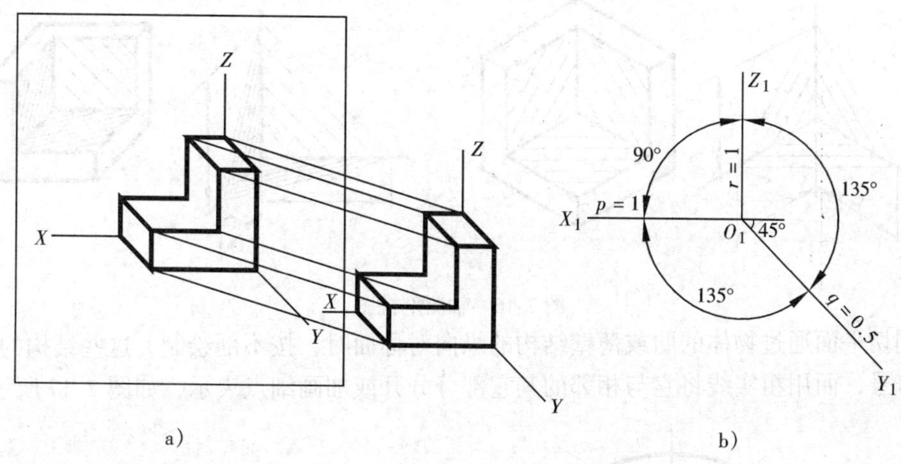

图 7-14　斜二测图的轴间角和轴向伸缩系数

二、斜二测图的画法

斜二测图的画法与正等测图的画法相同，只是轴间角、轴向伸缩系数不同，如图 7-15 所示。

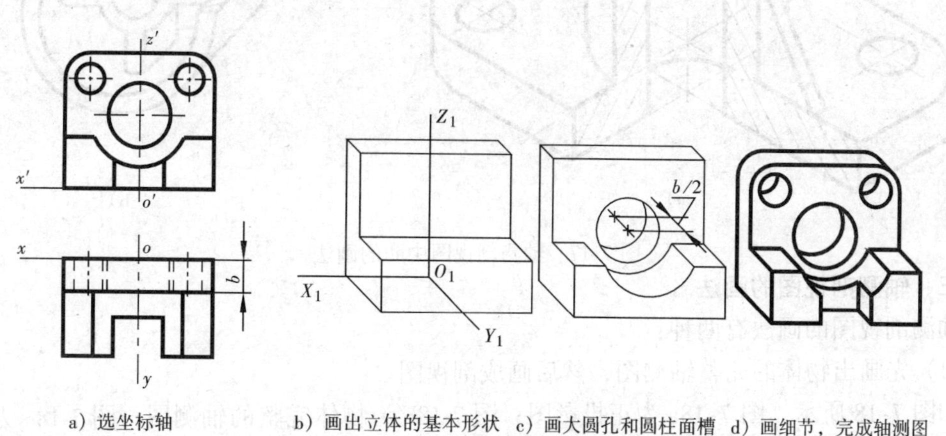

图 7-15　斜二测图的画法

第四节　轴测剖视图的画法

为了在轴测图上表达物体的内部结构，同样可以采用剖视画法。

一、轴测剖视图的剖切方法

如图 7-16 所示，在轴测剖视图中，通常采用两个平行于坐标面的相交平面剖切物体的 1/4，能较完整地显示其内、外形状。

二、轴测剖视图中剖面线的画法

在轴测剖视图中不论什么材料的剖面符号，一律画成等距平行的细实线，其方向如图 7-16 所示。

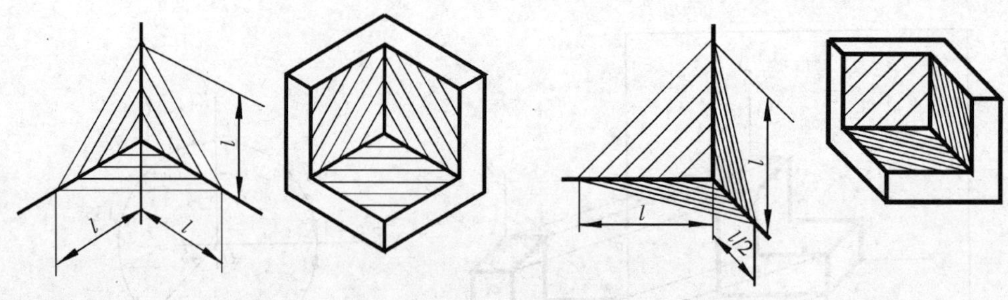

图 7-16　轴测剖视图

当剖切平面通过物体的肋或薄壁结构的纵向对称面时，按不剖绘制。这些结构的断面不画剖面符号，而用粗实线将它与相邻的其它部分分开或加画细点表示，如图 7-17 所示。

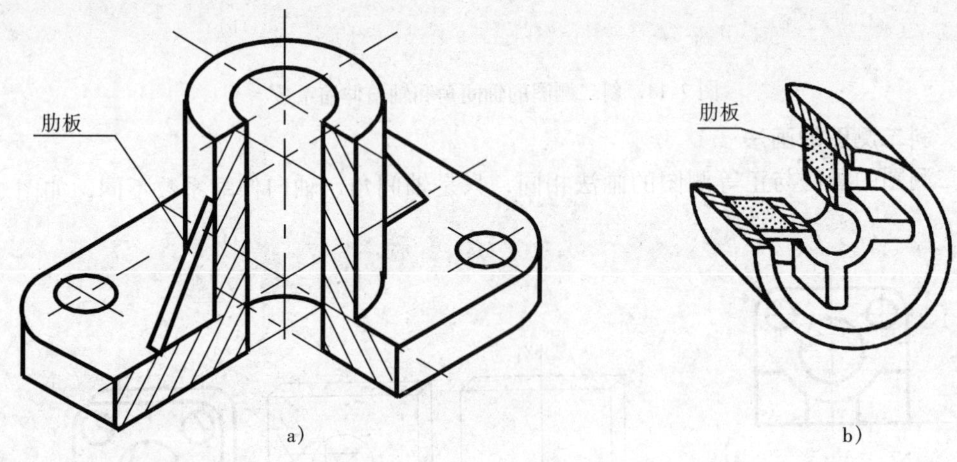

图 7-17　轴测剖视图中肋的画法

三、轴测剖视图的画法

轴测剖视图的画法有两种：

(1) 先画出物体的完整轴测图，然后画成剖视图。

如图 7-18 所示，图 7-18a 为正投影图；图 7-18b 为物体完整的轴测图；图 7-18c 为假想用剖切平面剖开物体，去掉切去的部分；图 7-18d 为轴测剖视图。

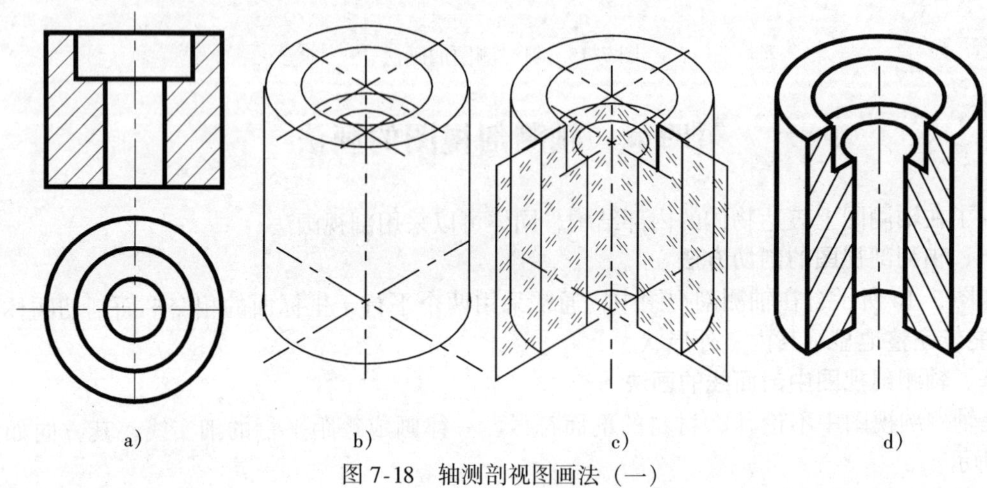

图 7-18　轴测剖视图画法（一）

（2）先画出物体断面的轴测图，再补画其余部分。

如图 7-19 所示，图 7-19a 为正投影图；图 7-19b 为画出轴测轴及主要中心线；图 7-19c 为断面的轴测图；图 7-19d 为完成的轴测剖视图。

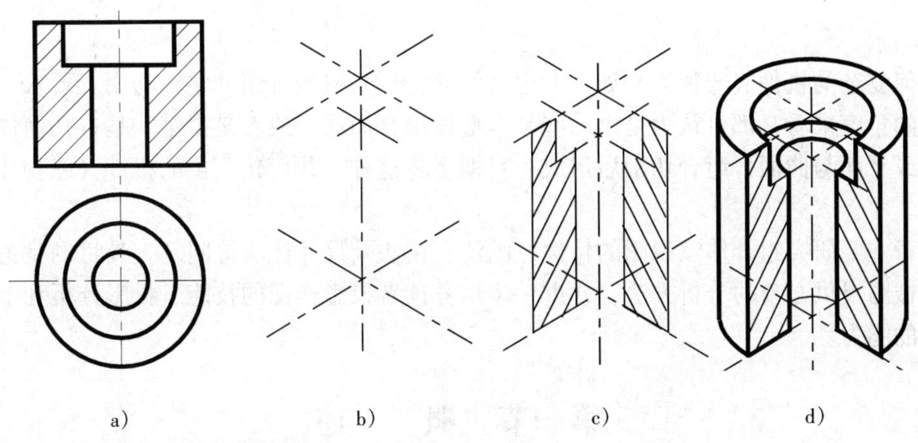

图 7-19　轴测剖视图画法（二）

第八章　组合体的视图

任何复杂的机件（或物体）如不考虑其物理特性和机械方面的整体功用及要求，只从几何形状的角度来看，都可认为是由一些基本形体组合而成，或者是由某一基本几何体经若干平面（或平面与曲面）组合切割后形成。习惯上将这种“几何化”了的机件（或物体）称为组合体。

本章主要研究组合体三视图的特性、画法、读法及尺寸注法等问题。其目的是为绘制和阅读机械图提供必要的分析方法，并进一步培养读者投影作图的技能、投影分析和空间想象与分析的能力。

第一节　概　　述

一、三视图的形成及其对应关系

1. 三视图的形成

在画法几何中，几何元素（点、线、面）及基本几何体（柱、锥、球、环）在三投影面（V、H、W）体系中的投影称为三面投影。

在机械制图中，按国标规定，将机件向投影面作正投影所得图形称为视图。机件在三投影面体系中的正投影图称为机件的三视图。其中，正面投影称为主视图，水平投影称为俯视图，侧面投影称为左视图。

如图 8-1 所示，随着三投影面体系的展开，三视图也随之展开至同一平面上。由于机件的形状、大小与其投影时离投影面的远近无关，因此，三视图上不必画投影轴及投影连线。

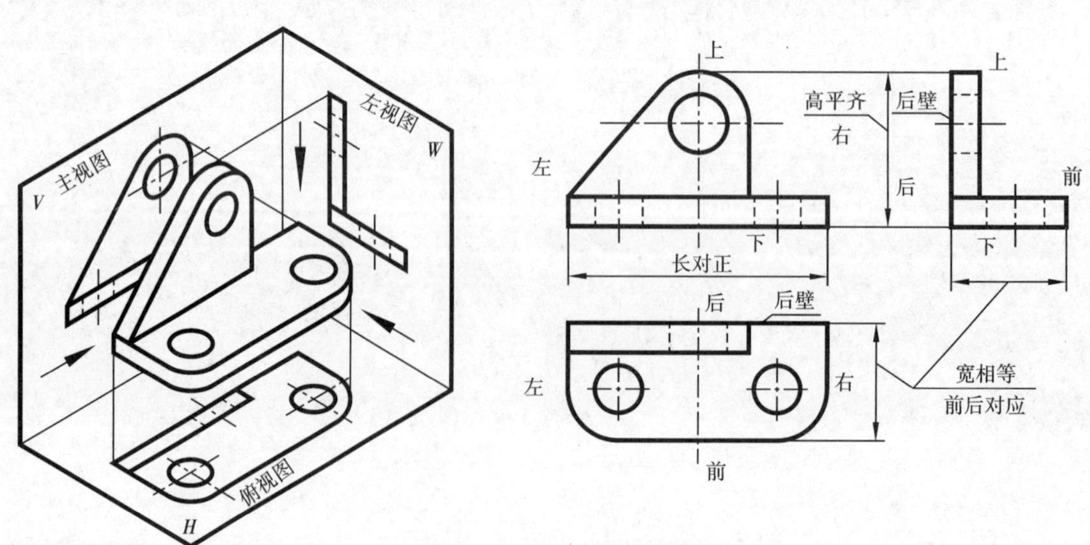

图 8-1　三视图的形成与特性

2. 三视图的对应关系

三视图与三面投影图在本质上是相同的，只是在形式上稍有差别。因此，前面所学的关于几何元素和基本几何体的三面投影间的对应关系，也完全适用于组合体的三视图。

视图与机件空间情况的对应关系：

主视图：反映机件的长度和高度，即反映左、右和上、下方位；

俯视图：反映机件的长度和宽度，即反映左、右和前、后方位；

左视图：反映机件的高度和宽度，即反映上、下和前、后方位。

三视图的特性：

主视图、俯视图长对正（等长）；

主视图、左视图高平齐（等高）；

俯视图、左视图宽相等（等宽）。

应当指出，在三视图上，机件从整体到局部都遵循上述“三等”对应的规律。同时，应特别注意的是俯、左视图间的方位对应关系，即俯视、左视图上靠近主视图的一边均为机件的后面，远离主视图的一边均为机件的前面。

二、形体分析法

为了将复杂形体（即机件或组合体）的视图绘制、阅读及尺寸标注等问题化繁为简，可采用形体分析法。运用此方法即可将一个复杂的问题分解成几个简单的问题来解决。

从形体形成的角度出发，在想象中对复杂形体进行分解，将其看作是由若干个基本形体组合而成（或看作是由一个基本几何体经若干次切割后演变而成），通过分析各基本形体的形状和组合时的相对位置与表面过渡形式（或分析其被切割的过程与方式），然后再进行综合整理，使其恢复成整体，从而实现对复杂形体的整体性把握。这种分析复杂形体的思维方法就称为形体分析法。

如图 8-2 所示，轴承座可视为由底板*I*、支撑板*II*、肋板*III* 和空心圆柱体*IV* 等四个部分（块）组成。其中，底板可看作由四棱柱被四分之一柱面和完整柱面分别切割两次形成；支撑板可看作由竖放的四棱柱其上部被多半个圆柱面切割而成，且以后表面与底板平齐的形式叠放于底板之上，上部则支撑柱体，两侧面与柱体外表面相切过渡；肋板可看作是竖放的五

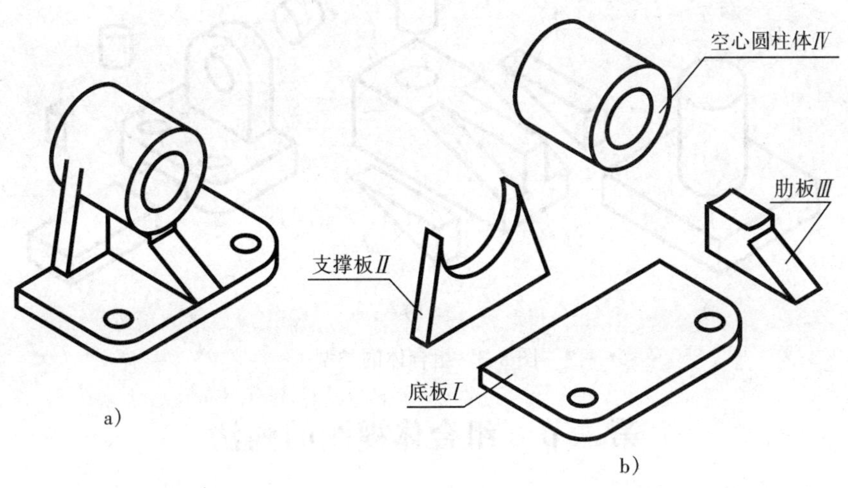

图 8-2　轴承座的形体分析

棱柱，其上部被小部分柱面切割而成，且叠放于底板之上、支撑板之前，而上部则支撑柱体(表面与柱体表面相交)；空心圆柱体则可看作是由一个圆柱经过轴线和垂直于轴线的一大、一小两个柱面切割后形成；四个组成部分又具有左、右公共对称面。显然，在此分析的基础上，按顺序去绘制轴承座的三视图或阅读其三视图及对其进行尺寸标注就容易多了。

需要特别指出的是，在画图和读图及尺寸标注的过程中，运用形体分析法时，关键是要把握好两个字：分——分解形体成“块”(或分解切割过程)，分要分得合理、清楚，便于进行作图和想象物体的形状。合——即依据已弄清的各分块之间的相对位置与表面过渡形式，再进行综合、整理，使其恢复原样。也就是说，要合得有理、有据、准确、完整、符合原样。简言之，就是要将形体分析法提高到“分析与综合”的高度来认识和理解。

三、组合体的形成方式与分类

为便于分析和研究组合体及其视图的绘制、阅读与尺寸标注，依据形体分析法对组合体的分析，可以将所有的组合体看作是由堆叠和切割两种方式形成。

(1) 堆叠　组成组合体的各基本形体相互堆积、叠加，如图 8-2 所示。

1) 叠加　一个基本形体和另一个基本形体以平面相接触的形式叠放在一起。如图 8-2 中的支撑板、肋板与底板相互之间的组合形式。

2) 堆积　一个基本形体和另一个基本形体以曲面相接触的形式堆放在一起。如图 8-2 中的柱体与支撑板、柱体与肋板之间的相互组合形式。

(2) 切割　以平面或曲面为切割面，从较大的基本几何体上切去较小的基本几何体。如图 8-2 中的底板的形成、支撑板的形成、空心圆柱体等的形成方式。

根据组合体形成方式的不同，可将其分为下列三种类型：

(1) 堆叠型　各基本几何体之间都是以堆叠方式进行组合而形成的组合体，如图 8-3a 所示。

(2) 切割型　由一个基本几何体经若干次切割后演变而成的组合体，如图 8-3b 所示。

(3) 综合型　各基本形体及基本形体之间既有切割，又有堆叠的组合体，如图 8-3c 所示。

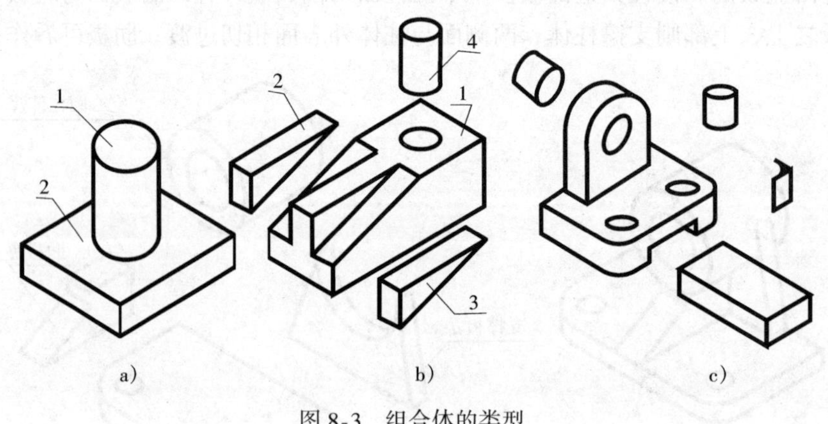

图 8-3　组合体的类型

第二节　组合体视图的画法

画组合体的三视图时，应特别注意下列几点。

一、进行恰当的形体分析

画组合体的视图之前，应对组合体进行形体分析，首先要对所绘组合体做宏观的观察和分析，弄清以哪种类型进行研究和处理较好。然后依类型进行分析，对于堆叠型，则进一步弄清各基本几何体的形状、相对位置和表面过渡形式。对于切割型则分析其原始形状、切割过程与方式。对于混合型，要本着先堆叠再切割的次序，弄清各基本形体是由哪种基本几何体切割而来，各基本形体间的相对位置与表面过渡形式，以及组合后所进行的公共切割，从而进一步认清组合体的组成特点和投影规律，为三视图的绘制做好准备。

必须指出，由于形体分析法是化繁为简、化难为易的一种思维方法和分析手段，而形成方式和分类也是围绕此目的的。与实体的客观、真实、惟一相比，“分析”、“归类”、“分解”的主观和假想色彩就很明显。因此，在许多情况下，“堆叠”与“切割”并无严格的界限，同一组合体往往既能按“堆叠”方式进行分析，也可按“切割”方式进行分析。在此情况下，用什么方式分析，就应依据具体情况，以采用哪种便于作图和易于分析理解及标注尺寸的分析为准。如图 8-4 所示的组合体，既可将其分析为由原始四棱柱经切割后形成，也可分析为由三个基本几何体（①、②、③）堆叠而成，还可认为是由基本形体I 和基本几何体II 组合而成。显然，后一种分析既简洁明了，又便于画图和标注尺寸。

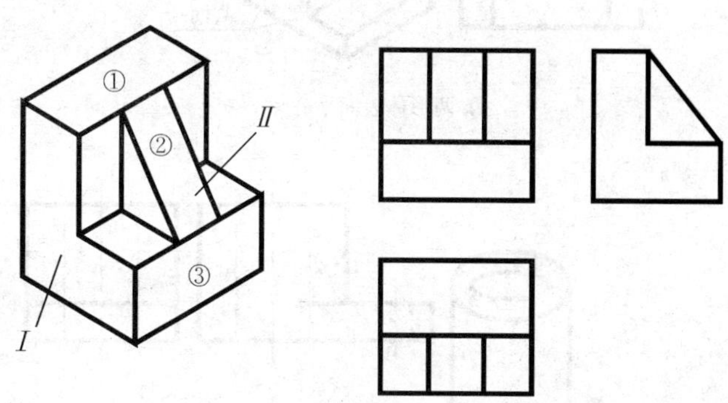

图 8-4　对形成方式的研究

二、选择主视图

通常依据以下三个原则选择主视图。

1. 位置原则

使组合体保持稳定的自然位置放置。

2. 形状特征原则

能使主视图尽可能多地反映形体特征（尤其是主要形状和位置特征）的方向作为投影方向。

3. 兼顾原则

所选位置和方向应使各视图中不可见的部分最少。

三、堆叠形成方式中表面过渡形式及其作图要点

1. 光滑过渡

（1）平齐　相邻两基本形体的表面平齐（即共面）时，中间不应画分界线，如图 8-5a 所示。

（2）相切　相邻两基本形体的表面间成相切过渡时，在相切处因无分界线，故不应该画线，如图 8-5b 所示。

2. 不光滑过渡

（1）不平齐　相邻两基本形体的表面间以平面来过渡，此时，必须画出过渡平面的积聚性投影（即“分界线”），如图 8-5c 所示。

(2) 相交　相邻两基本形体的表面相交时，在相交处应画出交线的投影（即“分界线”），如图 8-5d 所示。

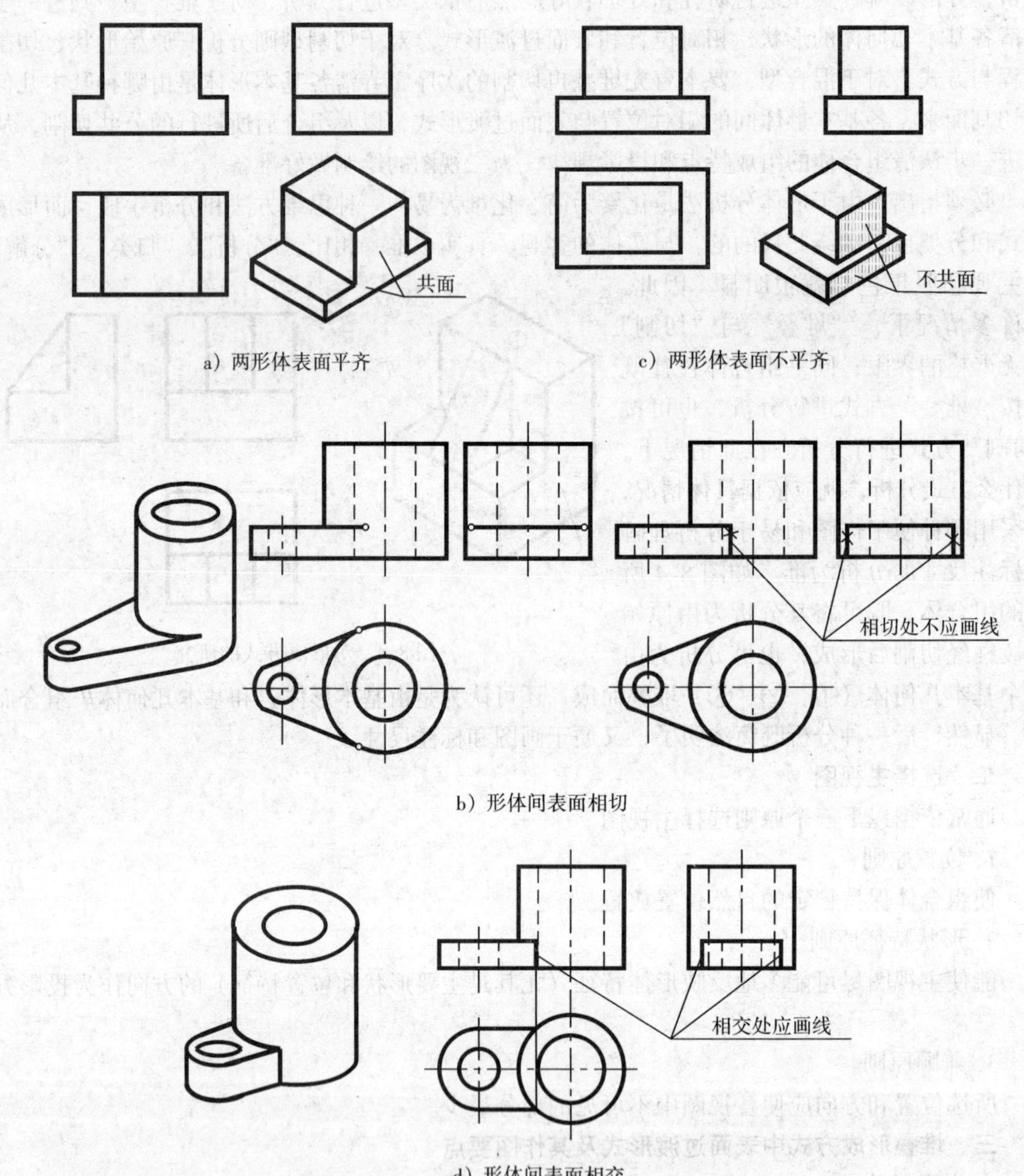

a）两形体表面平齐

c）两形体表面不平齐

b）形体间表面相切

d）形体间表面相交

图 8-5　形体间的表面过渡形式及画法

四、遵循正确的画图方法和步骤

正确的画图方法和步骤不仅有利于提高画图速度，更有利于保证绘图的质量。在画三视图时，要依据形体分析得出的结论，注意以不同方式形成的不同类型的组合体在作图上的差异，按正确的步骤画图。同时应弄清主次，先画主要部分，后画次要部分。对每一部分都要先画反映其形状特征的投影，后画其它投影。要养成按投影关系将三个视图配合起来画的良好习惯。

画组合体三视图的方法和步骤：

1. 堆叠型与综合型组合体的视图画法

对于综合型组合体，虽然其各个基本形体都可能是由基本几何体经切割而成，但是就各基本形体间而言，仍是以堆叠的方式组合的。所以，在画图方法、步骤上仍类同于堆叠型。实际上，在读图方法及尺寸标注方面的情况也是如此。

下面以图 8-6 所示轴承座为例，说明画图的具体方法和步骤。

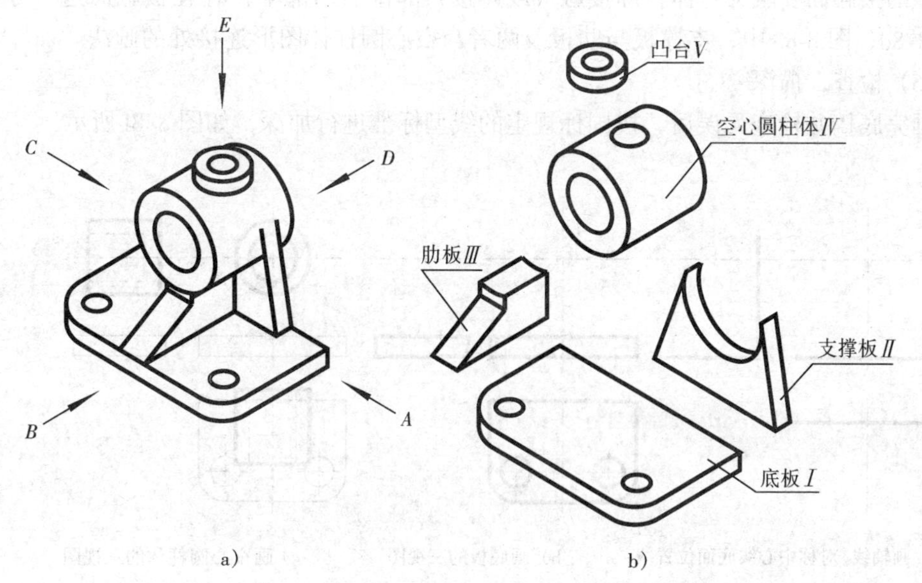

图 8-6　轴承座及其形体分析

(1) 形体分析

如图 8-6b 所示，轴承座可视为由底板Ⅰ、支撑板Ⅱ、肋板Ⅲ、空心圆柱体Ⅳ和凸台Ⅴ共 5 个部分组成。支撑板、肋板与底板间相互以叠加形式组合，且具有公共的左、右对称面，而支撑板与底板后表面平齐；空心圆柱体与支撑板、肋板、凸台以堆积形式组合并位于形体的左、右对称面上，而空心圆柱体与肋板及凸台表面间均以相交形式过渡，与支撑板的左、右两侧面则以相切形式过渡。5 个组成部分均可看作是由相应的原始几何体经切割形成的。

(2) 视图选择

首先将轴承座按自然位置（即工作位置）放好，在保证其主要平面和轴线对投影面垂直或平行的前提下，可有如图 8-7 所示的 4 个主视图投影方向。对 *A*、*B*、*C*、*D* 四个方向的投影情况进行比较后可知，以 *B* 向为主视图的投影方向较好。*E*、*C* 即为俯、左视图方向。

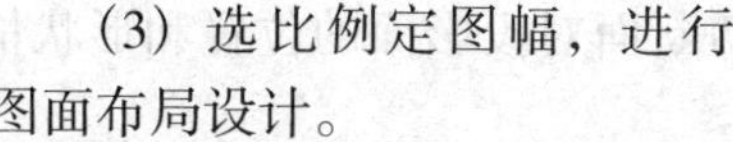

(3) 选比例定图幅，进行图面布局设计。

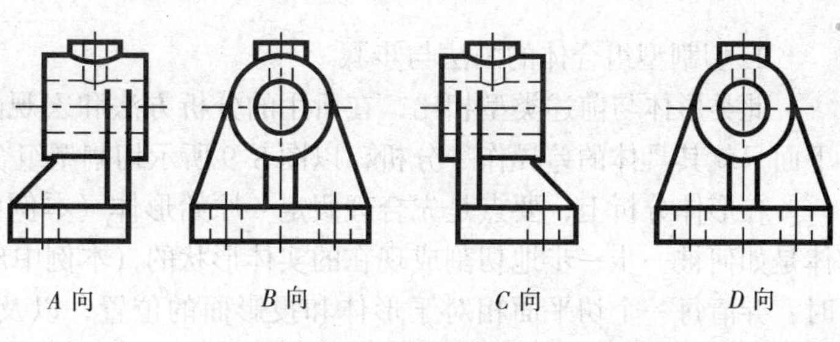

图 8-7　主视图的方向

(4) 画底稿图，其步骤如图 8-8 所示。要领如下：

确定各视图的位置，是以画主要中心线或定位线来实现的。

依据正确的相对位置，按由主到次、从外到内，由特征投影到其它两投影的次序作图。

特别注意点：一是从画第二个基本形体开始，就得注意它与前一个的表面过渡形式的正确图示。如图 8-8d、图 8-8e 中的相切（交）、平齐。二是要注意相邻两形体的图形组合时，其相互的接触面要融为一体，即接触（或连接）部位的内部不再存在接触面这一分界轮廓。如图 8-8d、图 8-8e 中，支撑板与肋板及两者与空心圆柱体图形连接处的画法。

(5) 检查，描深

画完底稿并检查无误后，按国标规定的线型标准进行加深，如图 8-8f 所示。

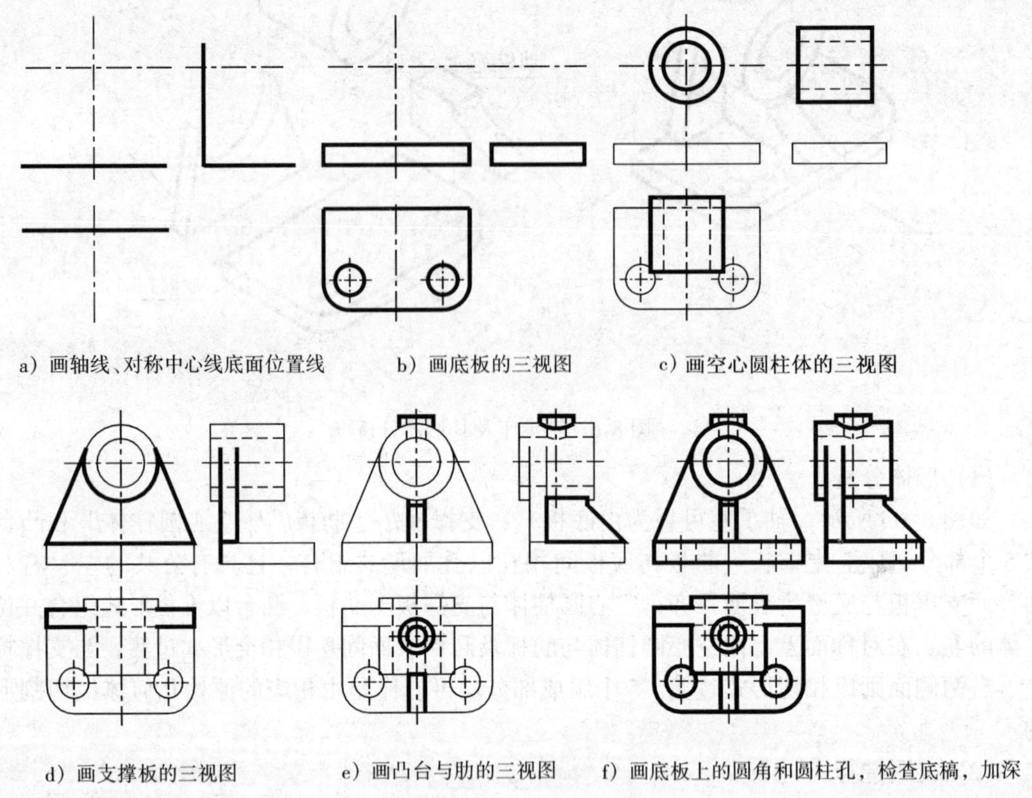

图 8-8 轴承座的作图过程

2. 切割型组合体的画法与步骤

此类形体与前述类型相比，在所用的分析方法和宏观的作图步骤上，与前者基本相同。下面只就其具体的差异作一分析，以图 8-9 所示切割型组合体的作图为例。

在形体分析上，要点是先合理假定一原始形体（本例中假定为四棱柱），再分析原始形体是如何被一步一步地切割成现在的实体形状的（本例中形成过程分析如图 8-8a 所示）。同时，弄清每一个切平面相对于形体和投影面的位置，以及切断面对投影面的位置和形状情况。

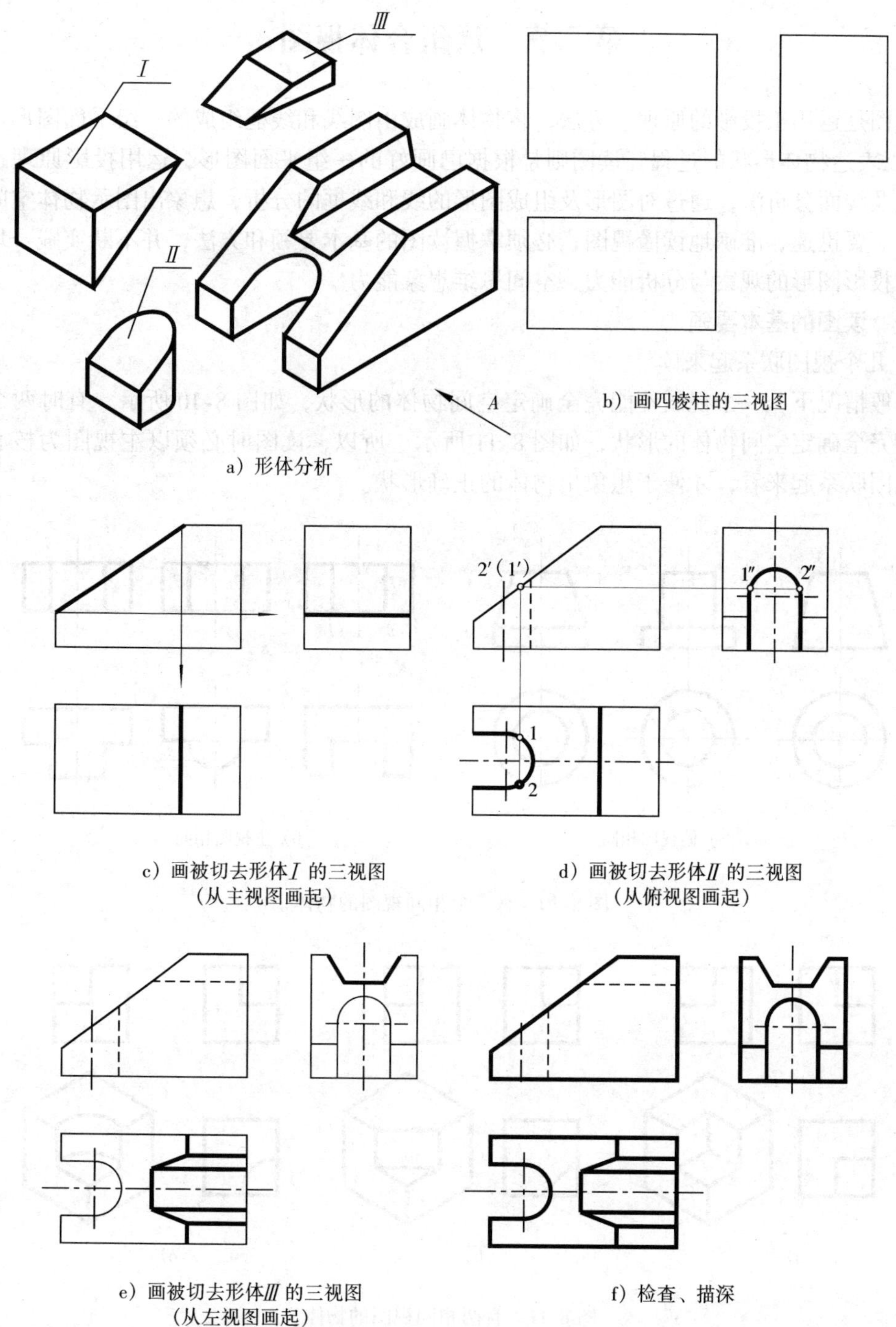

a）形体分析

b）画四棱柱的三视图

c）画被切去形体Ⅰ的三视图（从主视图画起）

d）画被切去形体Ⅱ的三视图（从俯视图画起）

e）画被切去形体Ⅲ的三视图（从左视图画起）

f）检查、描深

图 8-9　画切割型组合体三视图的步骤

在画底稿时，需辅以对切平面及切断面相对于投影面的位置和投影特性的分析来帮助画图。在步骤上，则先画原始形体的三视图，再按切割次序及严格的“三等”对应，一次一次地切，一步一步地画。具体情况如图 8-9 所示，不再赘述。

第三节　读组合体视图

画图是运用正投影的原理、方法，将物体画成由图线和线框组成的一组平面图形（即视图），以表达物体形状的过程。读图则是根据已画好的一组平面图形，运用投影原理、形体分析法及线面分析法，通过对图形及组成图形的线和线框的分析，想象出图示物体空间形状的过程。要迅速、准确地读懂视图，必须掌握读图的基本要领和方法，并不断实践，培养和提高对投影图形的观察与分析能力、空间思维想象能力。

一、读图的基本要领

1. 几个视图联系起来读

一般情况下，一个视图不能完全确定空间物体的形状，如图 8-10 所示。有时两个视图也不能完全确定空间物体的形状，如图 8-11 所示。所以，读图时必须以主视图为核心，将几个视图联系起来看，才便于想象出物体的正确形状。

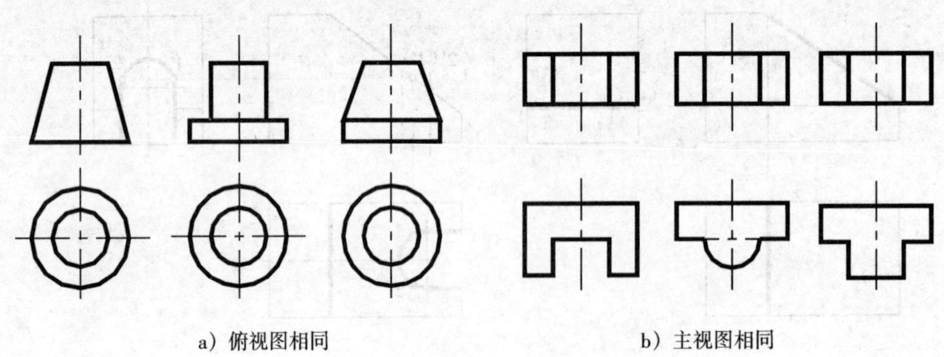

图 8-10　有一个相同视图的物体

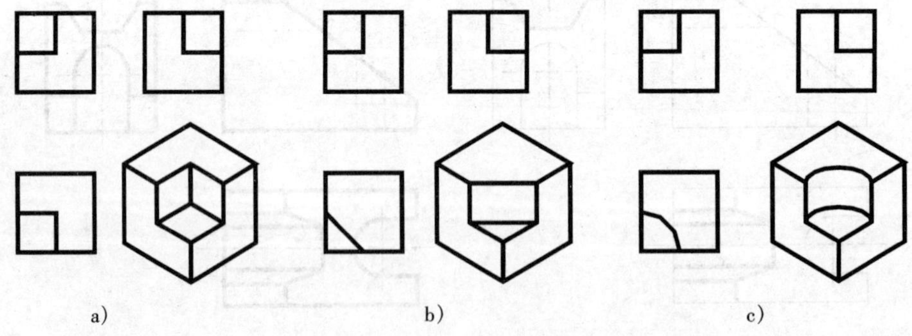

图 8-11　有两相同视图的物体

2. 抓住反映形状及位置特征明显的视图来读

一般而言，由于主视图比较多地反映了组合体的形状特征和位置特征，所以读图时应从主视图看起。但是，组合体各组成部分的形状特征及其相互间的位置特征不一定都集中在主视图上，如图 8-12 所示。因此，在读图时，一定要找出能反映其形状和位置特征的视图，再与其它视图联系起来，便能较快地想象出组合体的真实形状。

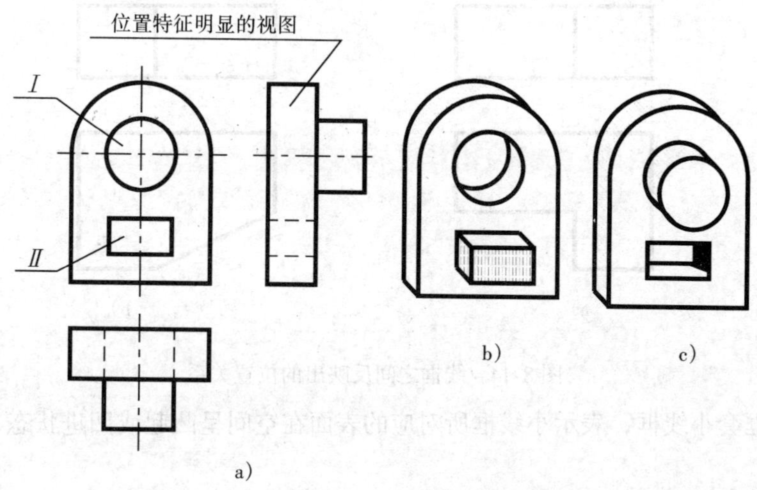

图 8-12　抓住位置特征明显的视图读

3. 应明确视图中图线和线框的含义（图 8-13）

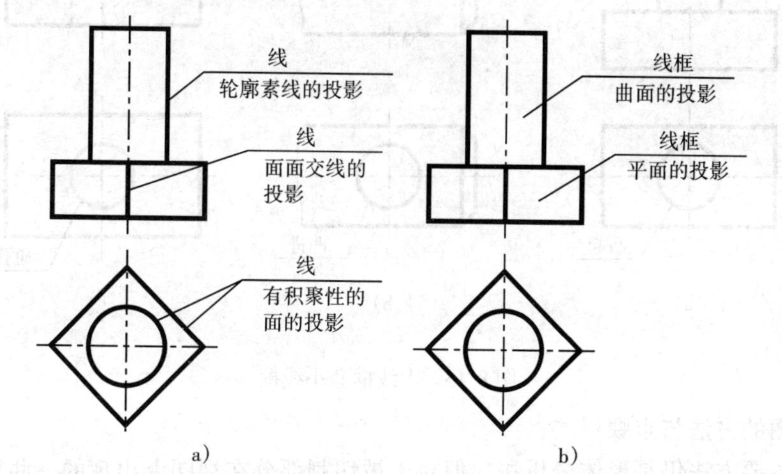

图 8-13　线和线框的含义

（1）图线的含义

1）面与面交线的投影（一般为平面与平面、平面与曲面的交线）。

2）垂直于投影面的平面或曲面的投影。

3）回转体的转向轮廓线投影。

（2）线框的含义

1）平面的投影。

2）曲面的投影。

3）平面与曲面相切连接时的投影。

（3）线框之间反映出的位置关系

1）相连的两线框，表示相邻的两个面（一般为平面与平面或平面与曲面）在分界线的位置处发生转折或错位，如图 8-14 所示的情况。

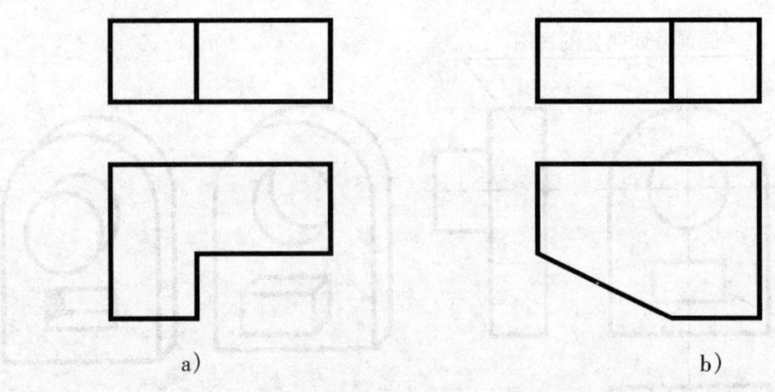

图 8-14　线框之间反映出的位置关系

2）大线框套小线框，表示小线框所对应的表面在空间呈凸起或凹进状态，如图 8-15 所示。

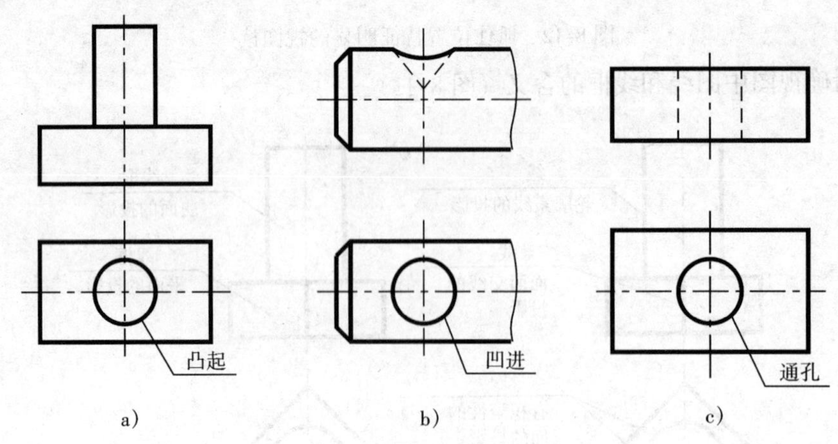

图 8-15　大线框套小线框

二、读图的方法与步骤

读图的主要方法仍是形体分析法。但对于被切割部分在视图上出现的一些局部较复杂的投影，则需要用线面分析法来帮助读图。

1. 形体分析法在读图中的含义

由于各基本几何体或基本形体（即含基本几何体被简单切割后，主体轮廓形状仍呈现原几何形体特征的变形体）都具有各自的投影范围和特征，各种位置平面（尤其是特殊位置平面）也有明显不同的投影特征。而组合体又可看做是由若干个基本形体所组成（或看做是由某一基本几何体经若干次切割后演变而成）。所以，组合体的视图便可被看做是由若干个基本形体的视图按特定的相对位置和表面过渡形式组合而成（或被看做是由某一基本几何体的视图经若干次切割后演变而成）。因此，形体分析法也可作如下理解：

从主视图出发，联系其它视图，以图形构成的角度来看。在想象中将复杂的视图分解看做是由若干个基本图形块组合而成（或由某原始图形经若干次切割后演变而成），通过分析和想象各个图形块（或原始图形）所表达的形体的空间形状，并综合起来分析和想象它们在组合时对应的空间相对位置与表面过渡形式（或在空间被切割的位置、方式等情况），从而想象出所表达的组合体的空间形状。这种先将视图化“整”为“零”，再经由“零”到“整”的分析和想象，最终形成对组合体空间形状的完整概念的方法，就是用于读图的形体分析法。

2. 线面分析法

任何形体的表面（含内表面）都可看做是由平面或平面与曲面组成的，用线面分析法读图，就是根据任一线框都代表（或对应）着空间形体上一个具有特定位置和形状的面的投影这一原理，将组合体的视图看成是由若干个面的投影线和线框组成，然后借此分析形体表面的形状与位置等特征，进而想象出形体的空间形状。

由此可知，线面分析的基本点，就是读图的基本要领中的第三条所述的内容，以及各种位置线和面（尤其是特殊位置）的投影特征（即规律）。

3. 读图步骤

(1) 读堆叠型和综合型组合体的视图

对于这两类组合体视图的阅读，其基本步骤是相同的。现以读支撑架的视图（图 8-16）为例，将其概括如下：

1）概括了解：也可称“抓特征、分部分”。即根据对所给视图的初步观察和分析，对组合体的形状与位置特征作一大致了解，并对主视图进行粗略的分块（如：1′、2′、3′）。然后依据“三等”关系把其它视图作对应的分块（如：1、2、3 和 1″、2″、3″），同时顺便检验或修正对主视图的分块，如图 8-16a 所示。

2）具体分析：也可称“对投影、想形状”。即按分块的主次（或顺序），逐个研究并确定每一个分块的形状。其要点是先根据每一个分块的特征投影对其形状进行假定，再通过该分块的其它投影来做验证。在此过程中，关键是就每个分块的各个投影进行充分的投影分析，切忌主观片面的“想当然”，如图 8-16b、图 8-16c、图 8-16d 所示。

3）综合归纳想整体：即根据各个形体之间相对位置及表面过渡形式，综合起来想象物体的整体形状，如图 8-16e 所示。

(2) 读切割型组合体的三视图

对切割型组合体的阅读，必须在运用形体分析法作初步分析的基础上，进一步运用线面分析法作深入的分析和研究，才能真正看懂其视图，彻底弄清其形状。

现以图 8-17 所示压块的视图读法为例，将读图步骤简要概括如下：

1）形体分析看大概：运用形体分析，对原始形状作合理假定，并初步分析其形成过程(即大致经历的切割情况)。

如图 8-17a 所示，由三个视图的外轮廓形状均为缺少一个或两个角的矩形，可将其原始基本几何体假定为四棱柱（或长方体）。那么，此压块便可看做是由四棱柱经过依次在其左上方、左前（后）方和前（后）下方各切割掉一部分后形成，也可将其假定为棱线垂直于正面的五棱柱或棱线垂直于水平面的六棱柱。只是假定为四棱柱较方便，且形状也最原始。

2）线面分析看细节：按上述假定和分析，结合特殊位置平面的投影特性，进一步对每一个切平面相对于形体及投影面的位置与切割过程中形成的切断面形状等，逐个进行分析与想象。

如图 8-17b、c、d、e 所示，图中对 P、Q、R 与 S 面的分析，既弄清了切割过程中切割

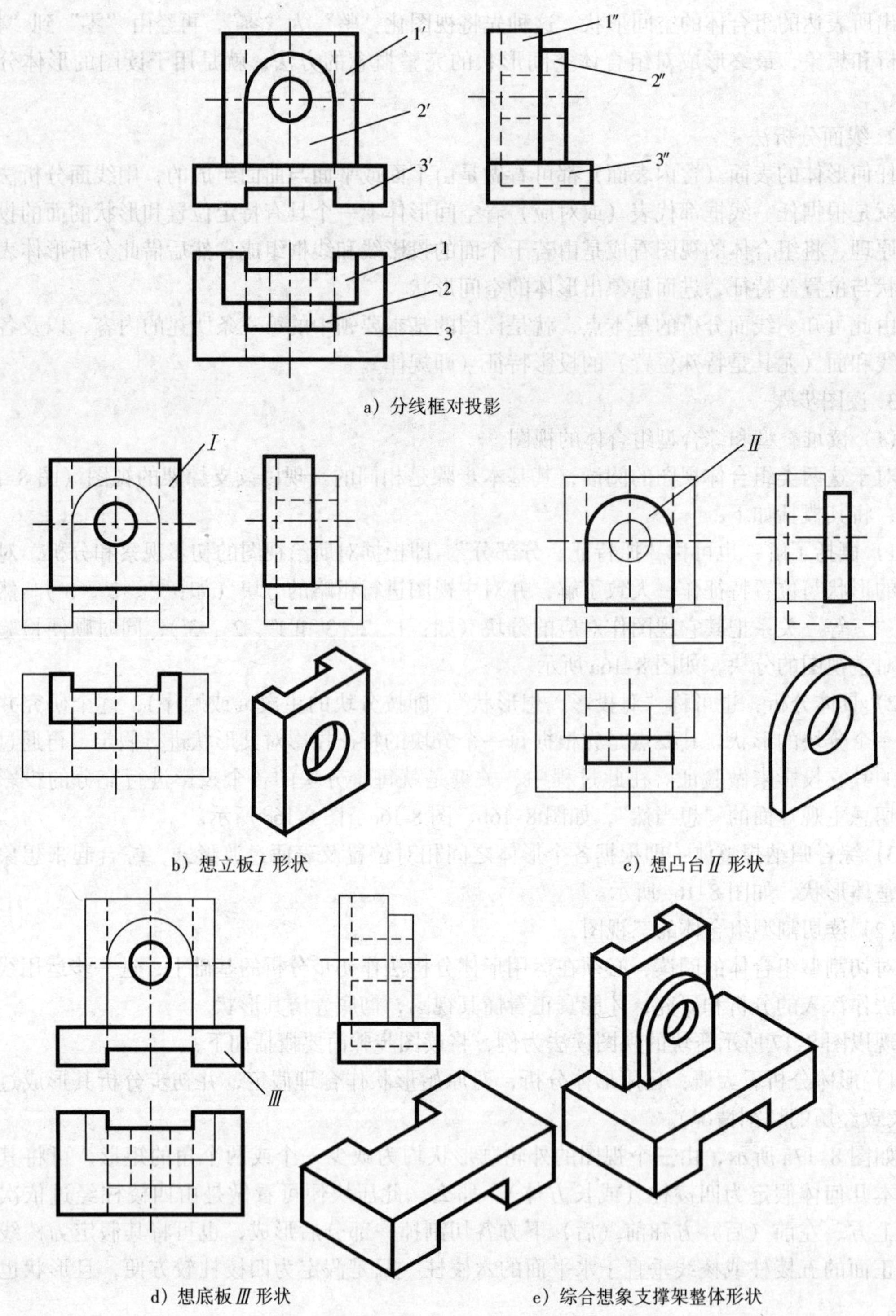

图 8-16　用形体分析法读图（支撑架）的方法步骤

平面的切割特点，也通过分析想象出了 P、Q、R 与 S 等切断面的形状。再通过对 T 面及棱线（即两平面的交线）AB、CD 等的分析，进一步增强了对形体表面情况的分析与想象。

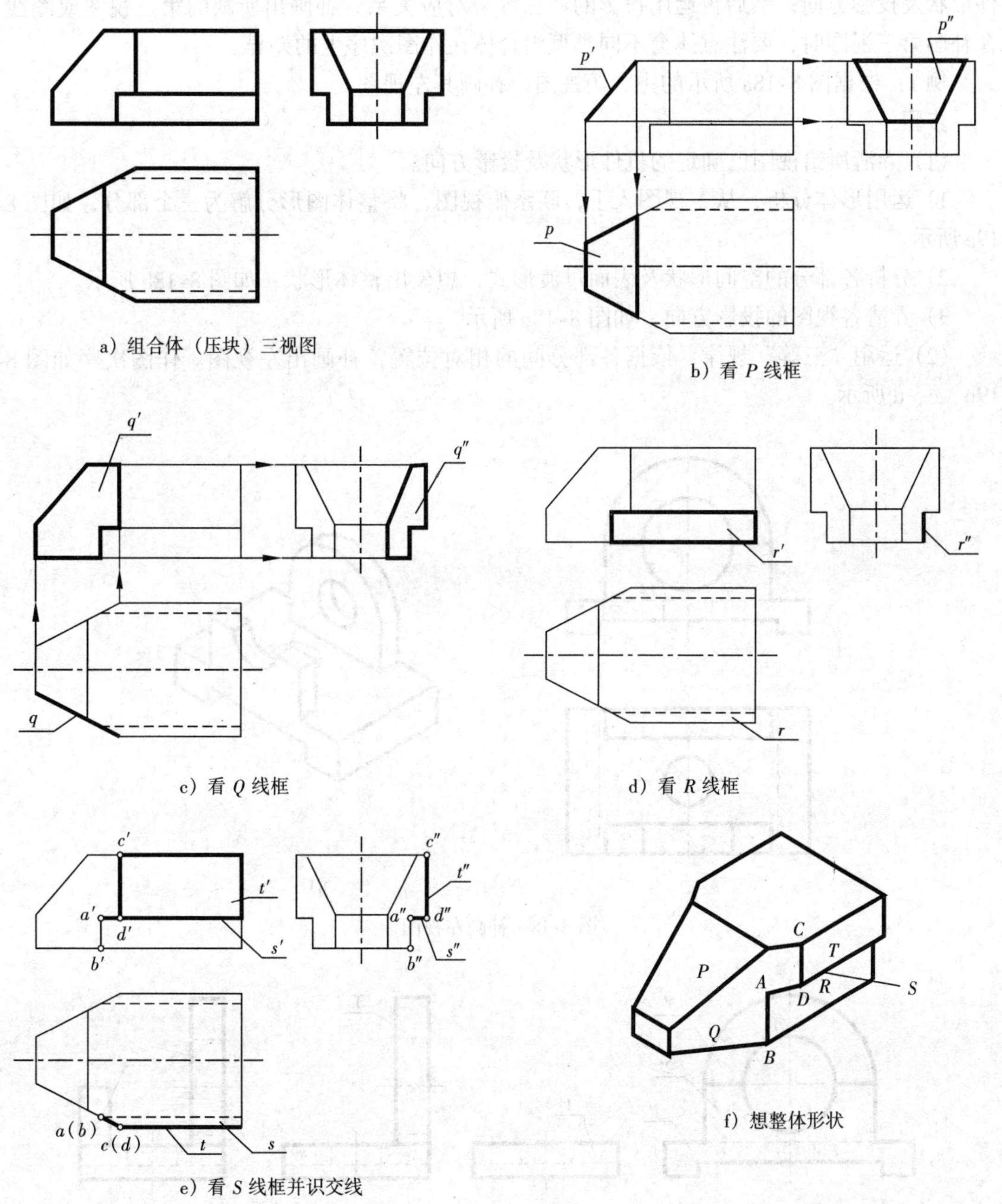

a）组合体（压块）三视图　b）看 *P* 线框　c）看 *Q* 线框　d）看 *R* 线框　e）看 *S* 线框并识交线　f）想整体形状

图 8-17　用线面分析法读图举例（压块）

3）综合起来想整体：将形体分析与线面分析的情况综合起来（尤其是对面、线的分析），便可以想象出组合体的整体形状，如图 8-17f 所示。

三、读图举例

根据机件的两个视图补画其第三视图，俗称补图。补画机件视图中所缺的图线，俗称补线。补图和补线都是综合训练读图和画图能力的辅助手段。进行补图和补线的要领是：先运用读图方法对所给的视图进行投影分析及空间形状的分析和判断，弄清所给视图已确定的机件形状及投影方向；然后再运用投影的“三等”对应关系，补画出所缺的第三视图或图线。在补画第三视图时，要注意体会不同类型组合体在作图次序上的差异。

例 1：根据图 8-18a 所示的主、俯视图，补画其左视图。

步骤：

(1) 弄清所给视图已确定的机件形状及投影方向。

1) 运用形体分析，从主视图入手，联系俯视图，将整体图形分解为三个部分，如图 8-19a 所示。

2) 分析各部分的空间形状及表面过渡形式，想象出整体形状，如图 8-18b 所示。

3) 弄清各视图的投影方向，如图 8-18b 所示。

(2) 运用“三等”规律，依据各部分间的相对位置，补画出左视图。作图次序如图 8-19b、c、d 所示。

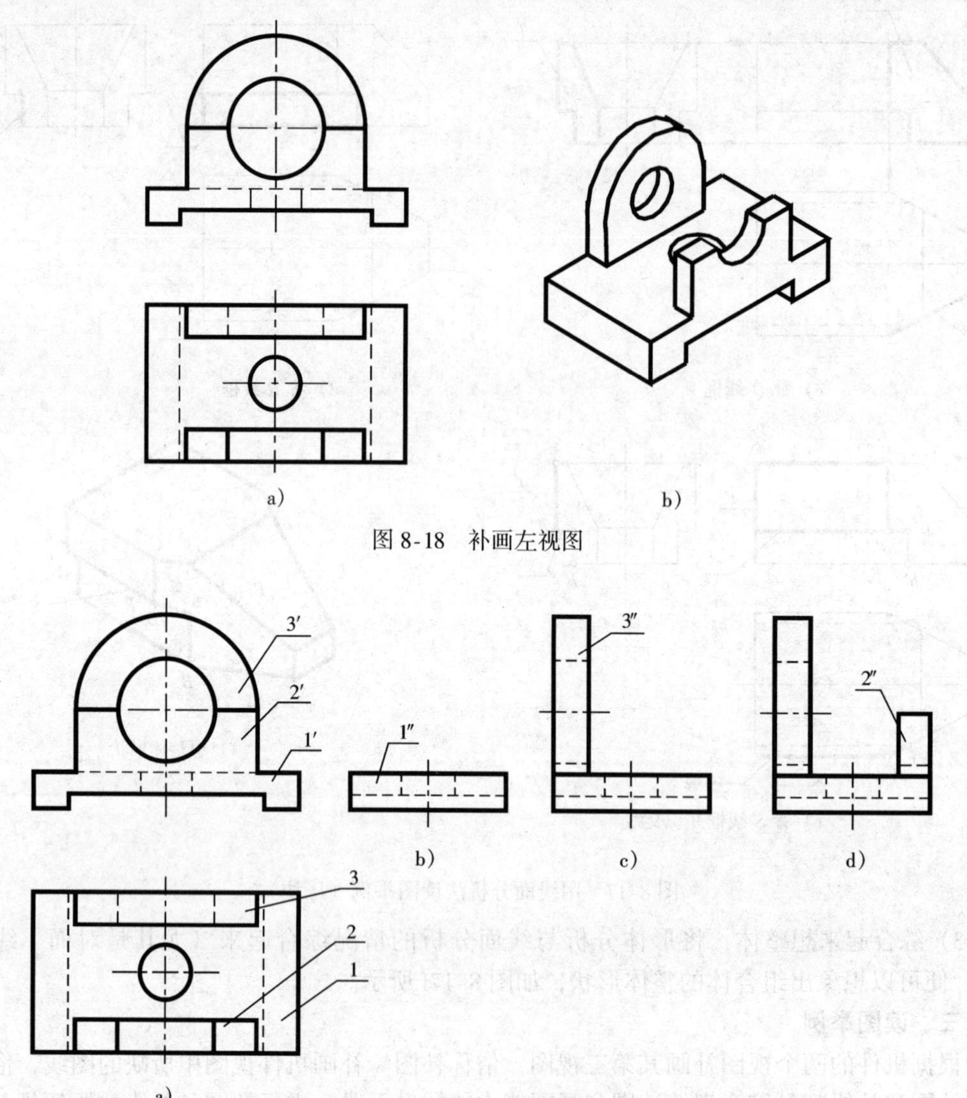

图 8-18 补画左视图

图 8-19 补画左视图的步骤

例 2：根据图 8-20a 所示的两视图，补画其第三视图。

步骤：

（1）弄清已知视图所确定的形体的空间形状

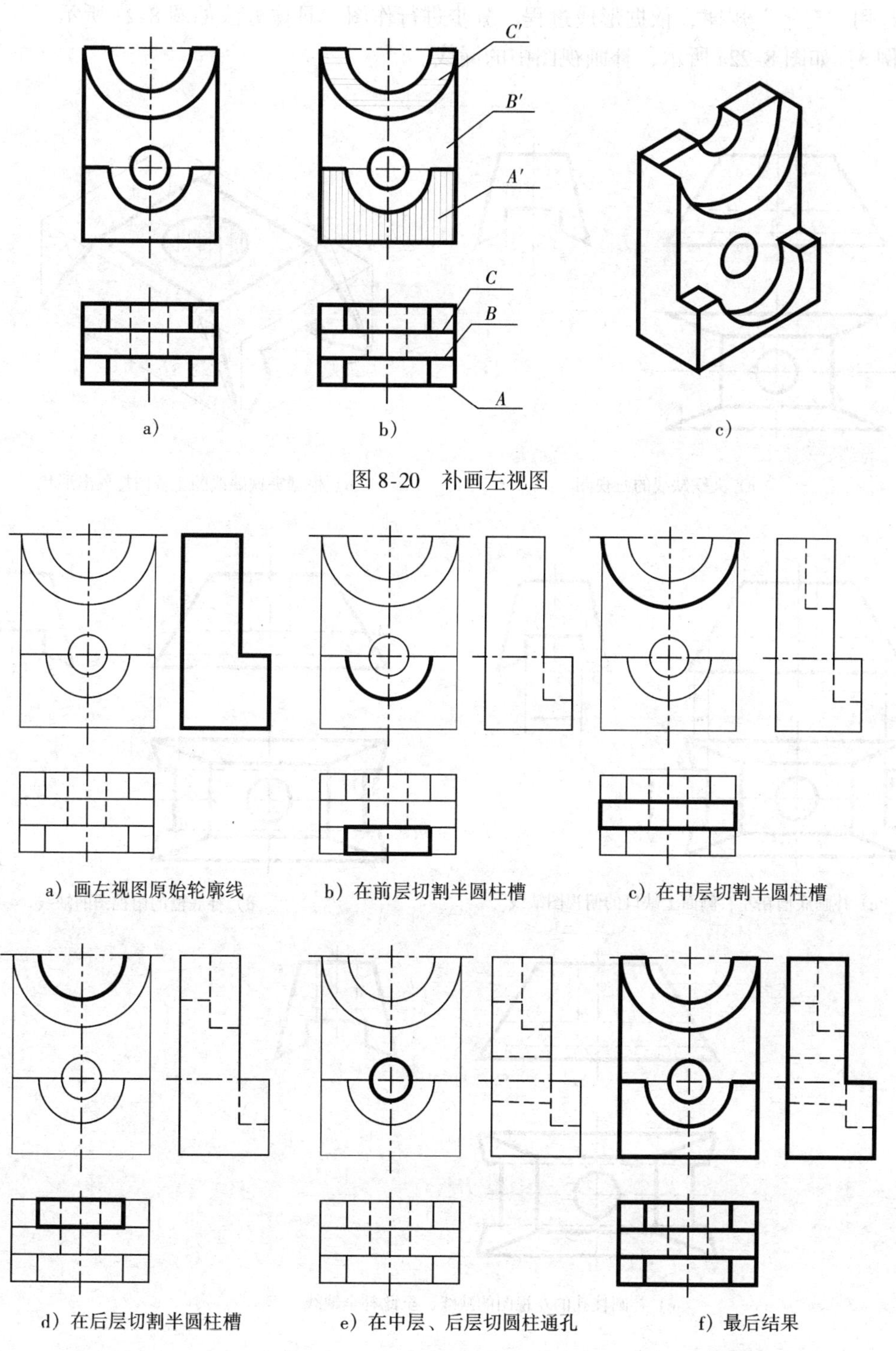

图 8-20　补画左视图

a）画左视图原始轮廓线　b）在前层切割半圆柱槽　c）在中层切割半圆柱槽

d）在后层切割半圆柱槽　e）在中层、后层切圆柱通孔　f）最后结果

图 8-21　补画左视图的步骤

综合运用形体分析法和线面分析法，分析和判断形体的形成过程及 A、B、C 三个层面的形状与位置，弄清形体的空间形状，如图 8-20b、c 所示。

(2) 补画左视图

运用“三等”规律，依据形成过程，分步进行作图，具体方法如图 8-21 所示。

例 3：如图 8-22a 所示，补画视图中的漏线。

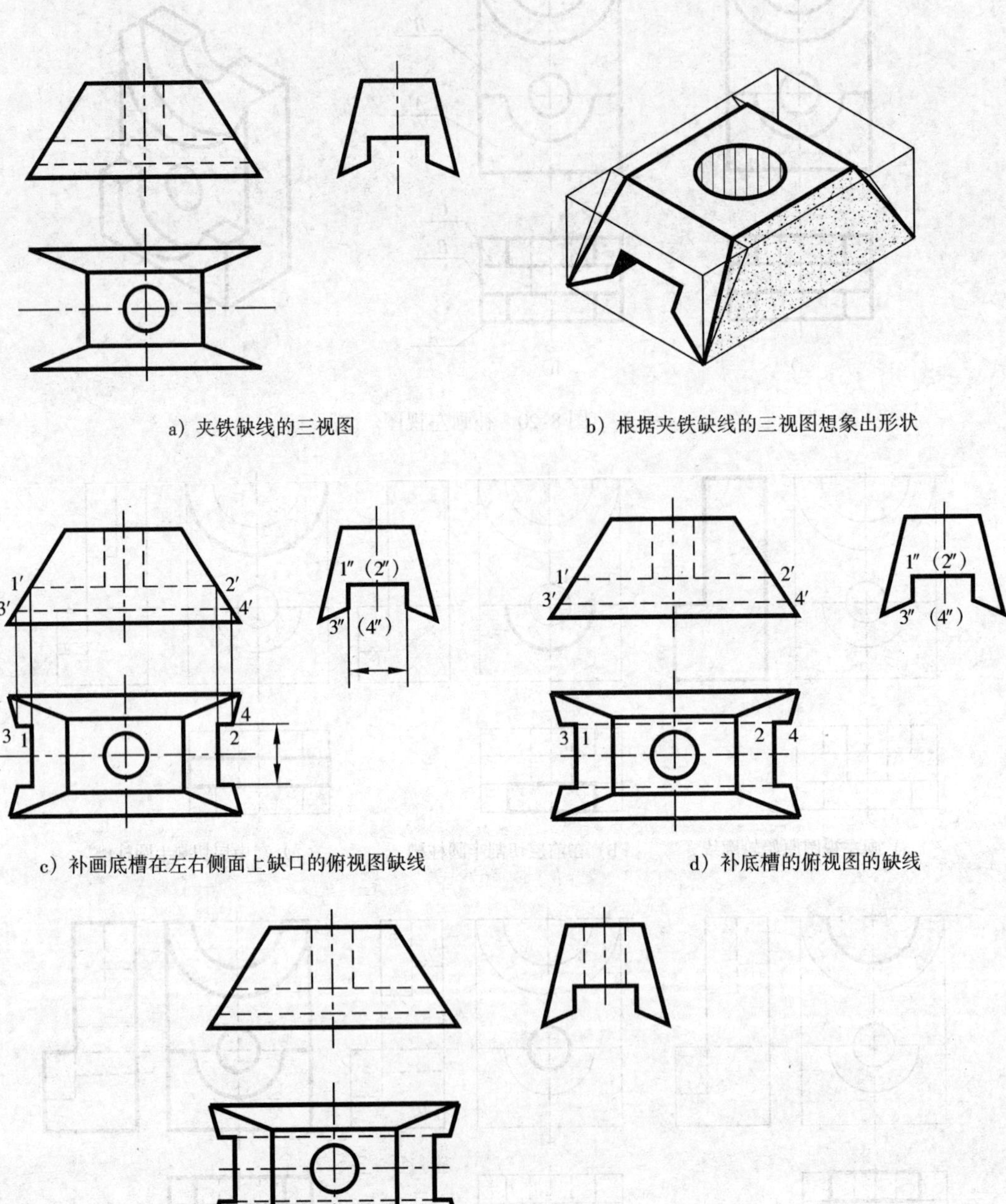

a）夹铁缺线的三视图

b）根据夹铁缺线的三视图想象出形状

c）补画底槽在左右侧面上缺口的俯视图缺线

d）补底槽的俯视图的缺线

e）补圆柱孔的左视图的缺线，至此补全缺线

图 8-22 补画夹铁视图中缺线的作图过程

第四节　组合体视图的尺寸标注

一、标注尺寸的要求

尺寸是图样中的一项重要内容，用于确定图示形体的大小。标注时必须遵照下列要求进行，做到认真、细致、无误。

正确——尺寸的数值要准确，注写要符合国标中的有关规定。

完整——尺寸注写齐全（无遗漏或重复），可将其形体大小惟一确定。

清晰——尺寸的注写位置恰当，分布条理、整齐，便于看图。

合理——尺寸标注要符合设计和制造工艺等要求，方便于加工、测量和检验。

其中，正确问题在第一章中已作过介绍，而合理问题将在第十一章中研究。所以，本章着重研究完整和清晰问题。

二、常见形体的尺寸标注

熟悉和掌握常见形体的尺寸标注，是标注好组合体尺寸的基础。图 8-23 至图 8-25 中给出一些常见形体尺寸标注的例子，供标注组合体尺寸时参考。

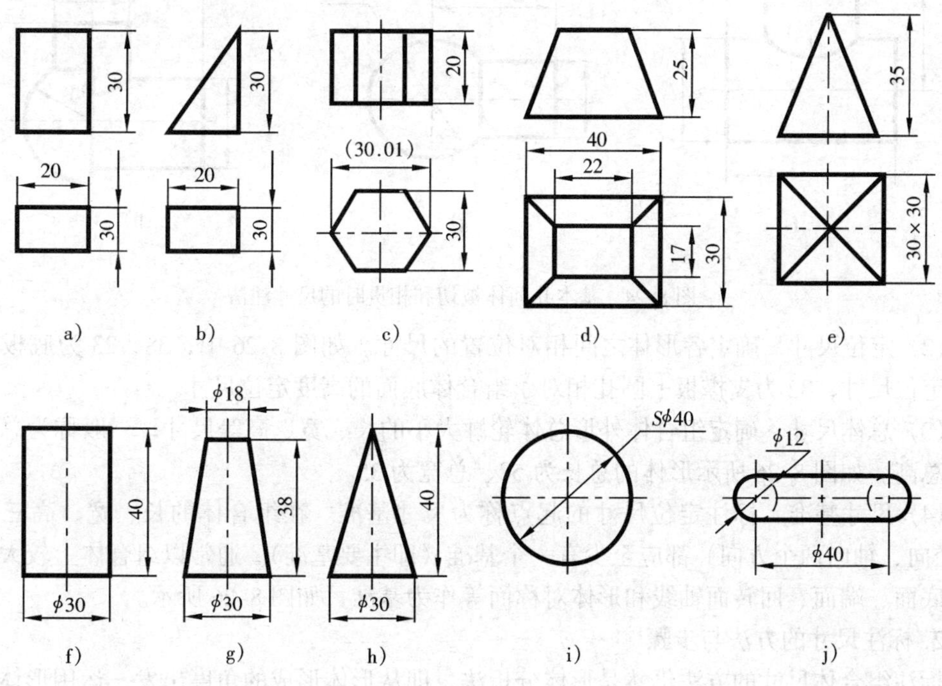

图 8-23　基本几何体尺寸注法示例

三、组合体的尺寸注法

1. 尺寸分类与尺寸基准

组合体的尺寸一般可分成定形、定位和总体三种类型。现以图 8-26 为例，分析介绍如下：

（1）定形尺寸　确定各形体的形状和大小的尺寸。如图 8-26 中，*R*17、φ20、12 为支撑板的定形尺寸，58、35、10、*R*10、2×φ10 为底板的定形尺寸。

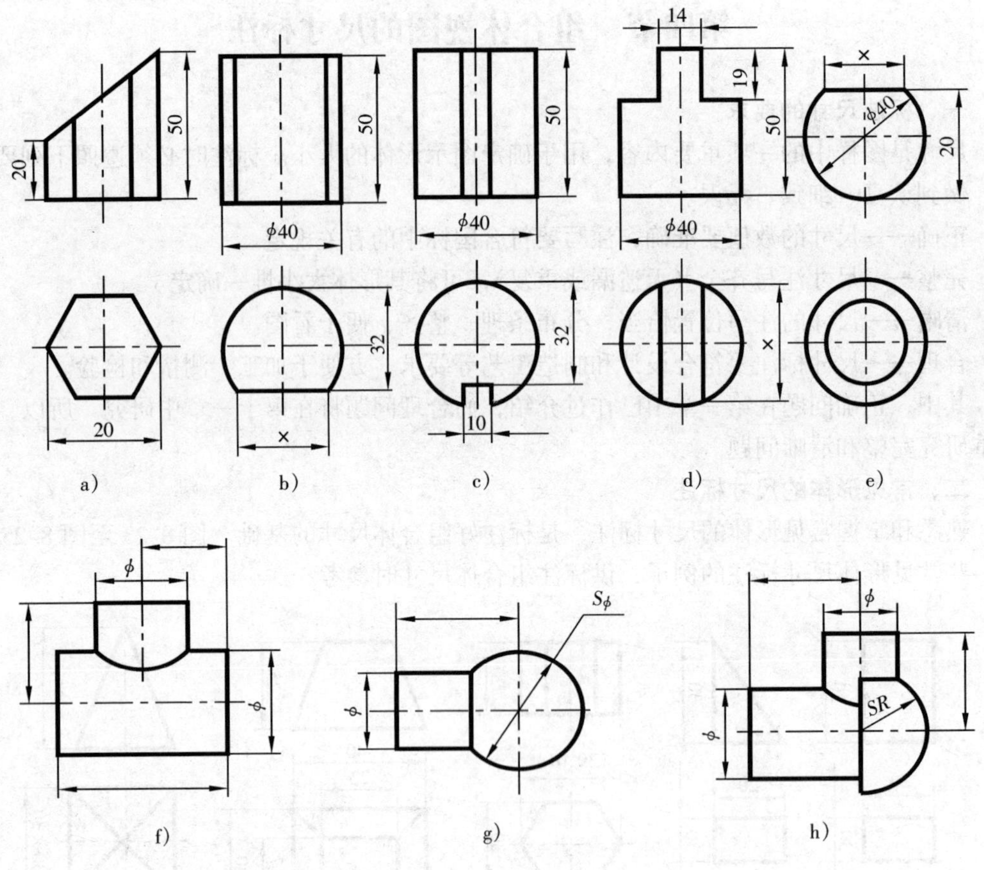

图 8-24 基本几何体被切和相贯时的尺寸注法

(2) 定位尺寸 确定各形体之间相对位置的尺寸。如图 8-26 中，38、23 为底板上两小孔的定位尺寸，32 为支撑板上圆孔相对于组合体底面的高度定位尺寸。

(3) 总体尺寸 确定组合体外形总体轮廓大小的长、宽、高等尺寸，一般称为总长、总宽、总高。如图 8-26 所示形体的总长为 58、总宽为 35。

(4) 尺寸基准 标注定位尺寸的起点称为尺寸基准。在组合体的长、宽、高三个方向(或径向、轴向两个方向) 都应至少有一个基准 (即主要基准)。通常以组合体上较大或较重要的底面、端面、回转面轴线和形体对称面等作为基准，如图 8-26 所示。

2. 标注尺寸的方法与步骤

标注组合体尺寸的方法仍然是形体分析法，即从形体形成的角度出发，运用形体分析法进行尺寸标注。标注时应注意体会对于不同类型组合体的尺寸标注，其入手角度的差异。如对于切割型组合体，首先应标注其原始基本体的定形尺寸，然后再标注每一次切割时的位置尺寸。

现以图 8-2a 所示的轴承座为例，说明其标注步骤 (图 8-27) 如下:

(1) 进行形体分析

将轴承座分解看作是由底板、支撑板、空心圆柱体和肋板四个部分组成，如图 8-2b 所示。

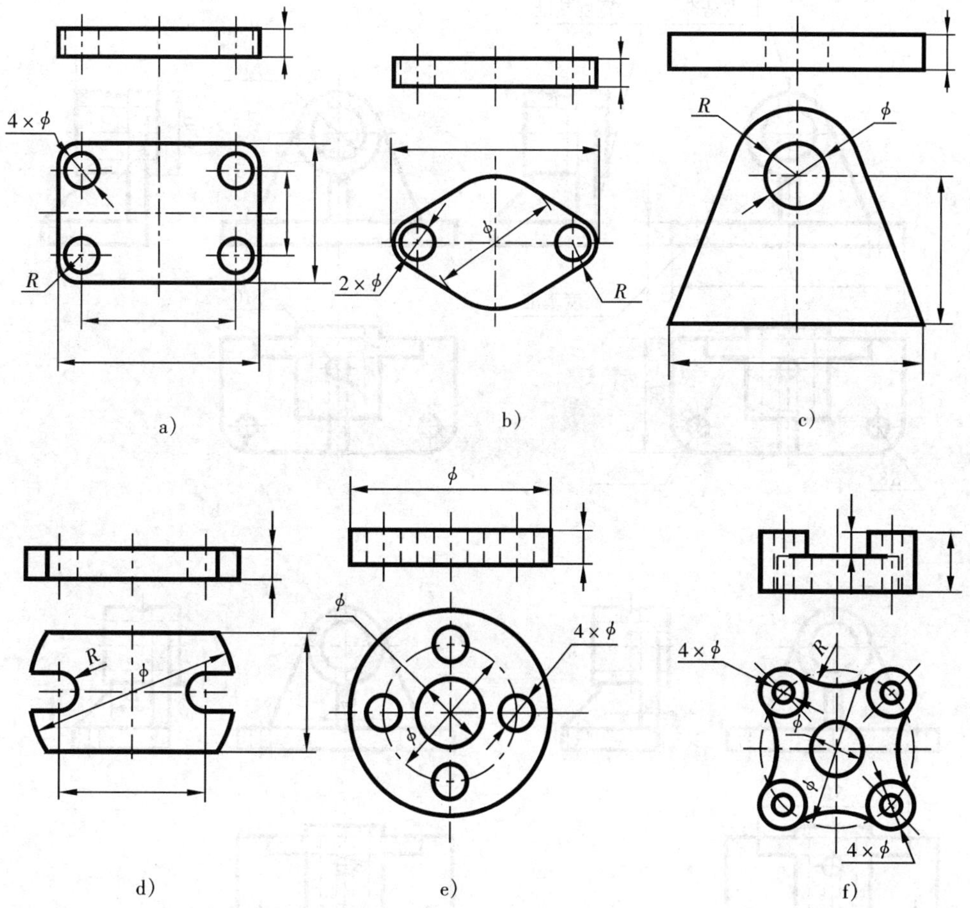

a) b) c)

d) e) f)

图 8-25 常见板状形体的尺寸注法

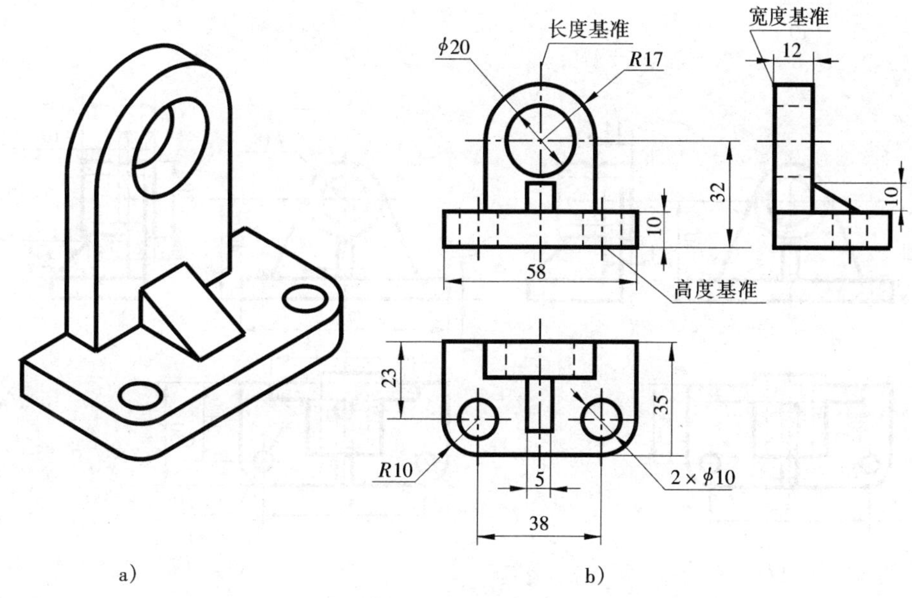

图 8-26 轴承座尺寸分析

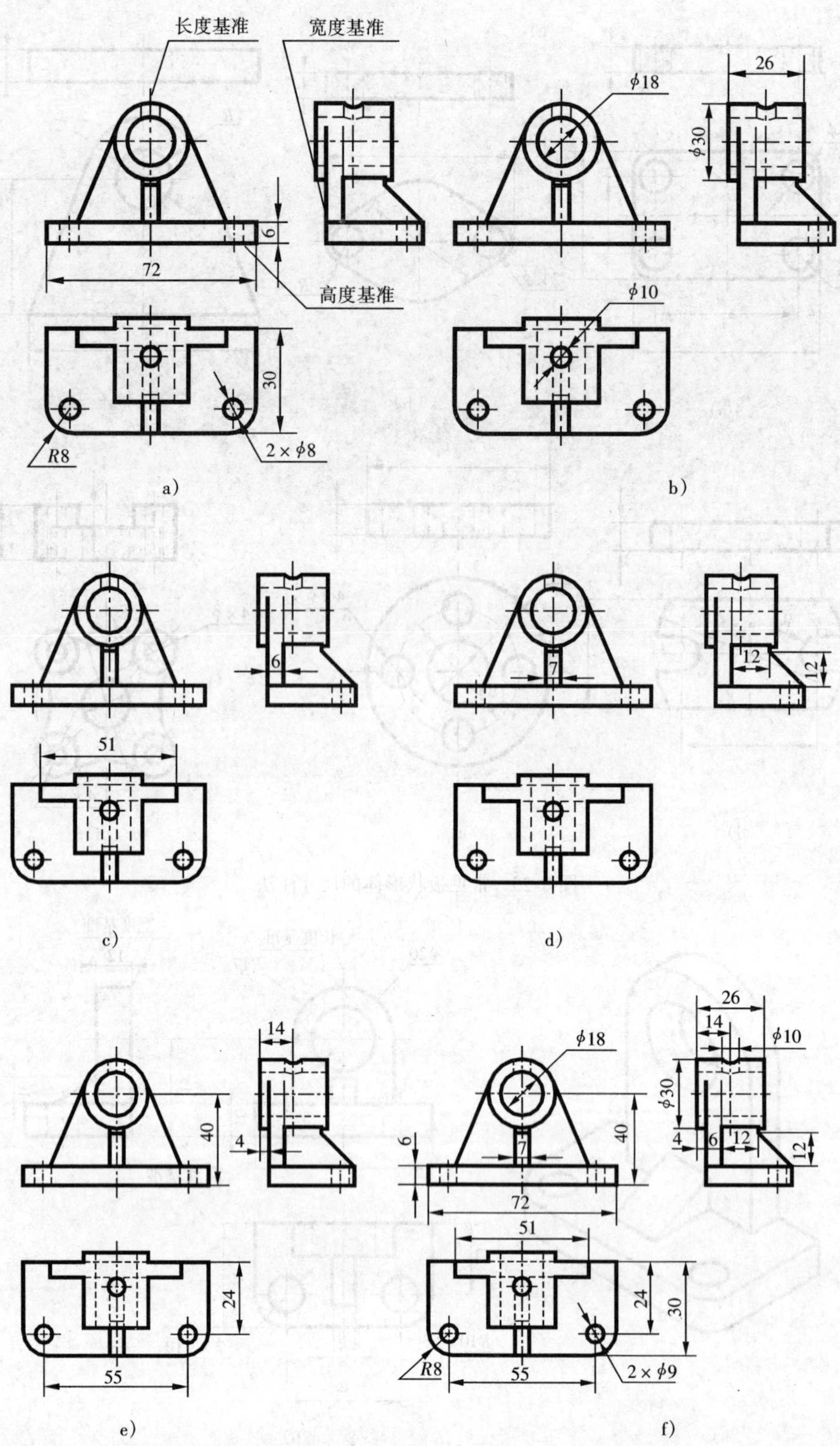

图 8-27　轴承座的尺寸标注步骤

(2) 选择尺寸基准

选择长、宽、高三个方向的尺寸基准，如图 8-27a 所示。

(3) 逐一标注各部分形体的定形尺寸，如图 8-27a、b、c、d 所示。

(4) 标注各部分形体之间及各形体内部结构间的定位尺寸，如图 8-27e 所示。

(5) 进行调整，注出所有的总体尺寸，如图 8-27f 所示。

(6) 检查有无多余、遗漏及重复标注的尺寸。

3. 标注尺寸时应注意的问题

(1) 应避免出现封闭尺寸链。如图 8-27f 中，由于在宽度方向，已标出的底板宽 30 和空心圆柱体的定位尺寸 4 都是加工时起重要作用的尺寸而必须保留，故此时总宽尺寸（34）就不再直接注出，以免形成封闭尺寸链。

(2) 当组合体在某一方向上，至少有一端是由圆弧部分收尾时，则该方向的总体尺寸就不再直接注出。如图 8-27 的中轴承座的总高就不用注出。图 8-25b 中的总长也不需注出。但是图 8-25a 中的总长和总宽则须注出，因此类情况的左右和前后两端都是由直线和圆弧相连接来收尾。

(3) 为使尺寸标注符合清晰的要求，在标注时还应注意下列问题：

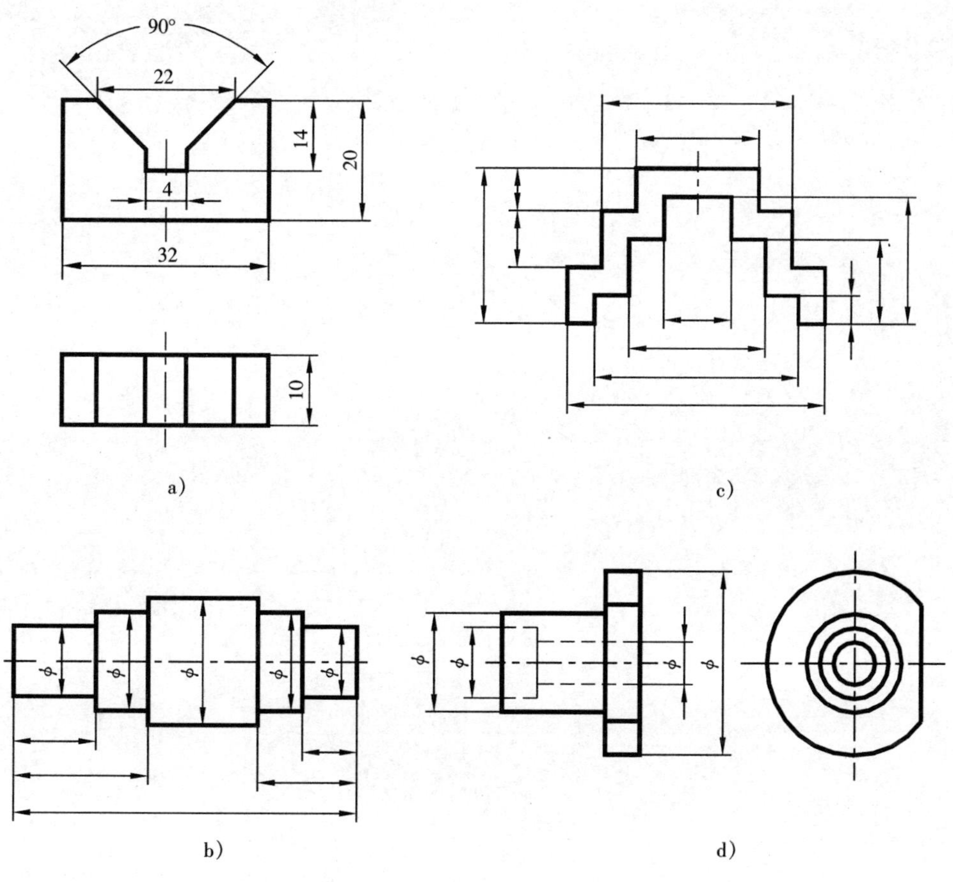

图 8-28　尺寸的清晰布置

1）定形尺寸和定位尺寸都应尽可能标注在最能反映其形状特征和位置特征的视图上。且对于同一形状结构的定形和定位尺寸应尽可能考虑集中标注，如图 8-28a 所示。

2）尺寸排列要整齐，同一方向的尺寸应本着“小尺寸在内，大尺寸在外”的原则排列，如图 8-28b 所示。

3）内形尺寸和外形尺寸要尽可能分别注在视图的两侧，以方便看图，如图 8-28c 所示。

4）同轴回转体表面的定形尺寸，最好注在投影为非圆的视图上，如图 8-28d 所示。

5）在可能的情况下，应避免在虚线上标注尺寸。

第九章　图样画法

由于机件的作用不同，机件的结构形状是多种多样的。为了能把各种机件的结构形状完整、清晰地表达出来，应采用机械制图国家标准规定的视图、剖视、断面及其它表达方法。画图时应根据机件的实际结构形状特点，选用恰当的表达方法。

第一节　视　图

根据有关标准和规定，用正投影法所绘制出物体的图形称为视图。视图通常有基本视图、向视图、局部视图和斜视图。

一、基本视图和向视图（GB/T 17451—1998）

基本视图是物体向基本投影面投射所得的视图。

当物体的外部结构形状在上下、左右、前后各个方向都不相同时，仅用前面学过的三个视图不能完全表达清楚。这时必须增加其它投影面，从而得到更多的视图，以便把机件表达清楚。如图 9-1a 所示，在原有三个投影面的基础上，再增加三个投影面，从右向左投射，

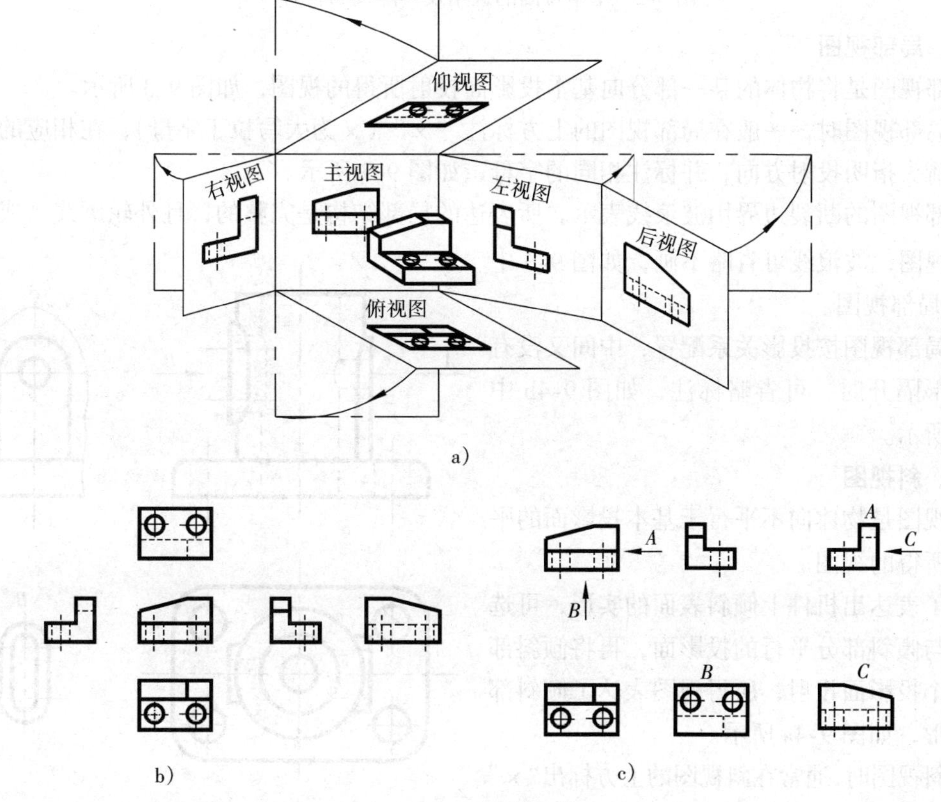

图 9-1　基本视图与视图配置

得到右视图；从下向上投射，得到仰视图；从后向前投射，得到后视图；这六个视图称为基本视图。各基本投影面展开时，规定正立投影面不动，其余投影面按图 9-1a 所示的方向旋转到正立投影面内，如图 9-1b 所示。各视图之间仍应符合“长对正、高平齐、宽相等”的投影关系。

各基本视图画在同一张图纸上，并按图 9-1b 布置时，一律不需标注视图名称。如果不按图 9-1b 布置，应在视图上面中间位置标注“×”（×为大写拉丁字母），并在相应的视图附近用箭头指明投射方向，并标注相同的字母，称为向视图，如图 9-1c 所示。向视图是可以自由配置的视图，“*A*”相当于右视图，“*B*”相当于仰视图，“*C*”相当于后视图。

在实际画图时，应根据零件的复杂程度，选择必要的基本视图。视图一般只画出零件的可见部分，必要时才画出不可见部分，如图 9-2 所示机件。

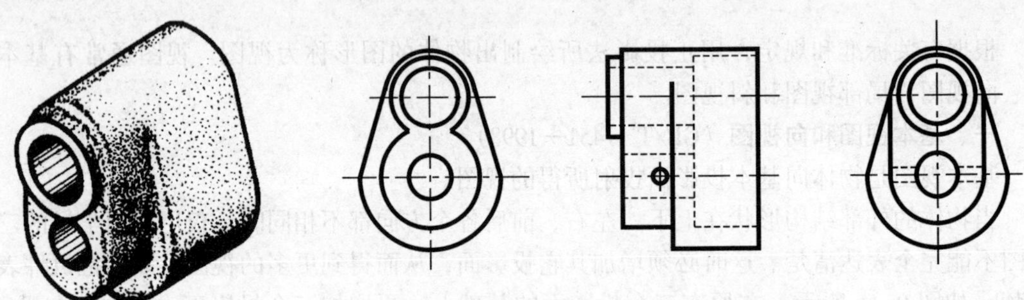

图 9-2　基本视图的选用及其虚线的省略

二、局部视图

局部视图是将物体的某一部分向基本投影面投射所得的视图，如图 9-3 所示。

画局部视图时，一般在局部视图的上方标注“×”（×为大写拉丁字母），在相应的视图附近用箭头指明投射方向，并标注相同的字母，如图 9-3 所示。

局部视图的断裂边界用波浪线表示。所表达的局部结构是完整的，且外轮廓线又成封闭的局部视图，波浪线可省略不画，如图 9-3 中的 *B* 向局部视图。

当局部视图按投影关系配置，中间又没有其它图形隔开时，可省略标注，如图 9-4b 中俯视图所示。

三、斜视图

斜视图是物体向不平行于基本投影面的平面投射所得的视图。

为了表达出机件上倾斜表面的实形，可选用一个与倾斜部分平行的投影面，再将倾斜部分向这个投影面投射，所得视图表达了倾斜部分的实形，如图 9-4a 所示。

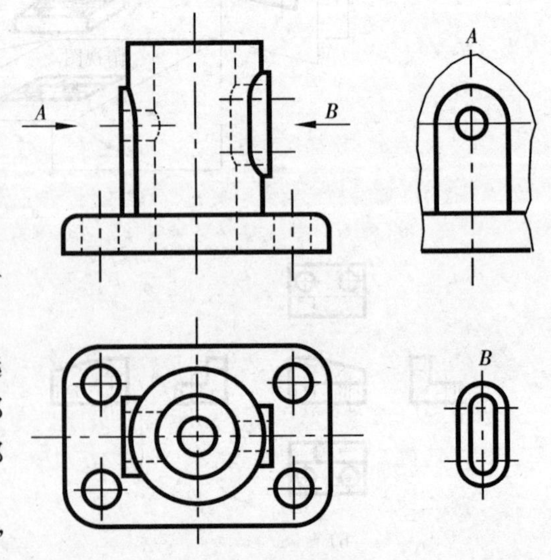

图 9-3　局部视图

画斜视图时，通常在斜视图的上方标出“×”（×为大写拉丁字母），在相应的视图附近用箭头指明投射方向，并标注相同的字母，字母一律水平书写。斜视图上反映机件倾斜部分的实形，其断裂处应用波浪线表示。在俯视图上倾斜部分的投影可省略不画，如图 9-4b 所示。

必要时，允许将斜视图旋转配置，表示该视图名称的大写拉丁字母应靠近旋转符号的箭头端，也允许将旋转角度标注在字母之后，如图 9-4c 所示。

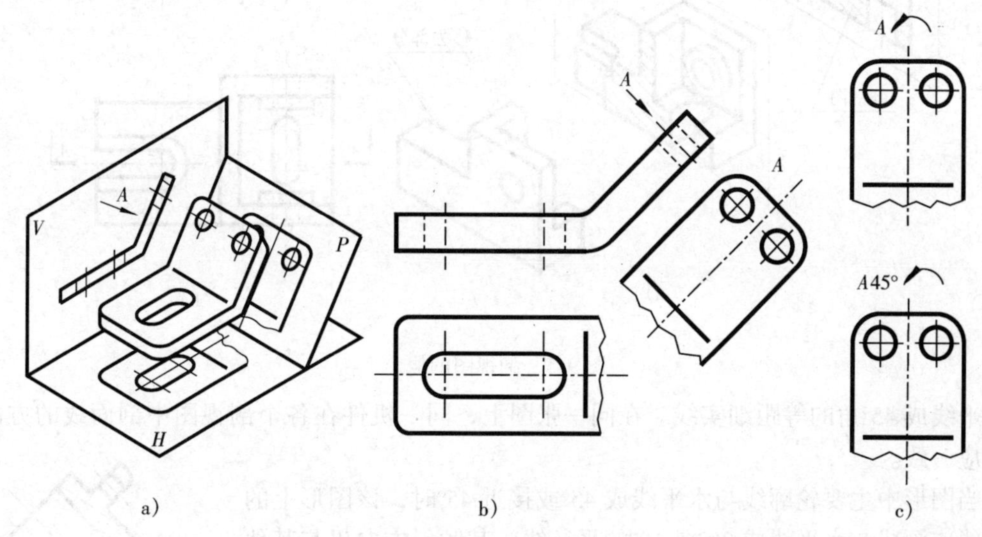

图 9-4　斜视图

第二节　剖　　视

当机件内部结构比较复杂时，视图就会出现较多的虚线，虚线既影响了图形的清晰，又不利于看图和标注尺寸。为了清楚地表示机件内部的形状，避免出现过多的虚线，在机械制图中采用了剖视的方法。

一、剖视的基本概念

1. 剖视图

假想用剖切面剖开机件，将处在观察者和剖切面之间的部分移去，而将其余部分向投影面投射所得的图形称为剖视图，简称剖视，如图 9-5 所示。

2. 剖视图的画法

(1) 确定剖切平面的位置

一般用平面作为剖切面，剖切面一般应通过零件内部结构的对称平面或孔的轴线，并平行相应的投影面，如图 9-5a 所示。

(2) 画剖视图

仅画出剖切面与机件实体接触部分的图形称为断面图，也可简称断面。画剖视图时，应把断面及剖切面后方的可见轮廓线用粗实线画出，如图 9-5b 所示。

(3) 画剖面符号

应在断面图形内画出表示零件材料类别的剖面符号。在 GB/T 4457.5—1984 中规定了表示各种材料类别的剖面符号，如表 1-11 所示。金属材料的剖面符号又称剖面线，一般画成

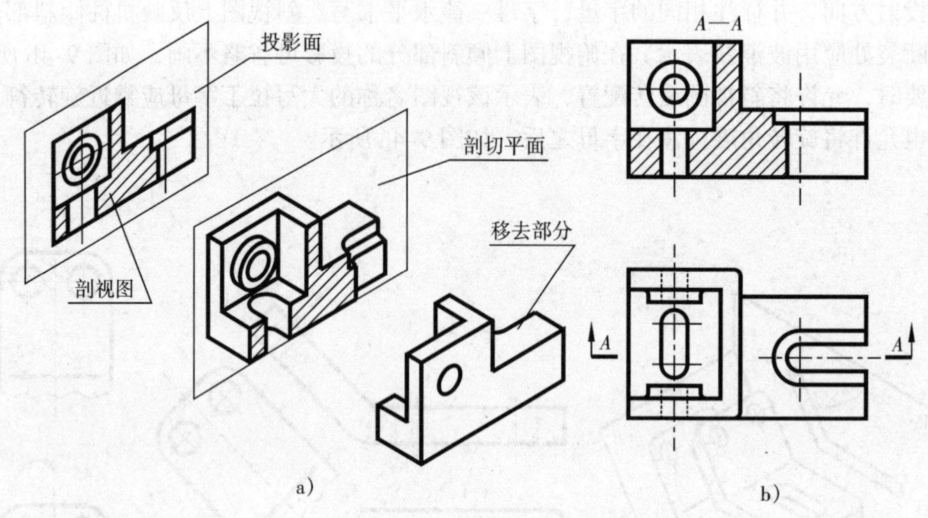

图 9-5　剖视图的概念

与水平线成 45°角的等距细实线。在同一张图上，同一机件在各个剖视图中剖面线的方向和间距应一致。

当图形中主要轮廓线与水平线成 45°或接近 45°时，该图形上的剖面线应画成与水平线成 30°或 60°的平行线，其倾斜方向仍与其他图形的剖面线一致，如图 9-6 所示。

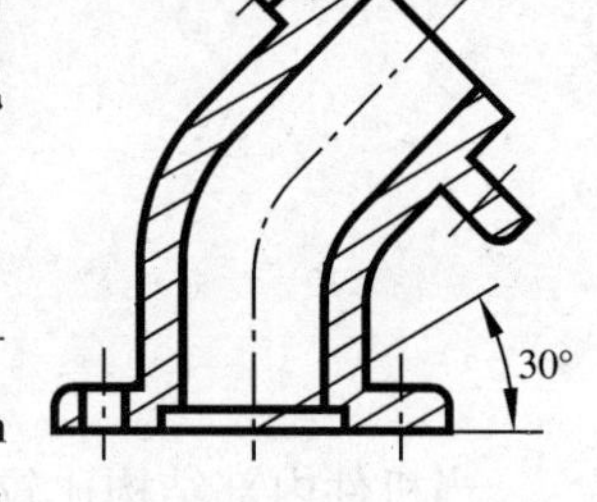

图 9-6　剖面线的画法

3. 剖视图的标注

(1) 一般应在剖视图的上方用大写拉丁字母标注剖视图“×—×”，在相应的视图上用剖切符号（线宽 1 ~ 1.5b，长约 5 ~ 10mm 的粗实线）表示剖切位置，用箭头表示投射方向，并在剖切符号的起、迄或转折处标出相同的大写拉丁字母，字母一律水平书写。

(2) 当剖视图按投影关系配置，中间又没有其它图形隔开时，可省略箭头，如图 9-7 中的左视图。

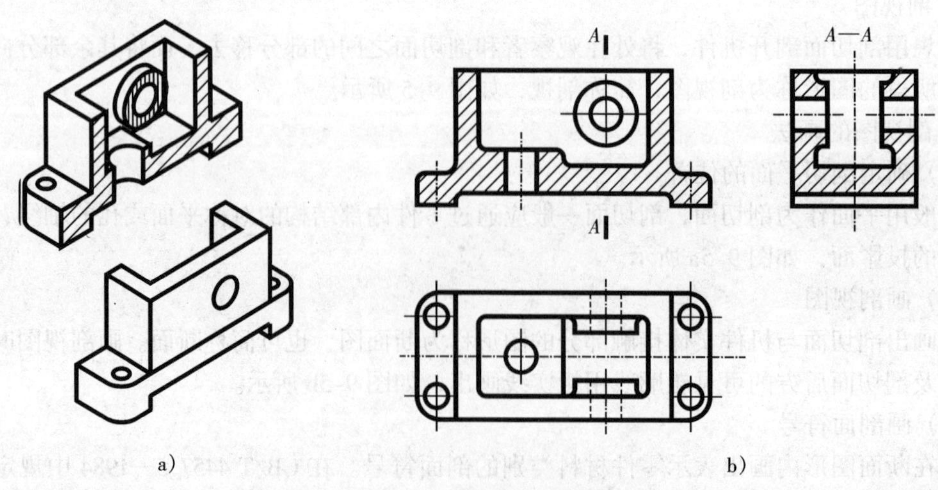

图 9-7　全剖视图

(3) 当单一剖切平面通过零件的对称平面或基本对称平面时，且剖视图按投影关系配置，中间没有其它图形隔开，可不加任何标注，如图 9-7 中的主视图。

4. 画剖视图时应注意的问题

(1) 由于剖视是假想的，所以当一个视图画成剖视图时，其它视图仍按完整机件的表达来绘制。

(2) 剖切面后面的可见轮廓线应全部画出，不得遗漏。图 9-8 为几种孔的剖视图的画法。

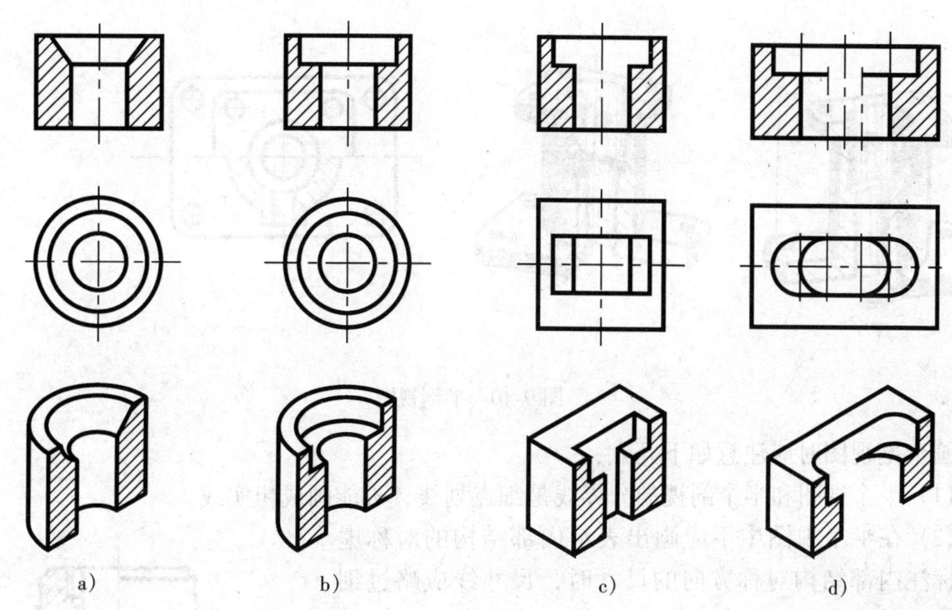

图 9-8　孔的剖视图画法

(3) 在剖视图中，一般应省略虚线，只有当不足以表达清楚机件形状，为了节省一个视图，才在剖视图上画出少量虚线，如图 9-9 所示。

二、剖视图的种类

剖视图分为全剖视图、半剖视图和局部剖视图。

1. 全剖视图

用剖切面完全地剖开机件所得的剖视图，称为全剖视。全剖视图可以用一个剖切面剖开机件得到，也可以用几个剖切面剖开机件得到。图 9-7 中的主、左视图是用单一剖切面剖开机件的。

全剖视图应按规定标注。全剖视图用来表达外形简单、内部结构复杂的机件。

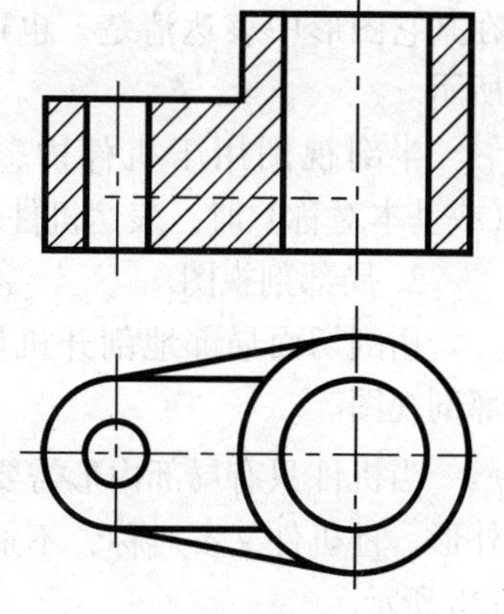

图 9-9　应画虚线的剖视图

2. 半剖视图

当机件具有对称平面时，在垂直于对称平面的投影面上投射所得的图形，可以以对称中心线为界，一半画成剖视图，另一半画成视图，这样画出的图形称为半剖视图，如图 9-10 所示。

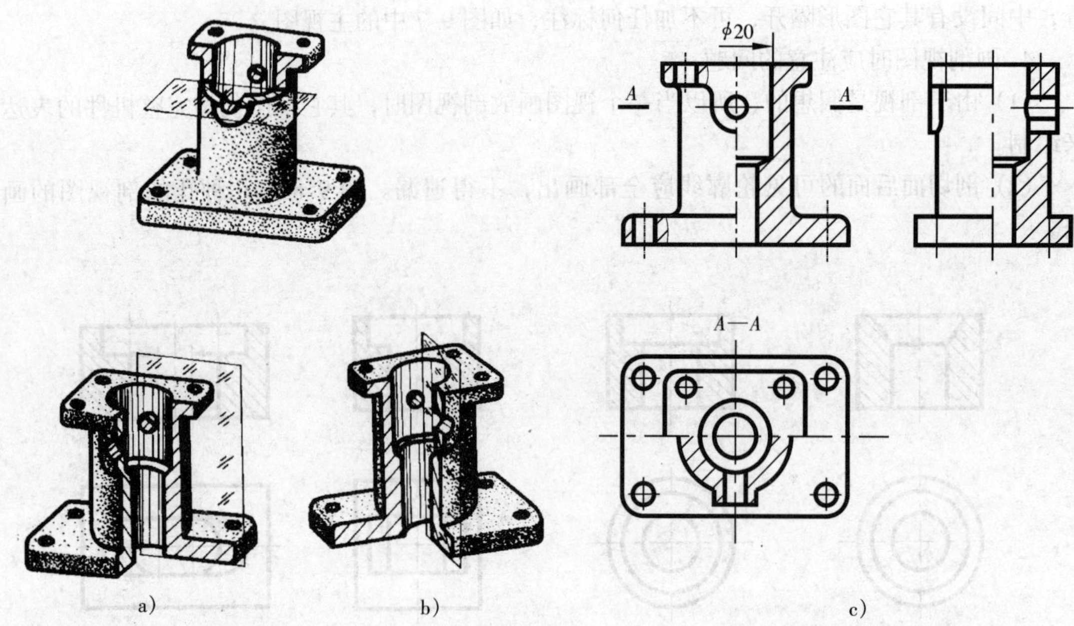

图 9-10 半剖视图

画半剖视图时应注意如下几点：

(1) 半个视图和半个剖视的分界线是细点划线，不能画成粗实线。

(2) 在半个视图中不应画出表示内部结构的对称虚线。标注内部结构对称方向的尺寸时，尺寸线应略过细点划线，并在一端画箭头，如图 9-10 中的尺寸 $\phi20$。

(3) 半剖视图的标注和全剖视图的标注方法完全相同，如图 9-10 所示。

当零件的形状对称或接近于对称，且不对称部分已在其它图形中表达清楚，也可画成半剖视图，如图 9-11 所示。

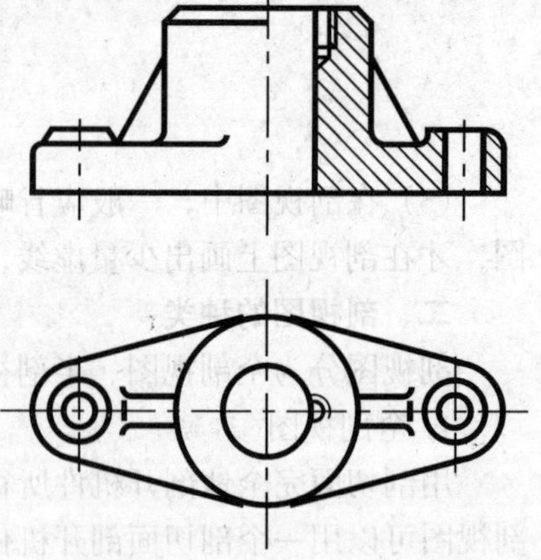

图 9-11 半剖视图

半剖视图用于机件内、外形状都复杂，而又对称（或基本对称）时，表达机件的内、外结构形状。

3. 局部剖视图

用剖切面局部地剖开机件所得到的剖视图，称为局部剖视图。

当机件只有局部内形需要表达，或者既需要表达机件的内部形状，又要保留机件的某些外形，且机件又不对称，不适用半剖时，可采用局部剖视来表达机件，如图 9-12a 和图 9-12b 所示。

局部剖视图用波浪线与视图分界，波浪线可以看做是机件断裂面的投影，因此波浪线不能超出视图的轮廓线，不能穿过中空处，也不允许波浪线与图样上其它图形重合，如图 9-13 所示。

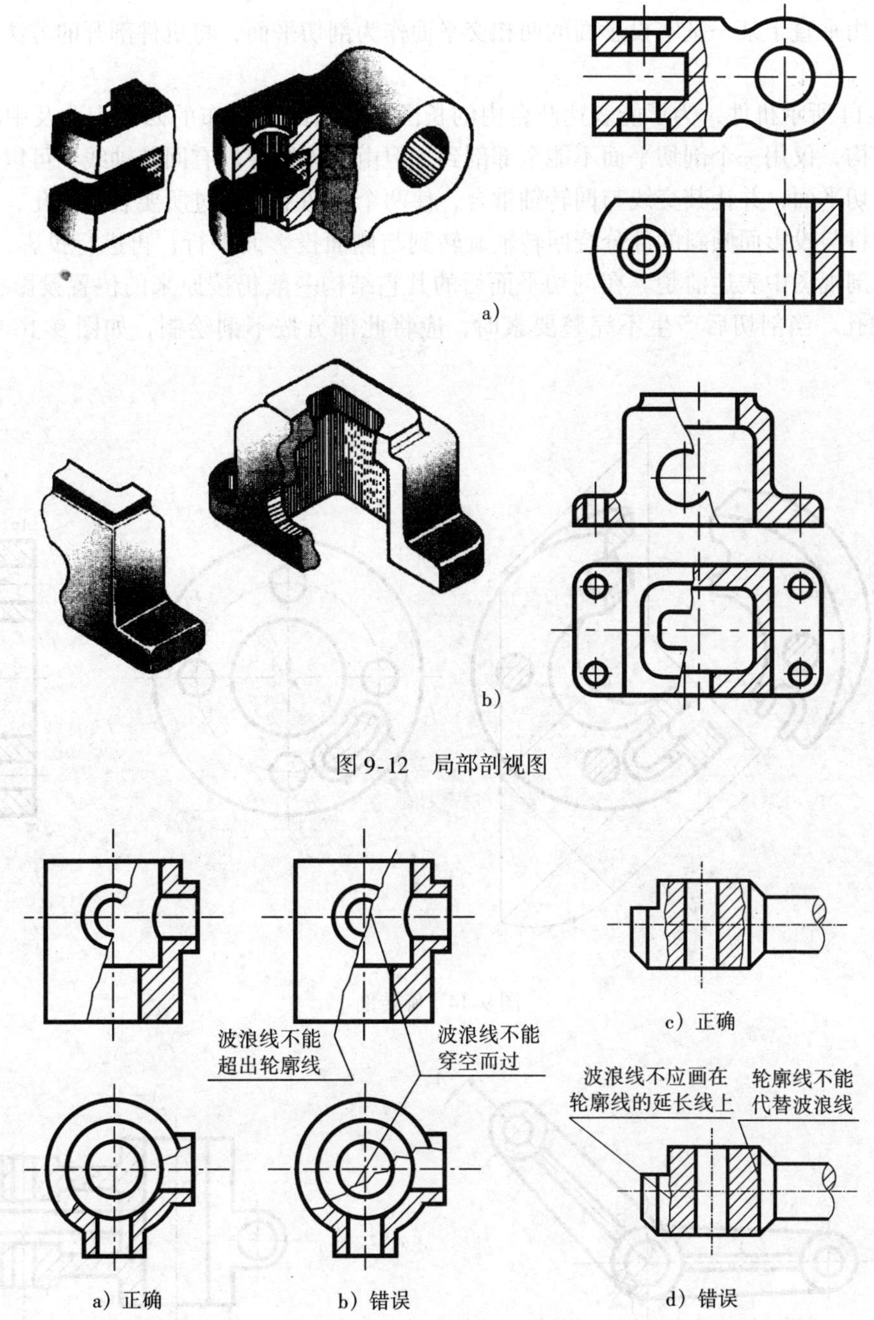

图 9-12　局部剖视图

图 9-13　波浪线的画法

对于剖切位置明显的局部剖视图一般不加标注。

三、剖切面的种类及剖切方法

1. 单一剖切面

假想用一个面作为剖切平面剖开机件的方法称为单一剖。

前面所述的全剖视图、半剖视图和局部剖视图的例子均为单一剖。

2. 两相交的剖切平面

假想用垂直于某一基本投影面的两相交平面作为剖切平面，将机件剖开的方法称为旋转剖。

图 9-14 所示机件，为了能表达凸台内的长圆孔，沿圆周分布的四个小孔及中间的大孔等内部结构，仅用一个剖切平面不能全部剖到，但由于该机件具有回转轴线，可以采用两个相交的剖切平面，并让其交线与回转轴重合，使两个剖切平面通过所要表达的孔、槽剖开机件，然后将与投影面倾斜的部分绕回转轴旋转到与侧面投影面平行，再进行投影，这样孔、槽均已在剖视图中表达清楚。在剖切平面后的其它结构一般仍按原来的位置投影，如图 9-15 中的油孔。当剖切后产生不完整要素时，应将此部分按不剖绘制，如图 9-16 中的中间臂。

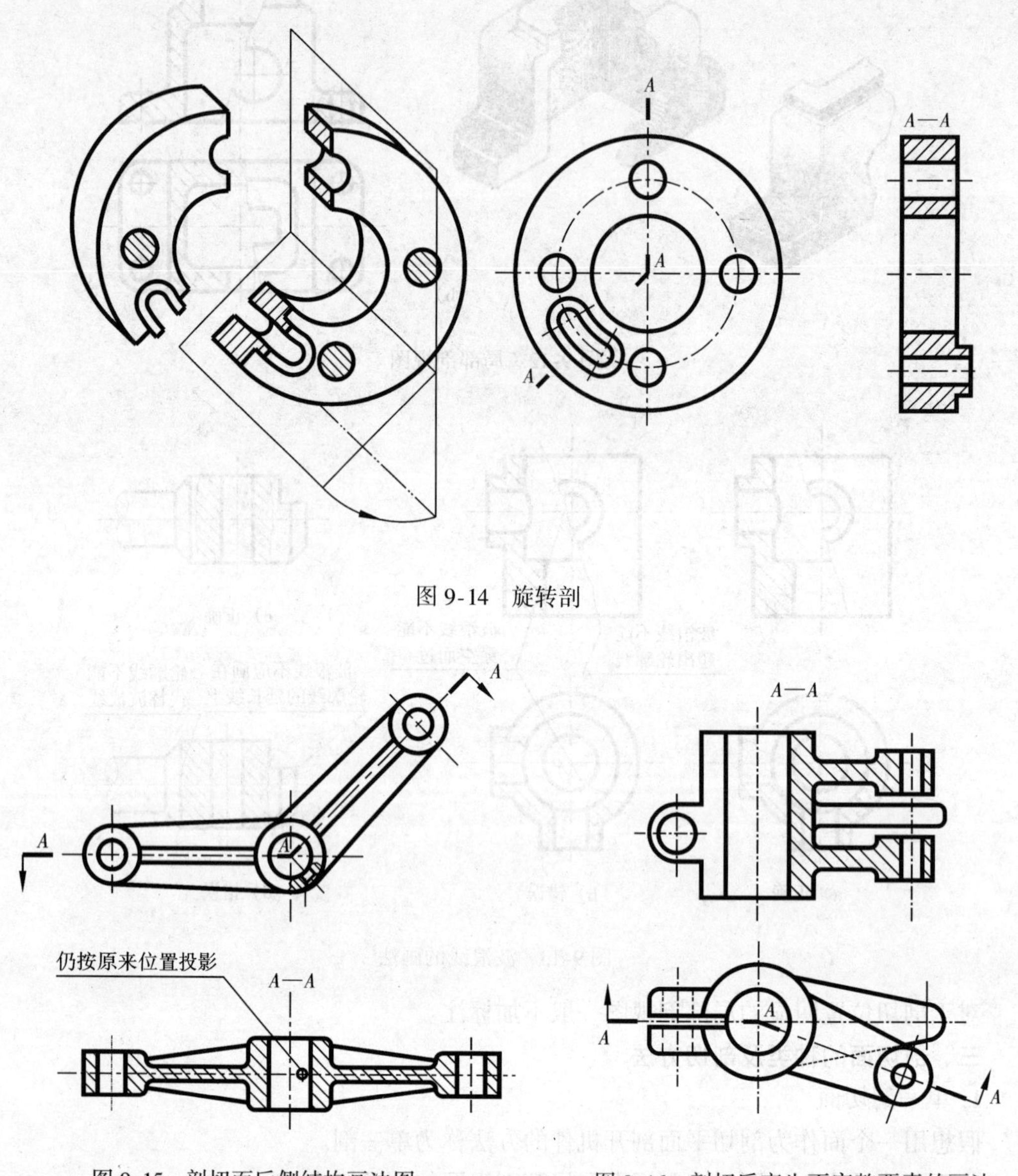

图 9-14　旋转剖

图 9-15　剖切面后侧结构画法图

图 9-16　剖切后产生不完整要素的画法

旋转剖要进行标注，在剖切面的起、迄和转折处要画出剖切符号，注上相同的大写拉丁字母，如果转折处地方太小，在不引起误解的情况下可省略字母。在起、迄处画出箭头表示投射方向，在剖视图的上方注出名称，如图 9-15、图 9-16 所示。如按投影关系配置，中间无其它图形隔开，可省略箭头，如图 9-14 所示。

3. 几个平行的剖切平面

用几个平行于某一基本投影面的剖切平面剖开机件的方法称为阶梯剖。

图 9-17 所示机件，用一个剖切平面不可能把机件内部结构形状完全剖开，所以主视图采用了三个互相平行的剖切面剖开机件，可以把内部形状表达清楚。

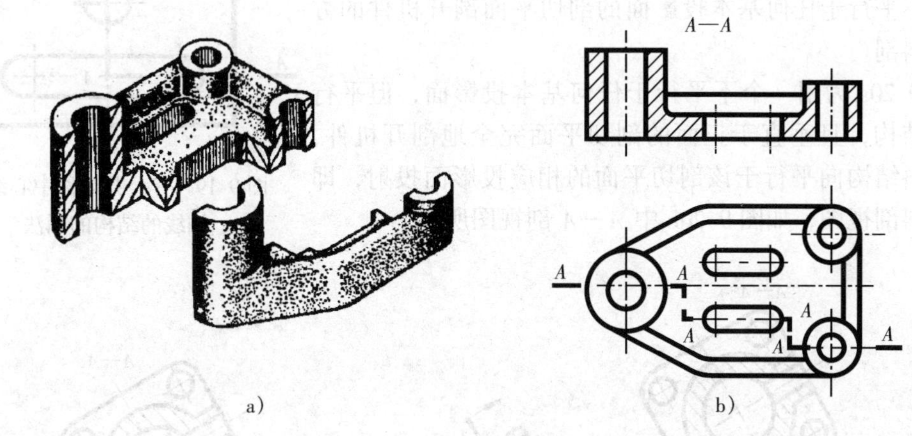

图 9-17 阶梯剖

采用阶梯剖画剖视图时，虽然各平行的剖切平面不在一个平面上，但剖切后所得到的剖

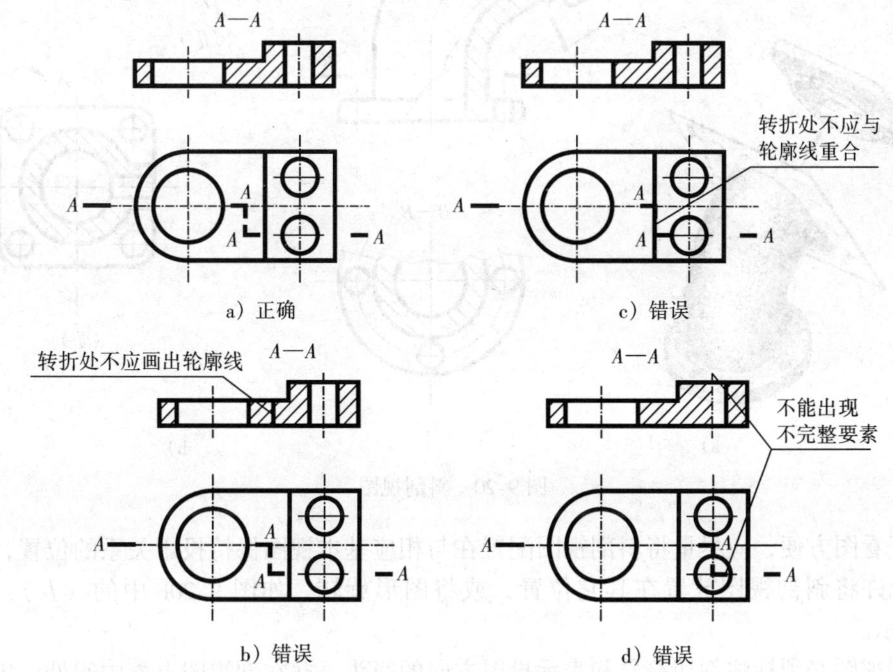

图 9-18 阶梯剖

视图应看做是一个完整的图形。如图 9-18 所示，在剖视图中，不能画出各剖切平面转折处的界线；剖切平面转折处的剖切符号不应与轮廓线重合。也不应出现不完整的要素，仅当两个要素在图形上具有公共对称中心线或轴线时，才可以各画一半，此时不完整要素应以对称中心线或轴线为界，如图 9-19 所示。阶梯剖也必须标注，如图 9-17 所示。当转折处地方有限，又不致引起误解时，允许省略标注字母。

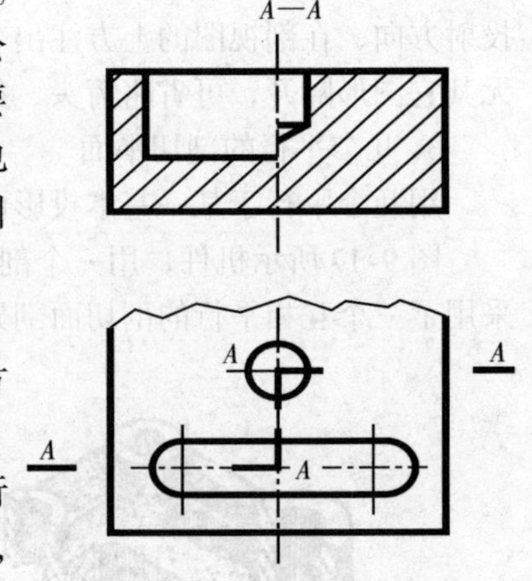

图 9-19　有公共对称中心线或轴线的结构的画法

4. 不平行于任何基本投影面的剖切平面

用不平行于任何基本投影面的剖切平面剖开机件的方法称为斜剖。

图 9-20a 为用一个不平行于任何基本投影面，但平行于倾斜结构，且垂直于正面的剖切平面完全地剖开机件，将该倾斜结构向平行于该剖切平面的相应投影面投射，即可得到斜剖视图，如图 9-20b 中 *A*—*A* 剖视图所示。

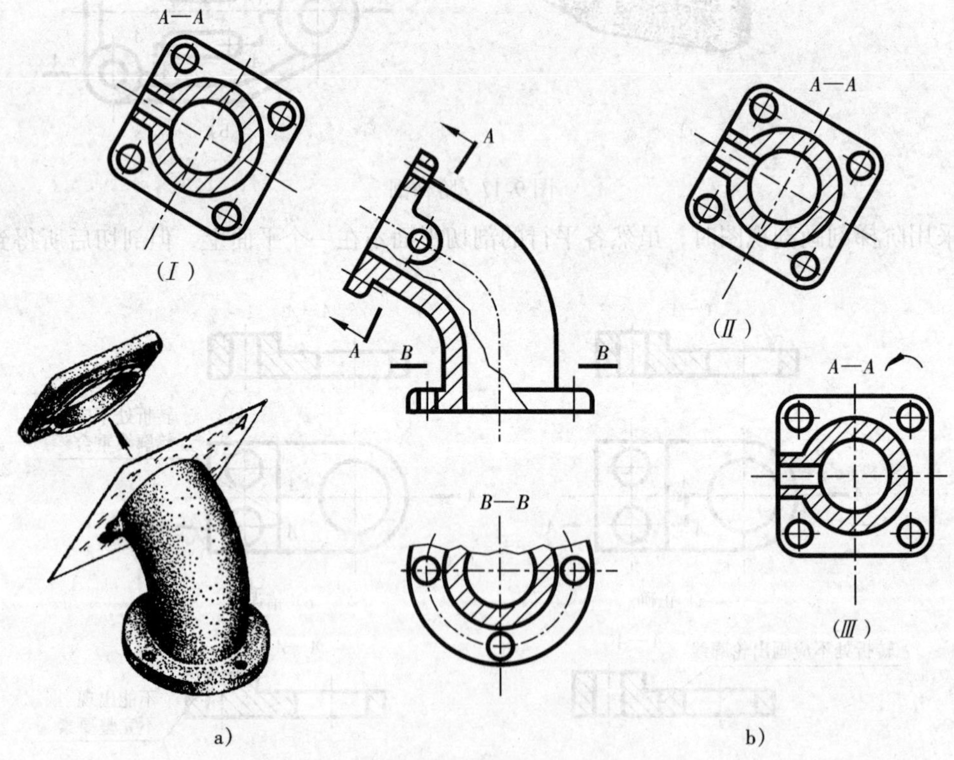

图 9-20　斜剖视图

为了看图方便，应尽量将斜剖视图配置在与相应基本视图保持投影关系的位置，如果需要，也允许将斜剖视图放置在其它位置，或将图形旋转，如图 9-20b 中的（*I*）、（*II*）、（*III*）所示。

斜剖视图必须标注剖切符号和表示投射方向的箭头，并在剖视图上方中间处注出剖视图的名称“×—×”，注意字母一律水平书写。

5. 组合的剖切平面

除旋转剖、阶梯剖以外，用组合的剖切平面剖开机件的方法称为复合剖。

图 9-21 表示用阶梯剖和旋转剖相组合的方法，将机件剖开所得剖视图。图 9-22 是采用几个旋转剖相组合的复合剖，采用这种方法画剖视图时，允许展开后画出，但必须在相应的剖视图上标注“×—×”展开。

复合剖的标注与旋转剖和阶梯剖相同。

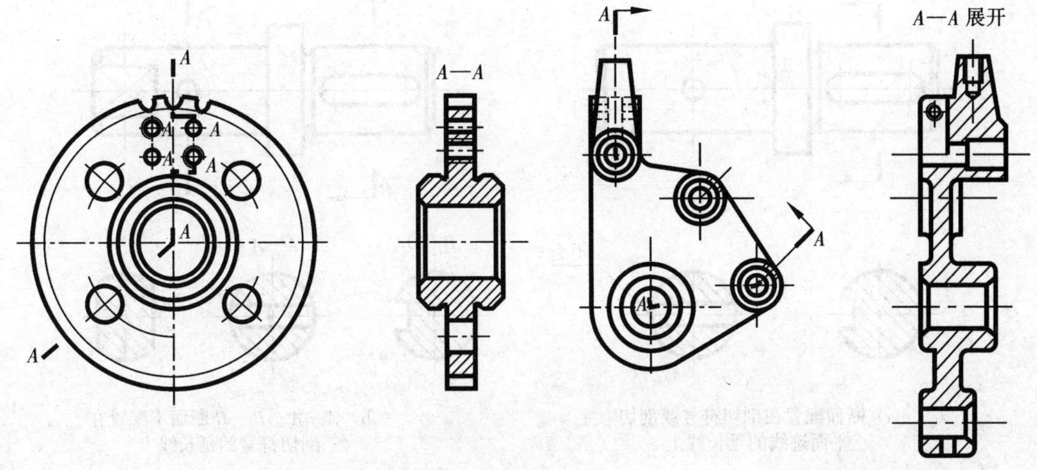

图 9-21 复合剖获得的全剖视图　　图 9-22 复合剖的展开画法

第三节 断 面

一、基本概念

假想用剖切面将机件的某处切断，仅画出该剖切平面与机件接触部分的图形称为断面图，简称断面。

图 9-23a 中，假想用一个剖切平面垂直于轴线方向将键槽处切断，然后画出断面的实形，就能清楚地表达出断面的形状、键槽的深度。

断面与剖视图的区别是：断面仅画剖切面与机件接触部分的图形，而剖视则是将断面连同它后面的结构一起画出，如图 9-23b 所示。

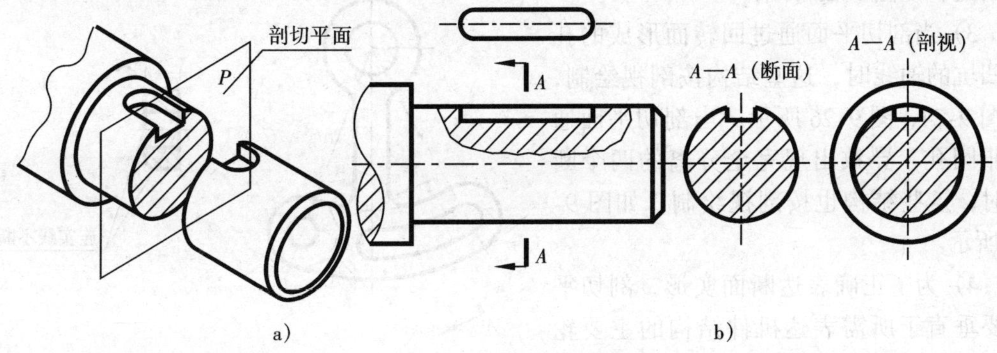

图 9-23 断面的基本概念

二、断面的种类和画法

根据断面配置的位置，分为移出断面和重合断面两种。

1. 移出断面

画在视图外的断面，称为移出断面。

(1) 移出断面的画法

1) 移出断面的轮廓线用粗实线绘制，如图9-23“A—A”断面所示。

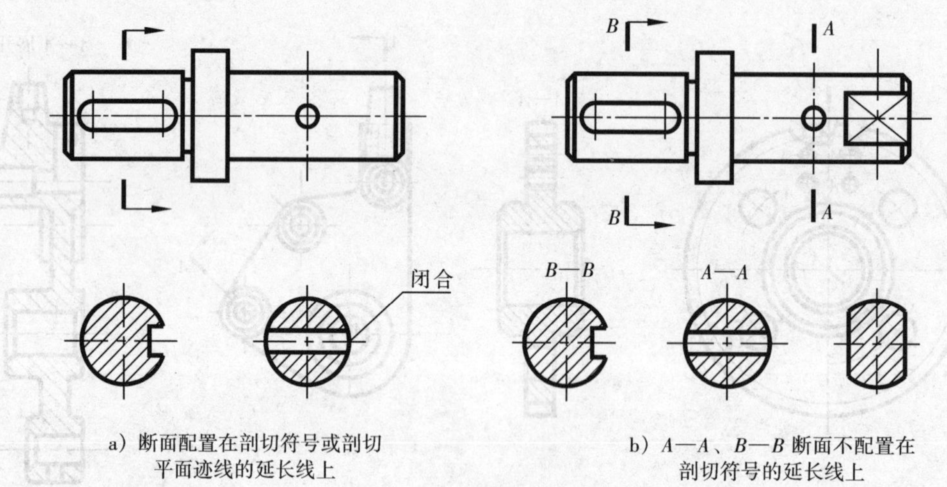

a) 断面配置在剖切符号或剖切平面迹线的延长线上

b) A—A、B—B断面不配置在剖切符号的延长线上

图9-24 移出断面的配置

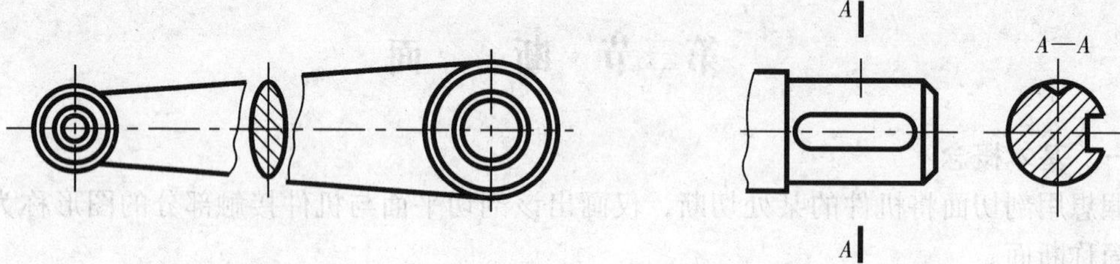

图9-25 画在视图中断处的移出断面

图9-26 移出断面按投影关系配置

2) 移出断面应尽量配置在剖切符号或剖切线（即剖切平面与投影面的交线，用细点划线画出）的延长线上，如图9-24a所示。当断面图形对称时，还可以将移出断面画在视图的中断处，如图9-25所示。

3) 当剖切平面通过回转面形成的孔或凹坑的轴线时，这些结构按剖视绘制，如图9-24、图9-26所示。当剖切平面通过非圆孔，导致出现完全分离的两个断面时，这些结构也按剖视绘制，如图9-27所示。

4) 为了正确表达断面实形，剖切平面要垂直于所需表达机件结构的主要轮廓线或轴线，如图9-28所示。

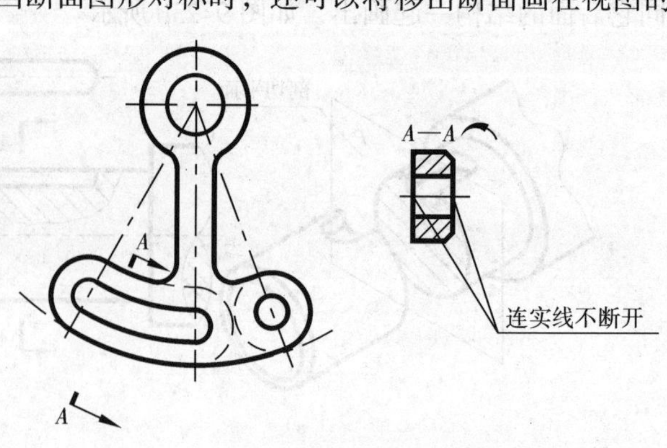

图9-27 移出断面

5）由两个或多个相交平面剖切所得的移出断面，中间一般应断开，如图 9-29 所示。

6）在不致引起误解时，允许将移出断面旋转，如图 9-27 所示。

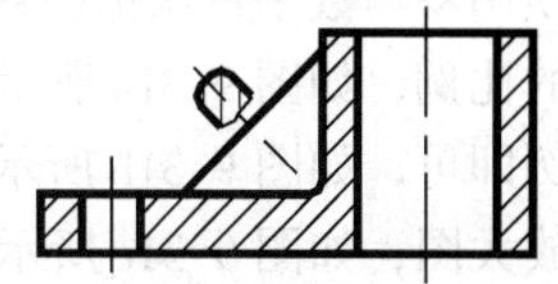

图 9-28　剖切平面必须垂直于被剖切部分的轮廓线

（2）移出断面的标注

1）移出断面一般应用剖切符号表示剖切位置，用箭头表示投射方向，并标注大写拉丁字母，在断面的上方用同样的字母标出其名称“×—×”，如图 9-24b 中的 $B—B$。

2）在下列情况下可以省略标注

① 配置在剖切符号延长线上的不对称移出断面，可省略字母，如图 9-24a 左边的断面所示。

② 配置在剖切平面迹线、延长线上的对称移出断面，用细点划线表示剖切平面的位置，并省略字母和箭头，如图 9-24a 中右边的断面所示。

③ 不配置在剖切符号延长线上的对称移出断面，以及按投影关系配置的不对称移出断面，均可省略箭头，如图 9-24b 中的 $A—A$ 和图 9-26 中的 $A—A$ 断面所示。

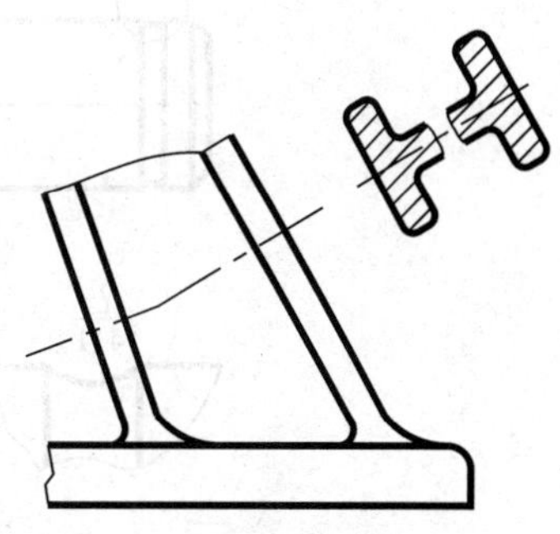

图 9-29　应与轮廓线垂直剖切画断面

2. 重合断面

画在视图内的断面称为重合断面，如图 9-30 所示。

画重合断面时，轮廓线是细实线，当视图的轮廓线与重合断面的图形重叠时，视图中的轮廓线仍应连续画出，不可间断。

重合断面的标注，如图 9-30 所示。

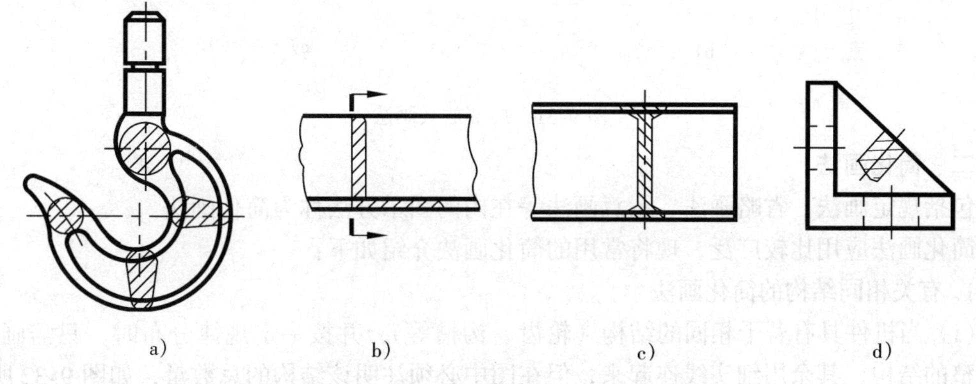

图 9-30　重合断面的标注

第四节　其他表达方法

一、局部放大图

将机件的部分结构用大于原图形所采用的比例画出的图形，称为局部放大图。

局部放大图可以画成视图、剖视或断面，它与被放大的表达方式无关。局部放大图应尽量配置在放大部位的附近，如图 9-31 所示。画局部放大图时，除螺纹牙型、齿轮和键轮的齿形外，应用细线圆或长圆圈出被放大部分的部位。当同一机件上有几个被放大的部分时，必须用罗马数字依次标明被放大的部位，并在局部放大图的上方标出相应的罗马数字和所采用的比例，如图 9-31a 所示。当只有一处放大部位时，则只需在放大图的上方注明所采用的比例即可，如图 9-31b 所示。当同一机件上不同部位的局部放大图相同或对称时，只需画一个放大图，如图 9-31c 所示。

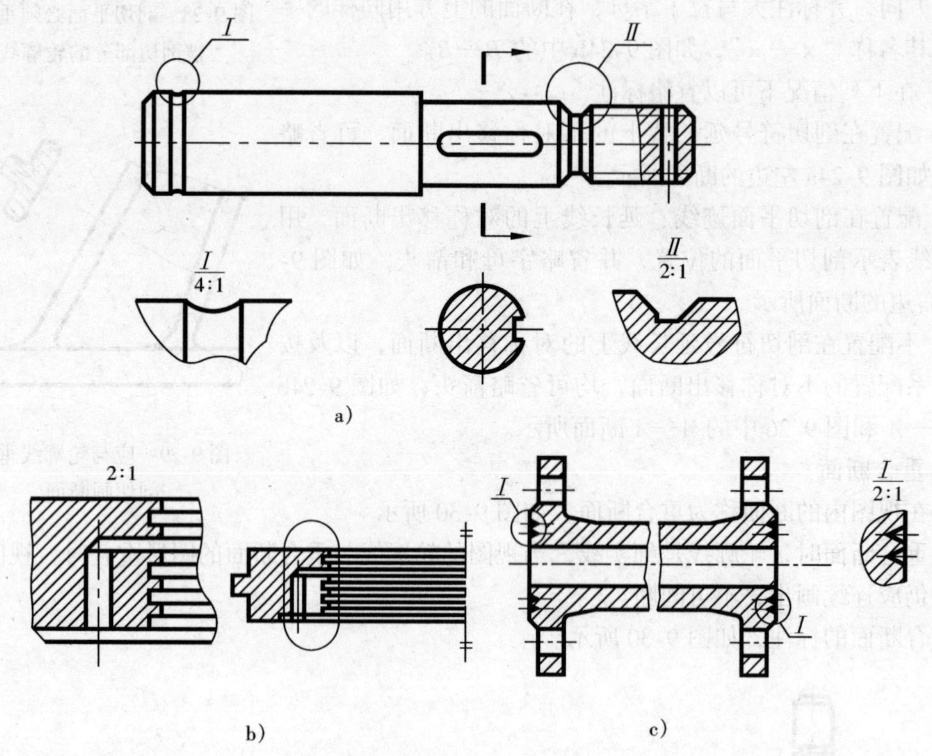

图 9-31　局部放大画法

二、简化画法

包括规定画法、省略画法、示意画法等在内的图示方法称为简化画法。

简化画法应用比较广泛，现将常用的简化画法介绍如下：

1. 有关相同结构的简化画法

(1) 当机件具有若干相同的结构（轮齿、沟槽等），并按一定规律分布时，只需画出几个完整的结构，其余用细实线连起来，但在图中必须注明该结构的总数量，如图 9-32 所示。

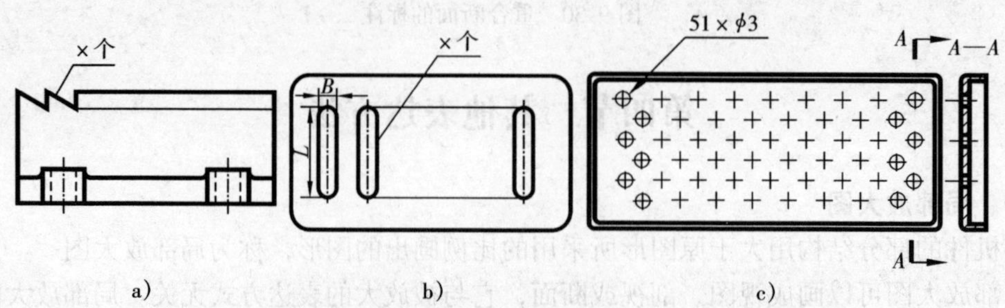

图 9-32　简化画法

（2）圆柱形法兰和类似零件上的均匀分布的孔，允许只画出孔的对称中心线和孔的位置，如图 9-33 所示。

2. 有关剖视、断面中的简化画法

（1）对于机件上的肋板、轮辐及薄壁等，如按纵向剖切，这些结构都不画剖面符号，而用粗实线将它与其邻接部分分开。当这些结构不按纵向剖切时，仍应画出剖面符号，如图 9-34、图 9-35 所示。

（2）当零件回转体上均匀分布的肋板、孔等结构不处于剖切平面上时，可将这些结构旋转到剖切平面上画出，如图 9-35 所示。

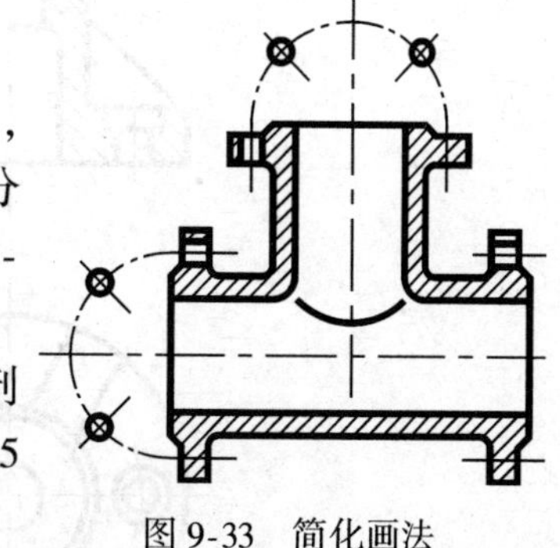

图 9-33　简化画法

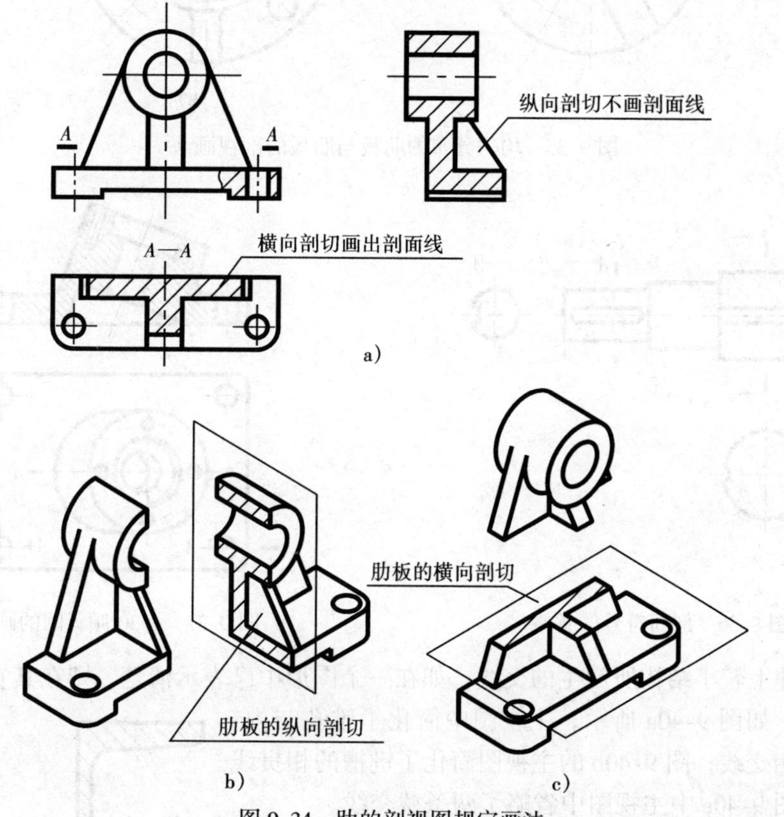

图 9-34　肋的剖视图规定画法

（3）在不引起误解时，零件图中的移出断面允许省略剖面符号，如图 9-36 所示。

3. 有关图形中投影的简化画法

（1）在与投影面斜度倾角≤30°的圆或圆弧，其投影可以用圆或圆弧来代替，如图 9-37 所示。

（2）机件上斜度不大的结构，如在一个视图中已表达清楚时，在其它视图上可按小端画出，如图 9-38 所示。

（3）在不会引起误解时，零件图中的小圆角、锐边的小倒圆或 45°小倒角，允许省略不画，但必须注明尺寸或在技术要求中加以说明，如图 9-39 所示。

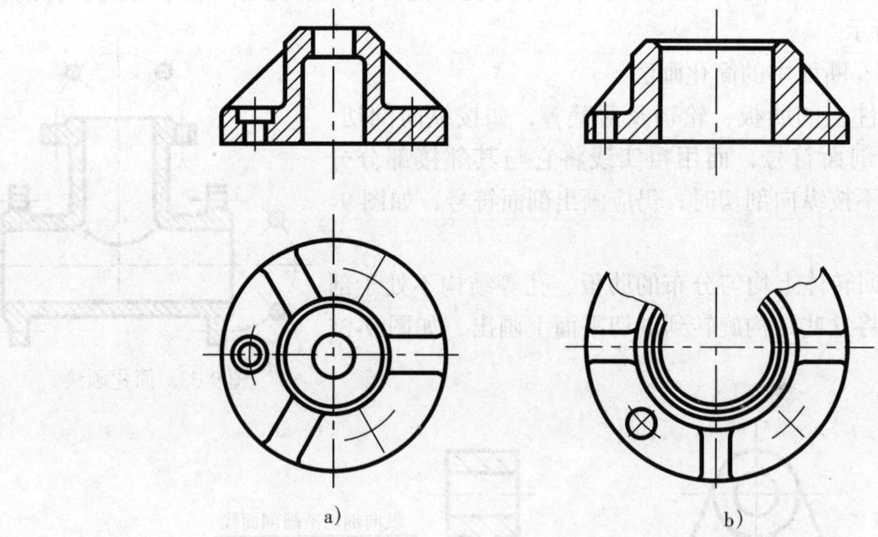

图 9-35　均匀分布的肋板与肋板的剖视画法

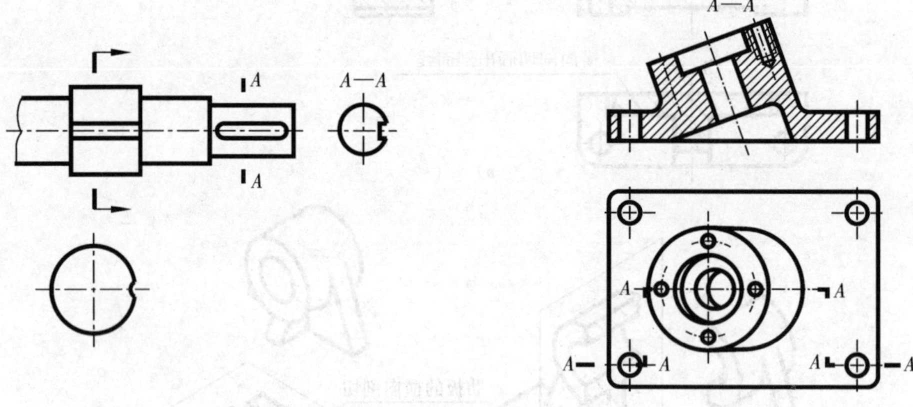

图 9-36　剖面符号的省略　　　　图 9-37　≤30°倾斜圆的画法

（4）机件上较小结构所产生的交线，如在一个图形中已表示清楚，则在其它图形中可以简化或省略。如图 9-40a 所示，主视图中简化了锥孔与内、外圆柱面的相交线；图 9-40b 的主视图简化了键槽的相贯线和截交线；图 9-40c 中主视图中省略了两条截交线。

图 9-38　斜度不大结构的简化画法

4. 关于图形的省略

（1）在不致引起误解时，对于对称机件的视图，可只画一半或四分之一，并在对称中心线的两端画出两条与其垂直的平行细实线，如图 9-41 所示。

（2）较长的机件（轴、杆、型材、连杆等），沿长度方向的形状相同或按一定规律变化时，可断开后缩短绘制，但仍应标注机件长度的实际尺寸，如图 9-42 所示。

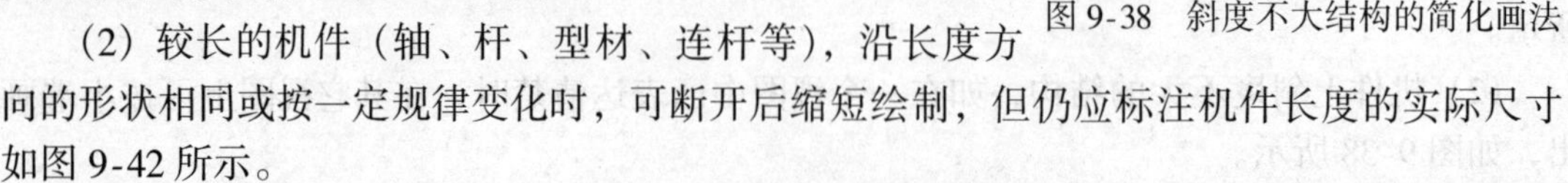

（3）当图形不能充分表达平面时，可用平面符号（两条相交的细实线）表示，如图 9-43 所示。

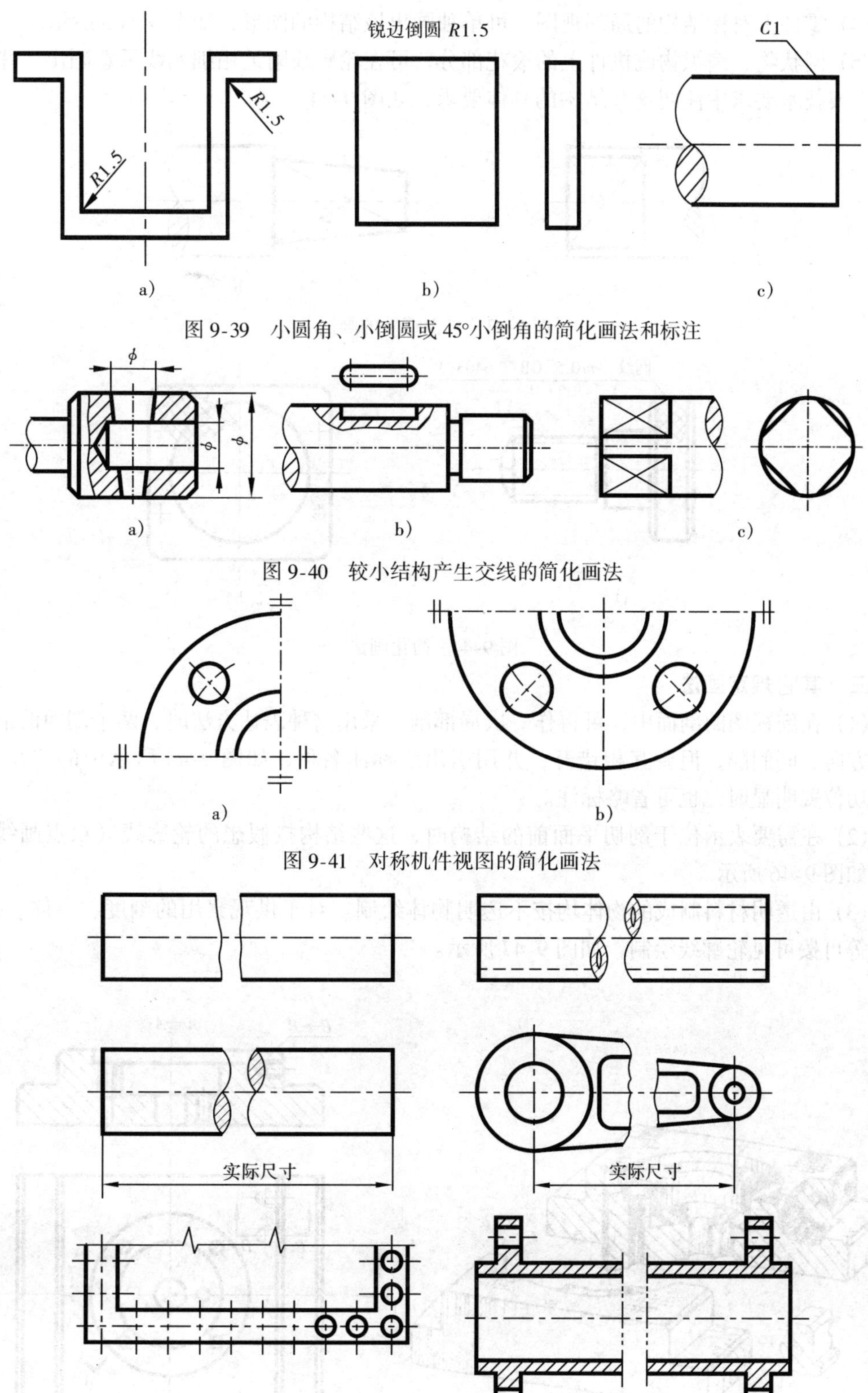

图 9-39 小圆角、小倒圆或45°小倒角的简化画法和标注

图 9-40 较小结构产生交线的简化画法

图 9-41 对称机件视图的简化画法

图 9-42 较长零件断开缩短画法

（4）零件上对称结构的局部视图，可单独画出该结构的图形，如图 9-40b 所示。

（5）网状物、编织物或机件上的滚花部分，可在轮廓线附近用细实线示意画出，并在零件图上或技术要求中注明这些结构的具体要求，如图 9-44 所示。

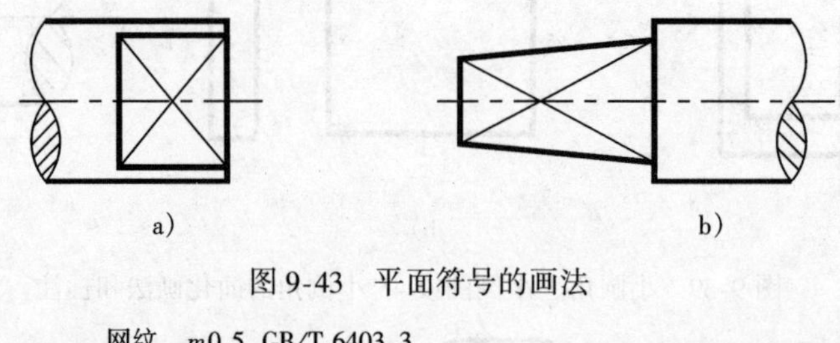

图 9-43　平面符号的画法

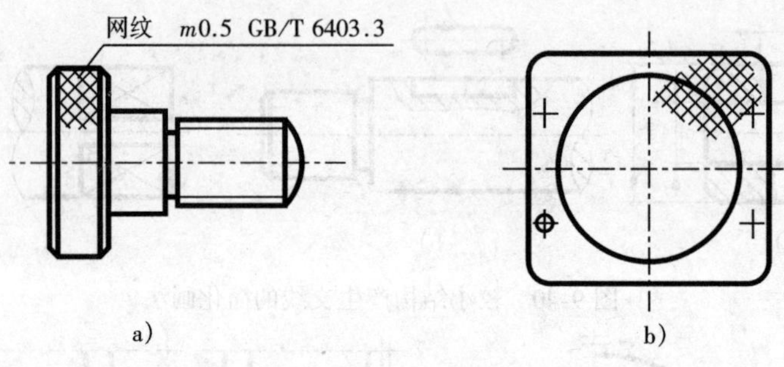

图 9-44　简化画法

三、其它规定画法

（1）在剖视图的剖面中，可再作一次局部剖。采用这种表达方法时，两个剖面的剖面线应同方向、同间隔，但要互相错开，并用引出线标注名称，如图 9-45 所示中的“*B*—*B*”。当剖切位置明显时，也可省略标注。

（2）在需要表示位于剖切平面前的结构时，这些结构按假想的轮廓线（双点画线）绘制，如图 9-46 所示。

（3）由透明材料制成的物体均按不透明物体绘制。对于供观察用的刻度、字体、指针、液面等可按可见轮廓线绘制，如图 9-47 所示。

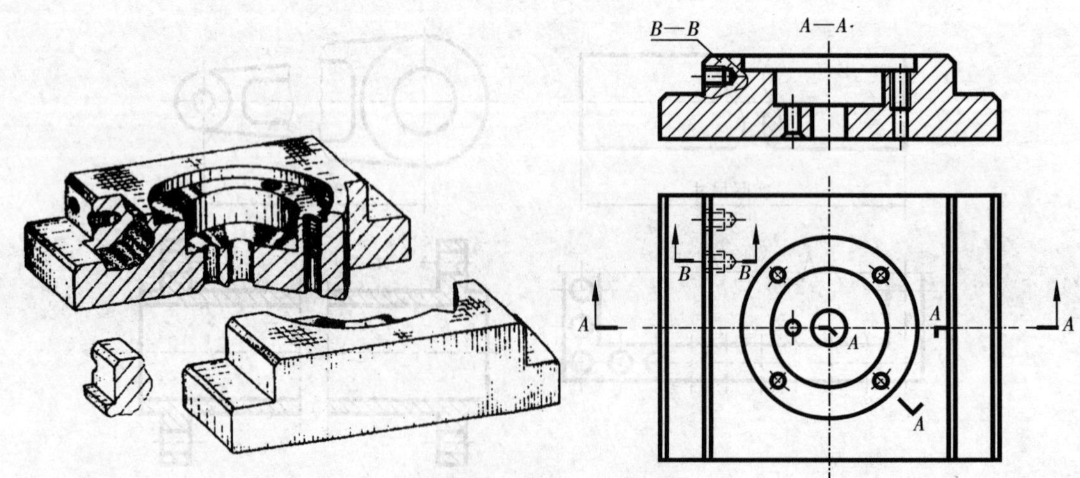

图 9-45　在剖视图的剖面中作局部剖的画法

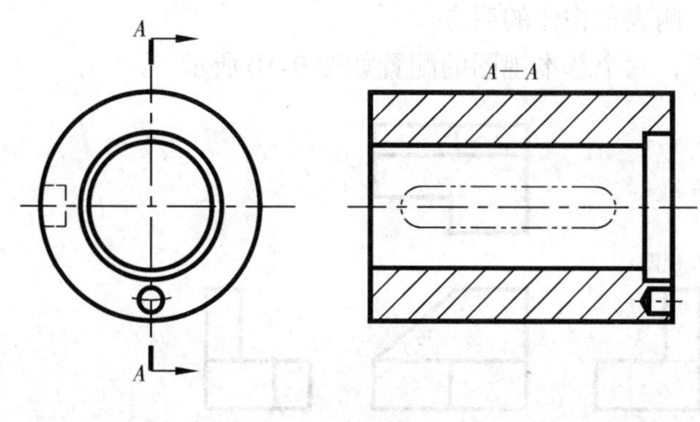

图 9-46　切平面前的结构画法

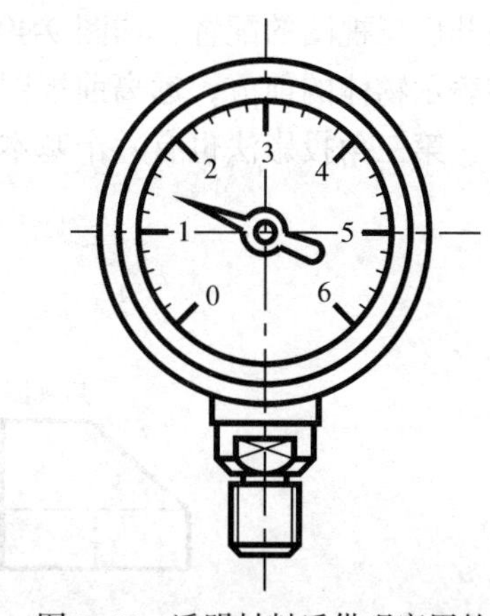

图 9-47　透明材料后供观察用的刻度、字体、指针等的画法

第五节　第三角投影法简介

我国《机械制图》的国家标准规定，采用第一角投影法绘制机械图样。但有些国家则采用第三角投影法绘制图样，为了促进国际间的交流，对第三角投影法作一些简单介绍。

图 9-48 中，表明三个投影面将空间分为四个部分，称作四个分角。

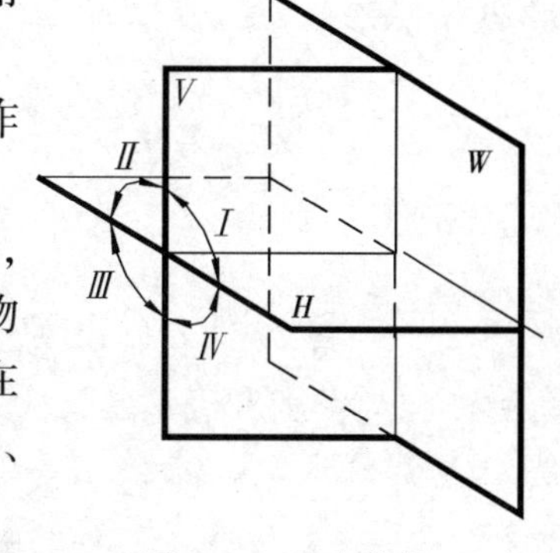

图 9-48　四个分角

第三角投影法如图 9-49a 所示，把物体放在第三个分角内，并假定投影面是透明的，投射时保持观察者——投影面——物体的相互位置。然后按正投影法得到物体的投影。物体分别在 *H*、*V*、*W* 三个投影面上的投影，分别称为前视图、顶视图、右视图，如图 9-49b 所示。

展开时，*V* 面不动，*H*、*W* 面按图 9-49a 所示箭头方向旋转，

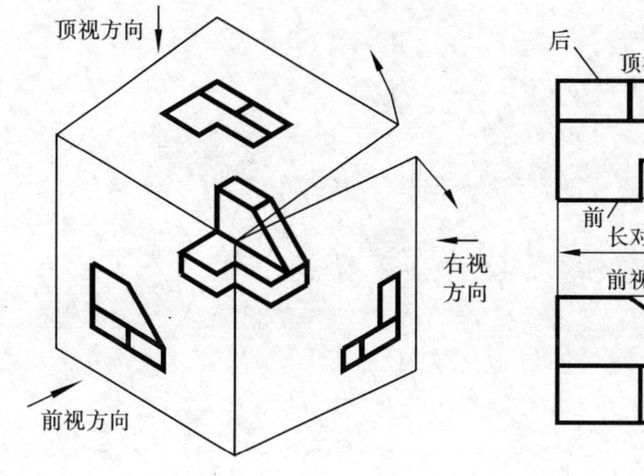

a）第三角投影法

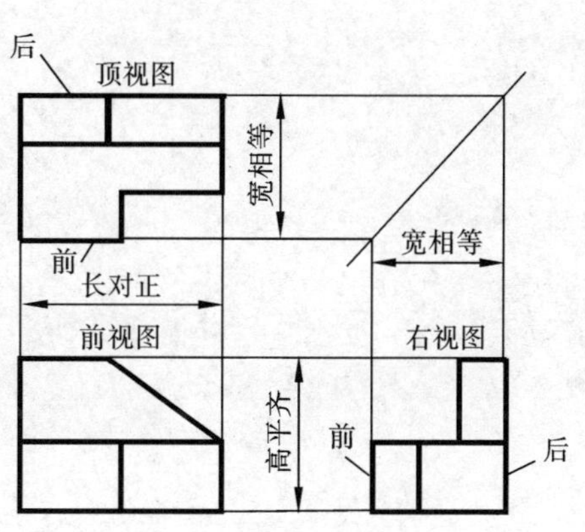

b）三视图及其投影规律

图 9-49　第三角投影法三视图的形成和投影规律

展开后三视图的配置，如图 9-49b 所示。从图中可以看出，右视图和顶视图靠近前视图的一侧表示物体的前方，远离前视图的一侧表示物体的后方。

第三角投影法也有六个基本视图，六个基本视图的配置如图 9-50 所示。

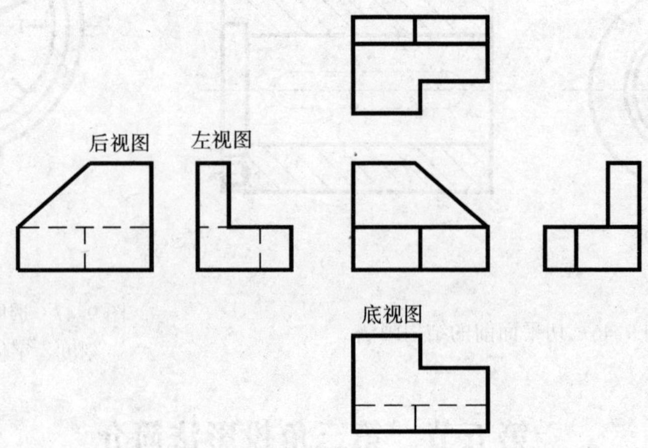

图 9-50　用第三角投影法所得到的六个基本视图的配置

第十章　标准件和常用件

在各种机器、仪表和电器设备中，经常用到如螺栓、螺钉、螺柱、螺母、垫圈、键、销、滚动轴承、齿轮和弹簧等各种不同的零件。这些零件的应用范围非常的广泛，需要量很大。为了减轻设计工作的负担，提高经济效益，对有些零件的结构形式、尺寸规格和技术要求等全部实行了标准化，并由专门的工厂大量生产，这类零件称为标准件。而对有些零件的结构形式、尺寸规格部分地实行了标准化，这类零件称为常用件。本章重点介绍这两类零件的规定画法和标记。

第一节　螺纹及螺纹紧固件

一、螺纹

螺纹是指在圆柱或圆锥表面上，沿着螺旋线所形成的具有规定牙型的连续凸起。凸起是指螺纹两侧面间的实体部分，又称牙。

在圆柱或圆锥外表面所形成的螺纹，称为外螺纹；在圆柱或圆锥内表面所形成的螺纹，称为内螺纹。如图 10-1 所示为车削加工内、外螺纹的情形。

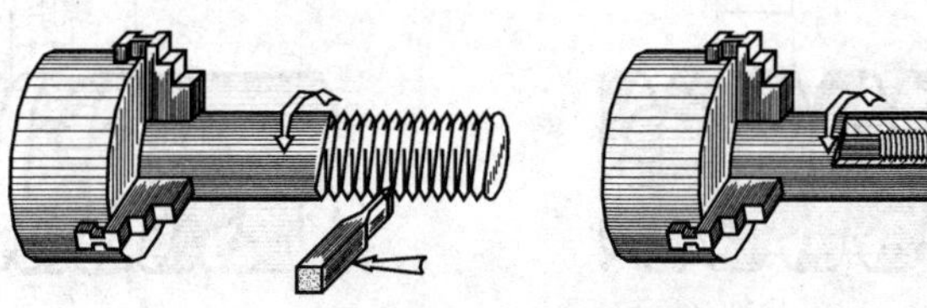

图 10-1　内、外螺纹的车削加工

1. 螺纹的要素

（1）螺纹牙型　在通过螺纹轴线的剖面上，螺纹的轮廓形状称为螺纹牙型，如图 10-2 所示。

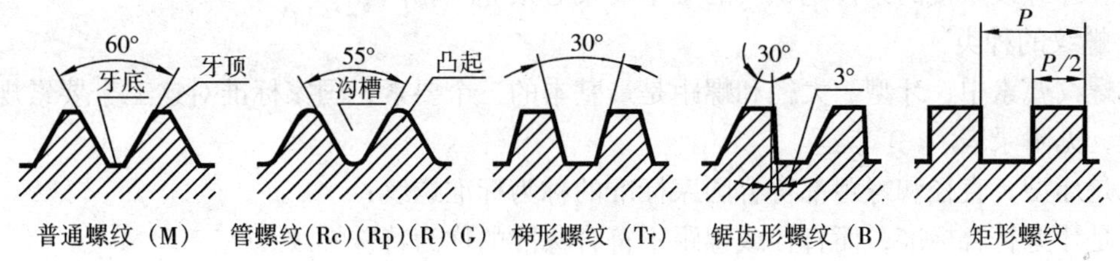

图 10-2　螺纹的牙型

（2）螺纹直径

1）大径　螺纹的最大直径称为螺纹大径，即与外螺纹牙顶或内螺纹牙底相切的假想圆柱的直径。外螺纹用“d”表示，内螺纹用“D”表示，如图 10-3 所示。

2）小径　螺纹的最小直径称为螺纹小径，即与外螺纹牙底或内螺纹牙顶相切的假想圆柱的直径。外螺纹用“d_1”表示，内螺纹用“D_1”表示。

3）中径　一个假想圆柱的直径，该圆柱或圆锥的母线通过牙型上沟槽和凸起宽度相等的地方。外螺纹用“d_2”表示，内螺纹用“D_2”表示。它是检验、测量螺纹的重要直径。

4）公称直径　代表螺纹尺寸的直径（管螺纹用尺寸代码表示），用 d、D 表示，一般基本尺寸指螺纹大径。

（3）线数（n）　是指在工件表面上加工螺纹的条数。沿一条螺旋线所形成的螺纹称为单线螺纹，沿两条或两条以上且在轴向等距分布的螺旋线所形成的螺纹称为多线螺纹，如图 10-4 所示。

（4）螺距（P）和导程（L）

1）螺距　相邻两牙在中径线上对应两点间的轴向距离。

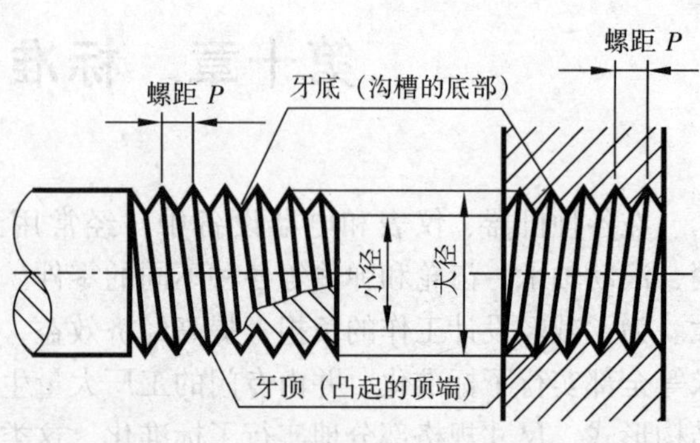

图 10-3　螺纹各部分名称

2）导程　同一条螺旋线上的相邻两牙在中径线上对应两点间的轴向距离。

对于单线螺纹 $L = P$，而对多线螺纹 $L = nP$，如图 10-4 所示。

（5）旋向　螺纹的旋向，分左旋和右旋。顺时针旋转时旋入的螺纹称为右旋螺纹；逆时针旋转时旋入的螺纹称为左旋螺纹，如图 10-5 所示。

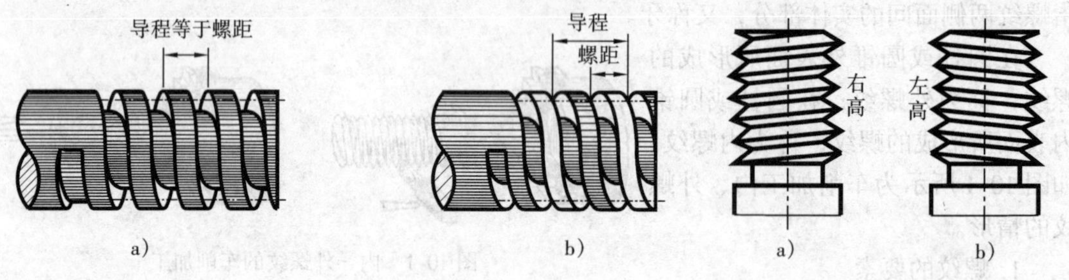

图 10-4　单线螺纹和双线螺纹
a）单线螺纹　b）双线螺纹

图 10-5　螺纹的旋向
a）右旋　b）左旋

内、外螺纹联接的条件是螺纹的五个要素必须完全相同。

2. 螺纹的种类

在螺纹要素中，牙型、大径和螺距是最基本的三个要素，国家标准对这三个要素规定了标准值，见附录表。

凡是牙型，直径和螺距都符合国家标准的称为标准螺纹；

凡是牙型符合标准，而直径或螺距不符合标准的称为特殊螺纹；

凡是牙型不符合标准的称为非标准螺纹。

标准螺纹中包括普通螺纹、管螺纹、梯形螺纹和锯齿形螺纹等，这些螺纹的牙型都有规定的符号（即 M、G、Tr、B）。矩形是非标准螺纹，没有牙型符号。

普通螺纹又分为粗牙和细牙。粗牙和细牙的区别是螺纹大径相同而螺距不同，螺距最大的一种称为粗牙，其余的都称为细牙。

3. 螺纹的规定画法

（1）外螺纹的画法

1）外螺纹的大径画粗实线。

2）外螺纹的小径画细实线，在投影为圆的视图内画约 3/4 圈，倒角圆省略不画。

3）有效螺纹终止线（简称终止线）画粗实线。外螺纹画为剖视图时，终止线只画一小段粗实线到小径处，剖面线应画到粗实线，如图 10-6 所示。

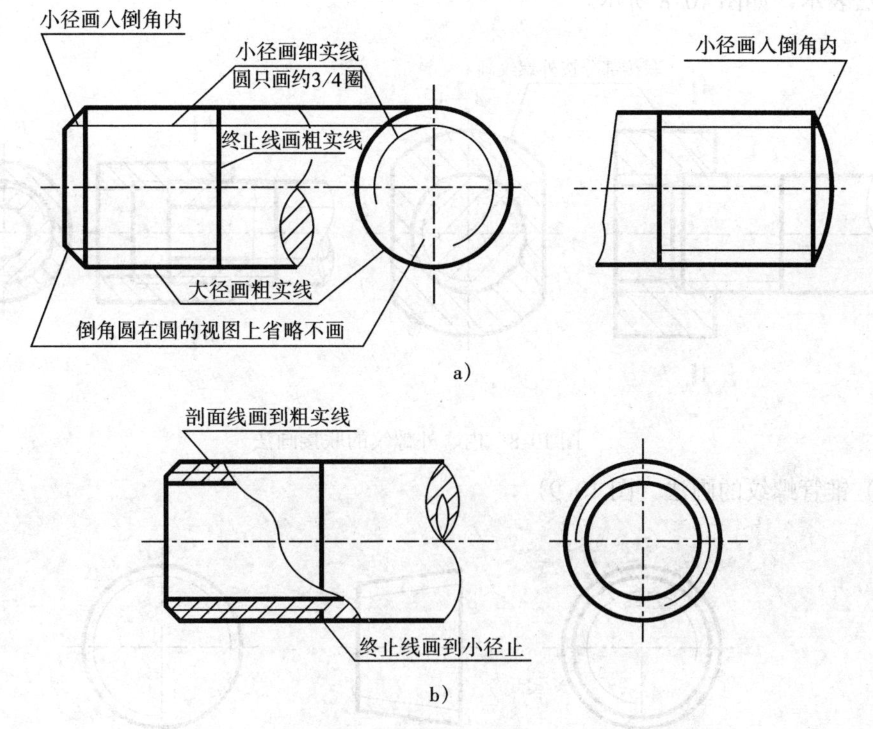

图 10-6　外螺纹的画法

a）视图的画法　b）剖视图的画法

（2）内螺纹的画法

1）当用剖视图表示内螺纹时，其小径画粗实线、大径画细实线；投影为圆的视图上，表示大径的细实线圆只画约 3/4 圈，倒角圆也省略不画，螺纹终止线仍画粗实线，剖面线画到粗实线，如图 10-7a 所示。

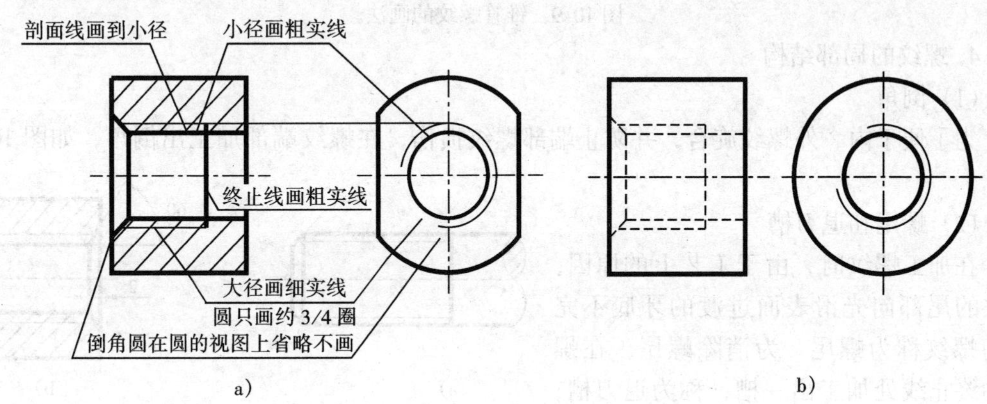

图 10-7　内螺纹的画法

a）剖视图的画法　b）视图的画法

2）不可见螺纹的所有图线均画虚线，如图 10-7b 所示。

(3) 内、外螺纹联接的画法

以剖视图表示内、外螺纹的联接时，旋合部分应按外螺纹的画法绘制，其余部分仍按各自的画法表示，如图 10-8 所示。

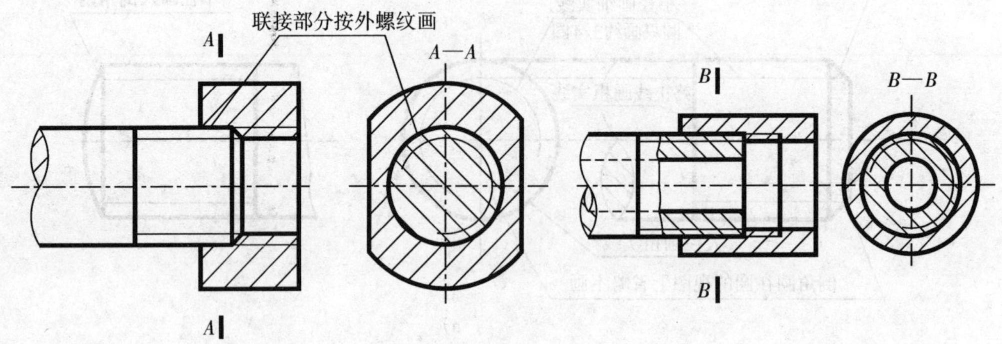

图 10-8　内、外螺纹的联接画法

(4) 锥管螺纹的画法（图 10-9）

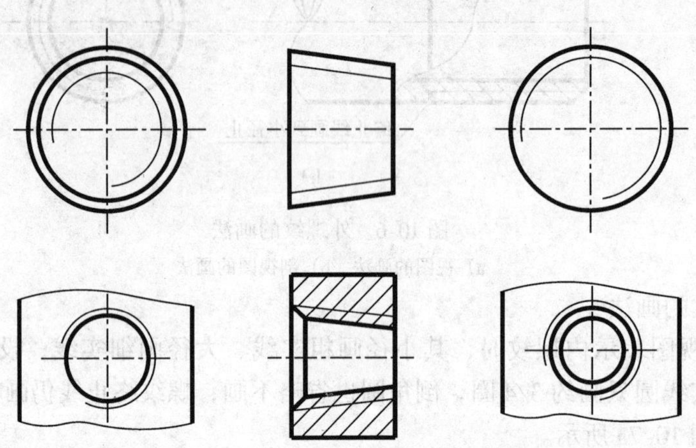

图 10-9　锥管螺纹的画法

4. 螺纹的局部结构

(1) 倒角

为了便于内、外螺纹旋合，并防止端部螺纹损伤，在螺纹端部加工出倒角，如图 10-10 所示。

(2) 螺尾和退刀槽

在加工螺纹时，由于工艺上的原因，螺纹的尾部向光滑表面过渡的牙底不完整的螺纹称为螺尾。为消除螺尾，在螺纹的终止线处加工出一槽，称为退刀槽，如图 10-11 所示。退刀槽尺寸标准见附录。

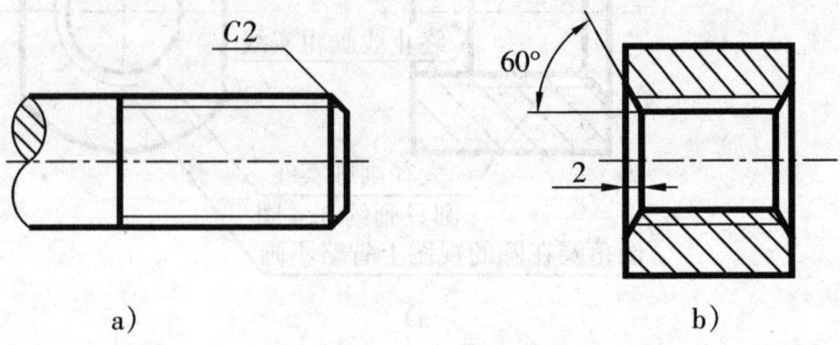

图 10-10　螺纹的倒角

a）45°倒角尺寸注法　b）非 45°倒角尺寸注法

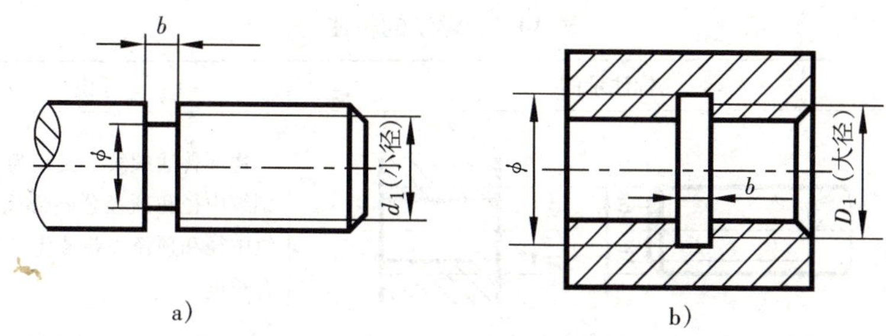

图 10-11　具有退刀槽的螺纹画法

a）外螺纹退刀槽直径 $\phi < d_1$　b）内螺纹退刀槽直径 $\phi > D_1$

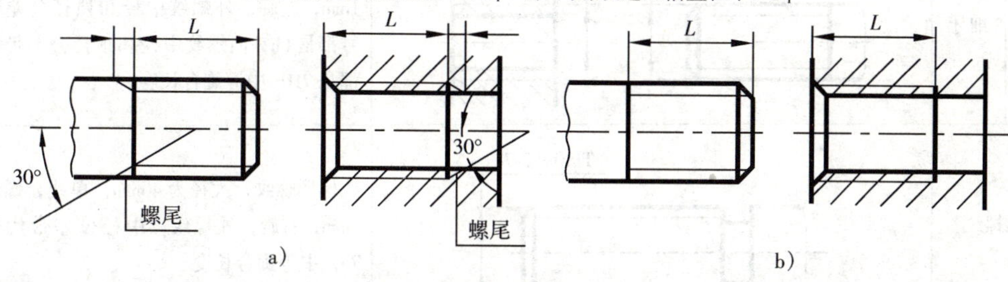

图 10-12　螺纹有效长度

画内、外螺纹时，一般不画出螺尾，当需要表示螺尾时，该部分用与轴线成 30°的细实线画出，如图 10-12a 所示。图样中标注的螺纹长度为不包括螺尾在内的有效长度 L，如图 10-12b 所示。否则应另加说明或按实际需要标注，如图 10-12a 所示。

(3) 不通的螺孔

加工不通的螺孔的钻头，端部的锥顶角约为 118°，为作图简便，钻孔底部的圆锥孔均画成 120°角，如图 10-13a 所示。为了便于攻螺纹，保证螺纹的有效长度，钻孔深度要大于螺纹长度，其多余部分的长度称钻孔余量。为简化作图，钻孔余量常取约 $0.5D$（D 为螺纹大径），如图 10-13b 所示。

(4) 螺纹孔相贯线画法见图 10-14。

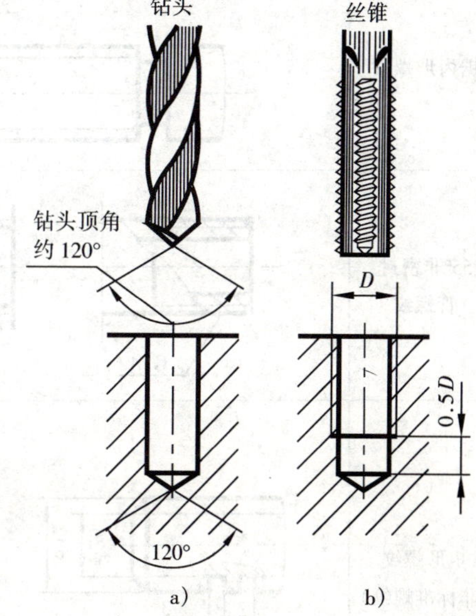

图 10-13　螺孔加工

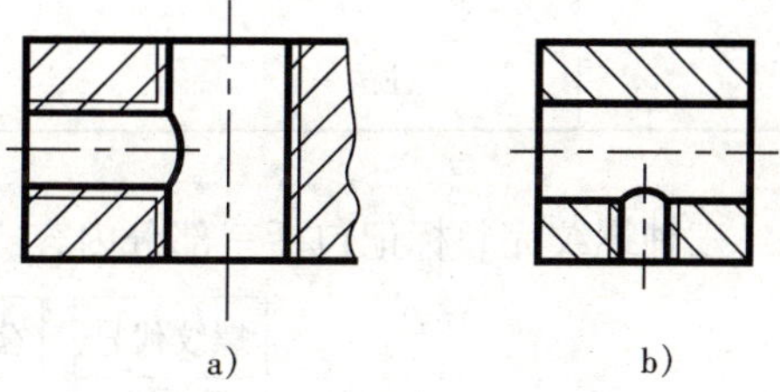

图 10-14　螺孔相贯线画法

a）两螺纹孔相贯线画法　b）螺孔与光孔相贯线画法

5. 螺纹的标注方法

螺纹采用规定画法后，图上不能反映螺纹的牙型、螺距、线数、旋向和制造精度等内容，需要借助于代号的标记来加以说明，如表 10-1 所示。

(1) 普通螺纹、梯形螺纹和锯齿形螺纹的标记和标注

普通螺纹的牙型角为 60°，有粗牙和细牙之分；梯形螺纹的牙型角为 30°，锯齿形螺纹的牙型角为 3°、30°，后两种螺纹不按粗细牙分类。

表 10-1 螺纹的标注

螺纹类别		标注示例	说明
普通螺纹	粗牙	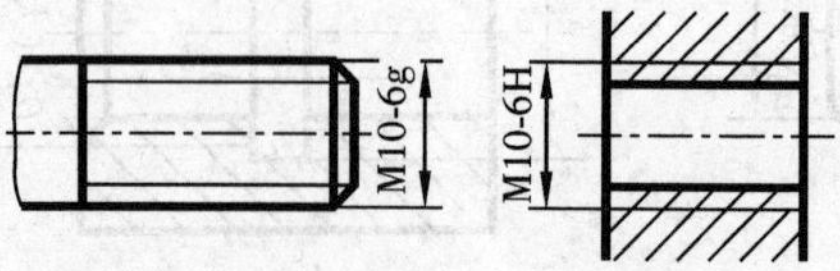 M10-6g　M10-6H	粗牙普通螺纹，大径为 10mm，右旋；外螺纹中径和顶径公差带代号都是 6g；内螺纹中径和顶径公差带代号都是 6H；中等旋合长度
	细牙	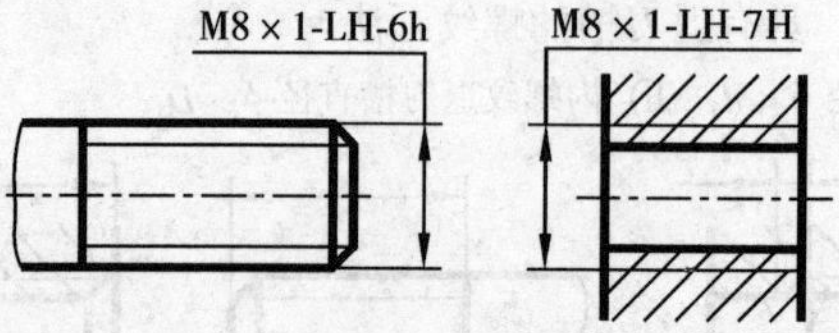 M8×1-LH-6h　M8×1-LH-7H	细牙普通螺纹，大径为 8mm，螺距为 1mm，左旋；外螺纹中径和顶径公差带代号都是 6h；内螺纹中径和顶径公差带代号都是 7H；中等旋合长度
梯形螺纹		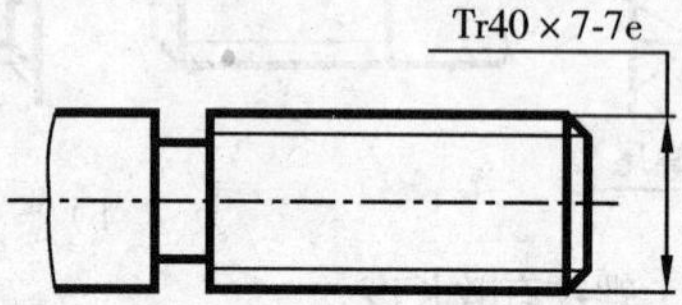 Tr40×7-7e	梯形螺纹，大径为 40mm，单线，螺距为 7mm，右旋，外螺纹，中径公差带代号为 7e，中等旋合长度
锯齿形螺纹		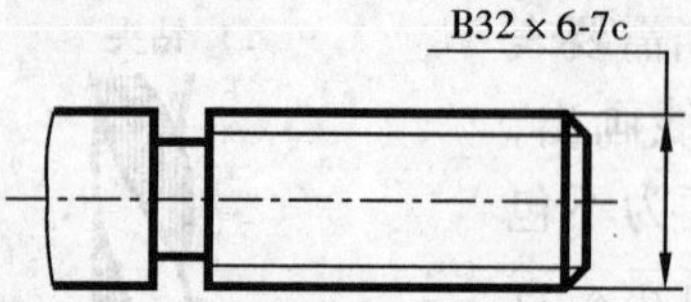 B32×6-7c	锯齿形螺纹，大径为 32mm，单线，螺距为 6mm，公差带代号为 7c，旋合长度为 N 组，右旋
55°非密封管螺纹		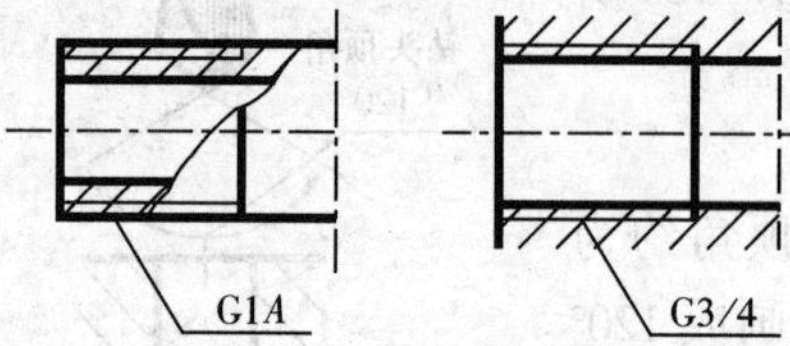 G1A　G3/4	55°非密封管螺纹，外螺纹的公称直径为 1in，公差等级为 A 级，内螺纹的公称直径为 3/4in，都是右旋
矩形螺纹（非标准螺纹）		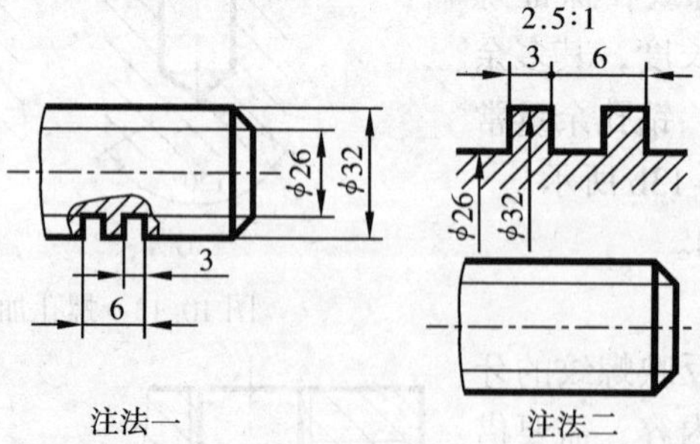 φ26　φ32　3　6　注法一 2.5:1　3　6　φ26　φ32　注法二	矩形螺纹，单线，右旋，螺纹尺寸如图所示

三种螺纹完整标记包括三部分内容：

螺纹代号 - 公差带代号 - 旋合长度代号

1）螺纹代号　螺纹代号由螺纹特征代号（普通螺纹为“M”、梯形螺纹为“Tr”、锯齿形螺纹为“B”）和尺寸规格数字以及旋向组成。单线螺纹尺寸规格用“公称直径×螺距”

表示，多线螺纹尺寸规格用“公称直径×导程（P 螺距）”表示。粗牙普通螺纹不注螺距，左旋螺纹注代号“LH”，右旋省略不注。

2）公差带代号　螺纹公差带代号由表示公差等级的数字和表示公差带位置的字母组成，大写字母代表内螺纹、小写字母代表外螺纹，数字写在前、字母写在后。

普通螺纹注写中径公差带代号和顶径（外螺纹大径或内螺纹小径）公差带代号，如果二者相同，则只标注一个代号。梯形螺纹和锯齿形螺纹只标注中径公差带代号。

3）旋合长度代号　普通螺纹的旋合长度分短、中、长三组；梯形螺纹和锯齿形螺纹只分中和长两组。其代号用“S”（短）、“N”（中）、“L”（长）表示。旋合长度为中等旋合长度时“N”一般省略。

上述三种螺纹在图上的标注，应将其完整的标记直接注在大径的尺寸线上或其指引线上，如表 10-1 所示。

（2）管螺纹的标记和标注

1）55°非密封管螺纹的标记为

特征代号 - 尺寸代号 - 公差等级 - 旋向

螺纹特征代号用“G”表示。

螺纹公差等级有两种，对外螺纹分为 A、B 两级标记；对内螺纹则不标记。例如 G1 $\frac{1}{2}$（内螺纹），G1 $\frac{1}{2}$A（A 级外螺纹）。

2）55°密封管螺纹标记为

特征代号 - 尺寸代号 - 旋向

螺纹特征代号用 R_1 表示与圆柱内螺纹配合的圆锥外螺纹，用 R_2 表示与圆锥内螺纹配合的圆锥外螺纹，Rc 表示圆锥内螺纹，Rp 表示圆柱内螺纹。例如 $R_2$1 $\frac{1}{2}$（圆锥外螺纹），Rc1 $\frac{1}{2}$（圆锥内螺纹），Rp1 $\frac{1}{2}$（圆柱内螺纹）。

尺寸代号不是螺纹的尺寸，而是管子孔径的英寸制代号，而螺纹的大径和小径尺寸应根据尺寸代号查表确定。

管螺纹的标记，应将其标准的标记注写在从大径引出的指引线的横线上。

（3）非标准螺纹的标记

非标准螺纹应画出螺纹的牙型，并注出所需的尺寸及有关要求，如表 10-1 所示。

二、螺纹紧固件

1. 螺纹紧固件的标记

螺纹紧固件包括螺栓、螺柱、螺钉、螺母、垫圈等，它们都属于标准件，由专门的工厂生产。一般情况下都不需要单独画零件图，只需按规定进行标记，根据标记可从相应的国家标准中查到它们的结构形式和尺寸数据。表 10-2 所示为常见螺纹紧固件的简图和标记示例。

2. 在装配图中螺纹紧固件的画法

螺纹紧固件的基本联接形式有螺栓联接、螺柱联接和螺钉联接，如图 10-15 所示。

表 10-2 常用螺纹紧固件的简图和标记

名称及视图	标记示例	名称及视图	标记示例
开槽圆柱头螺钉（M10，45）	螺钉 GB/T 65 M10×45	螺柱（M12，50）	螺柱 GB/T 899—1988 M12×50
内六角圆柱头螺钉（M16，40）	螺钉 GB/T 70.1 M16×40	1 型六角螺母（M16）	螺母 GB/T 6170 M16
十字槽沉头螺钉（M10，45）	螺钉 GB/T 819.1 M10×45	1 型六角开槽螺母（M16）	螺母 GB/T 6178—1986 M16
开槽锥端紧定螺钉（M12，40）	螺钉 GB/T 71—1985 M12×40	平垫圈（ϕ17）	垫圈 GB/T 97.1—1985 16 140HV
六角头螺栓（M12，50）	螺栓 GB/T 5782 M12×50	标准型弹簧垫圈（ϕ20.5）	垫圈 GB/T 93—1987 20

注：标记示例中无标准年份的均为 2000 年颁布的标准。

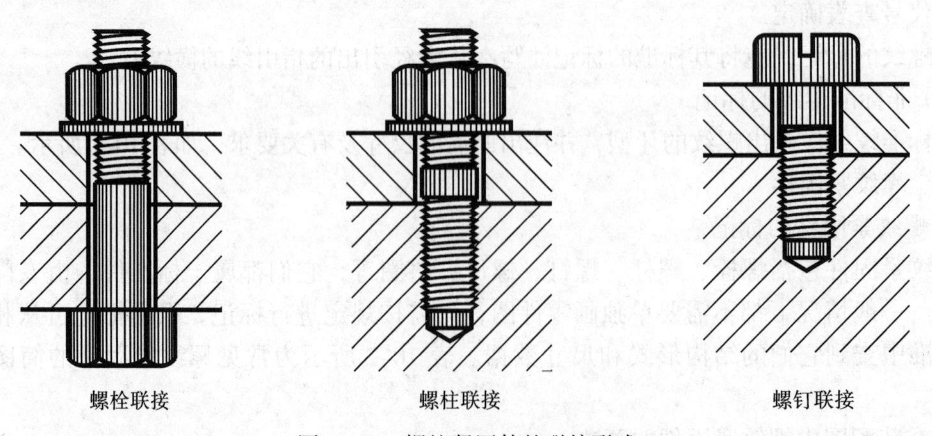

图 10-15 螺纹紧固件的联接形式

画螺纹紧固件的装配图时，国标有五条基本规定：

（1）在装配图中，当剖切平面通过螺杆的轴线时，对于螺栓、螺柱、螺钉、螺母、垫圈等剖开均按未剖切绘制，如图 10-16 等所示。

（2）两零件的接触面处画一条粗实线。

（3）在剖视图中，相邻两零件的剖面线方向应该相反，但同一零件在各个剖视图中，剖面线的方向和间隔应该相同。

（4）在装配图中，螺纹紧固件的工艺结构，如倒角、退刀槽、缩颈、凸肩等均可省略不画，如表 10-3 所示。

（5）在装配图中，不穿通的螺纹孔，可不画出钻孔深度，仅按有螺纹部分的深度（不包括螺尾）画出。

1）螺栓联接画法

螺栓联接件有螺栓、螺母和垫圈，常用于被联接不太厚，并能加工成通孔的情况下。

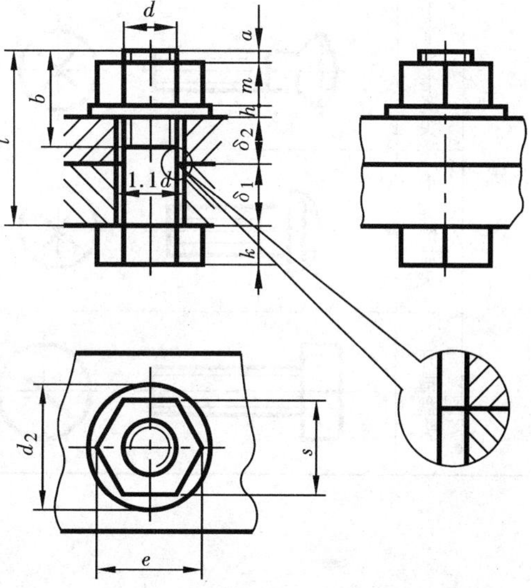

图 10-16　六角头螺栓联接的简化画法

① 根据紧固件螺栓、螺母、垫圈的标记，在有关标准中，查出它们全部尺寸。

② 确定螺栓杆长度 l 时，可以按以下方法计算，如图 10-16 所示。

表 10-3　常用螺栓、螺钉的头部及螺母的简化画法

名称	形式	简化画法	名称	形式	简化画法
螺栓	六角头		螺钉	圆柱头内六角	
螺柱	双头		螺钉	开槽沉头	
螺母	六角		螺钉	开槽半沉头	
螺母	开槽六角		螺钉	十字槽沉头	

（续）

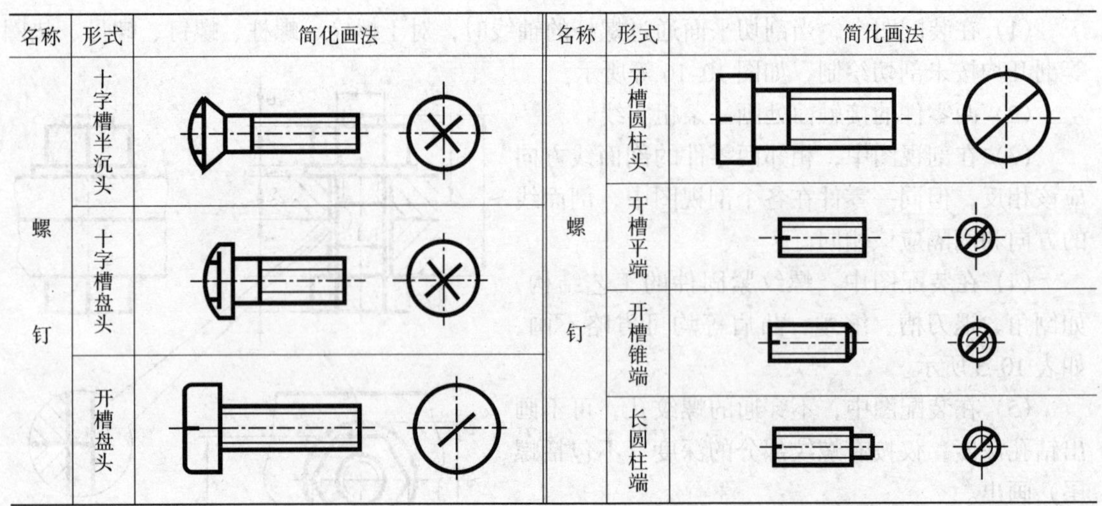

名称	形式	简化画法	名称	形式	简化画法
螺钉	十字槽半沉头		螺钉	开槽圆柱头	
	十字槽盘头			开槽平端	
	开槽盘头			开槽锥端	
				长圆柱端	

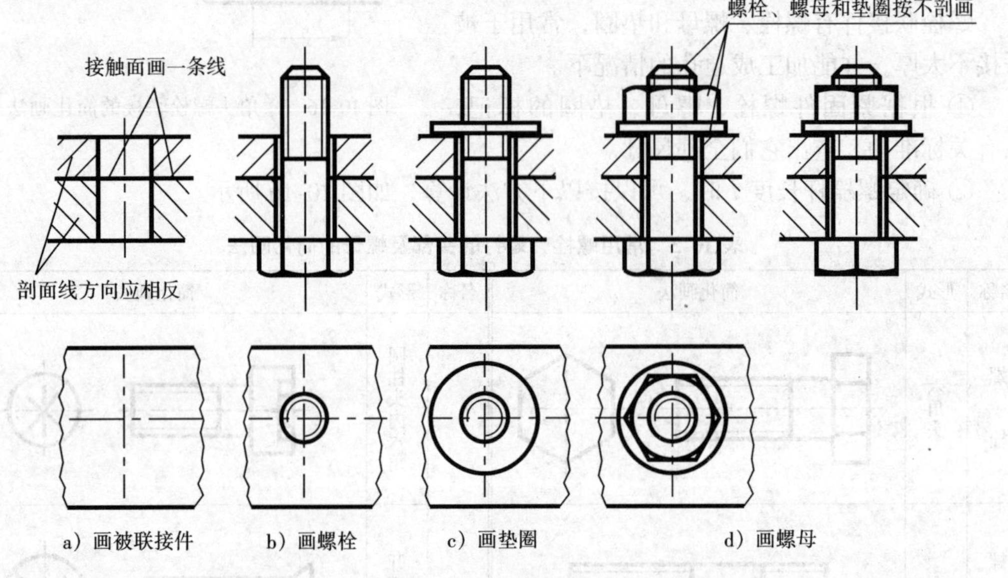

图 10-17　螺栓联接

计算：$L \geqslant \delta_1 + \delta_2 + h + m + a$，一般取 $a = (0.2 \sim 0.5)d$。

根据计算出的 L 值，在螺栓的标准值中，选取其近似的标准值 L，作为最后确定的值。

③ 按图 10-17 所示的画图步骤，画出螺栓联接的三视图。被联接件上光孔直径为 d，可按近似值，$d_1 = 1.1d$。

六角螺栓头部和六角螺母上交线画法，如图 10-18 所示。

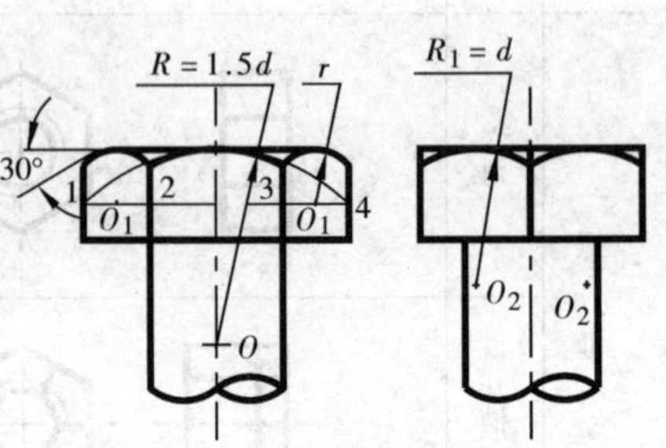

图 10-18　六角螺栓头及六角螺母上交线的画法

2）双头螺柱联接画法

双头螺柱联接件有双头螺柱、弹簧垫圈（防松作用）和螺母，常用于被联接零件太厚或由于结构上限制，在不宜用螺栓联接的情况下，联接形式如图 10-15b 所示。双头螺柱是两端带有螺纹的螺杆，其中一端拧入不穿通的螺孔内，称为旋入端，另一端穿过被联接件的通孔，套上垫圈，拧紧螺母，该端称为紧固端。

采用双头螺柱联接时，被联接零件的材料不同，旋入端的长度也不同，表 10-4 给出了旋入端 b_m 的参数值。

表 10-4　螺柱的选用

螺孔件材料	旋入端长度选择	国标编号
钢、青铜、硬铝	$b_m = 1d$	GB/T 897—1988
铸铁	$b_m = 1.25d$ 或 $b_m = 1.5d$	GB/T 898—1988 GB/T 899—1988
铝或其它较软的材料	$b_m = 2d$	GB/T 900—1988

双头螺柱联接可按图 10-19 所示，按画图步骤画出。

简化画法如图 10-20 所示。图中双头螺柱的公称长度 l 按下式计算，并查取标准长度：

$$l \geqslant \delta + s + m + a$$

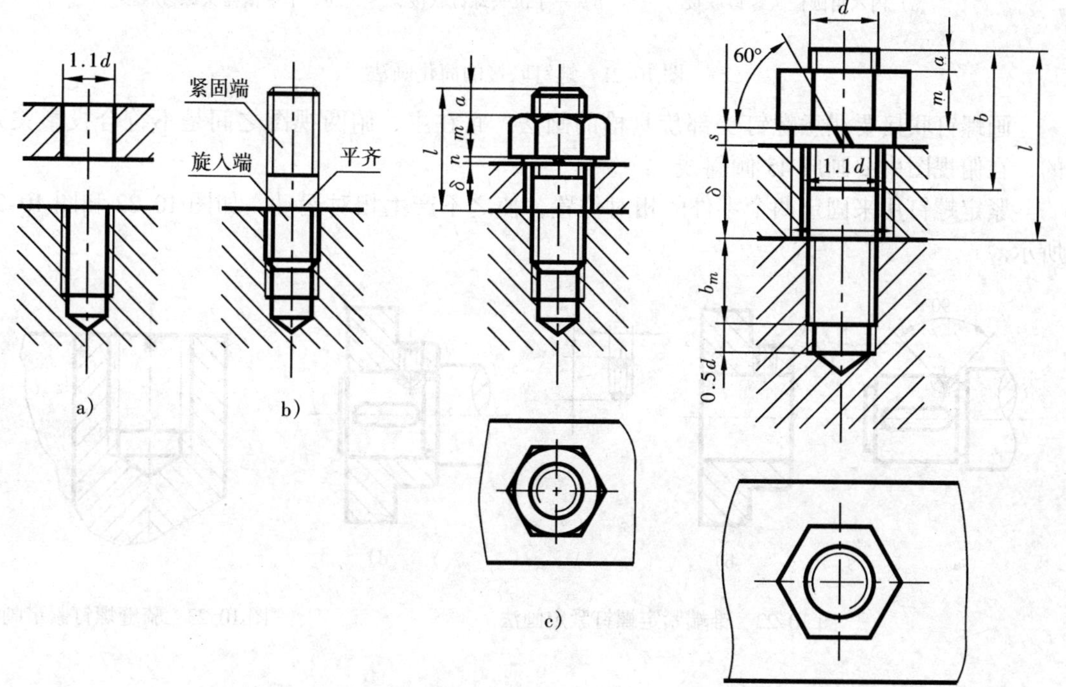

图 10-19　螺柱联接

图 10-20　螺柱联接的简化画法

s—弹簧垫圈厚度　b—双头螺柱的螺纹长度

双头螺柱联接时，应注意几点：

① 双头螺柱联接时，应使旋入端的螺纹旋紧，因此在图上应使旋入端的螺纹终止线与螺纹孔端面平齐。

② 为保证旋入端在螺纹孔中旋紧，螺纹孔应有一余留长度，该余留长度可取 $0.5d$。

3）螺钉联接

螺钉联接一般用于受力不大又不经常拆卸的场合，联接形式如图 10-15c 所示。

螺钉联接的简化画法如图 10-21 所示。螺钉旋入螺孔的深度 b_m 的大小，也要根据螺纹大径和加工螺孔的零件材料决定，然后决定螺钉的标记。

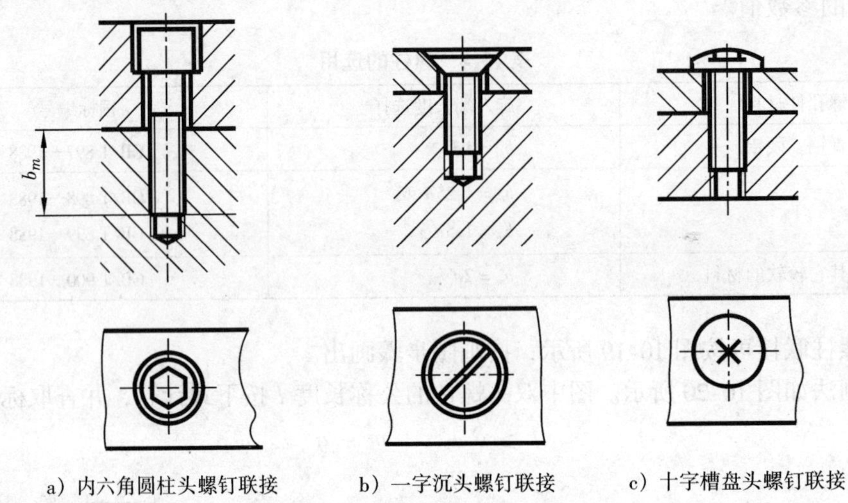

a）内六角圆柱头螺钉联接　　b）一字沉头螺钉联接　　c）十字槽盘头螺钉联接

图 10-21　螺钉联接的简化画法

画螺钉联接要注意螺钉头部旋具槽的画法，它在主、俯两视图之间是不符合投影关系的，在俯视图中要画成 45°倾斜线。

紧定螺钉用来固定两个零件的相对位置，使之不产生相对运动，如图 10-22 和图 10-23 所示。

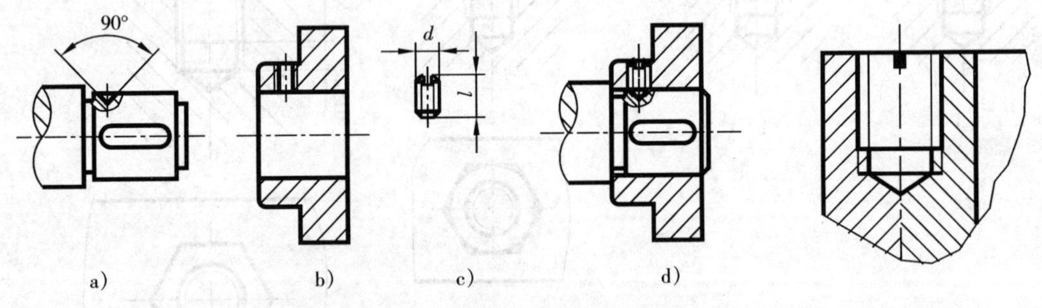

图 10-22　锥端紧定螺钉紧定画法　　图 10-23　骑缝螺钉紧定画法

第二节　键

键用于联接轴和轴上传动件（如齿轮、带轮等），使轴和传动件不发生相对转动，以传递转矩或旋转运动。如图 10-24 所示，首先在轴和轮毂孔上加工出键槽，然后将键嵌入槽内，即可实现轴和轮毂一起转动。

键是标准件，种类较多，其结构形式、规格尺寸及键槽都有标准可查。表 10-5 是常用键的形式、尺寸、标记和联接画法。

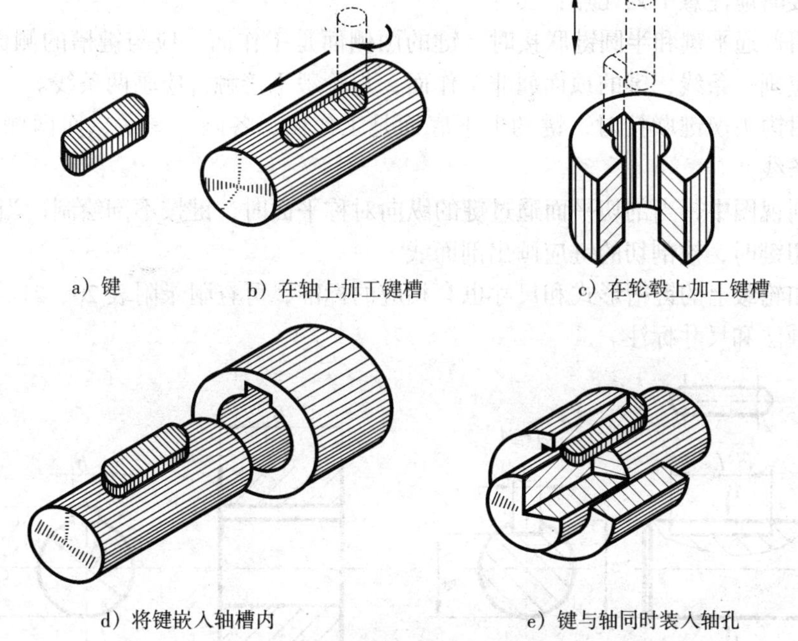

a）键　b）在轴上加工键槽　c）在轮毂上加工键槽

d）将键嵌入轴槽内　e）键与轴同时装入轴孔

图 10-24　普通平键联接

表 10-5　常用键的种类、形式、标记和联接画法

名称	形式及主要尺寸	标　　记	联接画法
普通平键 A 型		键　$b \times L$　GB/T 1096—1979	
半圆键		键　$b \times d_1$　GB/T 1099—1979	
钩头楔键		键　$b \times L$　GB/T 1565—1979	

画键联接时应注意下列几点：

(1) 采用普通平键和半圆键联接时，键的两侧面是工作面，应与键槽的侧面紧密接触，在装配图上应画一条线，键的顶面属非工作面，与轮毂不接触，应画两条线。

(2) 采用钩头楔键联接时，键的上下底面是工作面，各画一条线，而两侧面为非工作面，应画两条线。

(3) 在剖视图中，当剖切平面通过键的纵向对称平面时，键按不剖绘制；当剖切平面垂直于轴线剖切键时，被剖切的键应画出剖面线。

(4) 轴和轮毂上的键槽形式和尺寸也有相应的标准，可查附录附表 20、21。图 10-25 所示是键槽的画法和尺寸标注。

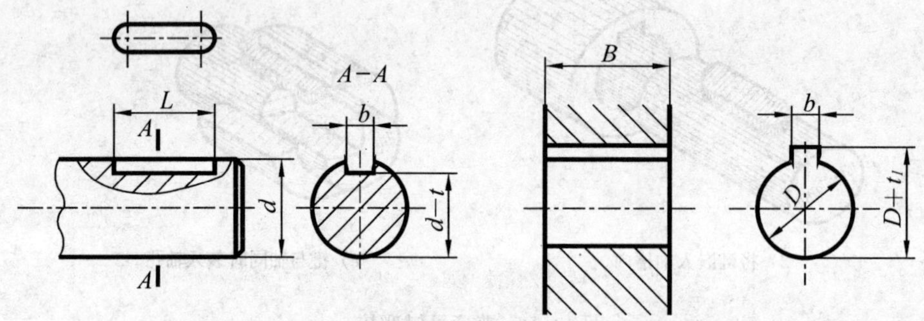

图 10-25 平键键槽的图示及尺寸标注

第三节 销

在机器中，销主要用于定位，也可用于联接和锁定。常用的销有圆柱销、圆锥销、开口销等，开口销与槽形螺母配合使用，可以防止螺母松动。

销是标准件，它们的形式、尺寸、标记和联接画法都有标准规定，如表 10-6 所示，销的尺寸可查附表 22、23。

表 10-6 销的种类、形式和联接画法

名称	形式及主要尺寸	标　记	联接画法
圆柱销	d l	销 GB/T 119.2 $d \times l$	
圆锥销	1:50 d l	销 GB/T 117 $d \times l$	

（续）

名称	形式及主要尺寸	标　记	联接画法
开口销	*d* *l*	销　GB/T 91　$d \times l$	

第四节　滚 动 轴 承

一、滚动轴承的结构、分类和代号

滚动轴承是支承转动轴的组件。其主要优点是摩擦阻力小，结构紧凑。

1. 滚动轴承的分类

按可承受载荷的方向，滚动轴承分成三类：

向心轴承——主要承受径向载荷，如深沟球轴承。

推力轴承——只承受轴向载荷，如推力球轴承。

向心推力轴承——同时承受径向和轴向载荷，如圆锥滚子轴承。

2. 滚动轴承的结构

各类滚动轴承的结构一般由四部分组成，见表 10-7 所示的轴测图。

表 10-7　滚动轴承的画法（GB/T 4459.7—1998）

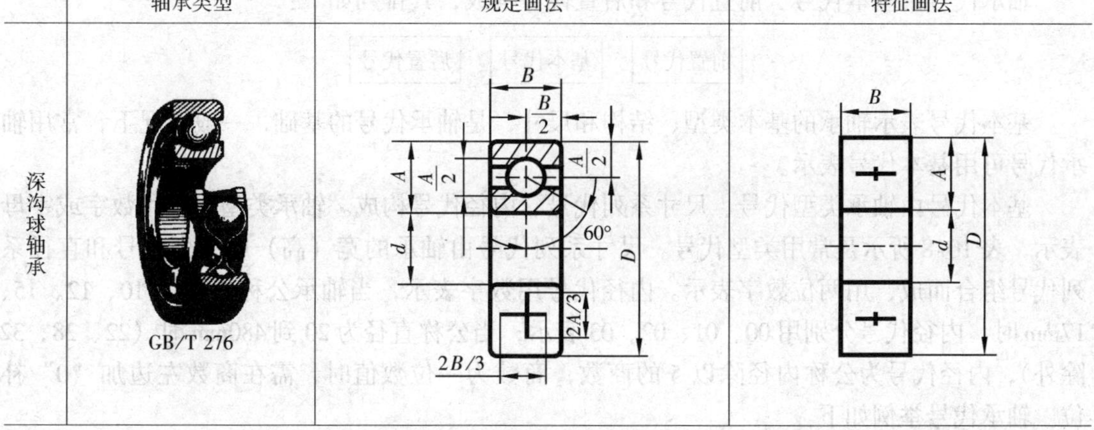

（续）

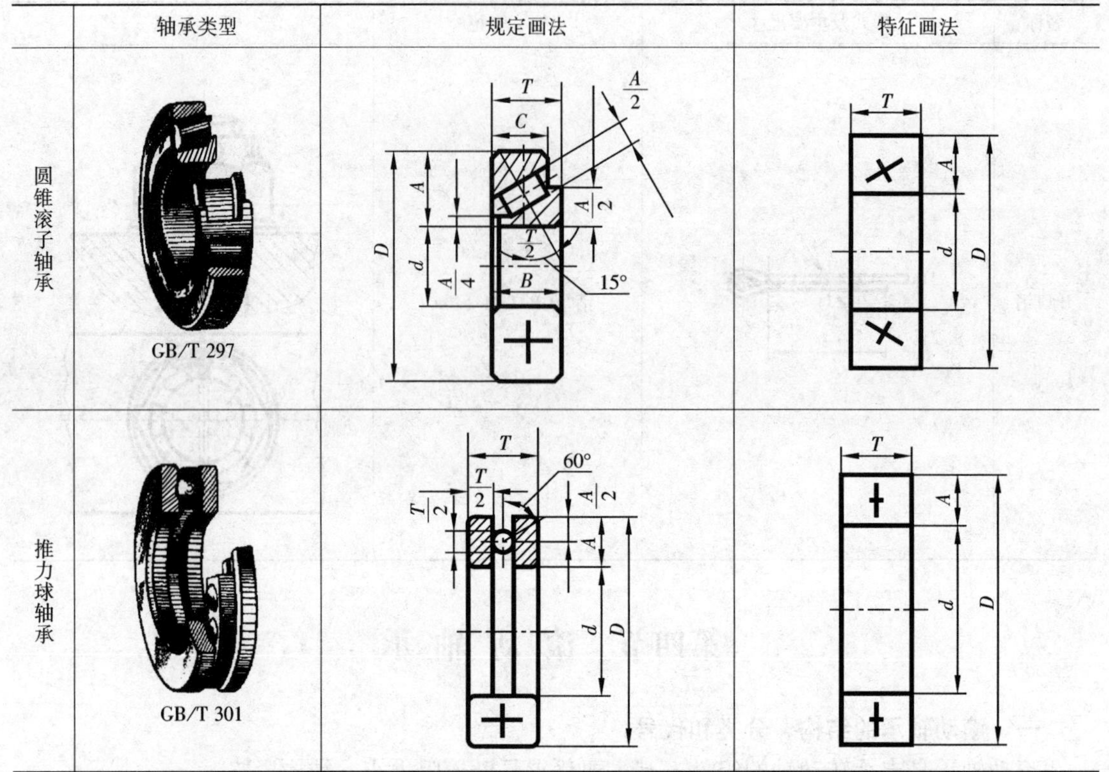

轴承类型	规定画法	特征画法
圆锥滚子轴承 GB/T 297		
推力球轴承 GB/T 301		

内圈：套装在轴上，随轴一起转动。

外圈：装在机座孔中，一般固定不动或偶作少许转动。

滚动体：装在内外圈之间的滚道中。滚动体可做成滚球（球）或滚子（圆柱、圆锥、针状）形状。

保持架：用以均匀隔开滚动体，又称隔离架。

3. 代号

滚动轴承代号是用字母加数字来表示滚动轴承的结构、尺寸、公差等级、技术性能等特征的产品符号。

轴承代号由基本代号、前置代号和后置代号构成，其排列如下：

前置代号	基本代号	后置代号

基本代号表示轴承的基本类型、结构和尺寸，是轴承代号的基础，一般情况下，常用轴承代号可用基本代号表示。

基本代号由轴承类型代号、尺寸系列代号、内径代号构成。轴承类型代号用数字或字母表示，表 10-8 所示是常用类型代号。尺寸系列代号由轴承的宽（高）度系列代号和直径系列代号组合而成，用两位数字表示。内径代号用数字表示，当轴承公称直径为 10、12、15、17mm 时，内径代号分别用 00、01、02、03 表示；当公称直径为 20 到 480mm 时（22、28、32 除外），内径代号为公称内径除以 5 的商数，商数为一位数值时，需在商数左边加“0”补位。轴承代号举例如下。

表 10-8　新标准轴承类型代号

轴承类型	代号	轴承类型	代号
双列角接触球轴承	0	深沟球轴承	6
调心球轴承	1	角接触球轴承	7
调心滚子轴承	2	推力圆柱滚子轴承	8
推力调心滚子轴承	2	圆柱滚子轴承 双列或多列用字母 NN 表示	N
圆锥滚子轴承	3		
双沟深沟球轴承	4	外球面球轴承	U
推力球轴承	5	四点接触球轴承	QJ

轴承代号：

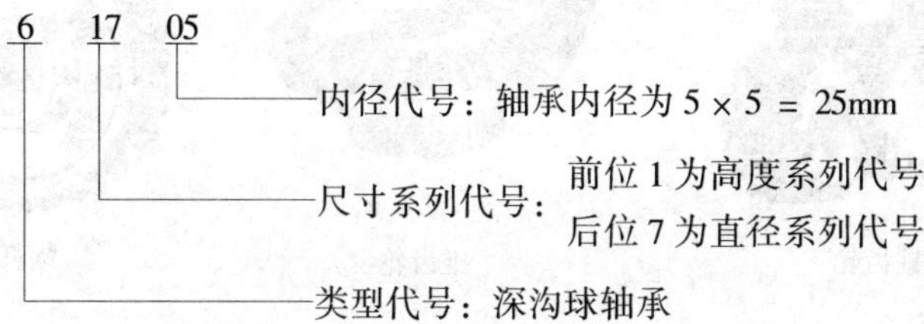

规定标记为：　　　　轴承　61705　GB/T 276—1994

轴承代号：

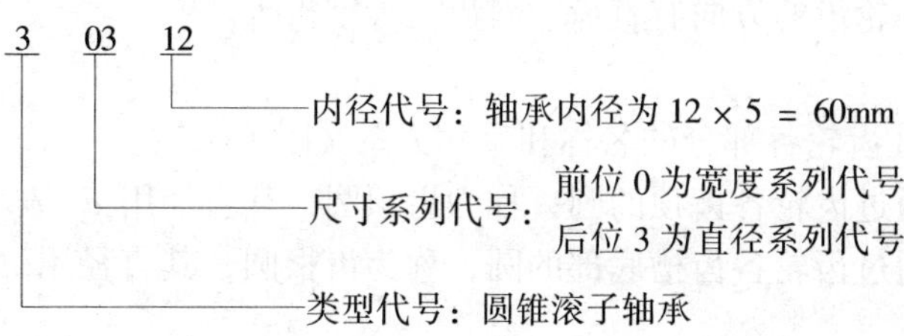

规定标记为：　　　　轴承　30312　GB/T 297—1994

轴承代号：

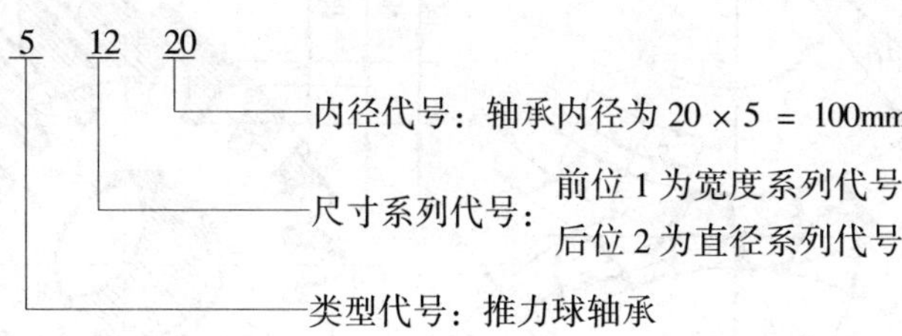

规定标记为：　　　　轴承　51220　GB/T 301—1995

二、滚动轴承画法

滚动轴承是标准件，不需画零件图，在画装配图时，可采用国家标准 GB/T 4459.7—1998 的规定画法、特征画法等；画图时，应先根据轴承代号，由国家标准中查出轴承外径 D、内径 d、宽度 B 等几个主要尺寸，然后将其它部分的尺寸，按与主要尺寸比例关系画出。表 10-7 所示列出了常用滚动轴承的规定画法和特征画法。

第五节　齿　轮

齿轮是应用非常广泛的传动件，用以传递动力和运动，并具有改变转速和转向的作用。依据两啮合齿轮轴线在空间的相对位置不同，齿轮的传动形式可分为三类（图 10-26）：

圆柱齿轮：用于传递平行轴之间的运动。

锥齿轮：用于传递两相交轴之间的运动。

蜗杆蜗轮：用于传递两交错轴之间的运动。

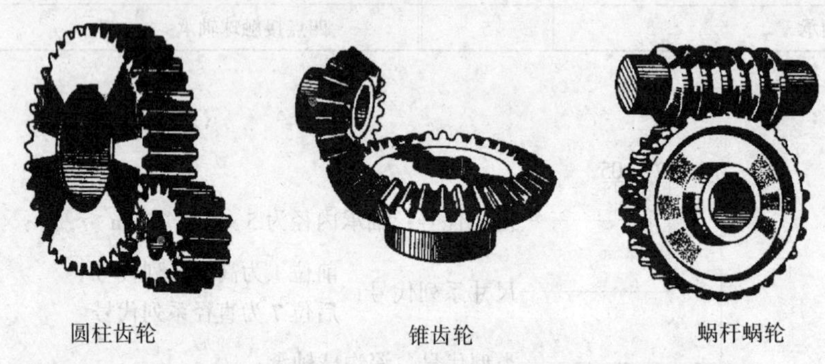

图 10-26　常见的齿轮传动形式

齿轮上的齿称为轮齿，为了使齿轮传动平稳，轮齿常采用渐开线、摆线或圆弧齿廓，通常采用渐开线齿廓。轮齿的方向有直齿、斜齿、人字齿等。

一、圆柱齿轮

1. 标准直齿圆柱齿轮各部分的名称和尺寸关系（图 10-27）

(1) 齿顶圆　通过齿轮各齿顶的圆，称为齿顶圆，其直径用 d_a 表示。

(2) 齿根圆　通过齿轮各齿槽底部的圆，称为齿根圆，其直径用 d_f 表示。

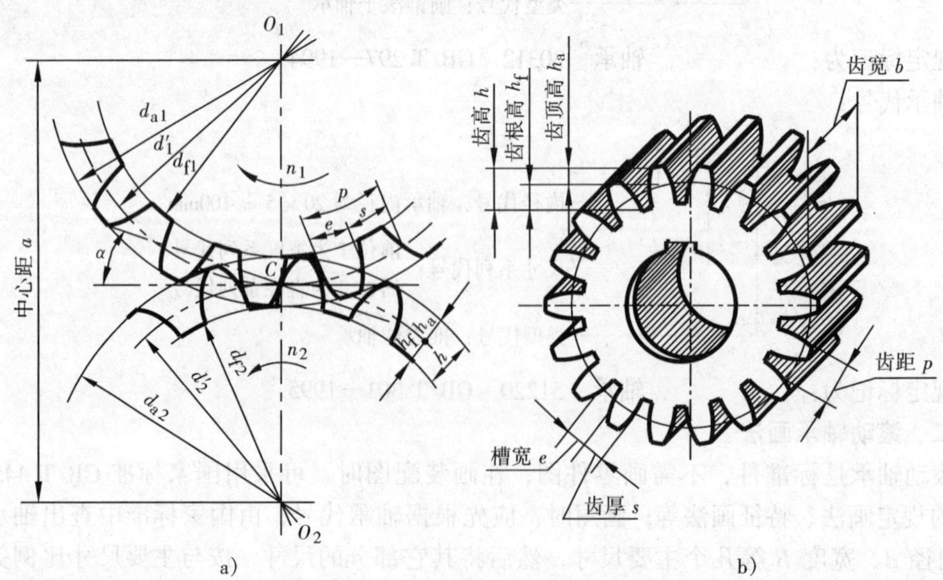

图 10-27　直齿圆柱轮各部分名称及代号

(3) 分度圆　齿轮上一个约定的假想圆，在该圆上，齿槽宽 e（相邻两齿廓之间的弧长）与齿厚 s（一个齿两侧齿廓之间的弧长）相等，即 $e=s$，此圆称为分度圆，其直径用 d 表示。

(4) 节圆　两齿轮啮合时，齿廓接触点 C（简称节点）把两齿轮的连心线 O_1O_2 分成两段，分别以 O_1、O_2 为圆心，以 O_1C、O_2C 为半径的圆称为节圆，其直径用 d' 表示。正确安装的标准齿轮，$d'=d$。

(5) 齿顶高　分度圆到齿顶圆的径向距离，用 h_a 表示。

(6) 齿根高　分度圆到齿根圆的径向距离，用 h_f 表示。

(7) 齿高　齿顶圆和齿根圆之间的径向距离，用 h 表示，$h=h_a+h_f$。

(8) 齿距　在分度圆上，相邻两齿对应点的弧长，称为齿距，用 p 表示。

齿距 p = 齿厚 s + 齿槽宽 e。

(9) 模数　由于分度圆周长 $\pi d=pz$，z 为齿数，所以 $d=p/\pi z$，令 $m=p/\pi$，则 $d=mz$。m 为模数，单位是毫米，模数的大小直接反映出轮齿的大小，一对相互啮合的齿轮，其模数必须相等。为了减少加工齿轮的刀具，模数已标准化，如表 10-9 所示。

表 10-9　齿轮模数系列（GB/T 1357—1987）

第一系列	1	1.25	1.5	2	2.5	3	4	5	6	8	10	12	16	20	25	32	40	50
第二系列	1.75	2.25	2.75	(3.25)	3.5	(3.75)	4.5	5.5	(6.5)	7	9	(11)	14	18	22	28	36	45

注：在选用模数时，应优先选用第一系列，其次是第二系列，括号内的模数值尽可能不用。

(10) 啮合角、压力角、齿形角　在一般情况下，两啮合轮齿齿廓在节点处的公法线与两节圆的公切线所夹锐角，称为啮合角，也称压力角，基本齿条的法向压力角又称为齿形角，用 α 表示，我国规定的标准压力角 $\alpha=20°$。

(11) 中心距　齿轮副的两轴线之间的最短距离，称为中心距，用 a 表示。

标准直齿圆柱齿轮各部分尺寸的计算公式如表 10-10 所示。

表 10-10　标准直齿圆柱齿轮的计算公式

名　称	符　号	计 算 公 式
齿　距	p	$P=m\pi$
齿顶高	h_a	$h_a=1m$
齿根高	h_f	$h_f=1.25m$
齿　高	h	$h=2.25m$
分度圆直径	d	$d=mz$
齿顶圆直径	d_a	$d_a=m(z+2)$
齿根圆直径	d_f	$d_f=m(z-2.5)$
中　心　距	a	$a=1/2m(z_1+z_2)$

2. 圆柱齿轮的画法

(1) 单个齿轮的画法

1) 齿顶圆和齿顶线用粗实线绘制。

2) 分度圆和分度线用细点划线绘制（分度线应超出轮齿两端面 2～3mm）。

3) 齿根圆和齿根线用细实线绘制，可省略不画；在剖视图中，当剖切平面通过齿轮的轴线时，轮齿按不剖处理，即齿根线画粗实线，轮齿部分不画剖面线。

齿轮除轮齿外，其余轮体结构按其形状的投影绘制，如图 10-28 所示。

齿轮属于轮盘类零件，其表达方式与一般轮盘类零件相同。通常将轴线水平放置，可选用两个视图，如图 10-28a 所示，也可选用一个视图和一个局部视图，如图 10-29 所示。图 10-29 是直齿圆柱齿轮的零件图。

(2) 两齿轮啮合的画法

两齿轮啮合时，除啮合区外，其余部分均按单个齿轮绘制。啮合区按如下规定绘制：

1）在垂直于齿轮轴线的投影面的视图中，两节圆应相切，在啮合区内的齿顶圆均用粗实线绘制，如图 10-30a 所示，也可省略不画，如图 10-30b 所示。齿根圆全部不画。

2）在平行于齿轮轴线的投影面的视图中，啮合区内齿顶线不需画出，节线用粗实线绘制，如图 10-30b 所示。当画成剖视图且剖切平面通过两啮合齿轮的轴线时，啮合区内两条节线重

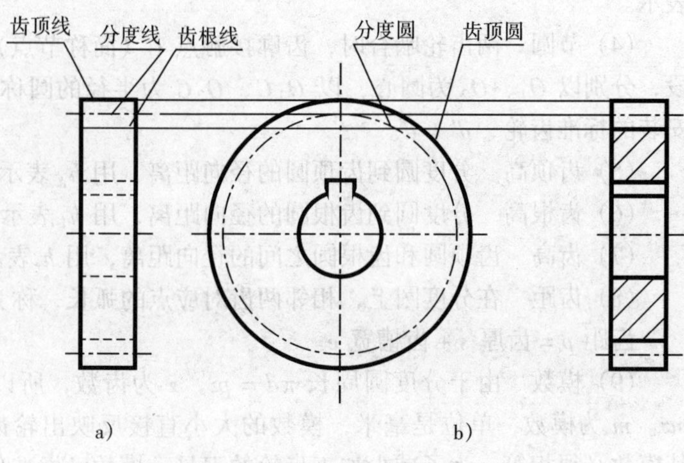

图 10-28　直齿圆柱齿轮的画法

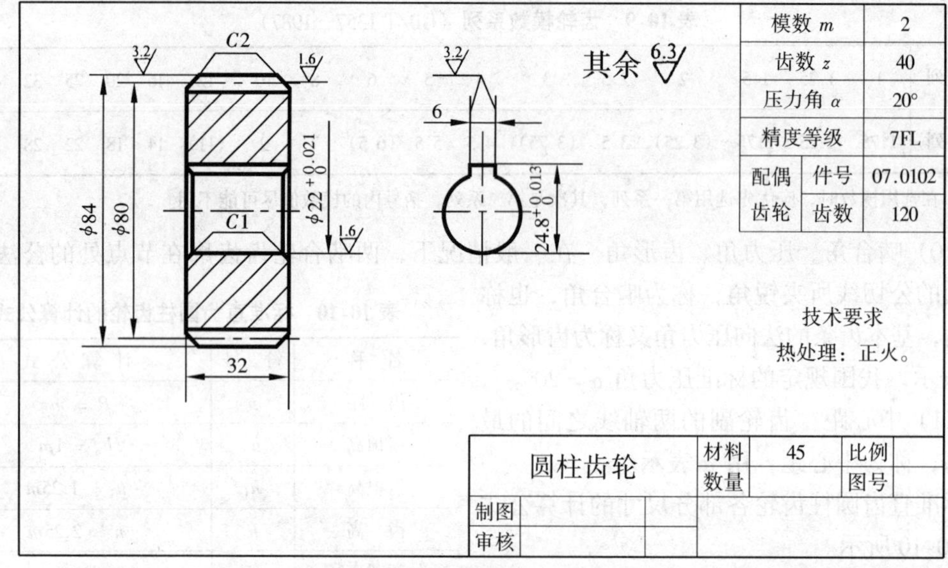

图 10-29　直齿圆柱齿轮的零件图

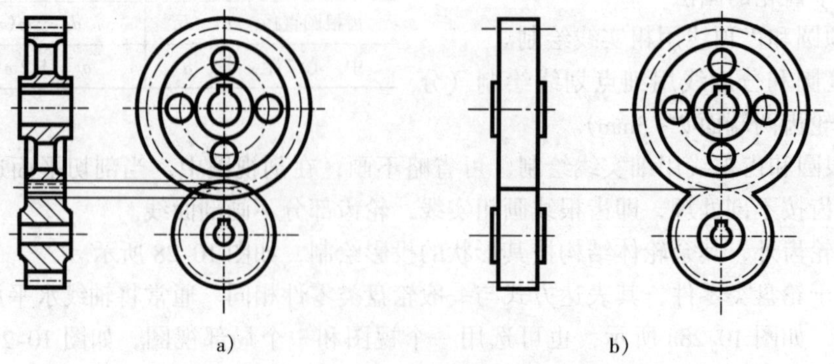

图 10-30　直齿圆柱齿轮啮合画法

合为一条，用细点划线绘制；两条齿根线都用粗实线画出；两条齿顶线，其中一条用粗实线绘制，而另一条画虚线或省略不画，如图 10-30a 所示。齿顶线与齿根线之间应有 0.25m 的间隙，如图 10-31 所示。

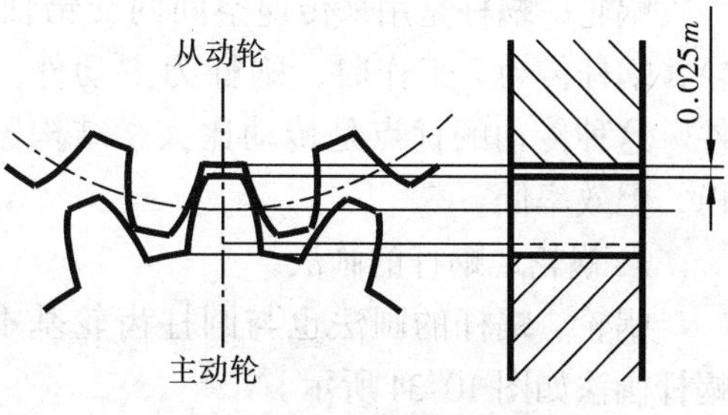

图 10-31　啮合区的投影分析

二、锥齿轮简介

1. 锥齿轮的特点

锥齿轮用于传递两相交轴间的回转运动。锥齿轮的轮齿分布在圆锥面上，齿厚、模数和直径由大端到小端逐渐变小。规定以大端模数为标准来计算各部分尺寸。

2. 锥齿轮的画法

锥齿轮的画法与圆柱齿轮的画法基本相同，在垂直于齿轮轴线的投影面的视图中，轮齿部分规定只画大、小端的顶圆（粗实线）及大端的分度圆（细点画线），如图 10-32 所示。

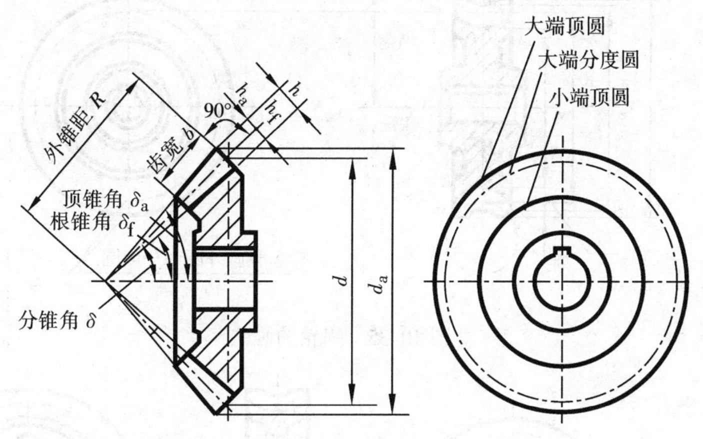

图 10-32　锥齿轮各部名称及画法

两锥齿轮啮合时，两锥顶交于一点，节圆相切，画法如图 10-33 所示。

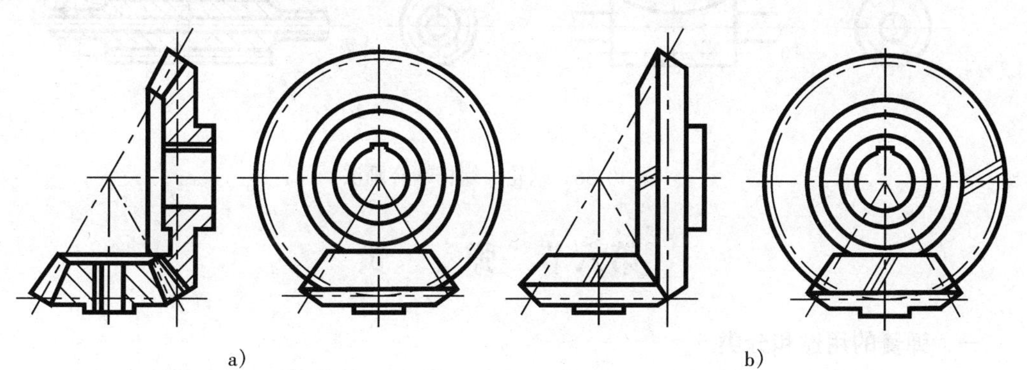

图 10-33　锥齿轮啮合的画法

三、蜗轮、蜗杆简介

1. 蜗轮、蜗杆的结构特点

蜗轮、蜗杆是用来传递空间两交错轴间的回转运动，最常用的是两轴交错成直角的蜗轮、蜗杆传动。工作时，蜗杆为主动件，蜗轮为从动件。这种传动的优点是传动比大，结构紧凑、传动平稳，但效率低。

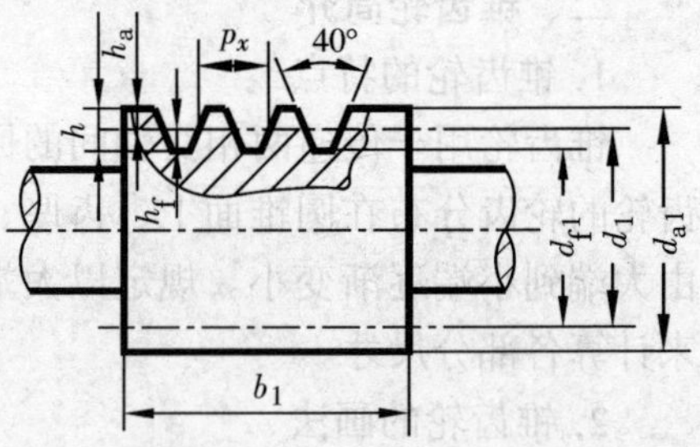

图 10-34　蜗杆的画法

2. 蜗轮、蜗杆的画法

蜗轮、蜗杆的画法也与圆柱齿轮基本相同，单个蜗杆画法如图 10-34 所示。

单个蜗轮的画法如图 10-35 所示。

蜗轮、蜗杆啮合画法如图 10-36 所示。

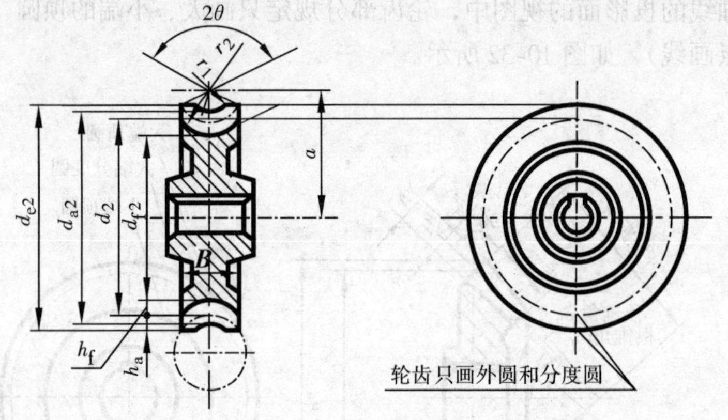

图 10-35　蜗轮的画法

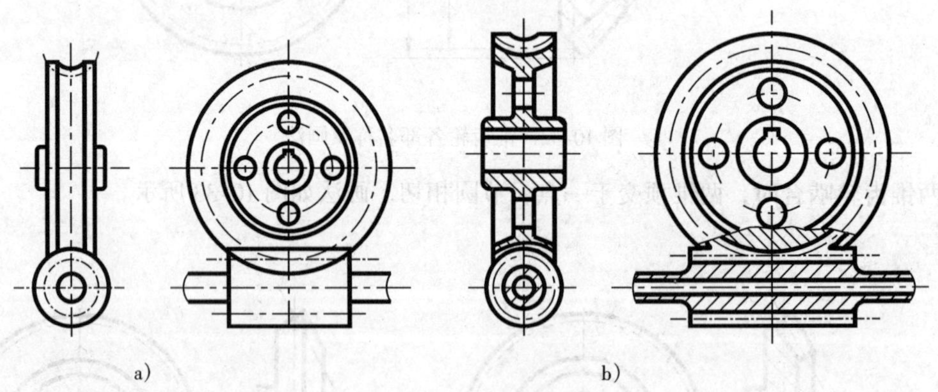

图 10-36　蜗轮、蜗杆啮合画法

第六节　弹　　簧

一、弹簧的用途和分类

弹簧是机器中常用的零件，它的作用是减震、测力和储能等。其主要特点是去除外力后恢复原状。

弹簧的种类很多，常见的有螺旋弹簧（图 10-37）、涡卷弹簧（图 10-38）、板弹簧（图 10-39）、碟形弹簧（图 10-40）等。

本节重点介绍圆柱螺旋压缩弹簧的画法。

二、圆柱螺旋压缩弹簧的术语和尺寸关系

（1）簧丝直径 d　弹簧钢丝的直径。

（2）弹簧外径 D　弹簧最大的直径。

（3）弹簧内径 D_1　弹簧最小的直径。

（4）弹簧中径 D_2　内、外径的平均值，即 $D_2 = \frac{D + D_1}{2} = D - d = D_1 + d$。

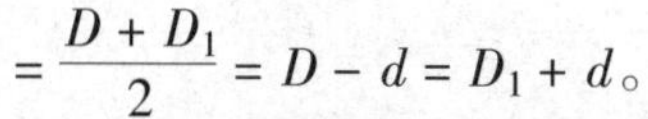

（5）弹簧节距 t　螺旋弹簧两相邻有效圈截面中心线的轴向距离。

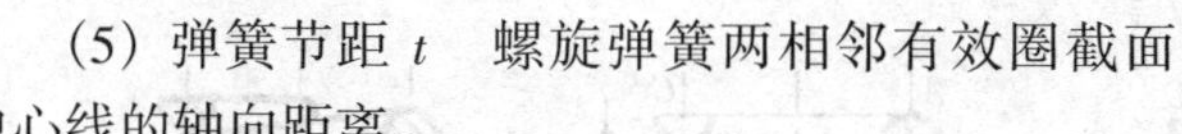

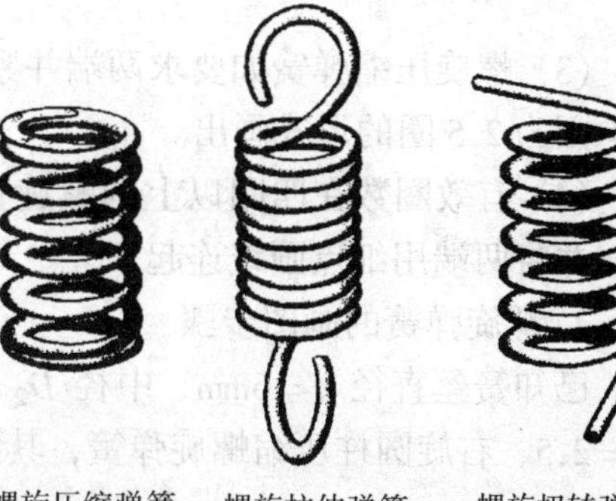

螺旋压缩弹簧　螺旋拉伸弹簧　螺旋扭转弹簧

图 10-37　圆柱螺旋弹簧

图 10-38　涡卷弹簧

图 10-39　板弹簧

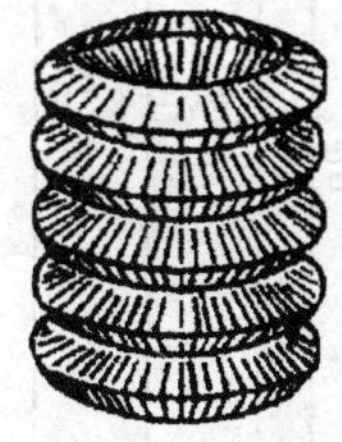

图 10-40　碟形弹簧

（6）支承圈数 n_0　为使弹簧各圈受力均匀，把两端弹簧并紧磨平，工作时起支承作用的圈数。支承圈有 1.5、2 和 2.5 圈三种。

（7）有效圈数 n　在工作时，弹簧中起弹性变形作用的圈数。

（8）总圈数 n_1　支承圈数与有效圈数之和，$n_1 = n + n_0$。

（9）自由高度 H_0　弹簧不受外力作用下的高度，$H_0 = n_1 t + (n_0 - 0.5)d$。

（10）簧丝长度 L　弹簧钢丝展直后的长度，即 $L = n_1\sqrt{(\pi D_2)^2 + t^2}$。

（11）旋向　螺旋弹簧分为左旋和右旋两类。

三、圆柱螺旋压缩弹簧的画法

1. 螺旋弹簧的规定画法

（1）在平行于螺旋弹簧轴线的投影面的视图中，其各圈轮廓线应画成直线，如图 10-41 所示。

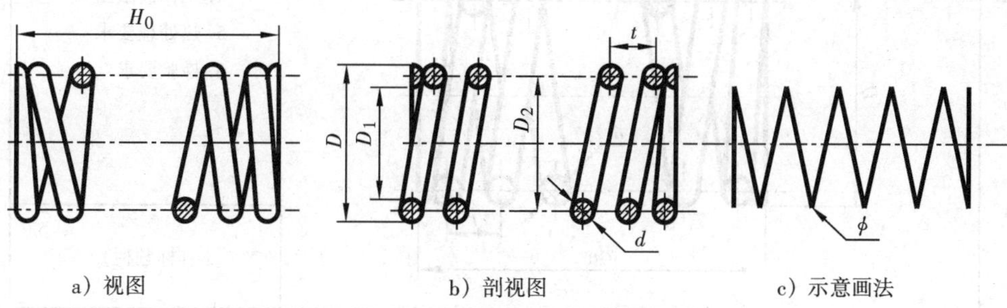

a）视图　b）剖视图　c）示意画法

图 10-41　圆柱螺旋压缩弹簧的画法

(2) 螺旋弹簧均可画成右旋，但左旋弹簧不论画成左旋或右旋，一律要注出旋向“左”字。

(3) 螺旋压缩弹簧如要求两端并紧磨平时，不论支承圈多少和末端并紧情况如何，均按支承圈为 2.5 圈的形式画出。

(4) 有效圈数在四圈以上的螺旋弹簧，中间部分可以省略。省略后可适当缩短图形长度，并将两端用细点画线连起来。

2. 螺旋弹簧的画图步骤

已知簧丝直径 $d=6\text{mm}$、中径 $D_2=36\text{mm}$、节距 $t=12\text{mm}$、有效圈数 $n=10$、支承圈数 $n_0=2.5$、右旋圆柱压缩螺旋弹簧，其画图步骤如图 10-42 所示。

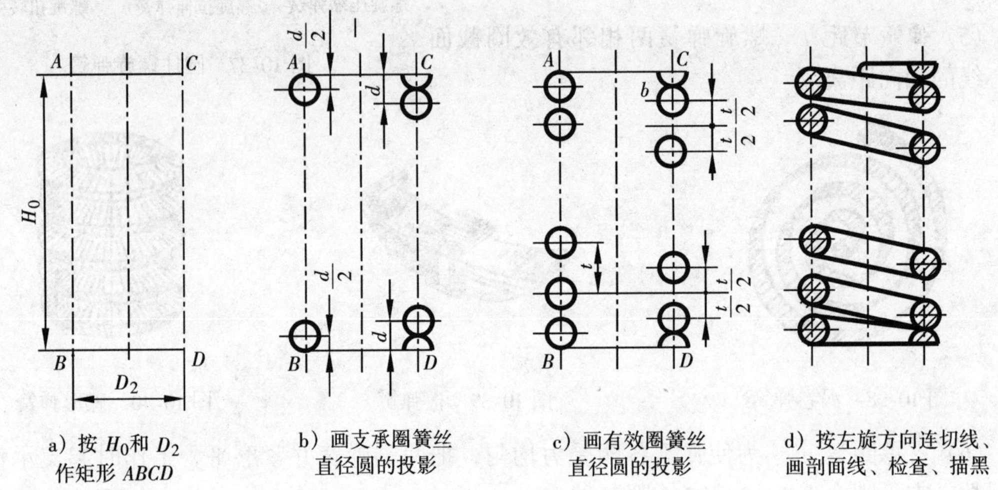

图 10-42 圆柱螺旋压缩弹簧画图步骤

圆柱螺旋压缩弹簧零件图如图 10-43 所示。

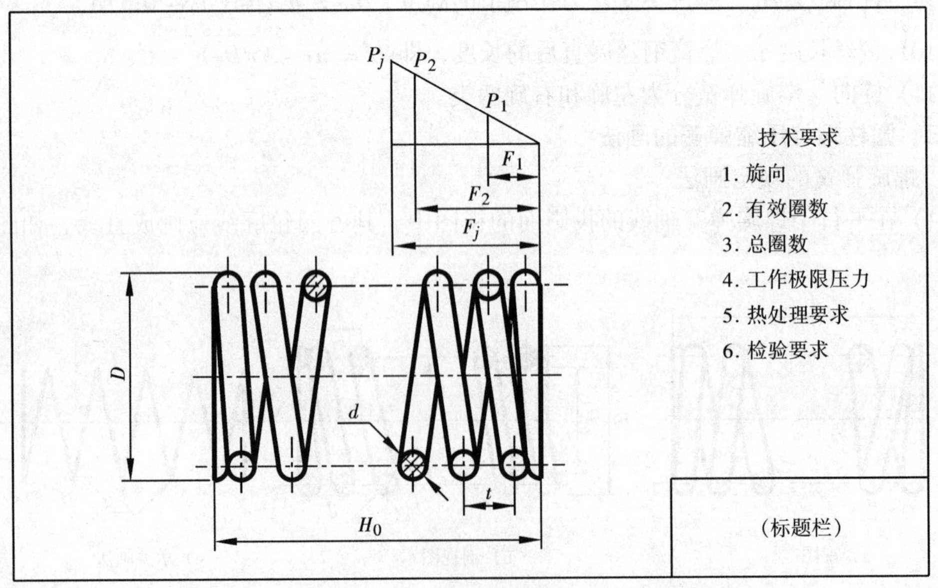

图 10-43 圆柱螺旋压缩弹簧零件图

3. 装配图中弹簧的画法

（1）被弹簧挡住的结构一般不画，可见部分应从弹簧的外轮廓线或弹簧钢丝剖面的中心线画起，如图 10-44a 所示。

（2）型材直径或厚度在图形上等于或小于 2mm 的螺旋弹簧，允许示意画出如图 10-44b 所示。

（3）当弹簧被剖切时，剖面直径或厚度在图形上等于或小于 2mm 时，也可用涂黑表示，如图 10-44c 所示。

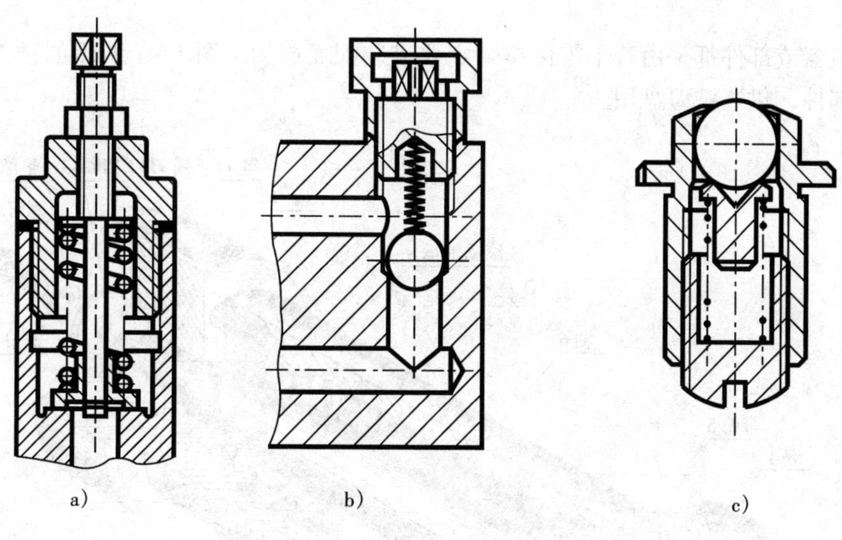

图 10-44　装配图中弹簧的画法

第十一章 零 件 图

第一节 概 述

任何机器或部件都是由若干零件按一定要求装配而成的。图 11-1 所示的铣刀头是铣床上的一个部件，供装铣刀盘用。

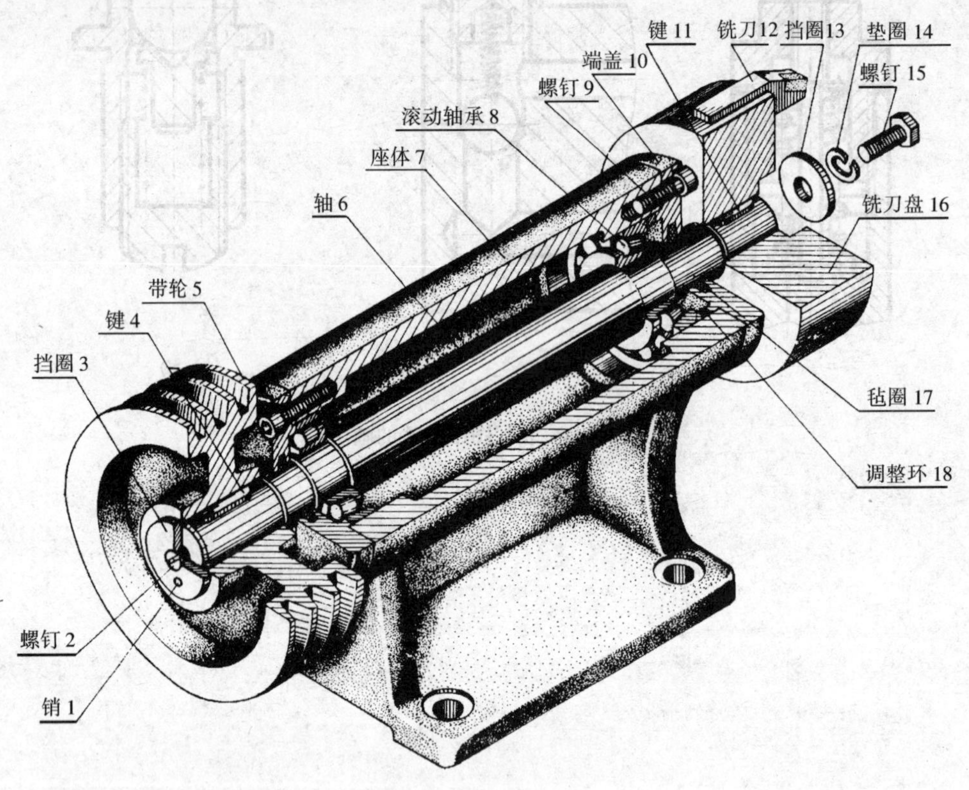

图 11-1 铣刀头立体图

这个铣刀头采用带轮 5、轴 6、键 4、键 11 等零件，使电动机的转矩传送到铣刀盘。

通过对铣刀头的分析，根据零件在机器或部件中的作用，零件大致可分为三类：

(1) 标准件 如螺栓、螺柱、螺钉、螺母及滚动轴承等，它们主要起零件间的联接、支承、密封等作用。这类零件已经标准化，都有规定标记和画法，这在前面已介绍过了。

(2) 传动件 如带轮及一般常用的齿轮等，它们主要起传递动力的作用。这类零件的轮齿、键槽等结构已标准化，并有规定画法。

(3) 一般零件 如座体、轴及一般阀体等零件。这类零件的结构、形状、大小必须按机器或部件的设计及制造工艺要求而确定。

一般零件按其作用及结构形状又可分为轴套类、轮盘类、叉架类和箱体类。后一类零件一般要比前一类零件复杂。

制造机器时，必须先制造零件。表达单个零件的图样称为零件工作图，简称零件图。零件图用以表达零件的结构形状、尺寸大小及技术要求，是制造和检验零件的依据。除标准件外，一般零件和传动零件在生产上都要求画出它们的零件图。图 11-2 所示为铣刀头中座体的零件图。

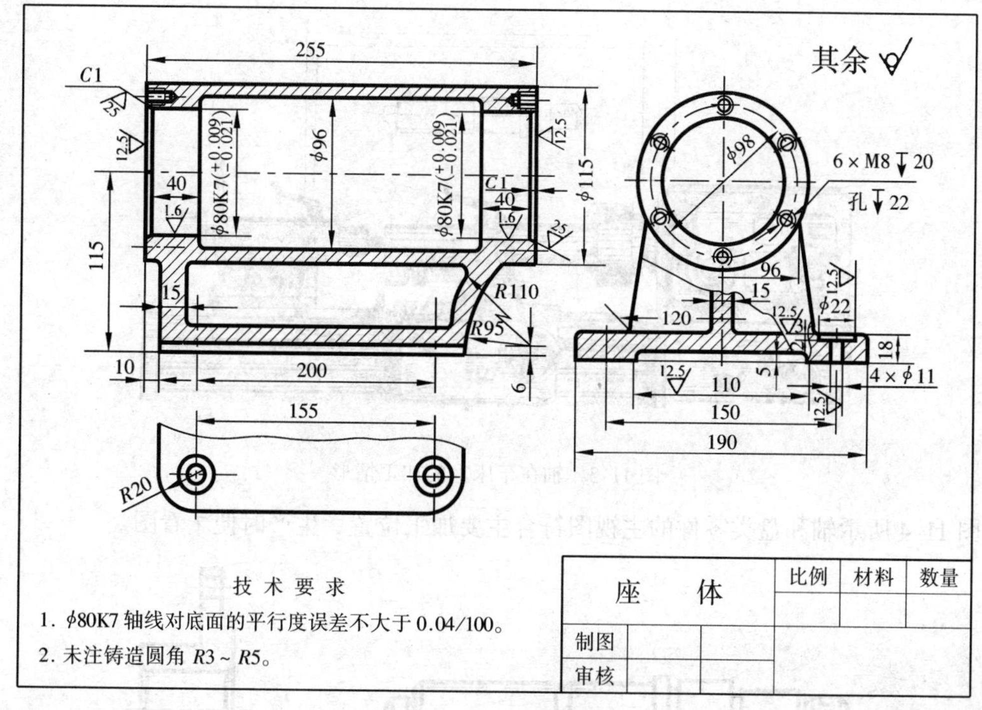

图 11-2　座体零件图

一张完整的零件图，一般应包括以下基本内容：

(1) 一组图形　表达零件的结构形状。

用视图、剖视、断面及其它规定画法完整、清晰地表达零件各部分的结构形状。

(2) 完整的尺寸　确定零件各部分形状大小及相对位置的尺寸。

零件图上要正确、完整、清晰、合理地标注出零件在制造和检验时所需的全部尺寸。

(3) 技术要求　保证零件的制造质量。

用规定的代（符）号或文字注明零件在制造、检验过程中应达到或注意的技术项目，如表面粗糙度、尺寸公差、形位公差和热处理要求等。

(4) 标题栏　标题栏中填写零件的名称、材料、数量、比例及一系列签署等项内容。

第二节　零件图的视图选择和尺寸标注

一、视图选择

零件图上所绘制的一组图形，要将零件各部分的结构和形状完整、清晰地表达出来，并能符合生产要求及便于看图。

画图时，首先要了解零件在机器（或部件）中的作用、性能、位置和装配关系，然后再对零件进行分析，合理地选择主视图和其它视图。

1. 主视图的选择

选择主视图时，主要考虑以下两个问题：

(1) 安放位置——主要加工位置原则或工作位置原则

轴套类和轮盘类零件主要是在车床上加工的，装夹时的轴线水平放置，如图 11-3 所示。

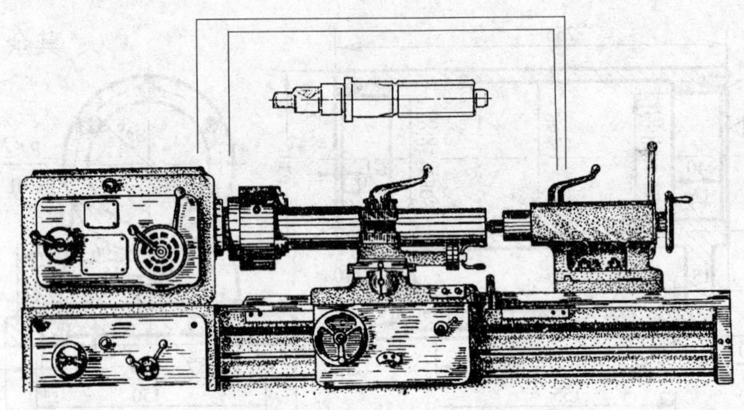

图 11-3 轴在车床上的加工情形

图 11-4 所示轴和盘类零件的主视图符合主要加工位置，生产时便于看图。

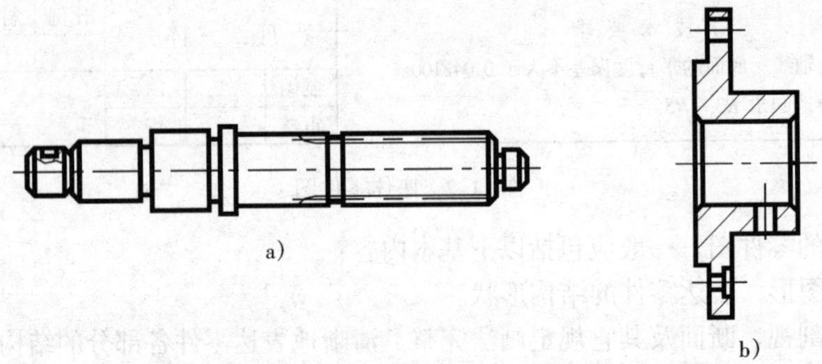

图 11-4 主视图符合加工位置
a) 轴 b) 盘

叉架类和箱体类零件一般较轴套类和轮盘类零件复杂，需要在不同的机床上加工，其加工位置亦不相同。所以这两类零件的主视图应按零件在机器上的工作位置画出，便于和装配图或实物对照，如图 11-2 所示。

如果零件的工作位置是倾斜的，或者工作时在运动，则习惯上将零件摆正，使尽量多的表面（或基准面）平行于或垂直于基本投影面。

(2) 投射方向——形状特征原则

主视图的投射方向应能反映零件的形状特征，即主视图要较多地反映出零件各部分的形状及它们之间的相对位置。图 11-5 和图 11-6 请读者进行比较。

此外，选择主视图时，还应考虑合理利用图纸幅面。

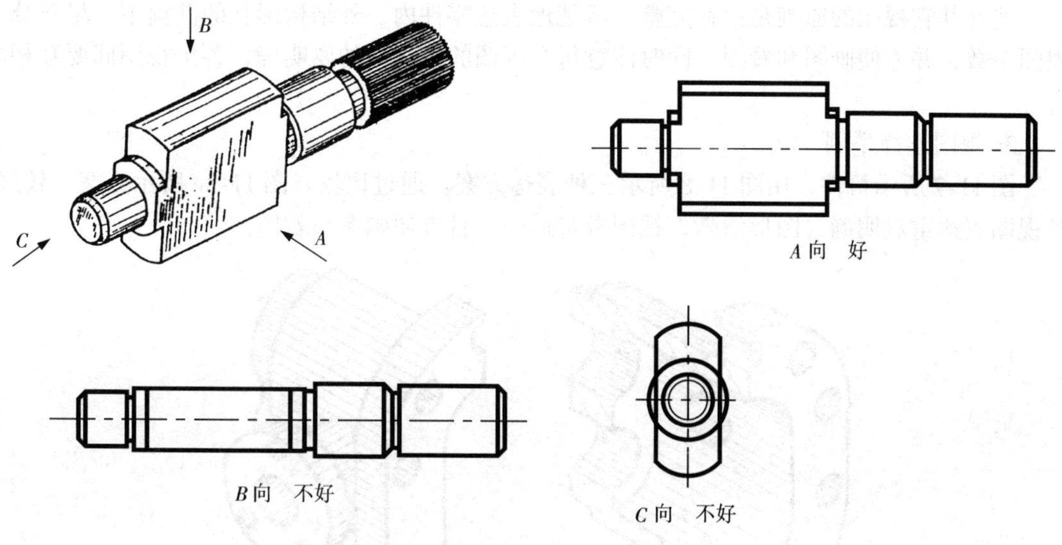

图 11-5　转轴主视图投影方向的比较

B
A
C
A向　好
B向　不好
C向　不好

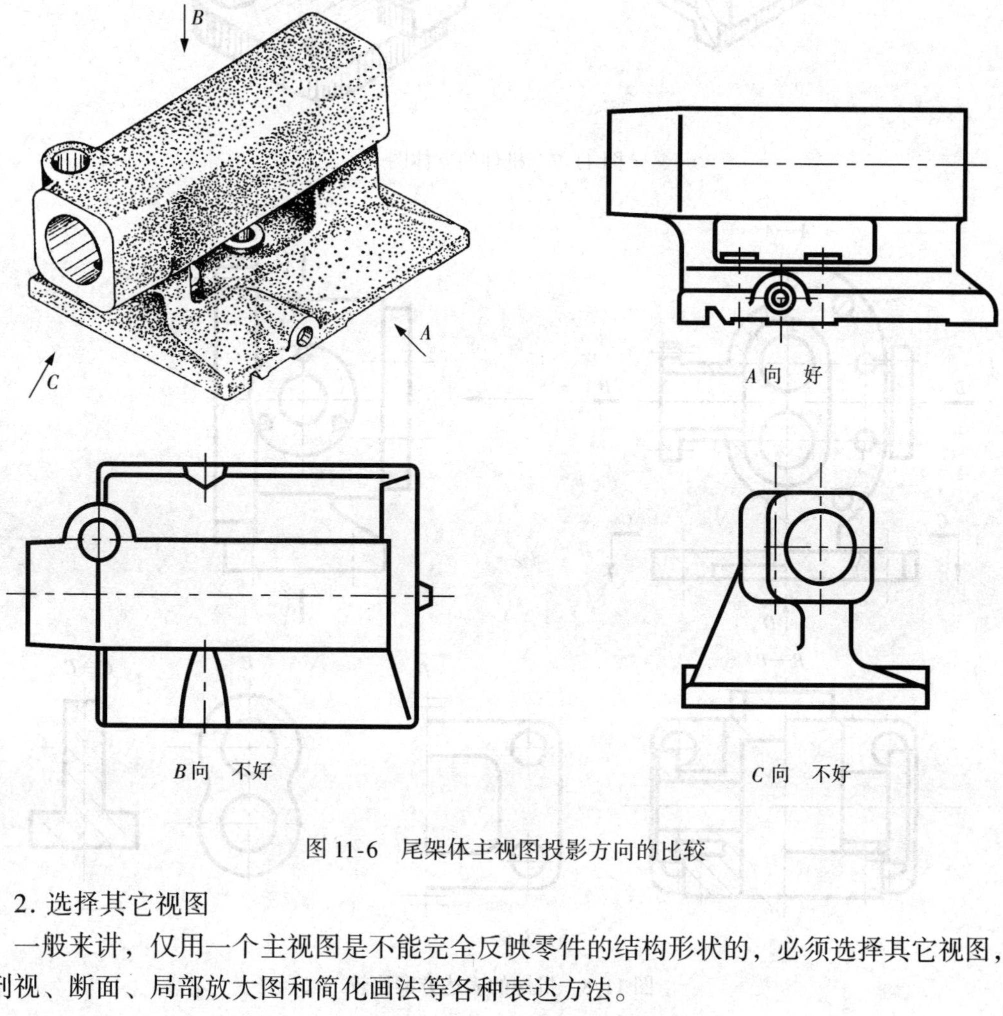

图 11-6　尾架体主视图投影方向的比较

2. 选择其它视图

一般来讲，仅用一个主视图是不能完全反映零件的结构形状的，必须选择其它视图，包括剖视、断面、局部放大图和简化画法等各种表达方法。

选择其它视图的原则是：在完整、清楚地表达零件内、外结构形状的前提下，尽量减少视图个数，并方便画图和看图。同时注意每个视图的表达目的要明确，各个视图间要互相配合。

3. 视图选择举例

图 11-7 所示机件，用图 11-8 所示三种表达方案。通过比较，图 11-8c 所示方案三较好。各视图表达重点明确，图形清晰，视图数量适中，且方便画图与看图。

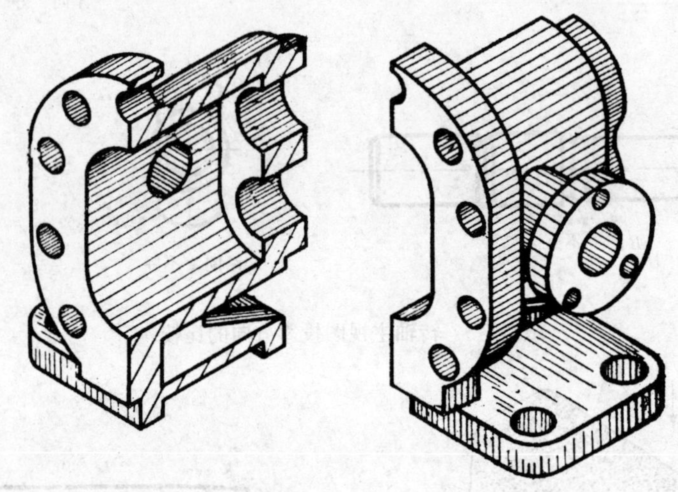

图 11-7 机件的立体图

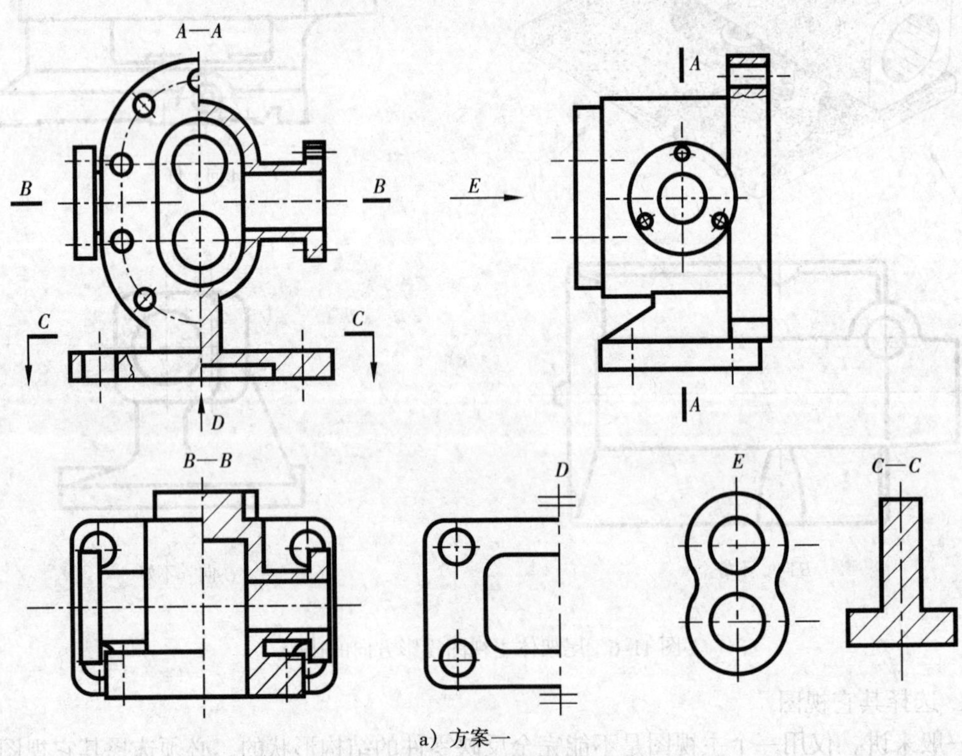

a）方案一

图 11-8 机件的表达方案比较

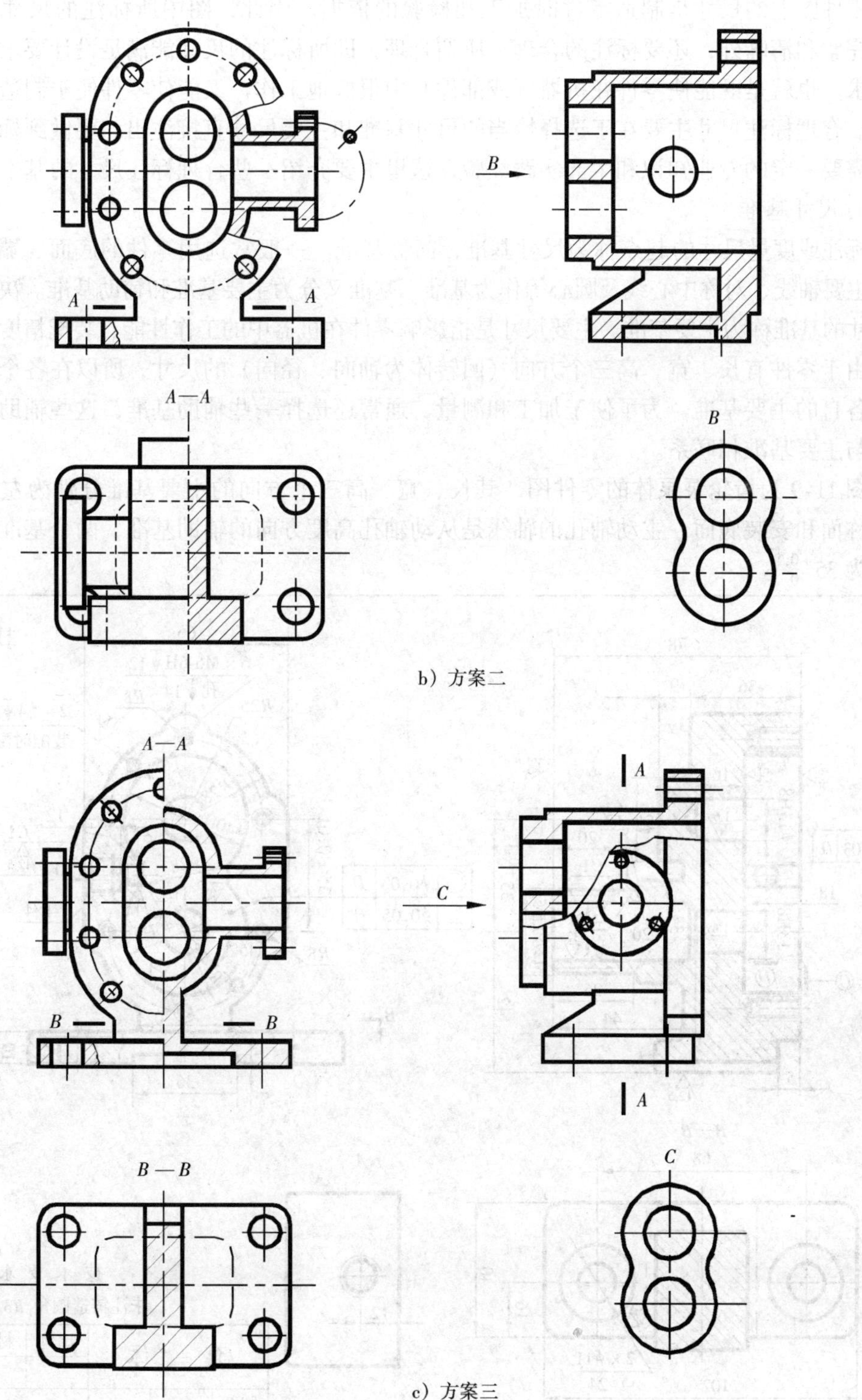

b）方案二

c）方案三

图 11-8　机件的表达方案比较（续）

二、尺寸标注

零件图上的尺寸是制造零件时加工和检验的依据。因此，图中所标注的尺寸，除应正确、完整和清晰外，还要标注的合理。所谓合理，即所标注的尺寸能满足设计要求和加工工艺要求。也就是既能使零件在机器（或部件）中很好地工作，又能使零件便于制造、测量和检验。合理标注尺寸主要在于选择恰当的尺寸基准和主要尺寸直接注出。要做到标注尺寸合理，需要一定的专业知识和生产实践经验，这里主要介绍一些合理标注尺寸的基本知识。

1. 尺寸基准

标注或度量尺寸的起点称为尺寸基准，简称基准。一般常选用零件的底面、端面、对称面、主要轴线、对称中心线及圆心等作为基准。基准又分为主要基准和辅助基准。决定零件主要尺寸的基准称为主要基准。主要尺寸是指影响零件在机器中的工作性能、装配精度的尺寸。

由于零件有长、宽、高三个方向（回转体为轴向、径向）的尺寸，所以在各个方向上都应有各自的主要基准。为了便于加工和测量，通常还选择一些辅助基准，这些辅助基准都有尺寸与主要基准相联系。

图 11-9 为齿轮泵泵体的零件图，其长、宽、高三个方向的主要基准分别为左端面、前后对称面和安装底面。主动轴孔的轴线是从动轴孔高度方向的辅助基准，两个基准间的联系尺寸为 $35^{+0.1}_{0}$。

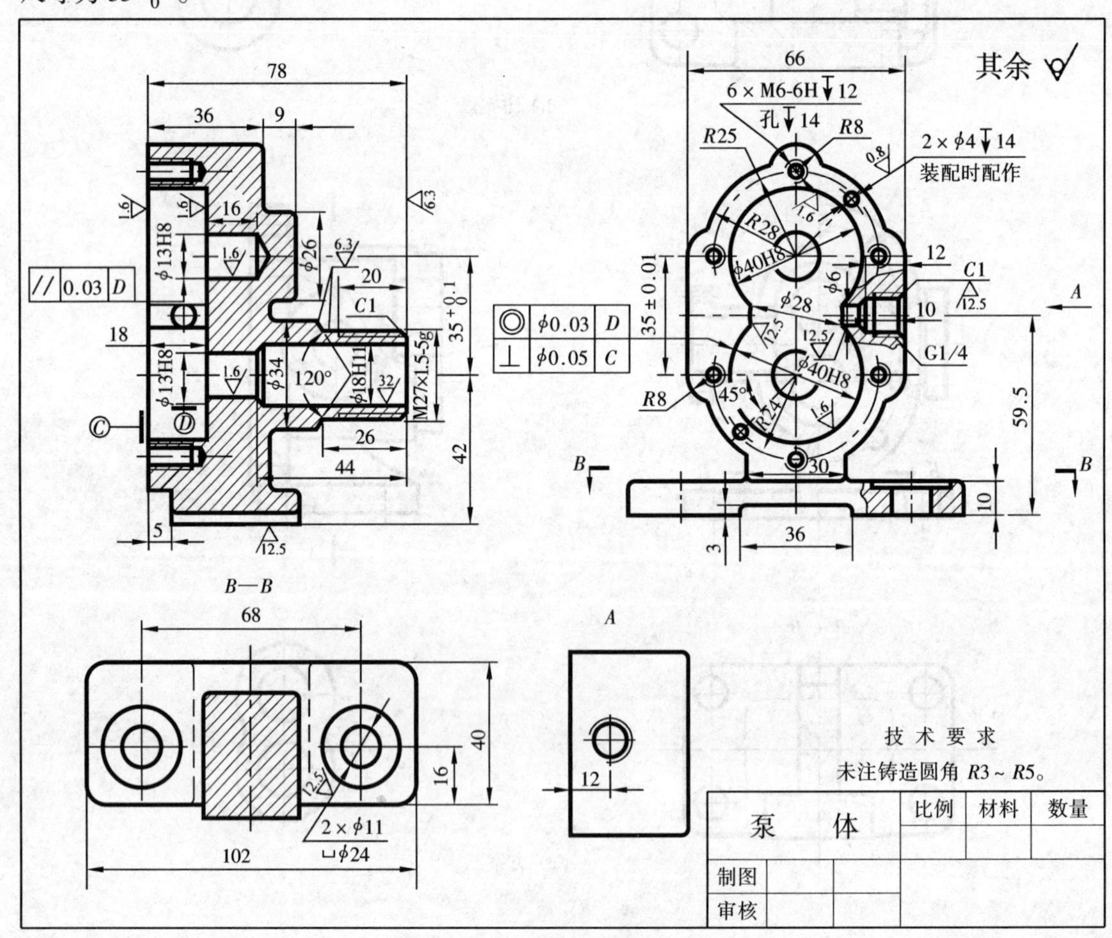

图 11-9　泵体零件图

2. 尺寸标注的形式

（1）链状式注法　如图 11-10a 所示，零件同一方向的尺寸逐段首尾相接地注出，前一尺寸的终止即为后一尺寸的基准。其优点为前段加工尺寸的误差不影响后段加工尺寸。缺点为总体尺寸为误差积累。

（2）坐标式注法　如图 11-10b 所示，零件同一方向的尺寸都从同一基准出发。其优点为任一尺寸的加工精度只决定于本段加工误差，不受其它尺寸误差的影响；缺点为对某些加工程序及检验不太方便。

（3）综合式注法　如图 11-10c 所示，综合式注法是链状式注法和坐标式注法的综合，它有两种注法的优点，实际中应用最多。

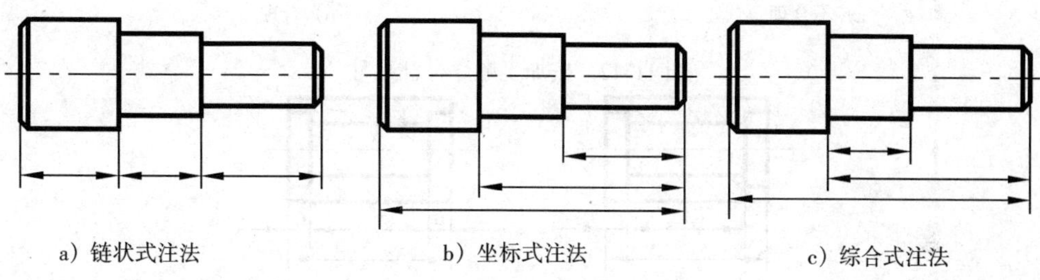

a）链状式注法　　b）坐标式注法　　c）综合式注法

图 11-10　尺寸标注的三种形式

3. 标注尺寸时应注意的几个问题

（1）主要尺寸要直接注出。凡是有配合关系的尺寸、确定零件在机器或部件中位置的尺寸、影响零件工件精度的尺寸都属于主要尺寸，如图 11-9 中孔径 ϕ48H8、两孔中心距 $35^{+0.1}_{0}$ 均为主要尺寸。

零件尺寸存在加工误差，为了使零件的主要尺寸不受其它尺寸误差的影响，应把零件的主要尺寸直接注出，不应靠间接推算得到。

（2）避免注成封闭尺寸链。零件同一方向的尺寸头尾相接组成封闭的图形，称为封闭尺寸链，如图 11-11a 所示。

封闭尺寸链可能使误差积累在某一重要尺寸上或给加工带来困难。标注尺寸时，应选一个不重要的尺寸不标注，称为开口环（尺寸 A_2），如图 11-11b 所示。

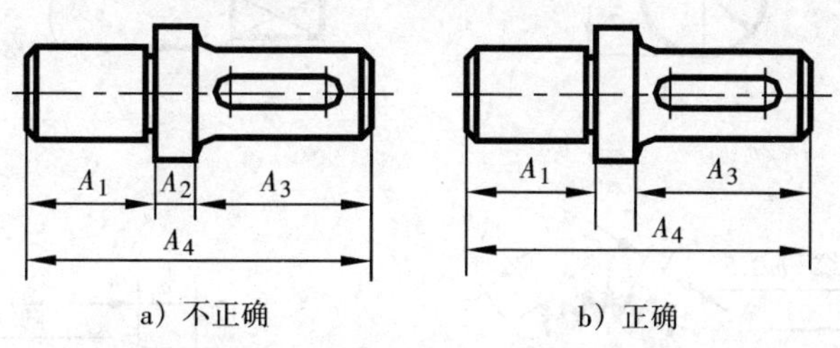

a）不正确　　b）正确

图 11-11　封闭尺寸链

（3）按加工顺序标注尺寸。如图 11-12 所示，所注尺寸符合加工顺序，既便于加工和测量，又能保证尺寸精度。

（4）尺寸标注的要便于测量。如图 11-13 所示。

（5）零件上常见结构尺寸注法见图 11-14 和表 11-1、表 11-2。

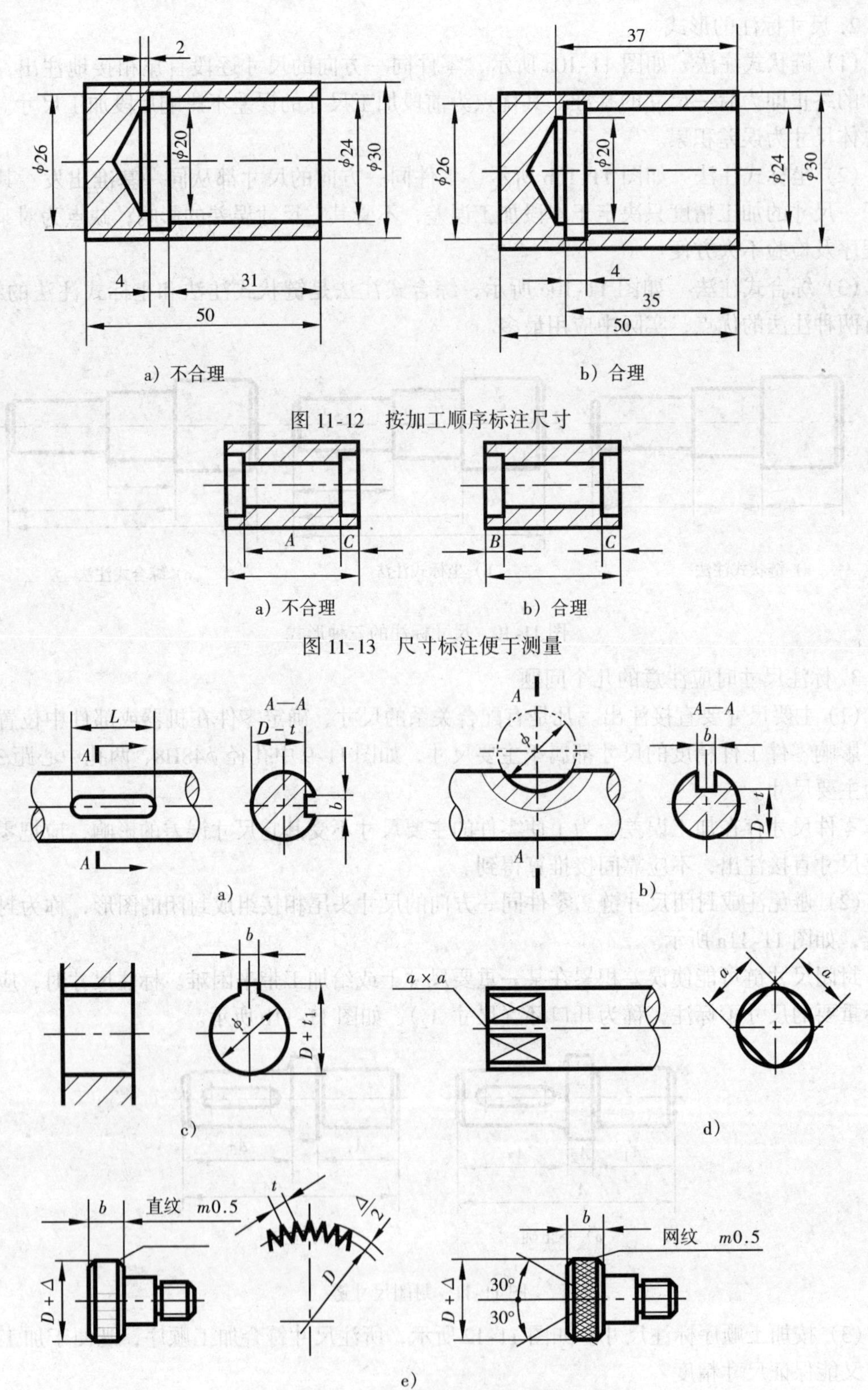

a）不合理　　b）合理

图 11-12　按加工顺序标注尺寸

a）不合理　　b）合理

图 11-13　尺寸标注便于测量

a)　b)　c)　d)　e)

图 11-14　零件上常见标准结构的尺寸注法

a）轴上平键槽　b）轴上半圆键槽　c）孔上键槽　d）柱面方头　e）滚花

表 11-1　倒角、退刀槽的尺寸注法

结构名称	尺寸标注方法	说　明
倒　角	C2　C2　30°　2　C2　C3　30°　2 a）45°倒角　b）非 45°倒角	一般 45°倒角按 *Cn* 注出。30°或 60°倒角，应分别注出宽度和角度
退刀槽	2×ϕ8　2×1　2×1	一般按“槽宽×槽深”或“槽宽×直径”注出

表 11-2　常见孔的尺寸注法

孔的类型		简化注法		一般注法
光孔	普通孔	4×ϕ4↧10	4×ϕ4↧10	4×ϕ4　10
	精加工孔	4×ϕ4H7↧10 孔↧12	4×ϕ4H7↧10 孔↧12	4×ϕ4H7　10　12
	锥销孔	锥销孔 ϕ4 装配时配作	锥销孔 ϕ4 装配时配作	锥销孔 ϕ4 装配时配作
沉孔	柱形沉孔	4×ϕ6.4 ⌴ϕ12↧4.5	4×ϕ6.4 ⌴ϕ12↧4.5	ϕ12　4.5　4×ϕ6.4

（续）

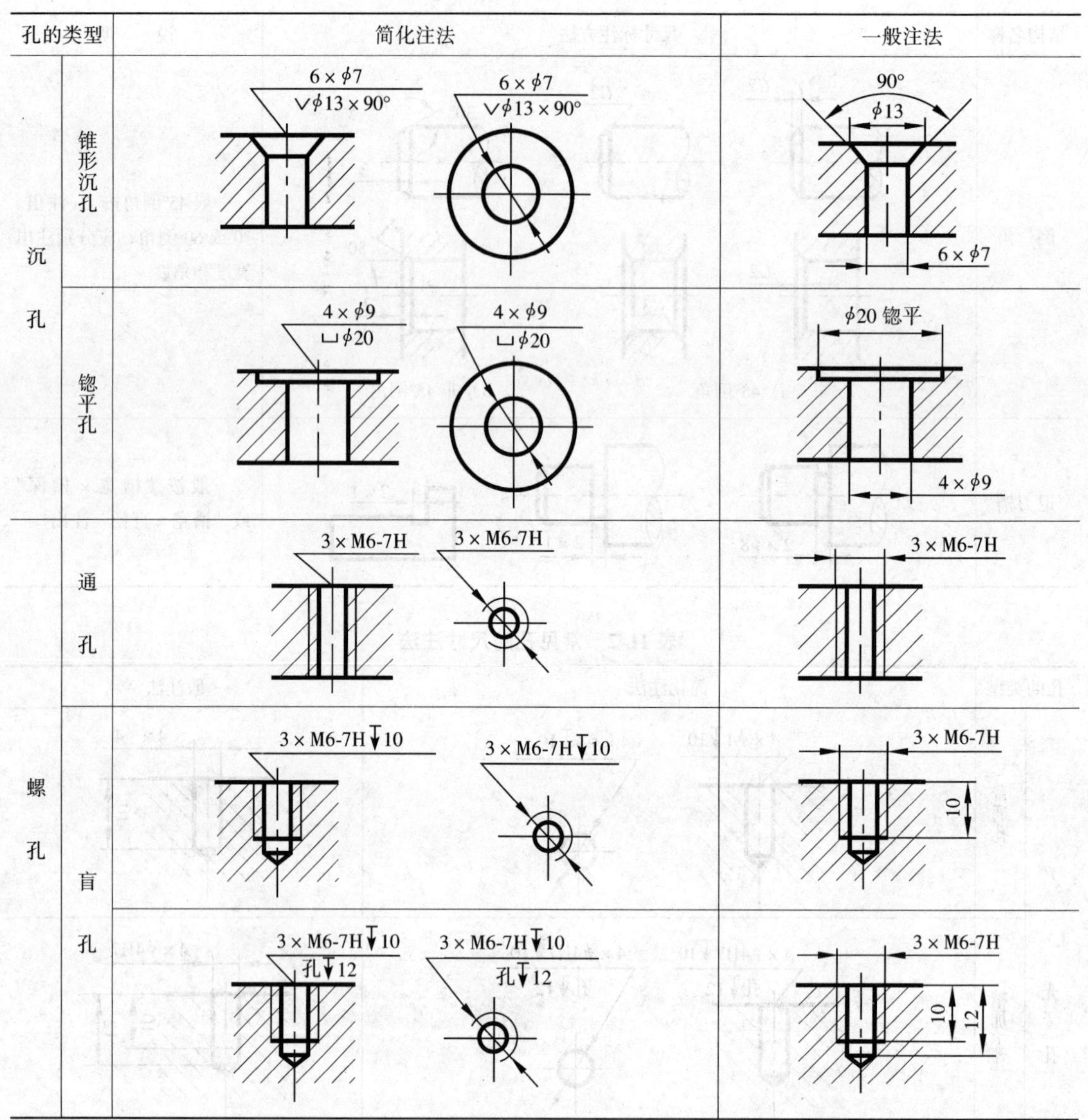

三、典型零件的图例分析

1. 轴套类零件

（1）结构分析　如图 11-15 所示的铣刀头中轴的零件图，属于轴套类零件。

轴套类零件的基本形状是同轴回转体。在轴上通常有键槽、销孔、螺纹退刀槽、砂轮越程槽、倒圆等结构。此类零件主要是在车床或磨床上加工。

（2）表达方案　一般只采用一个主视图，按加工位置和反映轴向特征原则，将轴线水平放置。用断面、局部视图或局部放大图等表达方法表示轴上的局部构形。对于形状简单且较长的部分，可采用折断的方法表示。

（3）尺寸标注　此类零件的定形尺寸有两种：表示直径大小的径向尺寸和表示各段长度的轴向尺寸。径向尺寸以轴线为基准；轴向（长度方向）尺寸根据零件的作用及装配要求，常以轴肩为主要基准。另外，注意车、铣不同工序加工尺寸要相对集中，分别注在轴的两侧；标准结构的尺寸标注要符合规定。

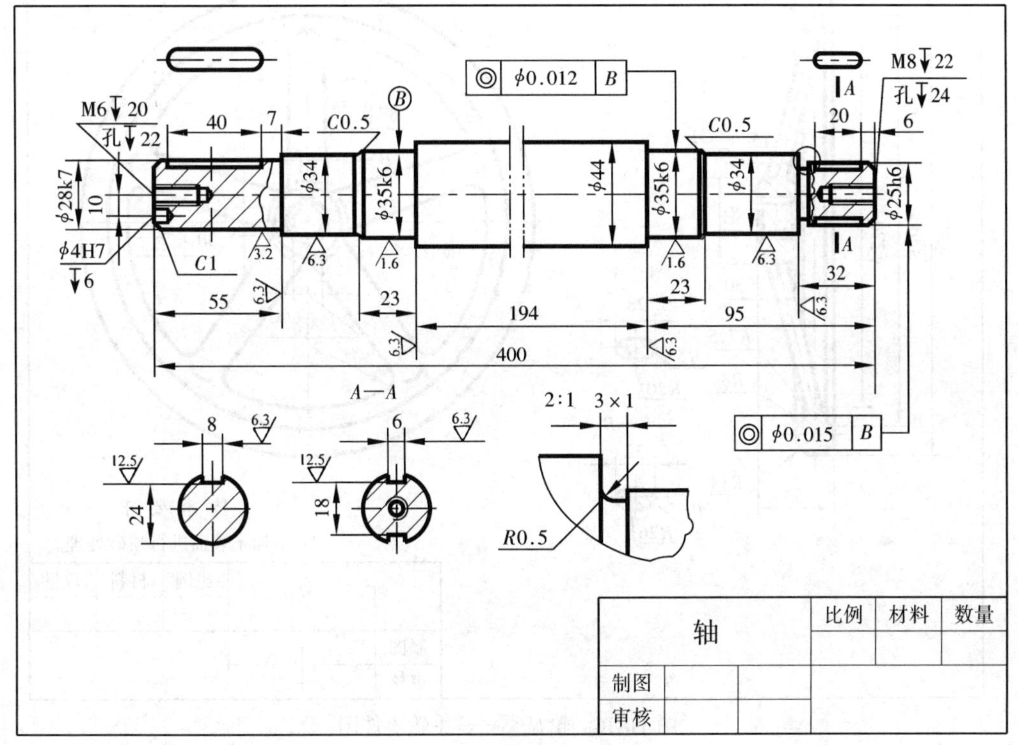

图 11-15　铣刀头——轴零件图

2. 轮盘类零件

(1) 结构分析　轮盘类零件主要部分一般也是由同轴回转体组成，但其径向尺寸较大，而轴向尺寸较短，如图 11-16 所示。

(2) 表达方案　此类零件的主要加工面也是在车床上加工，故其主视图亦按加工位置，将轴线放为水平。通常将非圆视图画成剖视图，以表达其轴向结构。

此外，这类零件常带有各种形状的凸缘和均布的圆孔、槽及肋等结构。因此，除了主视图外，还常采用左（或右）视图，以表示这些结构的分布情况或形状。

(3) 尺寸注法　轮盘类零件在标注尺寸时，通常选用通过轴孔的轴线、主要形体的对称线或经加工的较大的结合面作为主要基准。

3. 叉架类零件

(1) 结构分析　图 11-17 所示踏脚座属于叉架类零件。

此类零件常用倾斜或弯曲的结构联接零件的工作部分与安装部分。叉架类零件多为铸件或锻件，因而具有铸造圆角、凸台、凹坑等常见结构。

(2) 表达方案　叉架类零件结构形状比较复杂，加工位置较多，有的零件工作位置也不固定，所以这类零件的主视图一般按工作位置或形状特征原则确定。叉架类零件通常除采用两个或两个以上基本视图外，往往还用斜视图、斜剖视、局部视图和断面来表达局部结构。

(3) 尺寸注法　叉架类零件长、宽、高三个方向的主要基准一般为孔的中心线、轴线、对称面和较大的安装板基面。

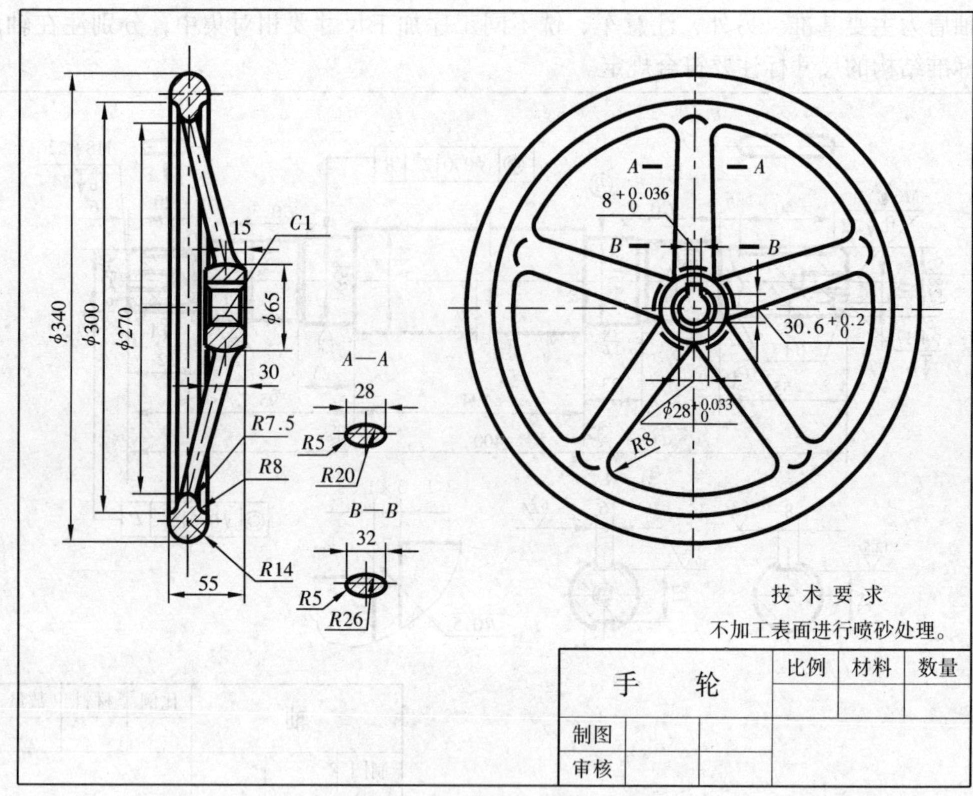

图 11-16 轮盘类——手轮零件图

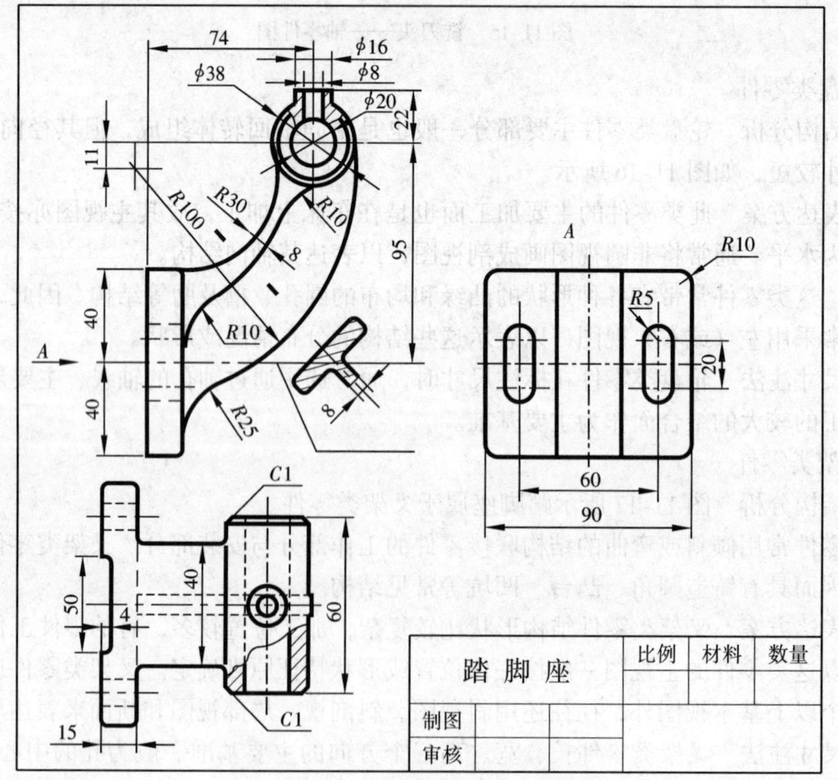

图 11-17 叉架类——踏脚座零件图

4. 箱体类零件

(1) 结构分析　如图 11-2 和图 11-18 所示，箱体类零件是用来支撑、包容、保护运动零件或其它零件的，多为中空的壳体。这类零件的形状、结构比前面三类零件复杂，并且加工位置的变化更多。箱体类零件多铸造成毛坯，经必要的机械加工而成，具有加强肋、凹坑、凸台、铸造圆角等常见结构。

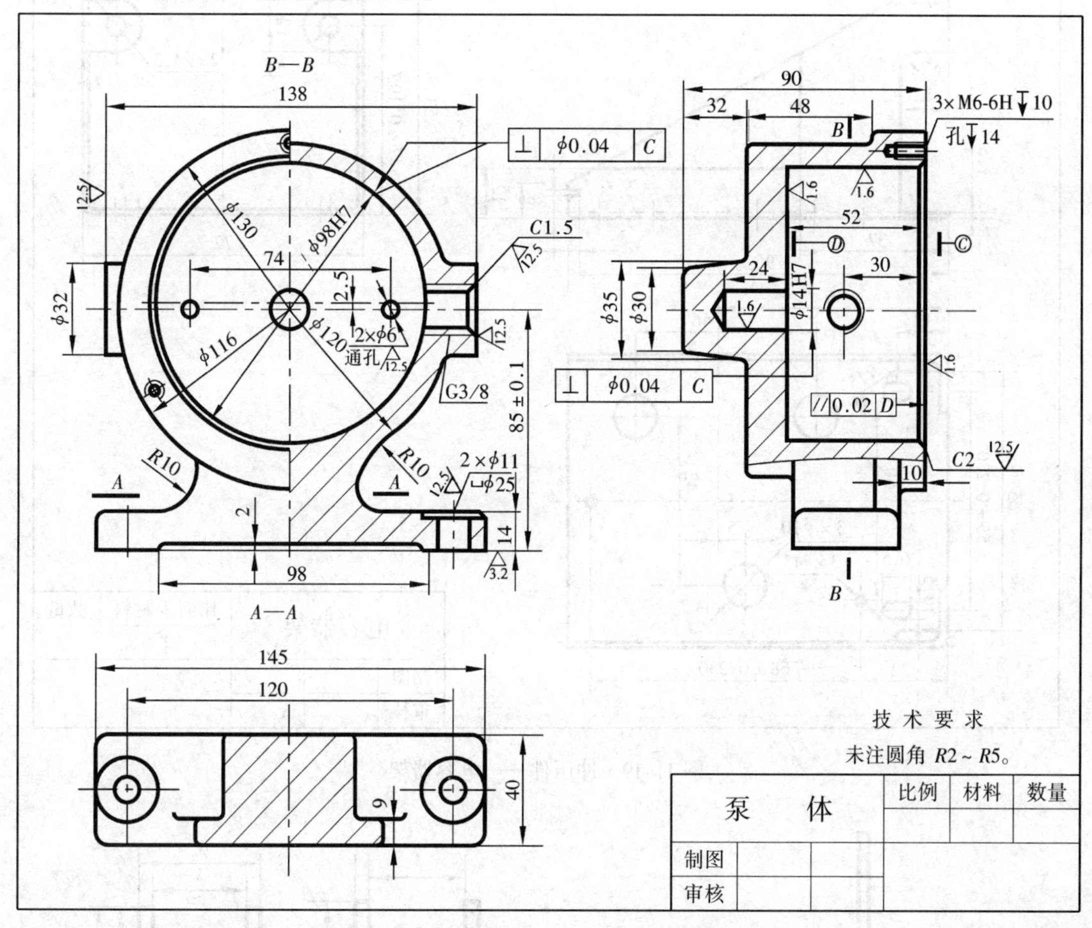

图 11-18　箱体类——泵体的零件图

(2) 表达方案　箱体类零件的形状、结构比较复杂，加工工序较多，一般应按其工作位置放置，并以反映其形状特征最明显的方向作为主视图方向。此类零件一般需要三个或三个以上基本视图及其它辅助图形，并采用多种表达方法才能表达清楚其结构形状。表达中应特别注意处理好内、外形结构表达问题。

(3) 尺寸注法　箱体类零件通常选用设计上要求的轴线、重要的安装面、接触面（或加工面）和箱体的对称面作为尺寸基准。定形尺寸可采用形体分析法标注，各孔中心线间的距离一定要直接注出。

5. 冲压件和镶嵌件

(1) 冲压件　冲压件由金属板材用冲模冲压而成。这类零件的板面上多有孔和槽口，弯折处一般为圆角过渡。

视图表达特点：板面上的通孔一般只画反映其形状特征的投影，而其它视图中则只画轴线，虚线不画；冲压件的零件图中，根据需要可画出展开图，如图 11-19 至图 11-21 所示。

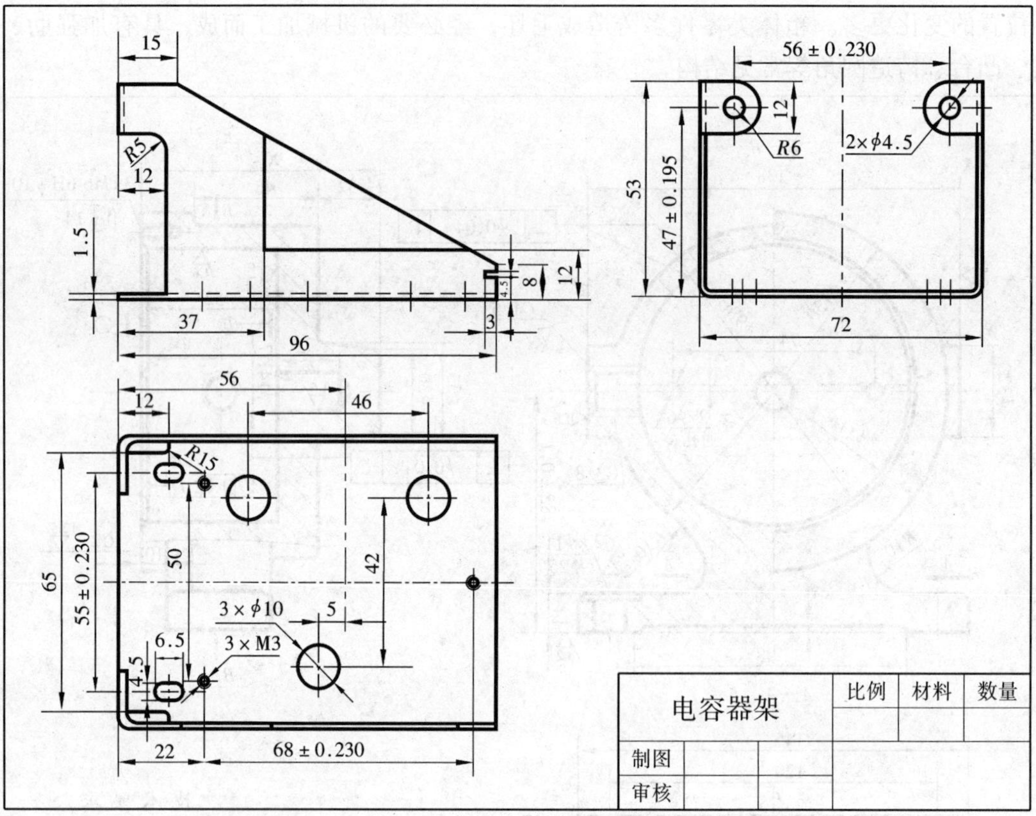

电容器架		比例	材料	数量
制图				
审核				

图 11-19　冲压件——电容器架

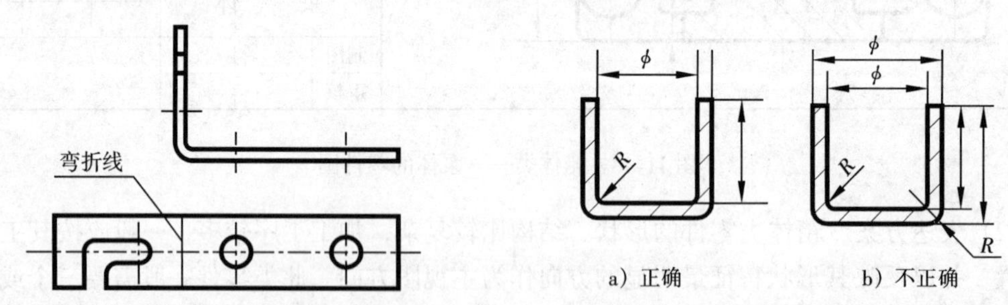

图 11-20　与俯视图结合的展开图

图 11-21　拉延件的尺寸注法

这类零件的尺寸，要求标注板厚和根据设计必须保证的内轮廓或外轮廓尺寸，内、外轮廓尺寸不能同时标注，弯折处圆角应标注内圆角半径。孔的定位尺寸一般应标两孔中心或者孔中心到板边距离，见图 11-19 和图 11-21。

（2）镶嵌件　这类零件是由金属材料与非金属材料镶嵌在一起的。图 11-22 所示调节齿轮轴，是由金属的小轴和调节齿轮与非金属的旋钮镶嵌而成。画图时，剖面符号要区别金属与非金属材料。镶嵌件为一个组件，装配图中只编一个序号。

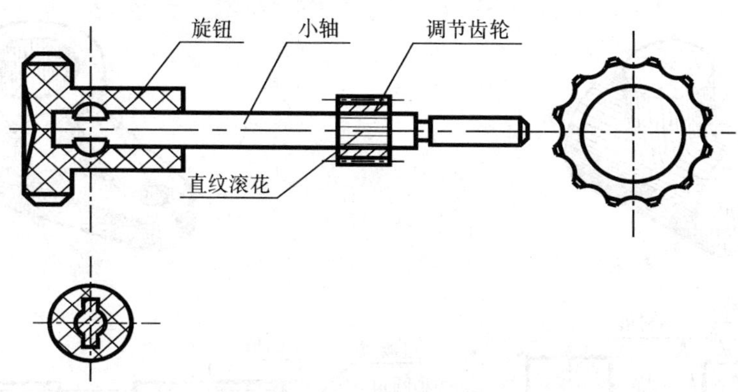

图 11-22　镶嵌件——调节齿轮轴

第三节　零件结构的工艺性及有关尺寸

零件的结构形状主要取决于它在机器（或部件）中的作用，但制造工艺对它也有影响。因此，在设计零件时，除考虑零件的结构要做到满足使用方便、操作安全要求外，还必须注意工艺上要合理，以利于生产。

下面介绍一些常见的工艺结构及有关尺寸供参考。

一、铸件常见工艺结构

1. 起模斜度

铸件造型时，为便于取模，沿起模方向表面做出 1∶20 的斜度（≈3°），称为起模斜度，如图 11-23 所示。起模斜度在图中，一般不画出，必要时可注写在技术要求中。

2. 铸造圆角

为便于取模，防止浇铸的铁水冲坏砂型及铸件转角处在冷却时产生裂纹，铸件表面的相交处，应制成过渡圆角，称为铸造圆角。铸造圆角在零件图中应画出，半径为 3 ~ 5mm。视图中一般不标注尺寸，而集中注在技术要求中。如“未注圆角 *R*3 ~ *R*5”。毛坯经机械加工后，铸造圆角消失而产生尖角或加工成倒角，如图 11-23 所示。

因有铸造圆角，铸件各表面的理论上的交线不存在。但为清楚表达零件不同表面，在画图时，这些交线仍按无圆角时的情况画出，称为过渡线。过渡线的起止处与圆角的轮廓线断开（画至理论尖角处），如图 11-24 所示。

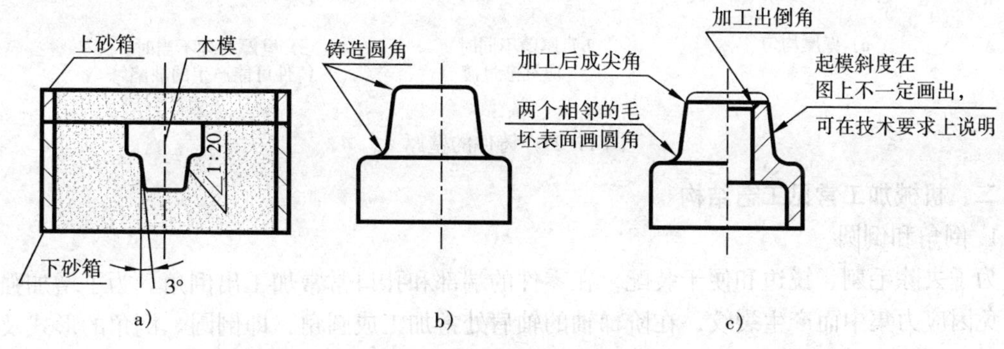

图 11-23　起模斜度和铸造圆角

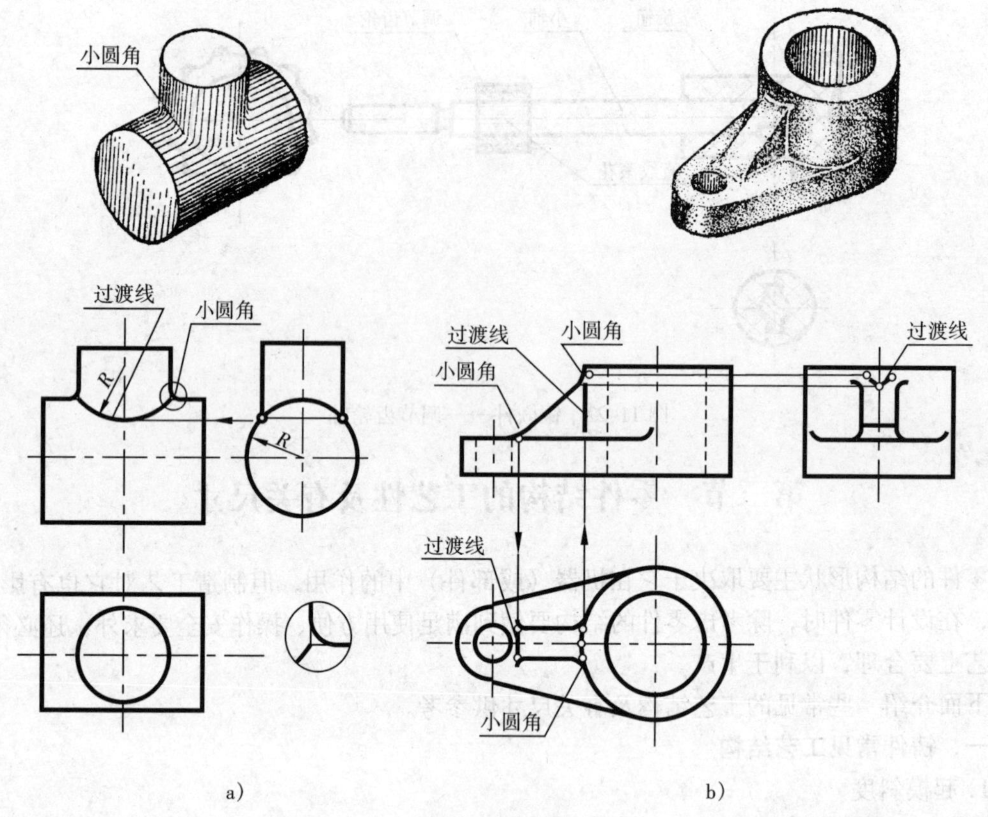

图 11-24 过渡线的画法
a）两圆柱面的过渡线 b）平面所产生的过渡线

3. 壁厚均匀。为了避免铸件因壁厚不均，或突变，冷却时产生缩孔或裂纹，应使铸件壁厚均匀，或逐渐变化，如图 11-25 所示。

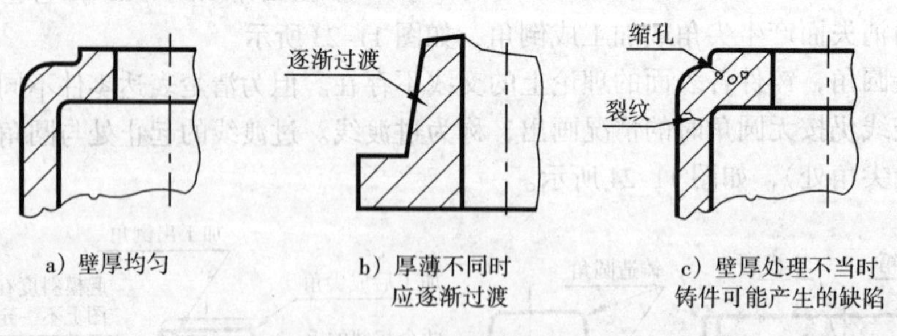

图 11-25 铸件的壁厚

二、机械加工常见工艺结构

1. 倒角和倒圆

为了去除毛刺、锐边和便于装配，在零件的端部和孔口常常加工出倒角。为了增加强度及避免因应力集中而产生裂纹，在阶梯轴的轴肩处常加工成圆角，即倒圆。倒角的形式及尺寸注法如图 11-26 所示。

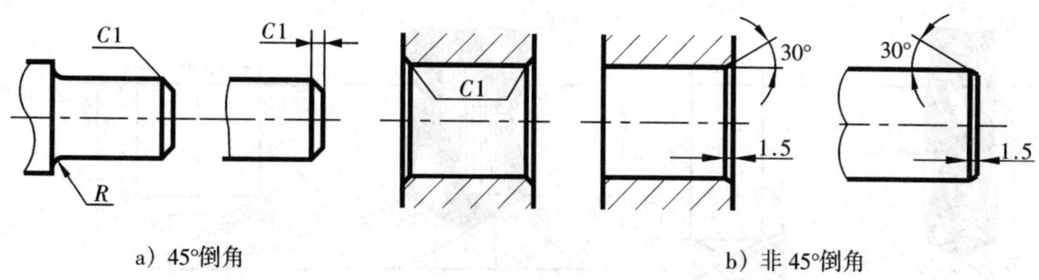

图 11-26 倒角的结构和尺寸

2. 退刀槽和砂轮越程槽

切削时（主要是车螺纹和磨削），为便于退刀和砂轮，或使相邻两零件在装配时容易靠紧，常在加工表面末端或台肩处预先加工出退刀槽或砂轮越程槽，如图 11-27 所示。它们的结构和尺寸可查阅有关标准。

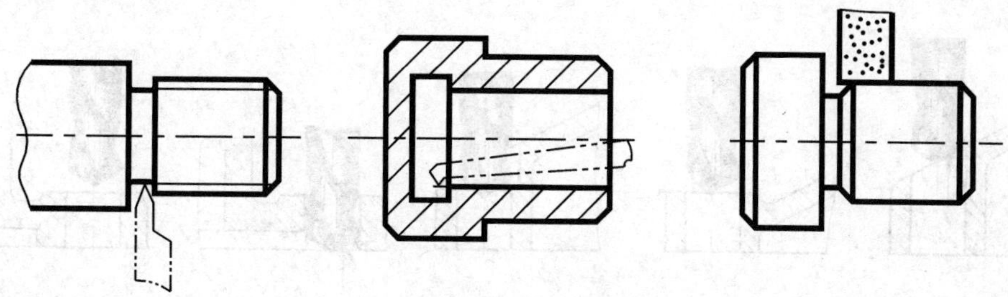

图 11-27 退刀槽和越程槽

3. 凸台与凹坑

为了保证良好的表面接触性能，并减小加工面，常在接触面处做出凸台、凹坑或凹槽，如图 11-28 所示。

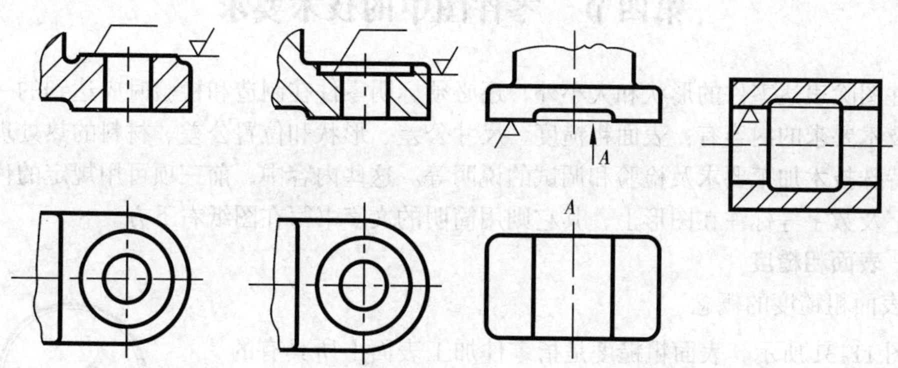

图 11-28 凸台或凹坑等结构

4. 钻孔结构

由于钻头的钻尖为 118°，在画不通的钻孔时，其末端应画成 120°的锥孔，且不标注尺寸。如果阶梯孔的大孔也是钻孔，在两孔之间也应画出 120°的圆台部分。孔的画法及尺寸标注如图 11-29 所示。

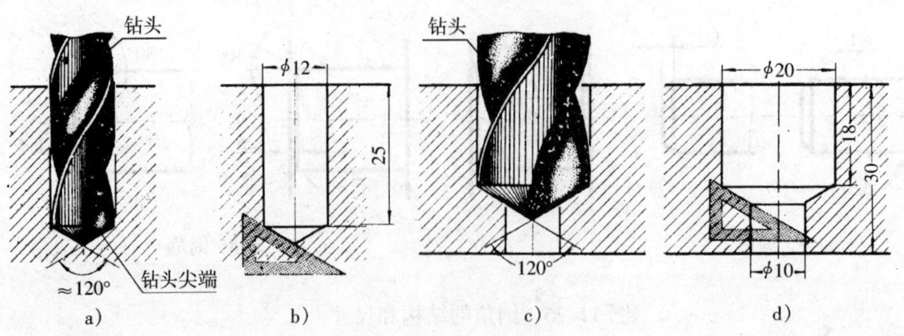

图 11-29　钻孔结构

用钻头钻孔时，为保证钻孔准确和避免钻头折断，应使被钻孔的表面与钻头垂直，因此常在斜面上设计出凸台或凹坑。钻头单边受力也容易折断，也要做出凸台，使孔完整，见图11-30。

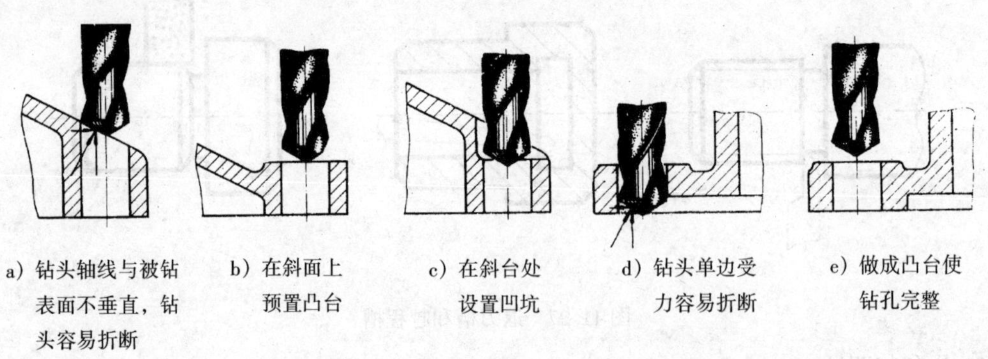

a）钻头轴线与被钻表面不垂直，钻头容易折断　b）在斜面上预置凸台　c）在斜台处设置凹坑　d）钻头单边受力容易折断　e）做成凸台使钻孔完整

图 11-30　钻孔结构

第四节　零件图中的技术要求

零件图除表达零件的形状和大小外，还必须标明零件在制造和检验时应达到的一些技术要求。技术要求的内容有：表面粗糙度、尺寸公差、形状和位置公差、材料的热处理及表面处理、特殊技术加工要求及检验和调试的说明等。这些内容中，前三项可用规定的代号、符号、文字及数字等标注在图形上，其它则用简明的文字书写在图纸右下方。

一、表面粗糙度

1. 表面粗糙度的概念

如图 11-31 所示，表面粗糙度是指零件加工表面上所具有的较小间距峰谷的微观几何形状特性。一般是由所采用的加工方法而形成。

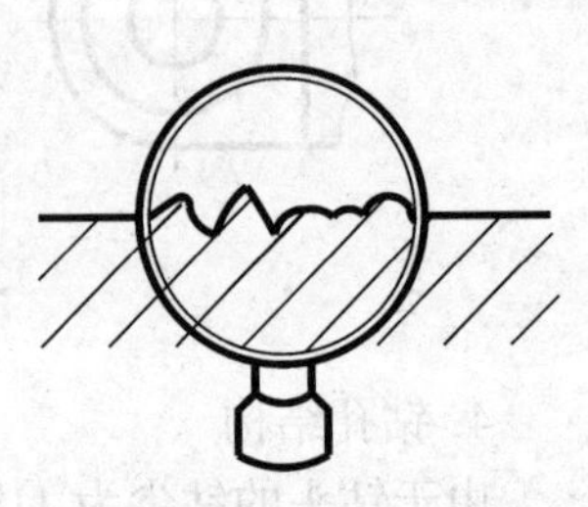

图 11-31　零件表面微观不平情况

表面粗糙度是衡量零件质量的一项重要指标，它对零件的配合、耐磨性、抗腐蚀性、抗疲劳度及密封性、外观等都有影响。表面粗糙度数值越小，其使用性能愈好，但加工成本愈高。因此，零件表面粗糙度的选择原则是：在满足使用要求的前提下，

尽量选低一级的。表 11-3 及表 11-4 分别列出常用 R_a 值及 R_a 值对应的主要加工方法和应用举例。

表 11-3　轮廓算术平均偏差 R_a 系列值

0.012	0.025	0.05	0.10	0.20	0.40	0.80
1.6	3.2	6.3	12.5	25	50	100

表 11-4　R_a 值与表面特征、加工方法比较及应用举例

R_a/μm	表面特征	主要加工方法	应用举例
>40～80	明显可见刀痕	粗车、粗铣、粗刨、钻、粗纹锉刀和粗砂轮加工	光洁程度最低的加工面，一般很少应用
>20～40	可见刀痕		
>10～20	微见刀痕	粗车、刨、立铣、平铣、钻等	不接触表面、不重要的接触面，如螺钉孔、倒角、机座底面等
>5～10	可见加工痕迹	精车、精铣、精刨、铰、镗、粗磨等	没有相对运动的零件接触面，如箱、盖、套筒要求紧贴的表面、键和键槽工作表面；相对运动速度不高的接触面，如支架孔、衬套、带轮轴孔的工作表面
>2.5～5	微见加工痕迹		
>1.25～2.5	看不见加工痕迹		
>0.63～1.25	可辨加工痕迹方向	精车、精铰、精拉、精镗、精磨等	要求很好密合的接触面，如与滚动轴承配合的表面、销孔等；相对运动速度较高的接触面，如滑动轴承的配合表面、齿轮轮齿的工作表面
>0.32～0.63	微辨加工痕迹方向		
>0.16～0.32	不可辨加工痕迹方向		
>0.08～0.16	暗光泽面	研磨、抛光、超级精细研磨等	精密量具表面、极重要零件的摩擦面，如气缸的内表面、精密机床的主轴轴颈、坐标镗床的主轴轴颈等
>0.04～0.08	亮光泽面		
>0.02～0.04	镜状光泽面		
>0.01～0.02	雾状镜面		
≯0.01	镜面		

2. 表面粗糙度的注法

(1) 表面粗糙度代号

表面粗糙度代号由表面粗糙度符号和参数值组成。零件表面粗糙度符号见表 11-5。

表 11-5　表面粗糙度的符号

符　号	意　　义	符 号 画 法
	基本符号，表示表面可用任何方法获得	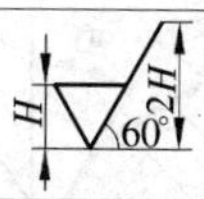 H　60°　2H $H=1.4h$ 线宽 $=0.1h$ $h=$ 字高
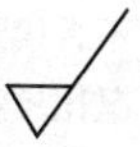	表示表面是用去除材料的方法获得，如：车、铣、钻、磨、剪切、抛光、腐蚀、电火花加工等	 基本符号加一短划
	表示表面是用不去除材料的方法获得，如：铸、锻、冲压、热轧、冷轧、粉末冶金等；或者是保持上道工序的状况或原供应状况	 基本符号加一小圆

表面粗糙度有关内容注写的位置及意义见图 11-32。

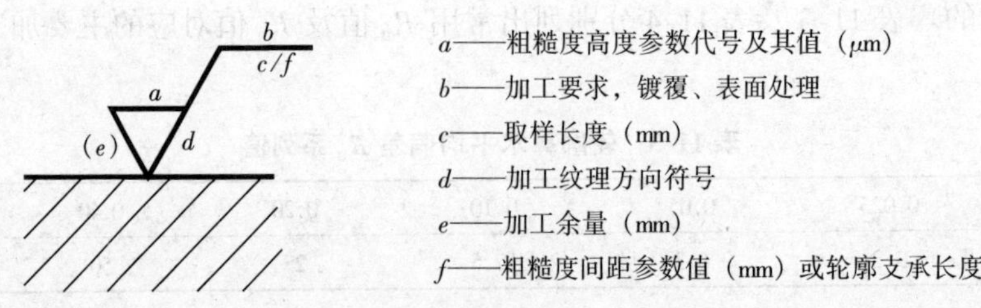

图 11-32　表面特征规定标注位置

国家标准规定，评定表面粗糙度的参数有三个：轮廓算术平均偏差 R_a、微观不平度十点高度 R_z 和轮廓最大高度 R_y。在零件图中多采用轮廓算术平均偏差 R_a，所以一般可省略 R_a，见表 11-6。

表 11-6　表面粗糙度高度参数的标注

代　号	意　　义	代　号	意　　义
3.2	用不去除材料方法获得的表面粗糙度，R_a 的上限值为 3.2μm	3.2 1.6	用去除材料方法获得的表面粗糙度，R_a 的上限值为 3.2μm、下限值为 1.6μm
3.2	用任何方法获得的表面粗糙度，R_a 的上限值为 3.2μm	R_y3.2	用去除材料方法获得的表面粗糙度，R_y 的上限值为 3.2μm
3.2	用去除材料方法获得的表面粗糙度，R_a 的上限值为 3.2μm	R_z200	用不去除材料方法获得的表面粗糙度，R_z 的上限值为 200μm

（2）表面粗糙度在图样上的标注方法

1）标注法则

① 在同一图样上，每一表面只标注一次符号、代号，并应标注在可见轮廓线、尺寸线、尺寸界线或它们的延长线上。

② 符号的尖峰必须从材料外指向标注表面。

③ 在图样上表面粗糙度代号中，数字的大小和方向必须与图中尺寸数值的大小和方向一致。

2）应用标注方法示例，见表 11-7。

表 11-7　表面粗糙度标注方法示例

图　　例	说明	图　　例	说明
3.2　12.5　3.2　12.5　30°　3.2　12.5　12.5　3.2　3.2　30°　12.5　3.2　12.5	各倾斜表面粗糙度代号的注法（注意图中30°提示）	30°　30°	带有横线的表面粗糙度符号的注法（注意与不带横线情况比较）

（续）

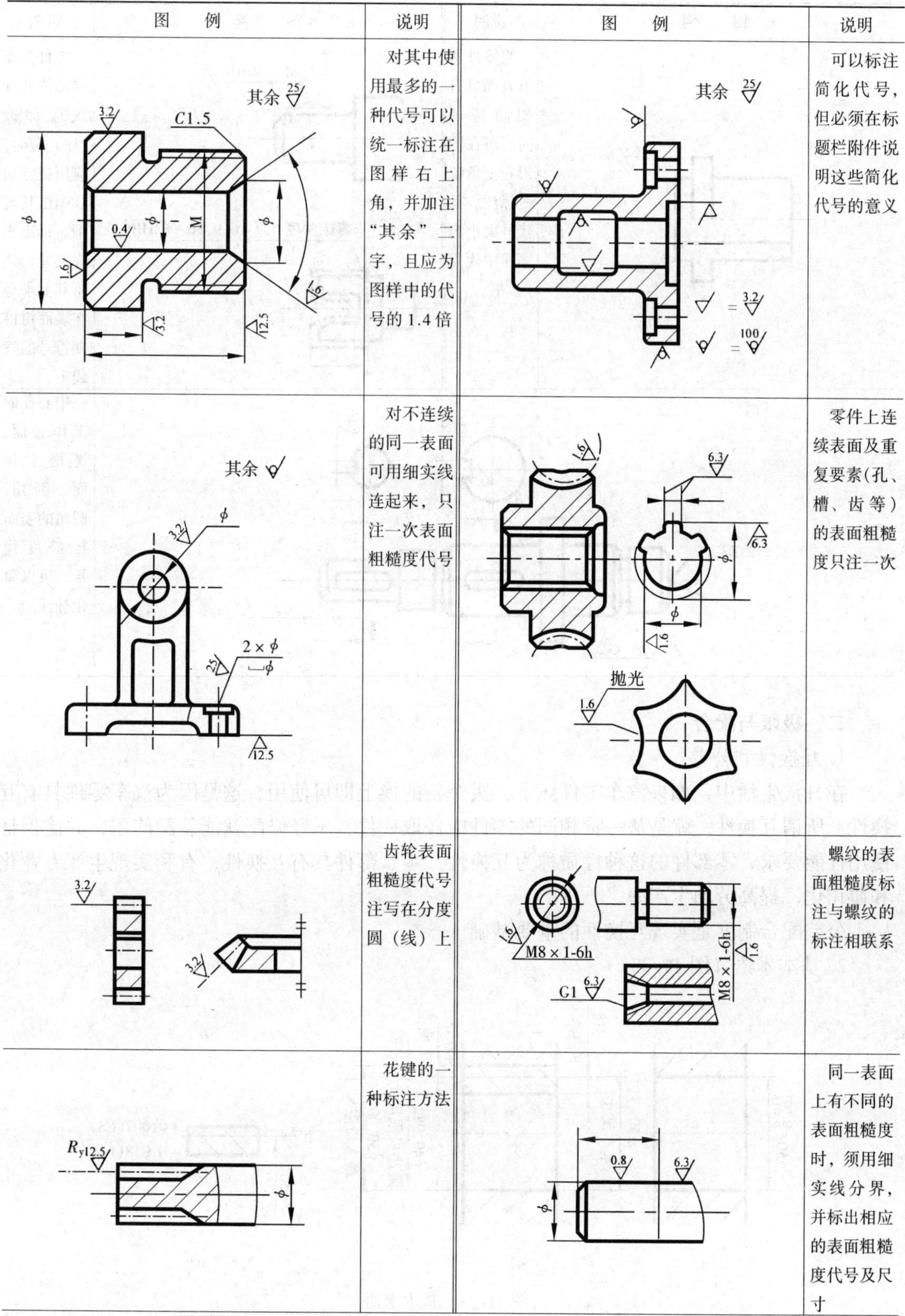

图　　例	说明	图　　例	说明
	对其中使用最多的一种代号可以统一标注在图样右上角，并加注“其余”二字，且应为图样中的代号的1.4倍		可以标注简化代号，但必须在标题栏附件说明这些简化代号的意义
	对不连续的同一表面可用细实线连起来，只注一次表面粗糙度代号		零件上连续表面及重复要素(孔、槽、齿等）的表面粗糙度只注一次
	齿轮表面粗糙度代号注写在分度圆（线）上		螺纹的表面粗糙度标注与螺纹的标注相联系
	花键的一种标注方法		同一表面上有不同的表面粗糙度时，须用细实线分界，并标出相应的表面粗糙度代号及尺寸

（续）

图　例	说明	图　例	说明
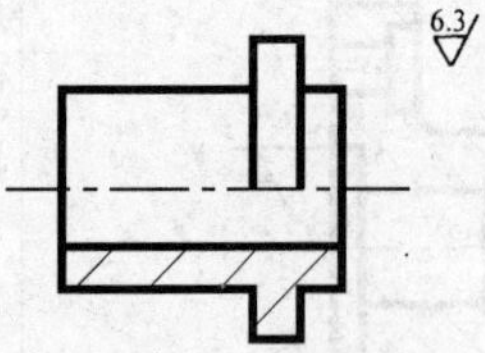 6.3	当零件所有表面具有相同特征时，可在图形右上角统一标注。其代号大小为图样中代号1.4倍	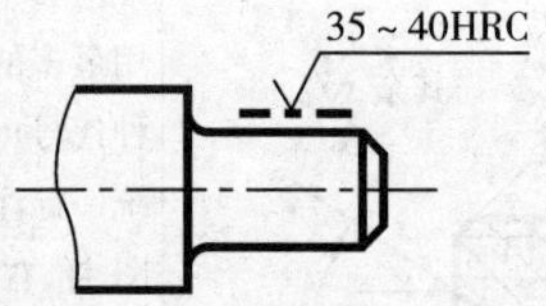 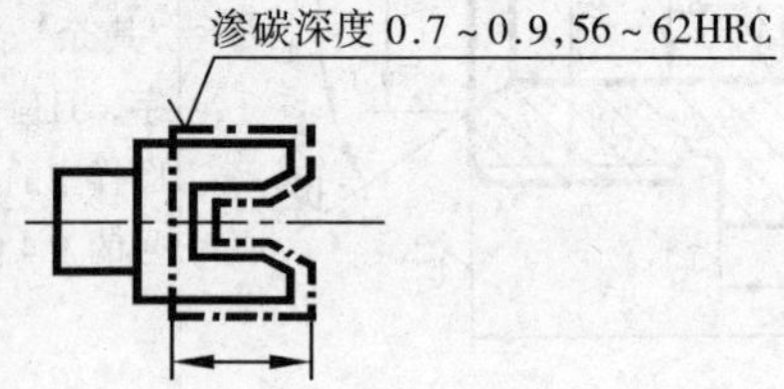 35～40HRC 渗碳深度 0.7～0.9,56～62HRC	零件需要局部热处理或局部镀（涂）覆时，应用粗点划线画出其范围，标出相应尺寸，并将其要求写在表面粗糙度符号的横线上
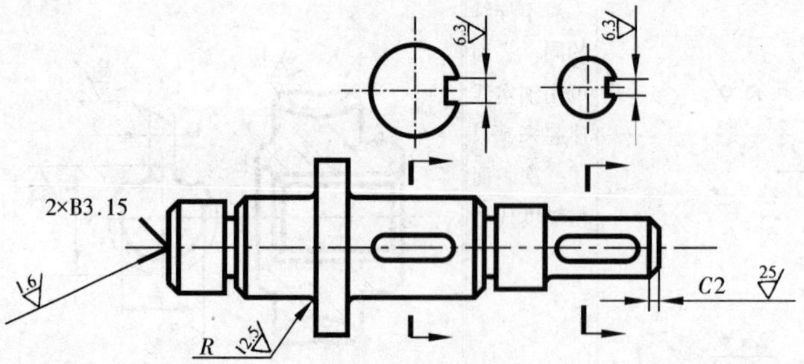 6.3　6.3　2×B3.15　1.6　R　12.5　C2　25			中心孔的工作表面、键槽工作面、倒角、圆角的表面粗糙度代号，可以简化标注

二、极限与配合

1. 互换性和公差

在日常生活中，如果汽车零件坏了，买个新的换上即可使用，这是因为汽车零件具有互换性。所谓互换性，就是从一批相同的零件中任取一件，不经修配就能装配使用，并能保证使用性能要求，零部件的这种性质称为互换性。零、部件具有互换性，有利实现生产专业化和协作化，提高劳动生产率。

公差配合制度是实现互换性的重要基础。

2. 基本术语（图 11-33）

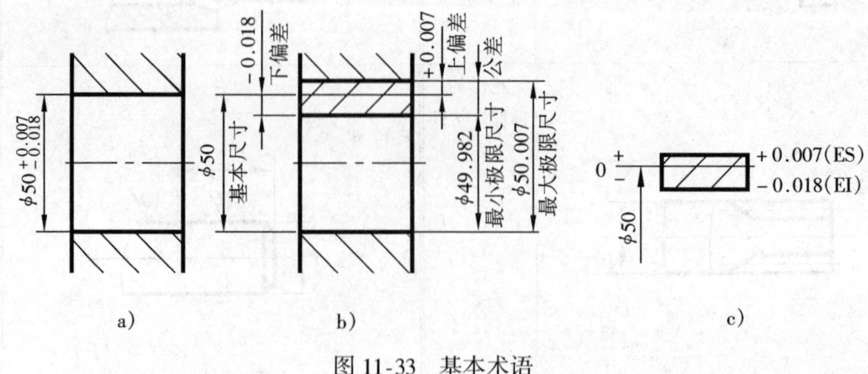

图 11-33　基本术语

(1) 基本尺寸　设计时给定的尺寸如 $\phi50$。

(2) 实际尺寸　实际测量所得到的尺寸，如量得 $\phi50.005$。

(3) 极限尺寸　允许尺寸变化的两个界限值，其中较大的一个（图中 $\phi50.007$）称为最大极限尺寸，较小的一个（图中 $\phi49.982$）称为最小极限尺寸。

(4) 尺寸偏差（简称偏差）　某一尺寸减其基本尺寸所得代数差。

其中：　上偏差 = 最大极限尺寸 − 基本尺寸

下偏差 = 最小极限尺寸 − 基本尺寸

国家标准规定：孔上偏差为 ES。

孔下偏差为 EI。

轴上偏差为 es。

轴下偏差为 ei。

如图 11-33b 所示。

偏差的数值可为正值、负值或零。

(5) 尺寸公差（简称公差）　允许尺寸的变动量。

公差 = 最大极限尺寸 − 最小极限尺寸

或　公差 = 上偏差 − 下偏差

在图 11-33 中，公差 = 50.007 − 49.982 = 0.025

或　$公差 = 0.007 - (-0.018) = 0.025$

公差是一个没有符号的绝对值。公差以上、下偏差的形式标注，如图 11-33a 的 $\phi50^{+0.007}_{-0.018}$。

(6) 公差带与零线　由代表上、下偏差的两条直线所限定的一个区域称为公差带。为便于分析，一般将尺寸公差与基本尺寸的关系按放大比例画成简图，称为公差带图。

在公差带图中，确定偏差的一条基准直线，即零偏差线，简称零线。通常零线表示基本尺寸，如图 11-33c 所示。

图 11-34 和图 11-35 表示公差配合中孔与轴公差带图的画法。

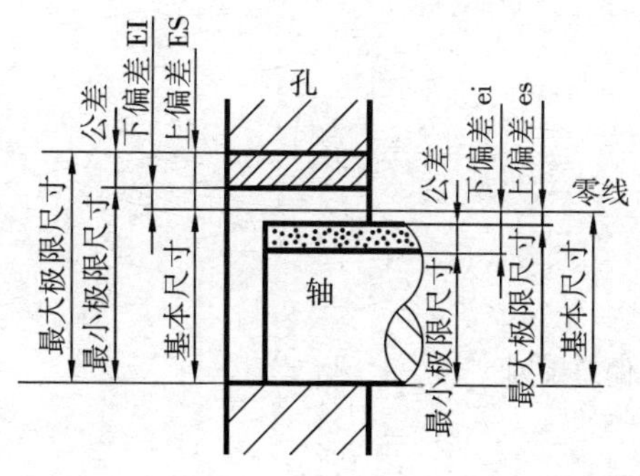

图 11-34　公差配合示意图

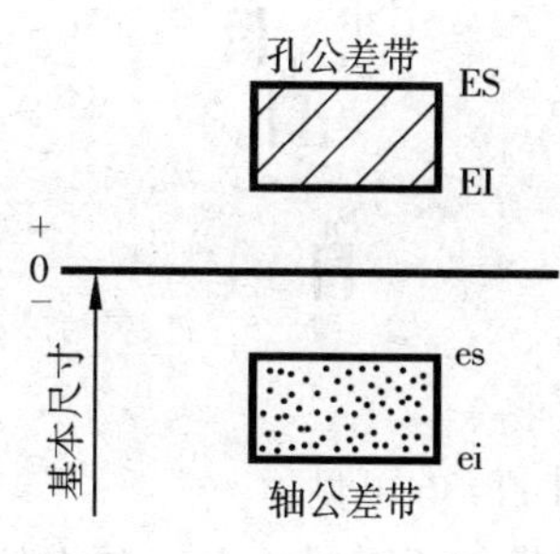

图 11-35　公差带图

(7) 标准公差与基本偏差　由图 11-35 可见，公差带可以表示公差大小和公差带的位置。其中前者由标准公差确定，后者由基本偏差确定。

1) 标准公差　标准公差是国家标准"标准公差数值表"中所规定的任一公差。国家标准规定标准公差等级分 20 个等级，即 1T01 、1T0、1T1、1T2…1T18。其中 1T01 公差等级最高，1T18 公差等级最低。

2）基本偏差　基本偏差指上、下偏差中靠近零线者，用以确定公差带相对零线的位置，如图 11-35 所示。

根据实际需要，国家标准分别对孔和轴规定了 28 个不同的基本偏差——基本偏差系列见图 11-36。

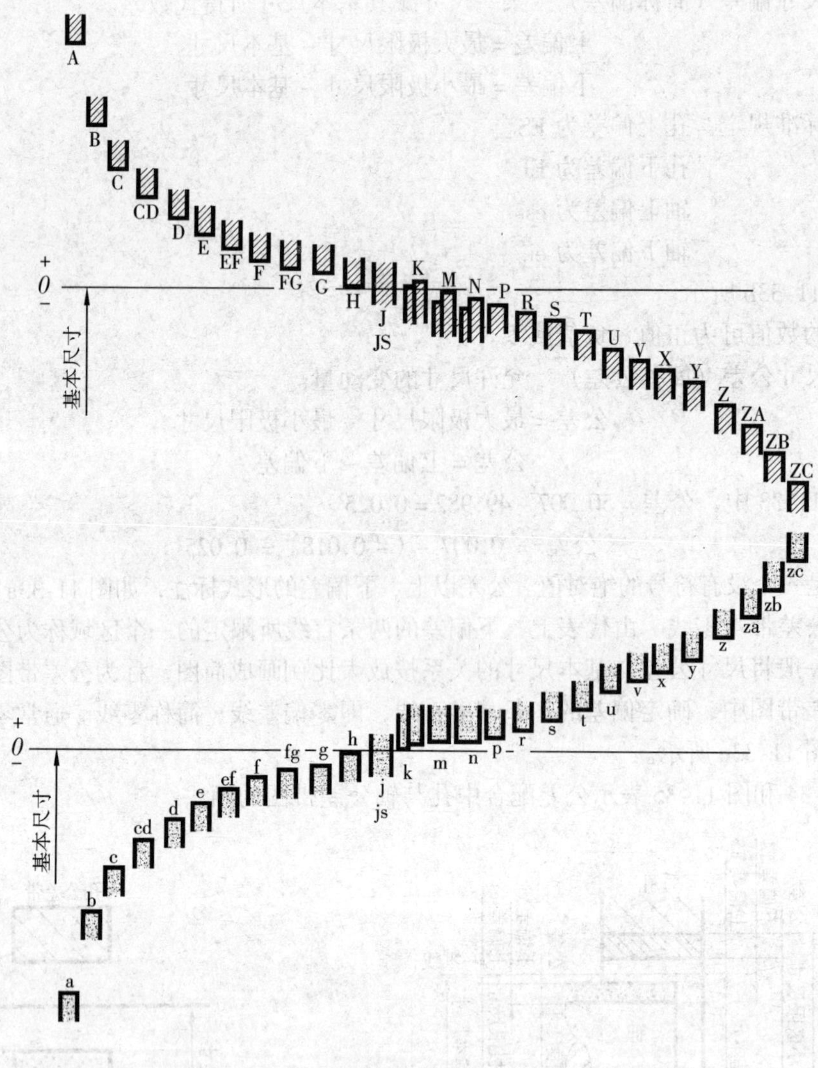

图 11-36　基本偏差系列

从图 11-36 可见：

公差带位于零线之上，基本偏差为下偏差；

公差带位于零线之下，基本偏差为上偏差。

孔和轴公差带的代号由基本偏差与公差等级代号组成，例如：

公差带代号

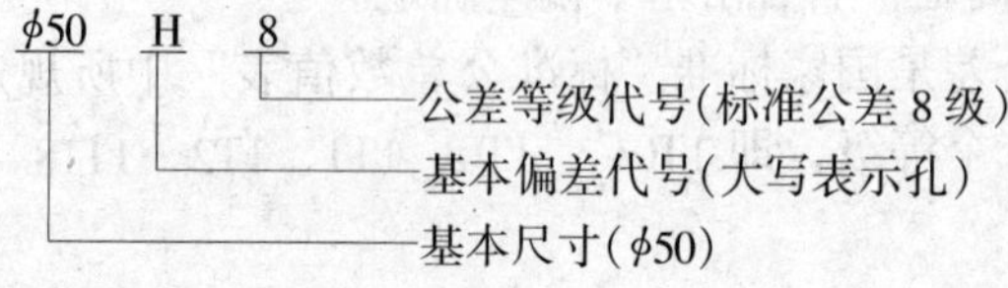

其含义为：基本尺寸为 $\phi50$，公差等级为 8 级，基本偏差为 H 的孔的公差带。

公差带代号

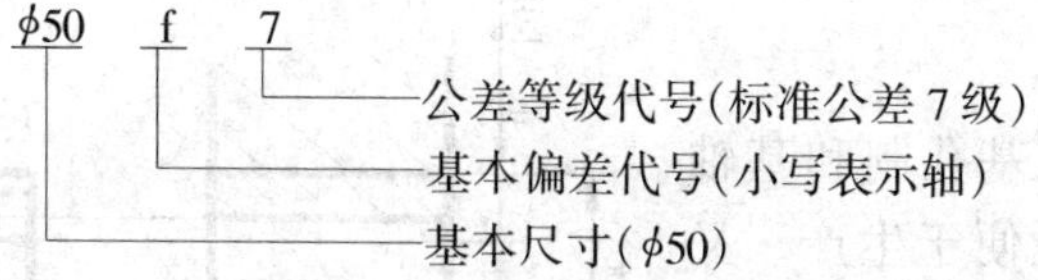

其含义为：基本尺寸为 $\phi50$，公差等级为 7 级，基本偏差为 f 的轴的公差带。

3. 配合

基本尺寸相同，相互结合的孔与轴公差带之间的关系称为配合，如图 11-34 和图 11-35 所示。

(1) 配合的种类

根据相配合的孔、轴公差带的相对位置，配合分三类：

1) 间隙配合　如图 11-37 所示，孔的公差带完全在轴的公差带之上，即保证具有间隙（含最小间隙为零）的配合。适用两配合表面间有相对运动之处。

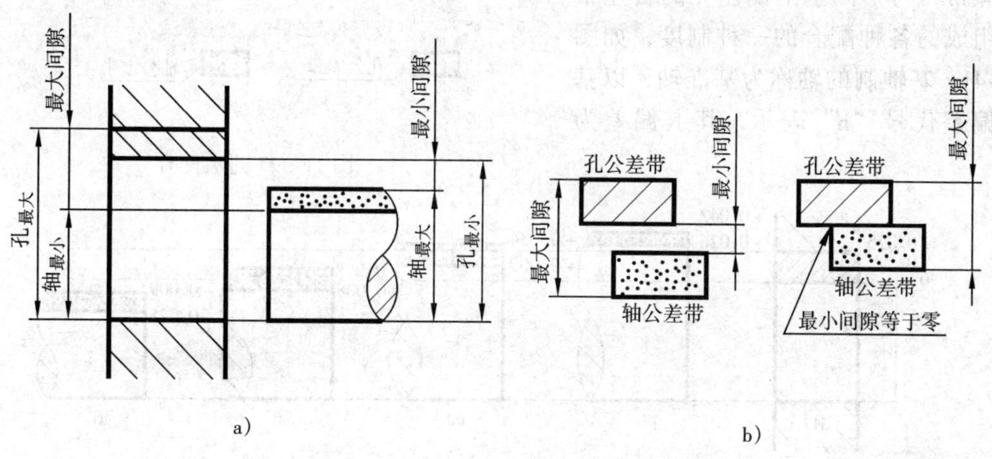

图 11-37　间隙配合

2) 过盈配合　如图 11-38 所示，孔的公差带完全在轴的公差带之下，即保证具有过盈（含最小过盈为零）的配合。适用于两配合表面间紧固联接之处。

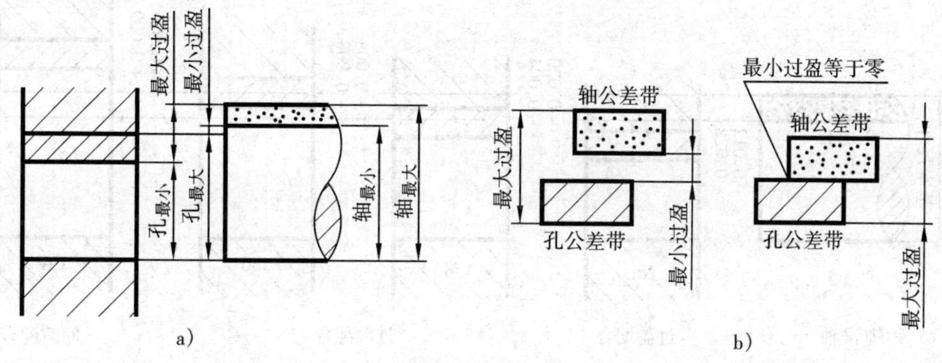

图 11-38　过盈配合

3）过渡配合　如图 11-39 所示，孔和轴的公差带相互交叠，既可能具有间隙，也可能具有过盈的配合，适用两表面间配合松紧中等的情况。

（2）配合的基准制

国家对配合规定了基孔制和基轴制两种（其中基孔制既便于生产，又经济，要优先选用）。

1）基孔制　基本偏差为一定的孔的公差带，与不同基本偏差的轴的公差带形成的各种配合的一种制度，如图 11-40。基孔制的孔称为基准孔，以其基本偏差代号“H”表示，其下偏差为零。

2）基轴制　基本偏差为一定轴的公差带，与不同基本偏差孔的公差带所组成的各种配合的一种制度，如图 11-41。基轴制的轴称为基准轴，以基本偏差代号“h”表示，其上偏差为零。

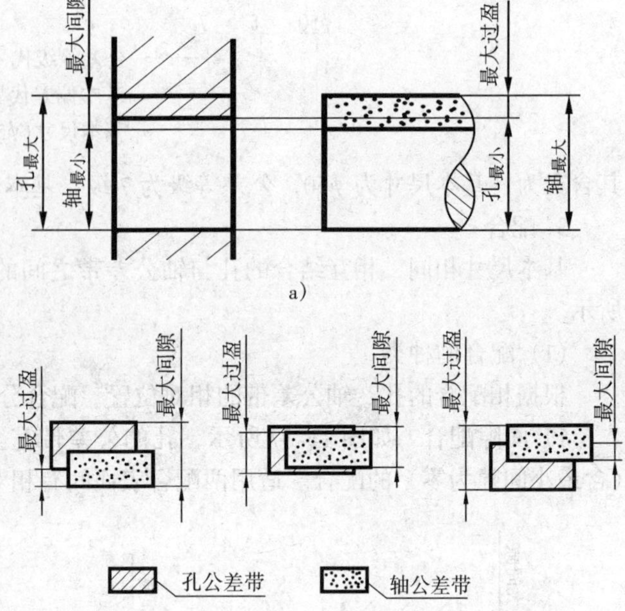

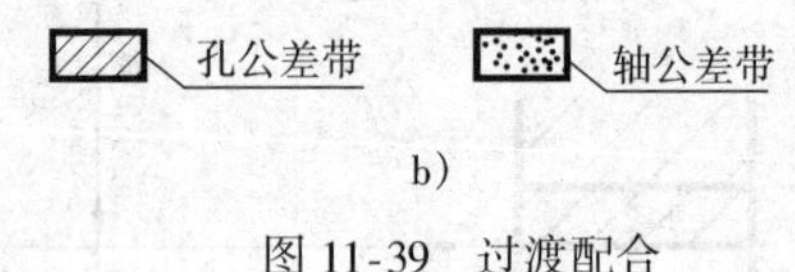

图 11-39　过渡配合

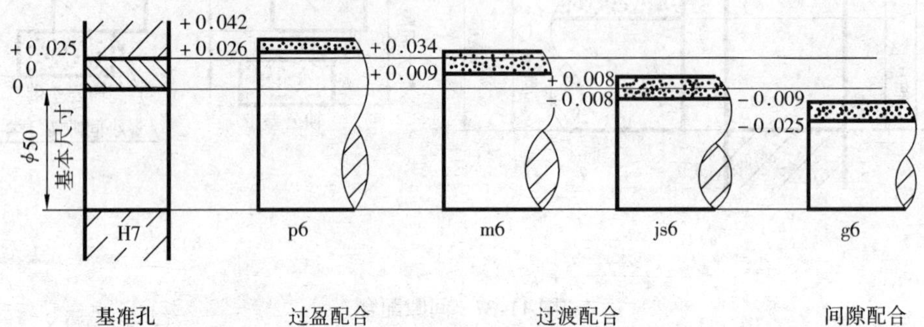

图 11-40　基孔制配合

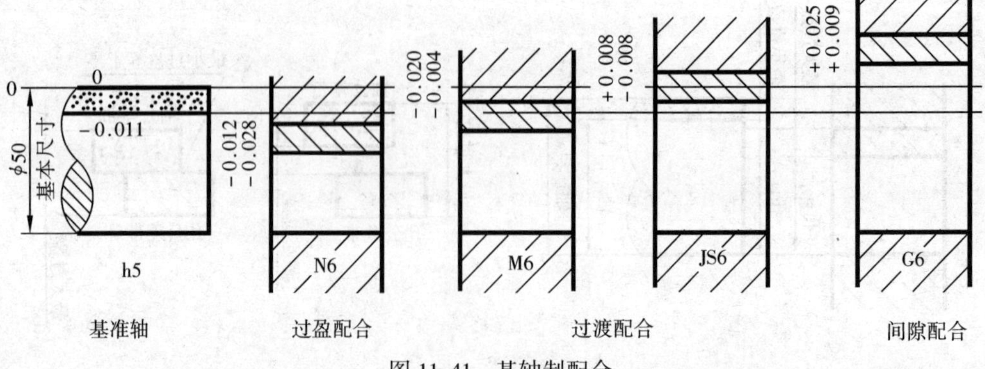

图 11-41　基轴制配合

在基本偏差系列表（图 11-36）中，A ~ H(a ~ h）的基本偏差用于间隙配合；J ~ ZC(j ~ zc）用于过渡配合和过盈配合。

4. 公差与配合的标注

（1）零件图中有三种形式，见图 11-42。

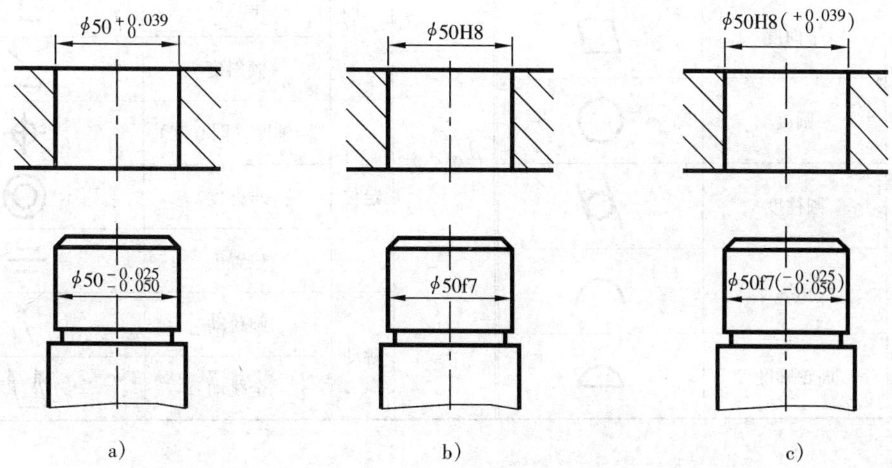

图 11-42　零件图中尺寸公差的标注

（2）装配图采用分式注法，见图 11-43。

5. 识别配合代号及查表

（1）$\phi 50\ \frac{H8}{f7}$——基本尺寸为 ϕ50、8 级基准孔与 7 级 f 轴的间隙配合。其中孔的公差带 ϕ50H8，轴的公差带为 ϕ50f7。

查表孔、轴的极限偏差值分别为 $\phi 50^{+0.039}_{0}$，$\phi 50^{-0.025}_{-0.050}$。

（2）$\phi 50\ \frac{P7}{h6}$——基本尺寸为 ϕ50、6 级基准轴与 7 级 P 孔的过盈配合。其中孔的公差带 ϕ50P7，轴的公差带为 ϕ50h6。

查表孔、轴的极限偏差值分别为 $\phi 50^{-0.017}_{-0.042}$，$\phi 50^{0}_{-0.016}$。

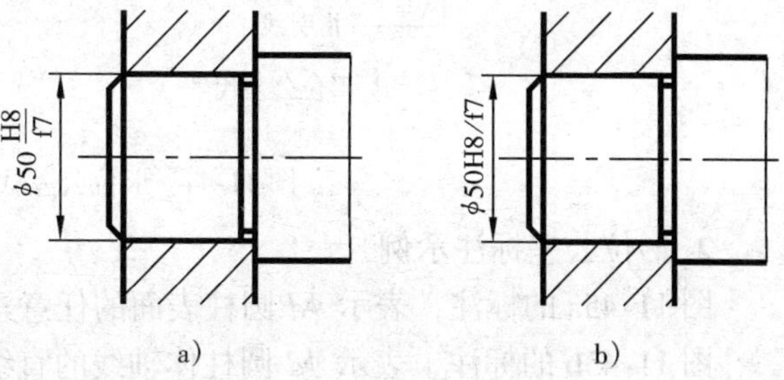

图 11-43　装配图中配合代号的标注

三、形状公差和位置公差简介

为了满足使用要求，对于某些精度较高的零件不仅规定尺寸公差，而且还规定了形状公差和位置公差，简称形位公差。

形位公差是指零件的实际形状和实际位置对理想形状和理想位置的允许变动量。

1. 形位公差代号

国家标准规定形位公差在图样中应用代号标注。形位公差代号包括：形位公差符号、框格、指引线、公差数值、基准符号等。表 11-8 列出了形位公差项目及符号。图 11-44 表示了形位公差代号内容及基准符号的画法。

表 11-8　形位公差各项目的符号

公　差	特征项目	符　号
形状公差	直线度	—
	平面度	▱
	圆度	○
	圆柱度	⌭
形状或位置公差	线轮廓度	⌒
	面轮廓度	⌓

公　差		特征项目	符　号
位置公差	定向	平行度	//
		垂直度	⊥
		倾斜度	∠
	定位	同轴度（同心度）	⌖
		对称度	◎
		位置度	⌯
	跳动	圆跳动	↗
		全跳动	⌰

a）形位公差代号　　　　b）基准代号画法

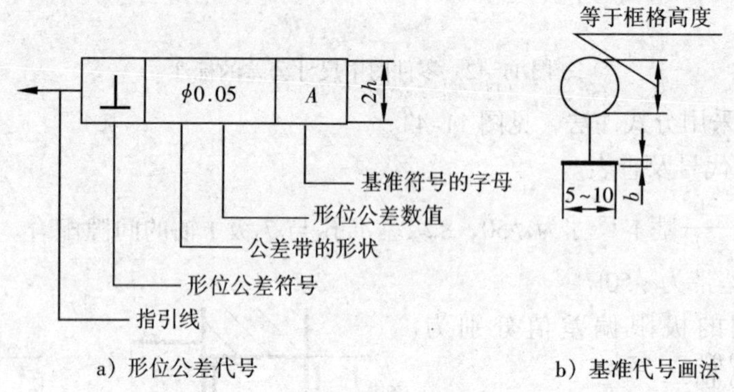

图 11-44　形位公差代号及基准符号

2. 形位公差标注示例

图 11-45a 的标注，表示 ϕd 圆柱表面的任意素线的直线度公差为 0.02。

图 11-45b 的标注，表示 ϕd 圆柱体轴线的直线度公差为 $\phi 0.02$。

图 11-46a 的标注，表示被测左端面对于 ϕd 轴线的垂直度公差为 0.05。

图 11-46b 的标注，表示 ϕd 孔的轴线对于底面的平行度公差为 0.03。

a）　　　　b）

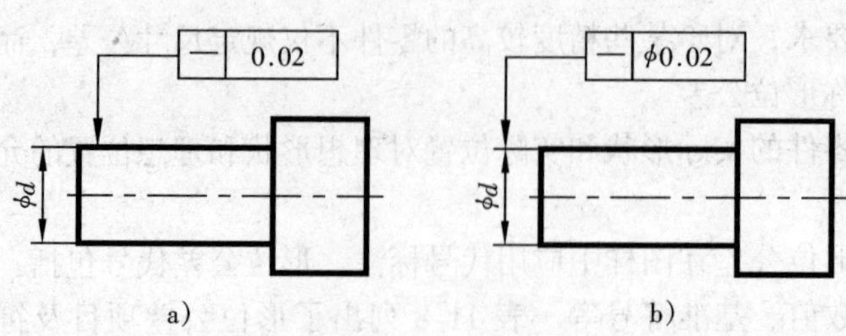

图 11-45　形状公差的标注

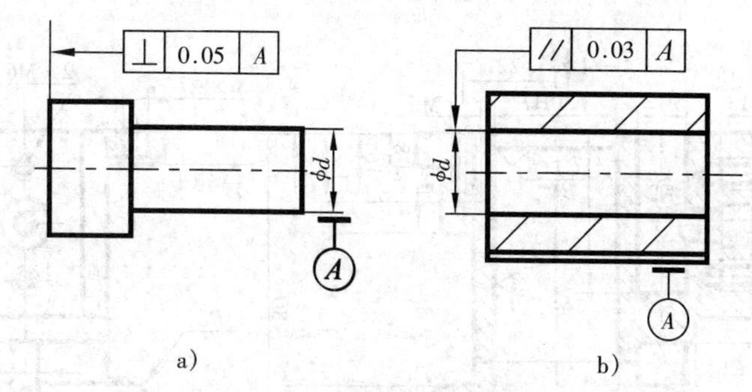

图 11-46　位置公差的标注

第五节　读 零 件 图

在设计和制造的实际工作中，读零件图是一项非常重要的工作。工程技术人员必须具备熟练阅读零件图的能力。

一、读零件图的要求

1. 了解零件的名称、用途、材料、数量等。

2. 分析想象零件各部分的结构、形状和功用，以及它们之间的相对位置。

3. 了解零件尺寸标注、技术要求和制造方法。

二、读零件图的方法和步骤

1. 看标题栏——概括了解

首先看标题栏，了解零件的名称、材料、比例等，并浏览全图，对零件有个概括了解，如：零件属什么类型，大致轮廓和结构等。

2. 分析表达方案——明确表达目的

根据视图布局，首先确定主视图，围绕主视图分析其它视图的配置。对于剖视图、断面图要找到剖切位置及方向，对于局部视图和局部放大图要找到投影方向和部位，弄清楚各个图形彼此间的投影关系。

3. 形体分析——看懂零件各部分的结构、形状、作用及其之间的相对位置。

首先利用形体分析法，将零件按功能分解为主体、安装、联接等几部分，然后明确每一部分在各个视图中的投影范围与各部分之间的相对位置，最后仔细分析每一部分的形状及作用。

4. 分析尺寸和技术要求

根据零件的形体结构，分析确定长、宽、高各方向的主要尺寸基准。分析尺寸标注和技术要求，找出各部分的定形和定位尺寸，明确哪些是主要尺寸和主要加工面，进而分析制造方法等，以便保证质量要求。

5. 综合考虑

综上所述，将零件的结构形状、尺寸标注及技术要求综合起来，就能比较全面地阅读这张零件图。在实际读图过程中，上述步骤常常是穿插进行的。

三、看图举例

图 11-47 为一壳体的零件图，具体读图过程如下：

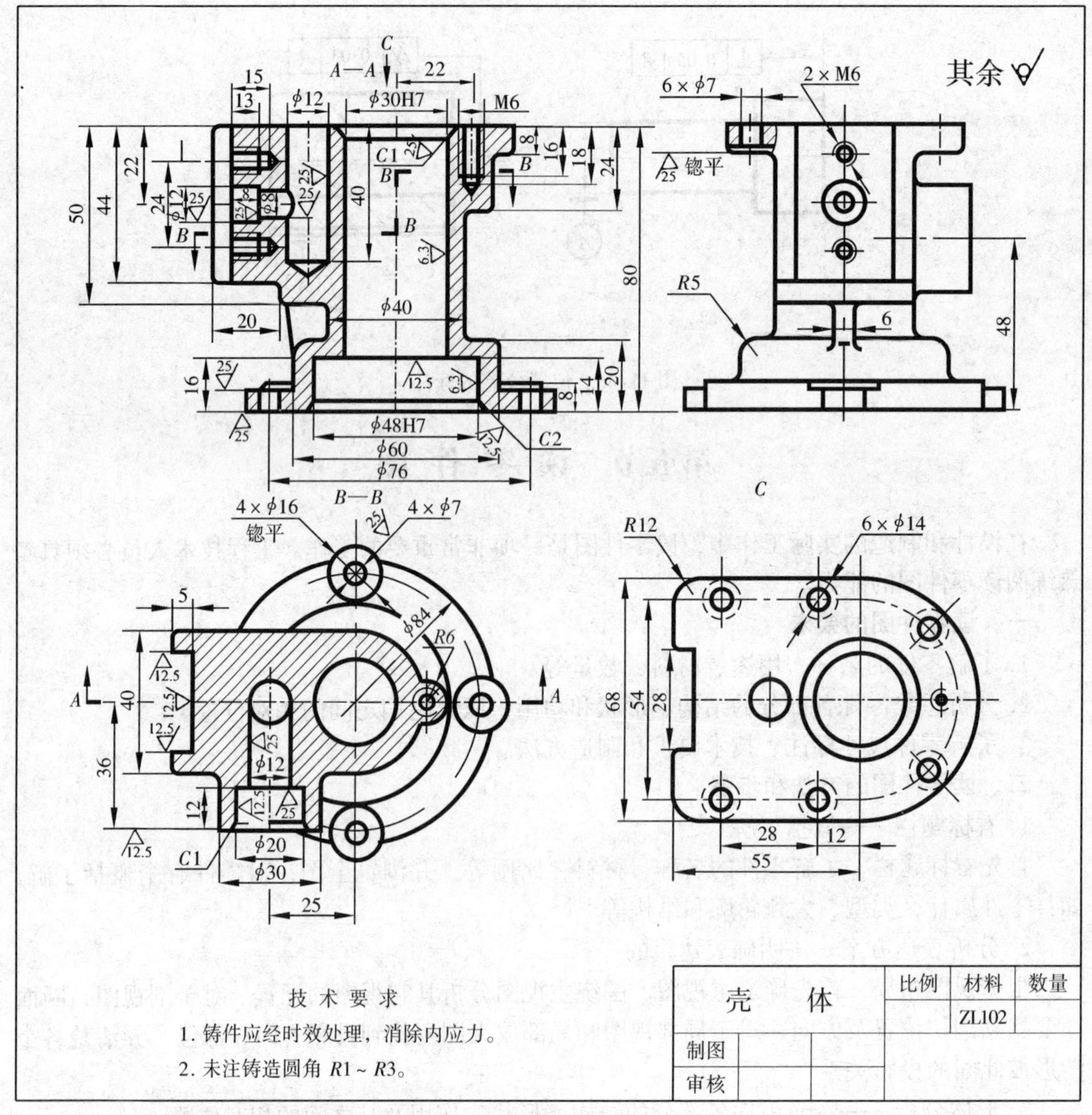

图 11-47　壳体的零件图

1. 看标题栏

从标题栏中知零件的名称为壳体，属箱体类零件，具有一般箱体类零件的容纳作用。材料为 ZL102，表示铸造铝合金，零件是铸件，此零件应具有铸造常见工艺结构。

2. 分析表达方案

该零件共采用四个图，其中三个基本视图，一个局部视图。主视图 *A*—*A* 全剖视，主要表达内部形状。俯视图采用阶梯剖切的 *B*—*B* 全剖视，同时表达内部和底板的形状。这里注意 *B*—*B* 剖切位置，主、左高平齐，便于内外形对照。左视图表达外形，其上有一小范围局部剖。*C* 向局部视图，主要表达顶面外形。

3. 形体分析，想象形状

主、俯、左三个视图结合起来，可看出零件的工作部分为内腔，其中直立阶梯孔 ϕ30H7

和 ϕ48H7 为主体内腔。另有左侧竖孔 ϕ12 深 40，水平的左右方向 ϕ12 与 ϕ8 构成阶梯孔，前后方向由 ϕ20 和 ϕ12 构成的阶梯孔。注意此三孔相通并相互垂直。工作部分的主体外形为回转体。左侧凸块左端面有凹槽，槽内除 ϕ12、ϕ8 阶梯孔外，上下各有一个 M6 螺孔；凸块前方有 ϕ30 的圆柱凸缘，其上有阶梯孔 ϕ20 和 ϕ12。

顶面的连接板厚度为 8，其上有 M6 螺孔深 16，下端面锪平的 6 × ϕ7 孔，其形状及各孔位置由 *C* 向表达。

安装板为圆盘形，其上有锪平的 4 × ϕ16 的安装孔 4 × ϕ7。

另外，主、左视图还有反映加强肋断面形状的重合断面图及过渡线。

至此，可以想象出该零件的完整结构形状。

4. 分析尺寸和技术要求

长、宽两个方向的尺寸基准分别为通过主体内腔轴线的侧平面和正平面，高度方向基准是下底面。

从这三个主要基准出发，再进一步分析主要尺寸和各部分的定形尺寸、定位尺寸。全图只有主体内腔 ϕ30H7 和 ϕ48H7 有公差要求。

再看表面粗糙度除主体内腔 ϕ30H7 和 ϕ48H7 为 $\stackrel{6.3}{\nabla}$ 外，加工面大部分为 $\stackrel{25}{\nabla}$，少数为 $\stackrel{12.5}{\nabla}$，其余为 $\checkmark$。说明该零件对表面粗糙度要求不高。

通过上述分析可看出，主体内腔 ϕ30H7 和 ϕ48H7 为主要尺寸和重要加工表面。

该壳体材料为铸件，其铸造圆角为 *R*1 ~ *R*3，并应经时效处理。

5. 综合考虑

该壳体是一中等复杂程度，加工要求不高的铸件。

第六节　零件的测绘

在仿制、维修以及技术改造过程中，常常进行零件测绘。根据现有零件进行绘图，测量标注尺寸，并制定合理的技术要求的过程，称为零件测绘。

一、零件测绘的方法和步骤

1. 了解零件名称、材料、结构、形状及其在机器（部件）中的位置、作用。

2. 确定表达方案

选择主视图及其它视图，并确定表达方法（同零件图的视图选择）。

3. 画零件草图

测绘工作常在现场进行，一般先画零件草图（即目测比例，徒手绘制零件图）。零件草图是绘制零件图的依据，有时可能用以指导生产，因此草图必须做到图形正确、表达清楚、尺寸完整、线形分明、图面整洁、字体工整，并注出包括技术要求等有关内容。

绘制零件草图的步骤（图 11-48）：

（1）布图，画主要视图基准线。

（2）目测比例，徒手画图。

（3）画剖面线、尺寸线、尺寸界线和箭头。

（4）测量并标注尺寸，加深，注写有关技术要求内容及标题栏。

4. 复核整理零件草图，再根据零件草图绘制工作图（零件图）。

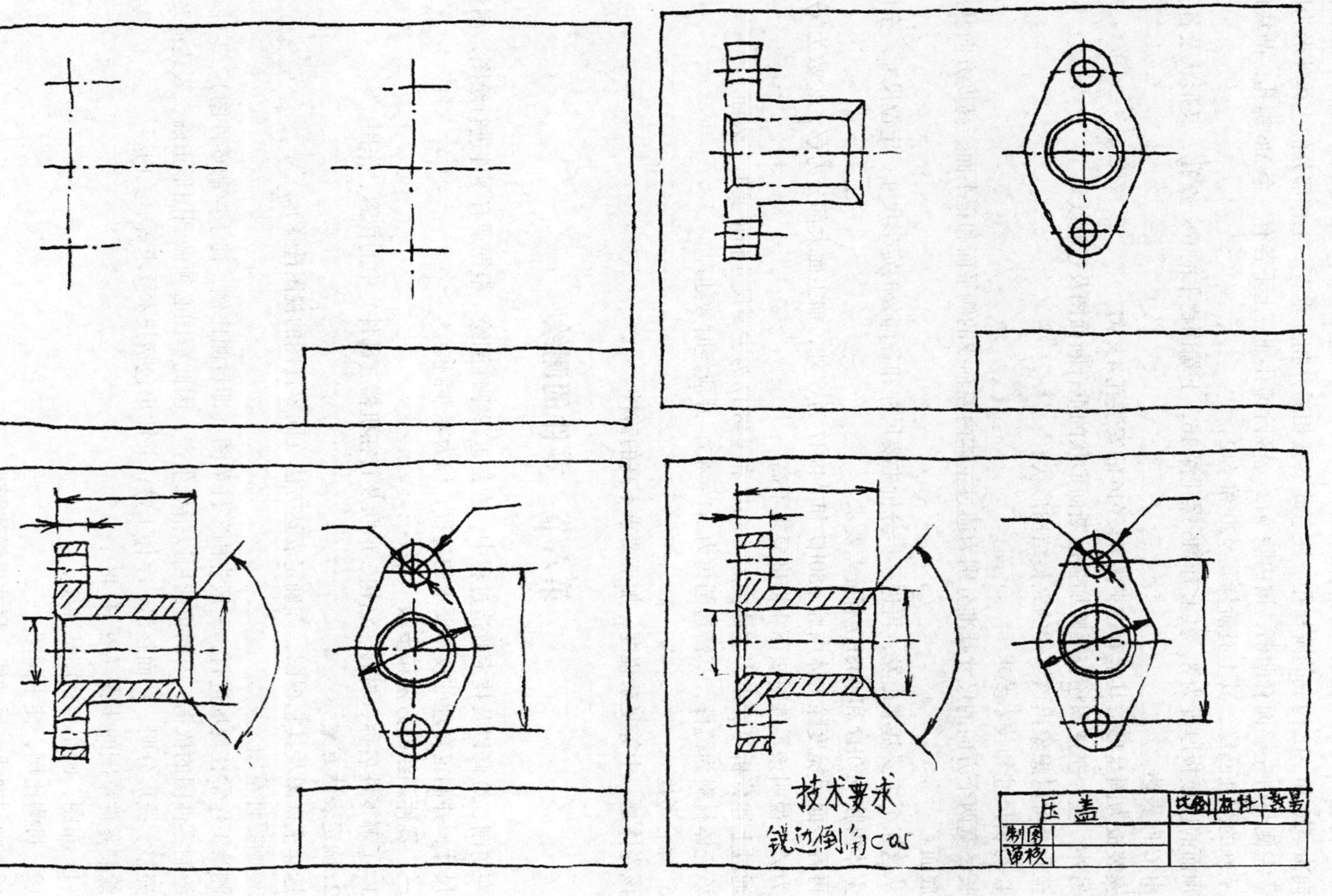

图 11-48 绘制零件草图的步骤

二、常用测量工具及测量方法（见表 11-9）

表 11-9　零件尺寸常用测量方法示例

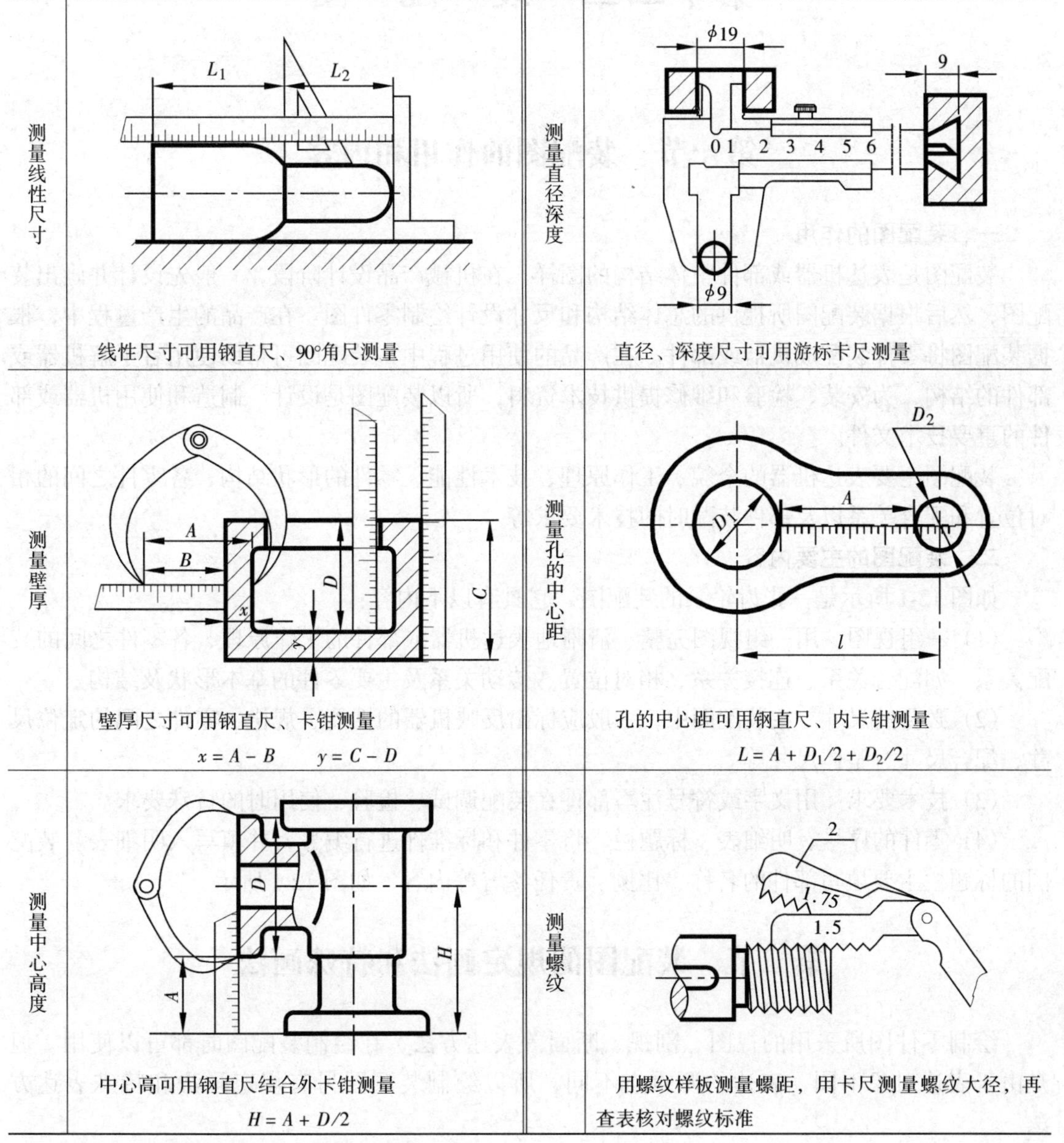

测量线性尺寸	线性尺寸可用钢直尺、90°角尺测量	测量直径深度	直径、深度尺寸可用游标卡尺测量
测量壁厚	壁厚尺寸可用钢直尺、卡钳测量 $x = A - B$　$y = C - D$	测量孔的中心距	孔的中心距可用钢直尺、内卡钳测量 $L = A + D_1/2 + D_2/2$
测量中心高度	中心高可用钢直尺结合外卡钳测量 $H = A + D/2$	测量螺纹	用螺纹样板测量螺距，用卡尺测量螺纹大径，再查表核对螺纹标准

三、零件测绘注意事项

1. 零件的缺陷（砂眼、气孔等）不应画出。

2. 零件有缺损部分，应参照其相邻零件或有关资料，将缺损部分形状完整画出。

3. 零件上的结构要素，如倒角、退刀槽等都必须完整画出，不能省略。

第十二章 装 配 图

第一节 装配图的作用和内容

一、装配图的作用

装配图是表达机器或部件整体结构的图样。在机械产品设计阶段，一般先设计并画出装配图，然后根据装配图所提供的总体结构和尺寸设计绘制零件图。在产品的生产过程中，根据装配图将零件装配成机器或部件。在产品的使用过程中，装配图可帮助使用者了解机器或部件的结构，为安装、检验和维修提供技术资料，所以装配图是设计、制造和使用机器或部件的重要技术文件。

装配图主要表达机器的全貌、工作原理、技术性能、零件的形状结构、各零件之间的相对位置和配合关系以及部件装配时的技术要求等。

二、装配图的主要内容

如图 12-1 所示是一张齿轮泵的装配图，它具有以下内容：

（1）一组视图 用一组视图完整、清晰地表达机器或部件的工作原理、各零件之间的装配关系。如配合关系、连接关系、相对位置、传动关系及主要零件的基本形状及结构。

（2）必要的尺寸 在装配图中，一般应标出反映机器的性能、规格、零件之间的定位尺寸、配合尺寸、整体尺寸等。

（3）技术要求 用文字或符号注写部件在装配调试、检验、使用时的特殊要求。

（4）零件的序号、明细表、标题栏 将零件和标准件进行编号，并填写入明细表。装配图的标题栏主要填写部件的名称、比例、责任签署等内容，如图 12-1 所示。

第二节 装配图的规定画法和特殊画法

绘制零件图所采用的视图、剖视、断面等表达方法，在绘制装配图时都可以使用。但是由于表达对象不同，表达的侧重点不同，所以绘制装配图另有规定画法和特殊表达方法。

一、装配图的规定画法

1. 相邻两零件的画法

相邻两零件的接触表面或配合表面只画一条轮廓线，如图 12-2 所示。不接触表面应分别画出两条轮廓线，若间隙很小，可夸大表示，如图 12-3 所示。

2. 剖面线的画法

（1）两相邻零件的剖面线应画成倾斜方向（45°）相反或间隔不同，同一零件的剖面线在同一张图样中的倾斜方向和间隔均应一致，如图 12-4 所示。

（2）宽度小于等于 2mm 时，允许将剖面线涂黑，如图 12-5 所示。

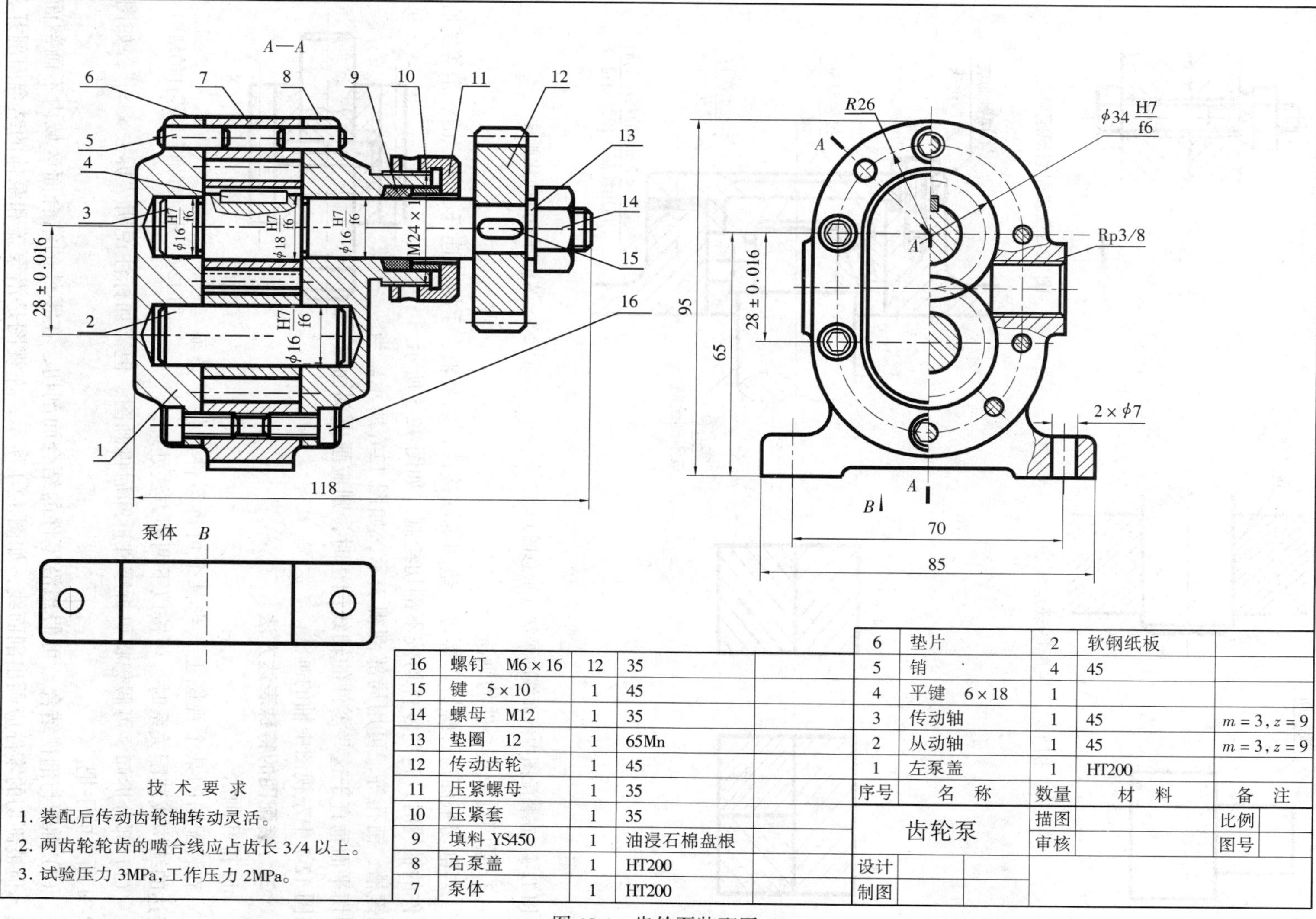

技 术 要 求

1. 装配后传动齿轮轴转动灵活。
2. 两齿轮轮齿的啮合线应占齿长 3/4 以上。
3. 试验压力 3MPa，工作压力 2MPa。

序号	名 称	数量	材 料	备 注
16	螺钉 M6×16	12	35	
15	键 5×10	1	45	
14	螺母 M12	1	35	
13	垫圈 12	1	65Mn	
12	传动齿轮	1	45	
11	压紧螺母	1	35	
10	压紧套	1	35	
9	填料 YS450	1	油浸石棉盘根	
8	右泵盖	1	HT200	
7	泵体	1	HT200	
6	垫片	2	软钢纸板	
5	销	4	45	
4	平键 6×18	1		
3	传动轴	1	45	$m=3, z=9$
2	从动轴	1	45	$m=3, z=9$
1	左泵盖	1	HT200	

齿轮泵	描图		比例	
	审核		图号	
设计				
制图				

图 12-1 齿轮泵装配图

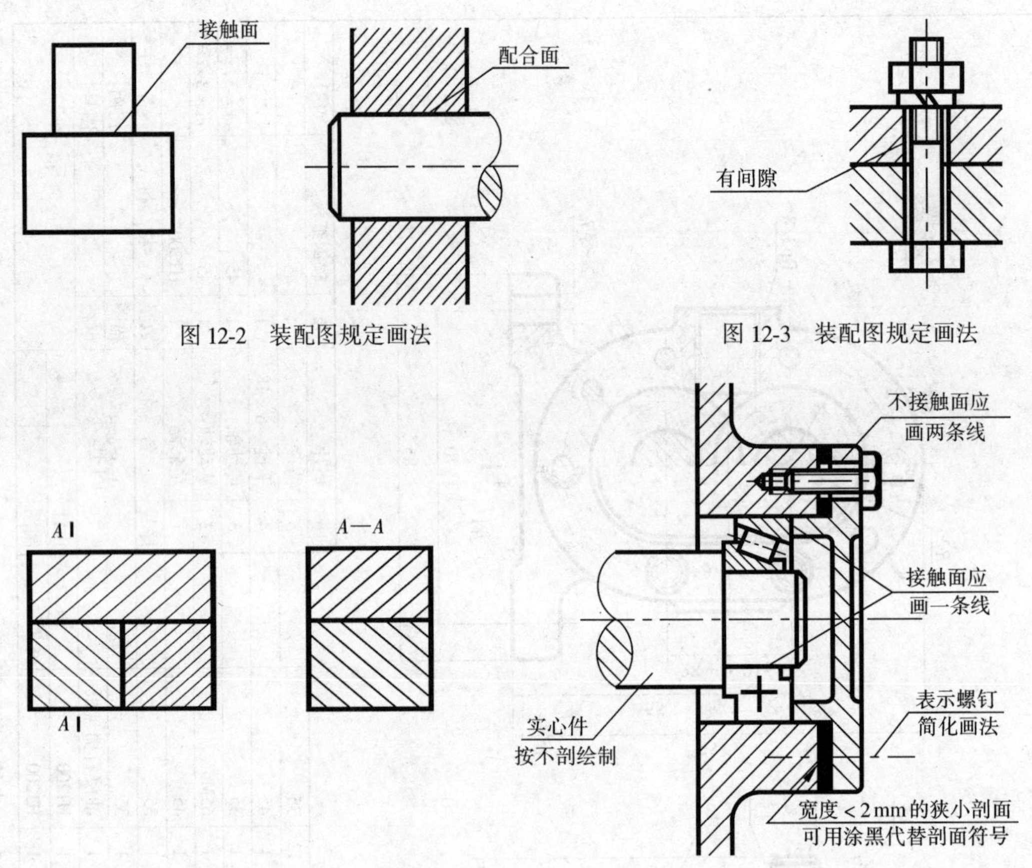

图 12-2　装配图规定画法

图 12-3　装配图规定画法

图 12-4　在装配图中剖面线的画法（示意图）

图 12-5　装配图中的简化画法

3. 紧固件及实心件的画法

当剖切平面通过螺钉、螺母、垫圈等联接件，以及轴、手柄、连杆、球、键、销等实心零件的轴线时，这些零件均按不剖切绘制，如图 12-5 所示。如键槽、销孔等，可用局部剖视表示，如图 12-6 所示。当剖切平面垂直于这些零件的轴线剖切时，则应画出剖面线，如图 12-1 中左视图中轴的画法。

图 12-6　用局部剖表示零件的结构

二、装配图的特殊表达方法

1. 拆卸画法

在装配图的某个视图上，当某个可拆零件遮住了必须表达的结构或装配关系时，可按以下两种方法处理。

(1) 部分拆卸　可假想将可拆零件拆卸后再画图，但需加标注说明“拆去××”，如图 12-31 所示的手把。

(2) 拆卸与剖视结合　可假想沿零件的结合面剖切，在零件的结合面区域内不画剖面线，但被剖切的零件应画出剖面线，如图 12-1 所示，左视图是沿泵盖和泵体的结合面剖开，泵体、泵盖不画剖面线，但轴和螺钉被剖切了，所以该零件应按规定画出剖面线，这种画法称为拆卸剖视。

2. 假想画法

有时为了表达与本部件有关，但又不属于本部件的相邻零部件，可用双点划线画出该零件，如图 12-7 下部。

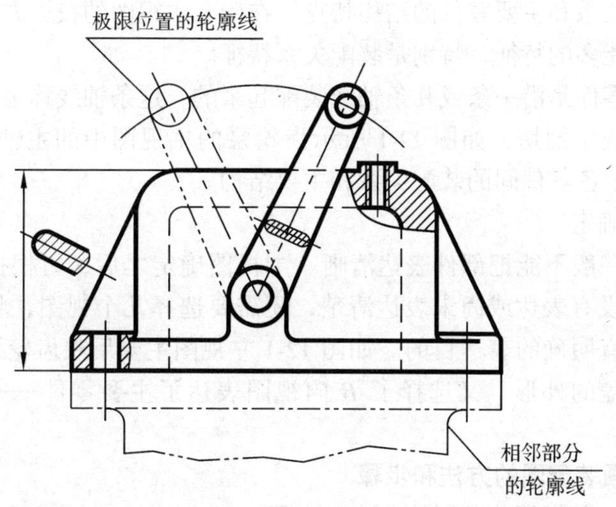

图 12-7　假想画法

3. 移出画法

在装配图中，当某个零件的结构形状需要表达而未能表达清楚时，可单独画出该零件的一个视图或几个视图，并在视图的上方注写零件的视图名称，在相应视图的附近注明投影方向如图 12-1 中所注零件 7 泵体的 *B* 向。

4. 简化画法

如遇到下列情况可采用简化画法：

(1) 对零件的部分工艺结构，如圆角、倒角、退刀槽等，可省略不画。

(2) 对螺栓、螺钉联接件等若干相同的零件组，只需详细地画出一处或几处。其余则以点画线表示其中心位置即可，如图 12-5 下半部分螺钉省略不画。

对同类型的滚动轴承，只需将一个轴承按比例画出一半，另一半只画出轮廓线，并在轮廓线内画十字形符号，如图 12-5 中下半部分轴承。

5. 夸大画法

对薄片零件，如细丝弹簧或较小间隙等，允许适当夸大画出，如图 12-3、图 12-5。

第三节　装配图的视图选择和画法

为了满足生产的需要，应正确运用装配图的各种表达方法，将部件的工作原理，各零件间的装配关系及主要零件的基本结构完整、清晰地表达出来。视图表达方案应力求简明，便于读图。

一、装配图的视图选择

1. 主视图的选择

(1) 确定安放位置　一般将部件摆放成工作位置，如图 12-1 所示齿轮泵的主视图。但有些零件如阀类、滑动轴承，由于应用场合不同，可能有不同的工作位置，可按其常用或习惯的位置。

(2) 选择投射方向　主视图所选投射方向应较多地反映部件的工作原理、运动情况及零部件间的装配联接关系和主要零件的结构特点。在确定主视图的投影方向时，应考虑能够清楚地显示部件尽可能多的特征，特别是装配关系特征。

通常部件中各零件是沿一条或几条轴线装配起来的，这条轴线称为装配干线，一般主视图沿装配干线的轴线作剖切，如图 12-1 所示齿轮泵的主视图中的主轴轴线为装配主干线。主视图清晰地反映了各零件间的装配关系和主要结构。

2. 其它视图的确定

仅用一个视图一般不能把部件表达清晰。主视图确定之后，再根据装配图应表达的内容，检查还有哪些没有表达或尚未表达清楚，还需要选择几个视图，将部件完整的表达清楚，每个视图都应有明确的表达目的。如图 12-1 左视图主要反映齿轮泵的工作原理，同时也表达了泵体、泵盖的外形。又选择了 *B* 向视图表达了主要零件——泵体的局部形状结构。

二、由零件图画装配图的方法和步骤

以图 12-1 为例，分析画装配图的方法和步骤：

1. 作好准备工作

(1) 了解部件　画图前必须先了解所画部件的工作原理、用途、结构特征、装配关系，主要零件的基本结构、主要作用和部件的安装情况等。为绘制装配图作好准备工作。

齿轮泵由泵体、主动齿轮、从动齿轮主轴、泵盖、密封垫片和一些标准件组成。齿轮泵的工作原理如图 12-8 所示。当两个齿轮按箭头所示方向旋转时，在齿轮啮合区的右侧产生真空区域，将油从油室吸入泵体内，随着齿轮的转动，不断地从出油口将一定压力的油输送出去。

(2) 确定表达方案　首先选择主视图，并同时确定其它视图的表达方法。经过分析比较，最后确定出比较合理的表达方案。如齿轮泵，主视图选定泵体的工作位置，投影方向如图 12-1 所示，主视图采用全剖视图，清楚地反映了主要零件的装配关系、形状特征。

其它视图主要是补充主视图的不足，进一步表达装配关系和主要零件的形状，如图 12-1 左视图，表达了泵体、泵盖的形状、联接、定位及螺钉、定位销的分布情况，并表达了齿轮的啮合及工作原理。

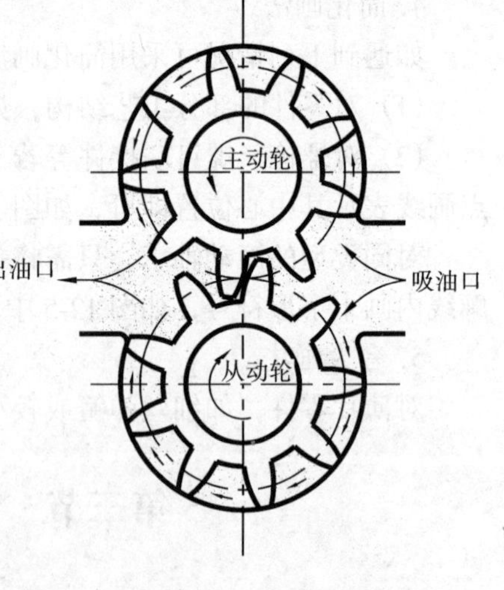

图 12-8　工作原理

(3) 确定比例和图幅　根据部件的大小，视图的数量，决定绘图比例。全面考虑图形、尺寸、编号、明细表及标题栏等所需面积的大小，决定选用图纸的幅面。

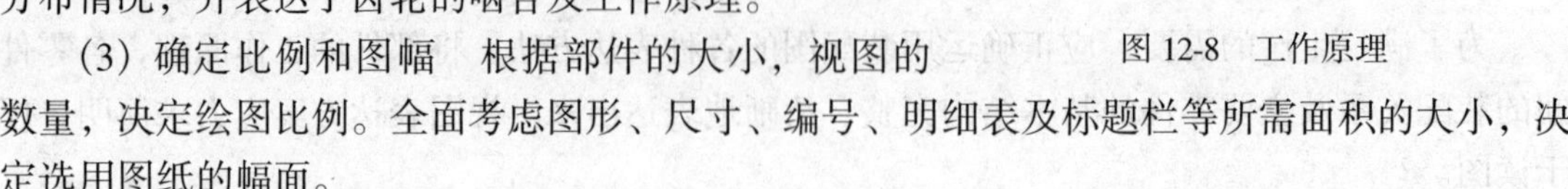

2. 画装配图的步骤

(1) 布置图面。根据选定的视图方案，画出各视图的中心线和主要基准线，同时画出标题栏和明细表的位置，如图 12-9a 所示。

（2）画视图。由主视图入手配合其它视图，按照装配干线，由里向外逐个画出零件；或从泵体开始由外向里逐个画出零件，如图 12-9b 和图 12-10a、b 所示。

（3）校核底稿，擦去多余的图线，进行图线加深，画剖面线，标注尺寸。

（4）编写零件序号，填写标题栏、明细表及技术要求等。最后完成装配图，如图 12-1 所示。

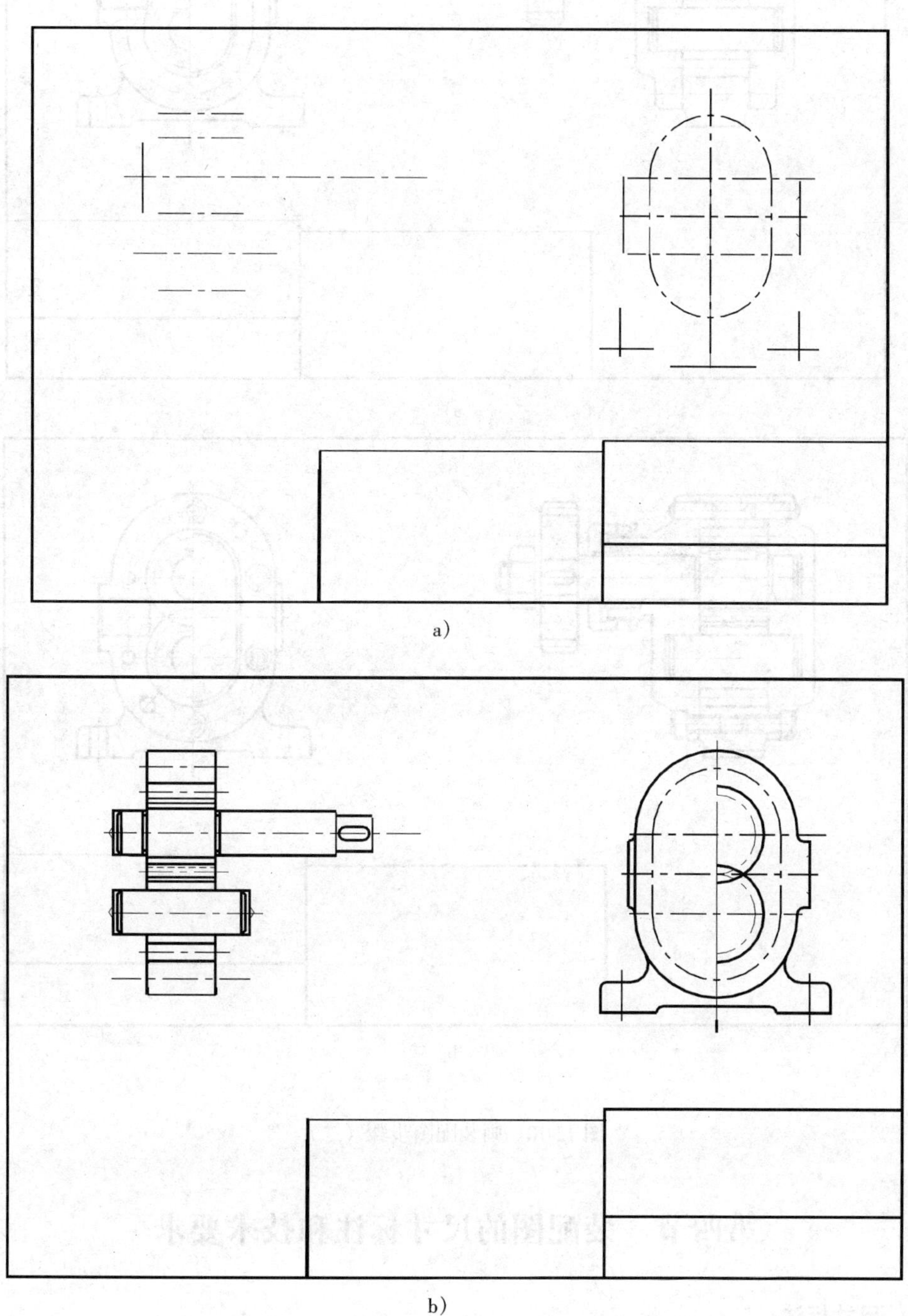

图 12-9　画装配图步骤（一）

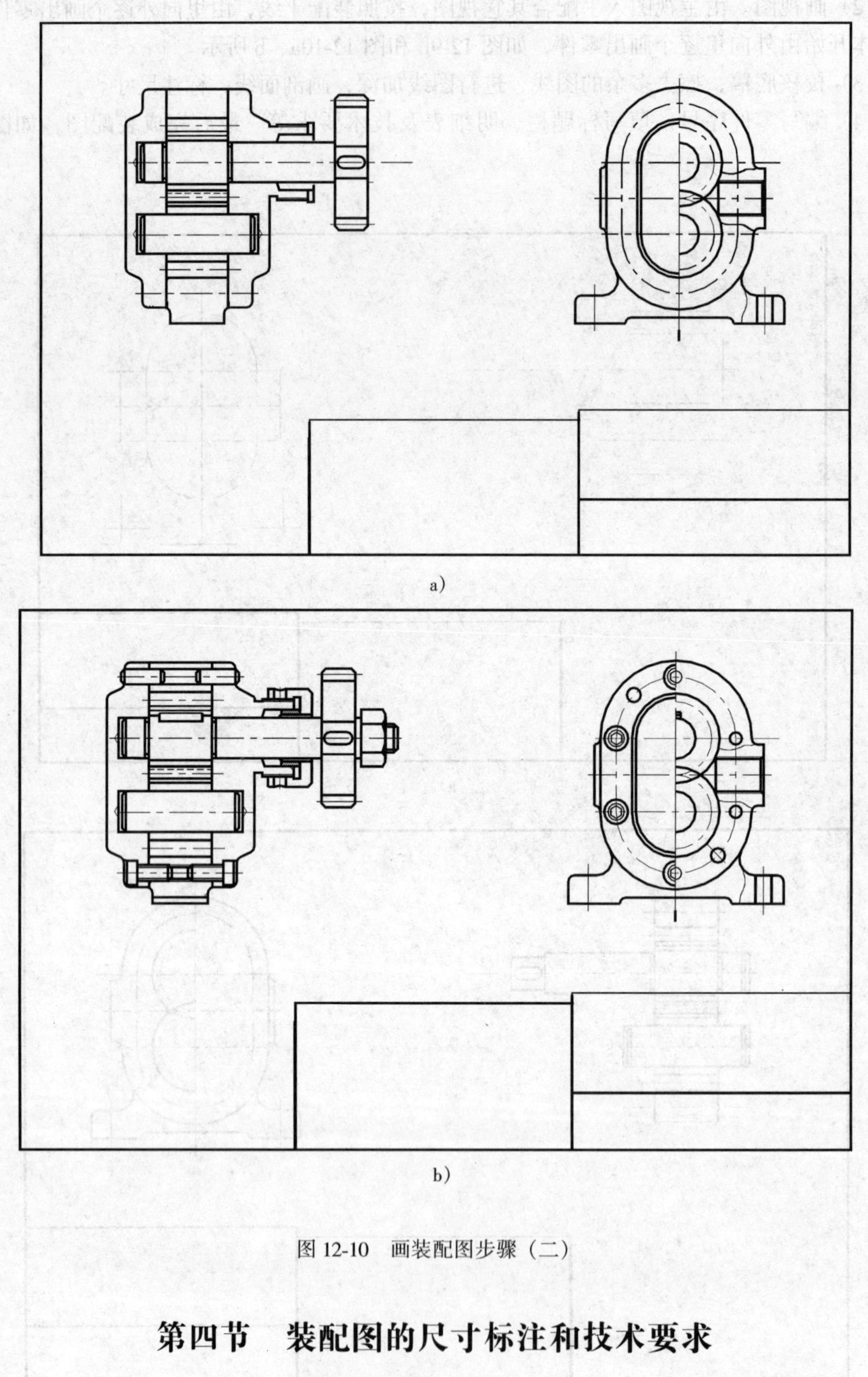

a)

b)

图 12-10 画装配图步骤（二）

第四节 装配图的尺寸标注和技术要求

一、尺寸标注

在装配图上只注写与部件的规格、性能、装配、检验、安装、运输及使用有关的尺寸。

1. 特性尺寸

表达部件规格或性能的尺寸为特性尺寸，它是设计产品时的主要参数，也是用户选用产品的依据，如图 12-1 所示齿轮泵进出油孔的尺寸 Rp⅜。

2. 外形尺寸

表达部件或机器的总长、总宽、总高的尺寸为外形尺寸。外形尺寸表明了部件或机器所占空间大小，是包装、运输和安装及厂房设计的依据。如图 12-1 图中 118、85、95 为该齿轮泵的外形尺寸。

3. 装配尺寸

表达零件之间配合关系的尺寸为配合尺寸。配合尺寸是装配工作的主要依据，也是保证部件的性能所必需的重要尺寸。

（1）配合尺寸

如图 12-1 中 $\phi 18\,\frac{H7}{f6}$和 $\phi 16\,\frac{H7}{f6}$等。

（2）联接尺寸

表明零件间相互联接部分的尺寸及其有关定位尺寸。如起联接作用的螺钉、螺栓和销的定位尺寸，如图 12-1 中的 28、*R*26。非标准零件上的螺纹标记或螺纹代号都应直接标注在图纸上。如图 12-1 中 M24×1。对于标准件的联接部分的尺寸由明细栏中的规格标记反映出来。

（3）相对位置尺寸

相对位置尺寸一般表示几种较重要的相对位置：

1）主要轴线到安装基准面之间的距离，如图 12-1 中的 65。

2）主要平行轴之间的距离，如图 12-1 中 28±0.016。

4. 安装尺寸

表示该装配体与其他零件、部件安装所需要的尺寸为安装尺寸，如图 12-1 中 70、2×ϕ7、Rp⅜。

5. 其它重要尺寸

保证设计性能的尺寸和重要结构尺寸等。

必须指出：不是每一张装配图都具有以上尺寸。在学习装配图的尺寸标注时，要根据装配图的作用，真正领会标注上述尺寸的意义，从而做到合理地标注尺寸。

二、技术要求

一般应注写以下几方面的内容：

（1）在装配过程中的注意事项和装配后应满足的要求，如精度要求、润滑要求、密封要求、保证的间隙等。

（2）检验、试验的条件和规范以及操作要求。

（3）部件的性能、规格参数、包装、运输、使用时的注意事项和涂饰等要求。

第五节　装配图中的零件序号、明细表和标题栏

为了便于读图和进行图样管理，要求装配图中对所有零件都必须编写序号，并画出明细表、填写零件的序号、代号、名称、数量、材料等内容。

一、序号

1. 一般规定

(1) 装配图中所有零件都必须编写序号。

(2) 装配图中一个零件只编写一个序号，同一装配图中相同的零件（形状、大小、材料和技术要求均相同的零件）编写一个序号，且一般只标注一次，如图 12-1 中 16 号零件。

(3) 装配图中零件的序号应与明细表中的序号一致。

2. 序号的编排方法

(1) 零件序号的注写表示方法有三种，如图 12-11 所示。

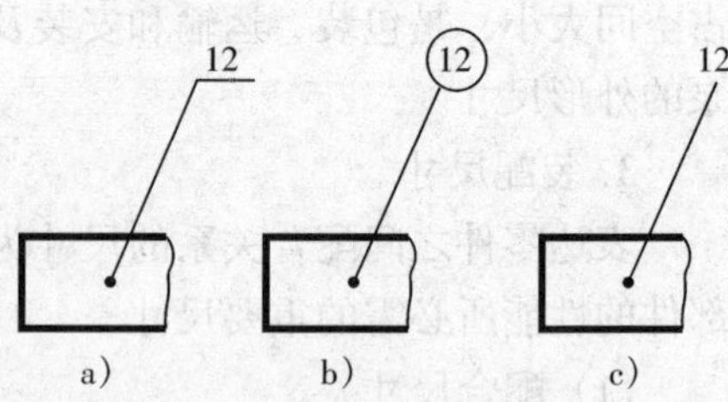

图 12-11 零件序号编写形式

1) 零件序号注写在水平线上或圆内，序号字高比图中尺寸数字大一号，如图 12-11 中 a、b 所示。

2) 零件序号注写在指引线附近，序号字高同上，如图 12-11 中 c 所示。

同一张装配图中，编写序号的形式应一致，指引线一端的水平线、小圆均用细实线画。

(2) 零件序号的指引线

1) 指引线从零件的可见轮廓内用细实线引出，在零件内指引线的末端画一个小圆点，如图 12-11 所示。若所指零件很薄或涂黑不便画圆点时，可在指引线末端画箭头，如图 12-12 所示。

2) 指引线不能相互交叉，指引线通过剖面区域时，也不应与剖面线平行。必要时指引线可画成折线，但只可曲折一次，如图 12-13 所示。

3) 一组紧固件及装配关系清楚的零件组，如螺钉、螺母、垫圈，可采用公共指引线，如图 12-14 所示。

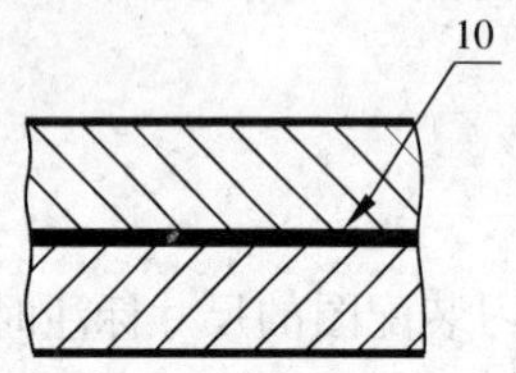

图 12-12 涂黑部分的指引方法

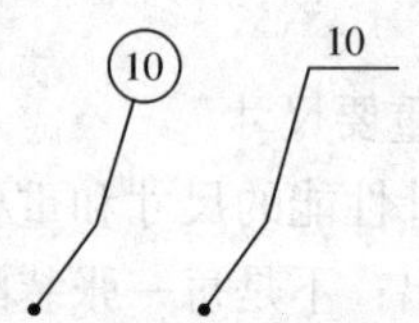

图 12-13 指引线可弯折一次

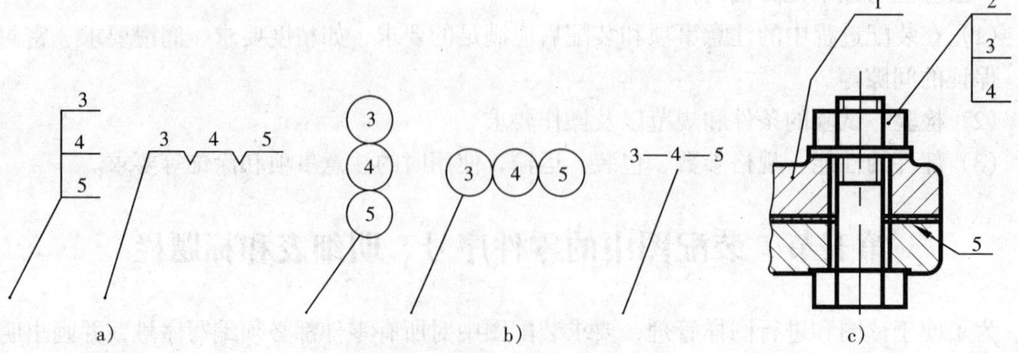

图 12-14 箭头指引线和公共指引线

（3）零件序号的排列

在装配图中序号的排列应按水平或垂直方向排列整齐，并依一定方向（顺时针或逆时针）顺次排列，如图 12-1 所示。

二、明细表

标题栏及明细表都有统一的格式，学校制图作业明细表及标题栏推荐采用如图 12-15 所示格式。

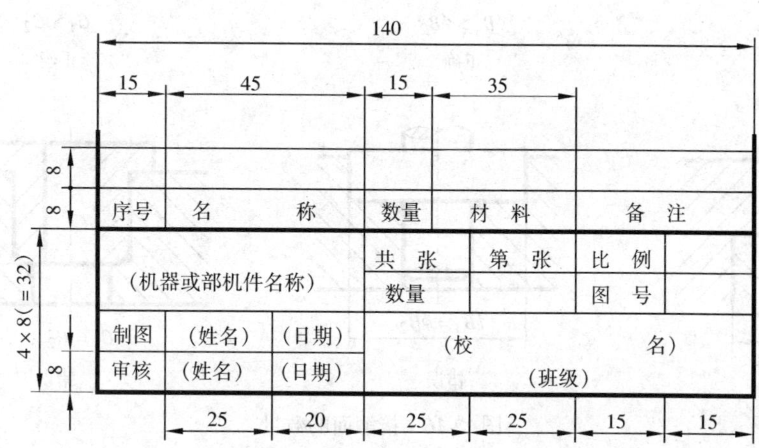

图 12-15　推荐学校用标题栏、明细栏

明细表是说明零件序号、名称、规格、数量、材料等内容的表格。明细表位于标题栏的上方并与之相连。明细表中，序号自下向上排列，如位置不够，可将其余部分画在标题栏的左方与之相邻，如图 12-1 所示。

第六节　常见的合理装配结构

装配结构的合理与否，直接影响产品质量和成本，甚至决定产品能否制造，因此装配结构必须合理。对其基本要求是：

（1）零件接触处应精确可靠，能保证装配质量；

（2）便于装配和拆卸；

（3）零件的结构简单，好加工，工艺性能好。

下面对常见装配结构作简要介绍。

一、接触面的结构

1. 接触面的数量

两个零件在同一方向上，一般只能有一个接触面，如图 12-16 所示。若要求在同一方向上有两个接触面，将使加工困难，成本提高。

2. 接触面转角处的结构

当要求两个零件在两个方向同时接触时，则两个接融面的交角处应制成倒角或沟槽，以保证其接触的可靠性，如图 12-17 所示。

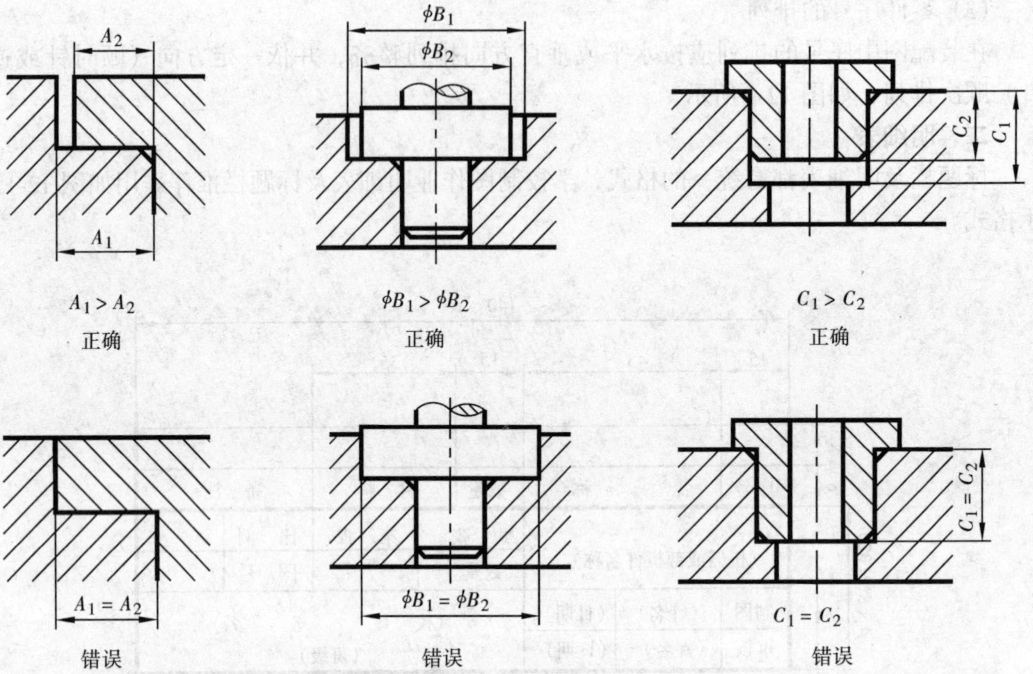

A_2
A_1
$A_1 > A_2$
正确
ϕB_1
ϕB_2
$\phi B_1 > \phi B_2$
正确
C_2
C_1
$C_1 > C_2$
正确
$A_1 = A_2$
错误
$\phi B_1 = \phi B_2$
错误
$C_1 = C_2$
$C_1 = C_2$
错误

图 12-16　接触面的数量

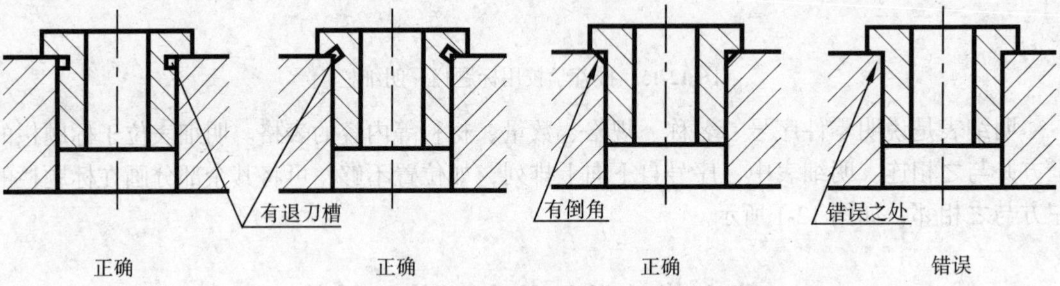

有退刀槽
有倒角
错误之处
正确
正确
正确
错误

图 12-17　接触面转角处的结构

3. 锥面接触

由于锥面配合同时确定了轴向和径向两个方向的位置，因此，要根据对接触面数量的要求考虑其结构，如图 12-18 所示。

此面不应接触
此面不应接触
正确
错误
正确
错误

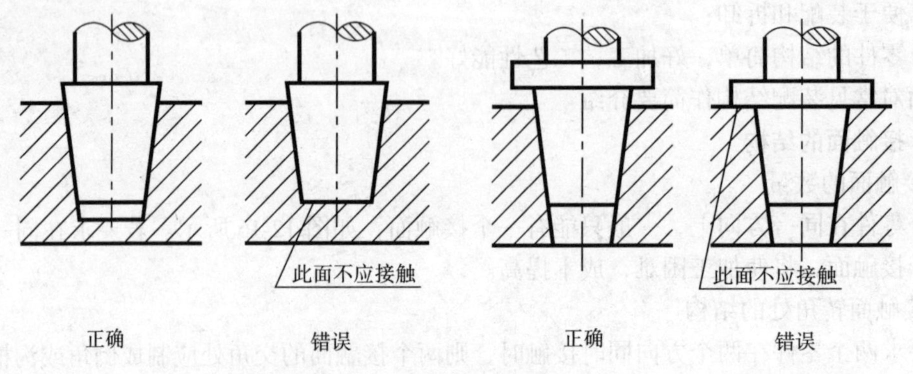

图 12-18　锥面接触的结构

二、可拆卸联接结构

对可拆联接结构，主要考虑两个问题：

1. 联接的可靠性

为了保证螺纹旋紧，应在螺纹的尾部留出退刀槽或在螺纹端部加工出倒角或凹槽，如图 12-19 所示。

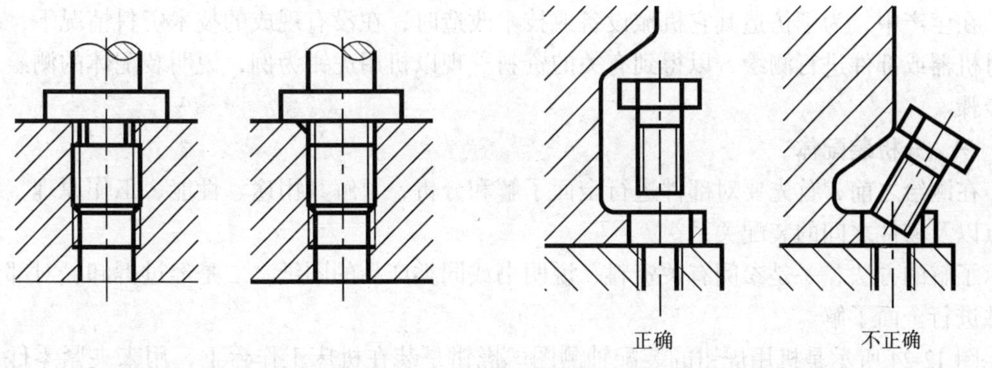

图 12-19　外螺纹全部拧入内螺纹　　　图 12-20　拆卸空间

2. 装拆方便

在装有螺纹紧固件的部位，应留有足够的空间以便拆装，如图 12-20 所示。

三、密封装置结构

为了防止部件内部的液体（或气体）渗漏和尘土进入部件内，需设有密封装置结构，密封装置是标准件，可查阅有关设计手册。常用的密封装置结构有以下几种。

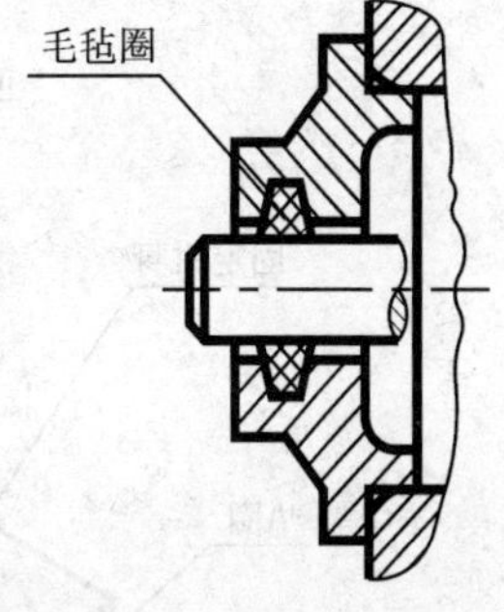

图 12-21　毡圈密封装置

1. 毡圈式密封装置结构

在端盖内加工一个梯形截面的环形槽，槽内放入毛毡圈，毛毡圈有弹性因而紧贴在轴上，可起密封作用，见图 12-21。

2. 填料箱密封装置

在输送液体的泵类和控制液体的阀类部件中，常采用填料箱密封装置，如图 12-22 所示。当填料被填料压盖压紧后，即可达到密封作用。绘图时应使填料压盖处于可调整位置，一般使其压入 3 ~ 5mm。

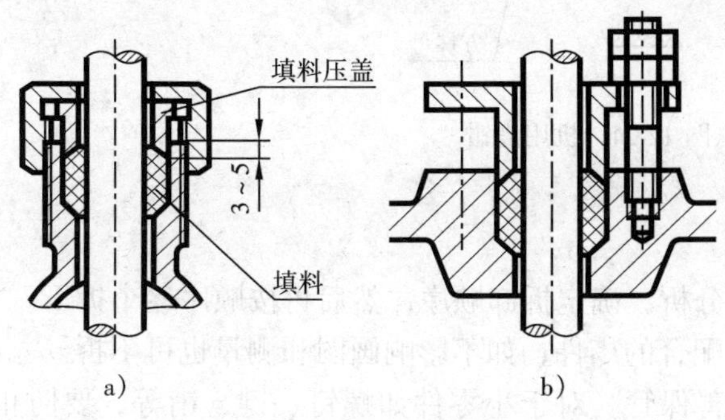

图 12-22　填料箱密封装置

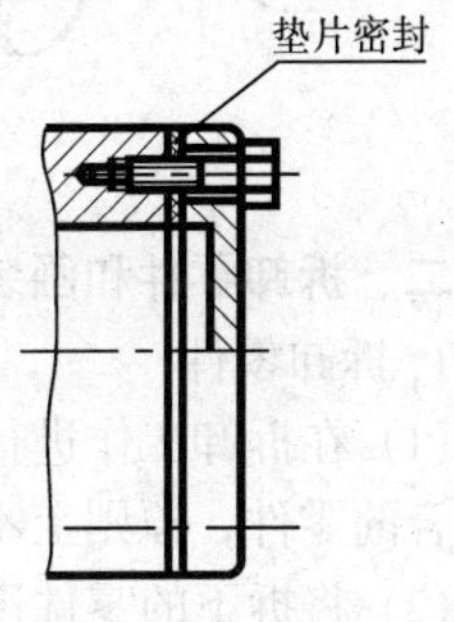

图 12-23　垫片密封

3. 垫片密封

为了防止液体或气体从两零件的结合面处渗漏，常采用垫片密封，如图 12-23 所示。

第七节　装配体的测绘

根据部件实物画出零件草图，进行测量，最后整理出装配图和零件图的过程叫部件测绘。在生产中，为了仿造其它机械设备或技术改造时，在没有现成的技术资料情况下，就需要对机器或部件进行测绘，以得到有关的资料。现以机用虎钳为例，说明装配体的测绘方法和步骤。

一、分析装配体

在测绘之前，首先要对部件进行全面了解和分析，了解其用途、性能、工作原理、结构特点以及零件之间的装配关系。

了解的方法，一是参阅有关资料、说明书或同类产品的图纸，二是经过拆卸，对部件及零件进行全面了解。

图 12-24 所示是机用虎钳的装配轴测图。虎钳是装在机床工作台上，用来夹紧零件，以便进行加工的夹具。其工作原理是用手柄转动螺杆，螺杆带动螺母，使活动钳身沿着固定钳身作直线运动，这样使钳口闭合或开放，即可夹紧或卸下零件。

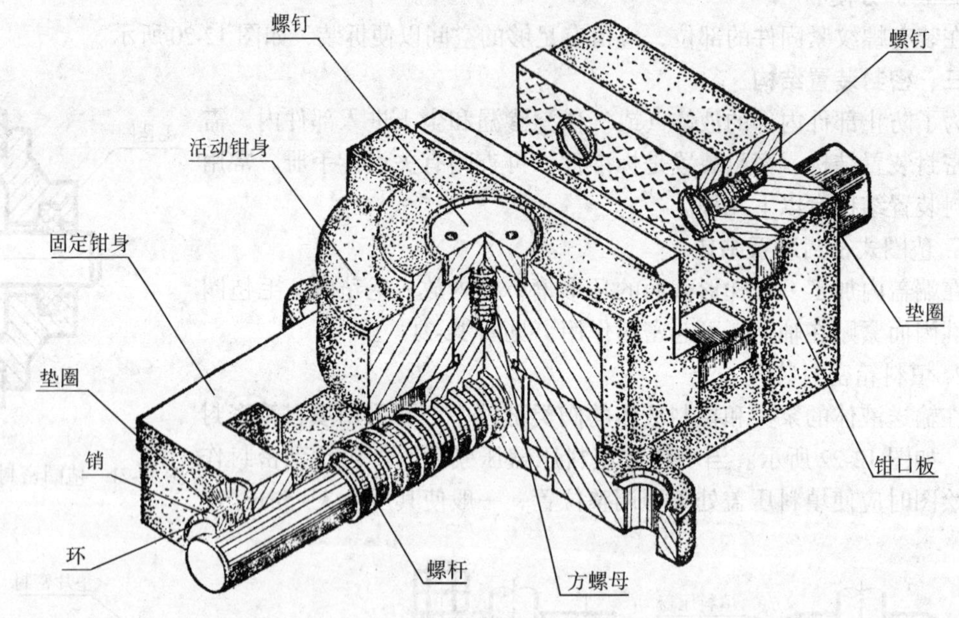

图 12-24　机用虎钳

二、拆卸零件和画装配示意图

1. 拆卸零件

(1) 在拆卸工作进行之前，应先分析，确定拆卸顺序，然后再按顺序逐个拆下。对于过盈配合的零件，原则上不拆；对过渡配合的零件，如不影响画图和测量也可不拆。

(2) 将拆下的零件逐一编号，妥善保管。对于小零件如螺钉、键、销等，要防止丢失，对重要零件上的重要表面，要防止碰伤、变形、生锈，以免影响精度。

(3) 对较复杂的装配体，为了便于在拆卸后重装，往往要绘制装配示意图，用以表示零件间的相对位置和配合关系，图 12-25 所示为机用虎钳装配示意图。

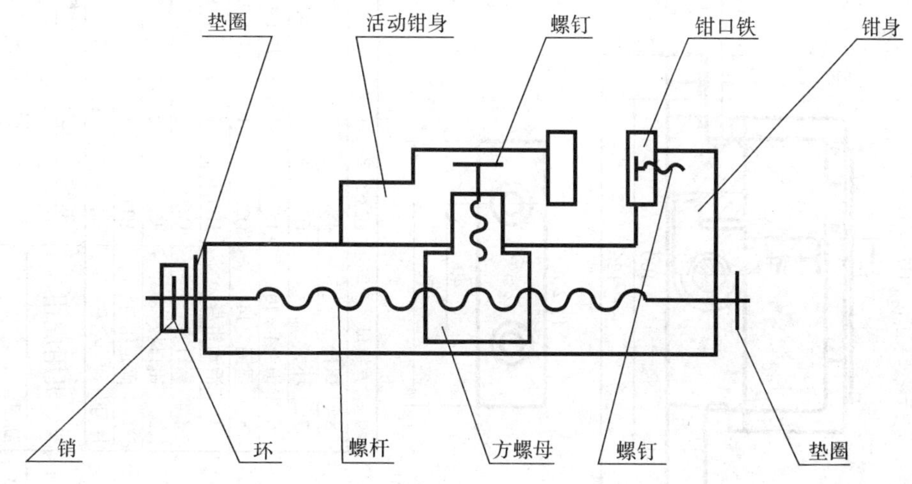

图 12-25 机用虎钳示意图

2. 画装配示意图（图 12-26 ~ 图 12-30）

装配示意图是用规定符号和简单图线画出组成装配体各零件的大致轮廓，用以说明零件之间的装配关系和相对位置及工作原理等。

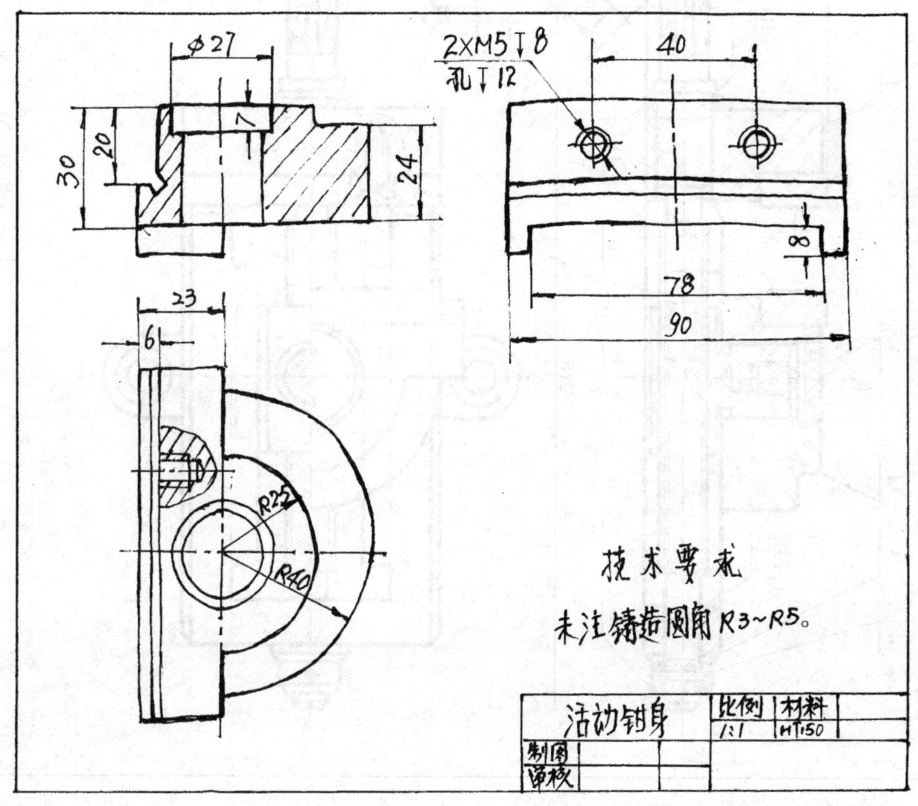

图 12-26 活动钳身零件草图

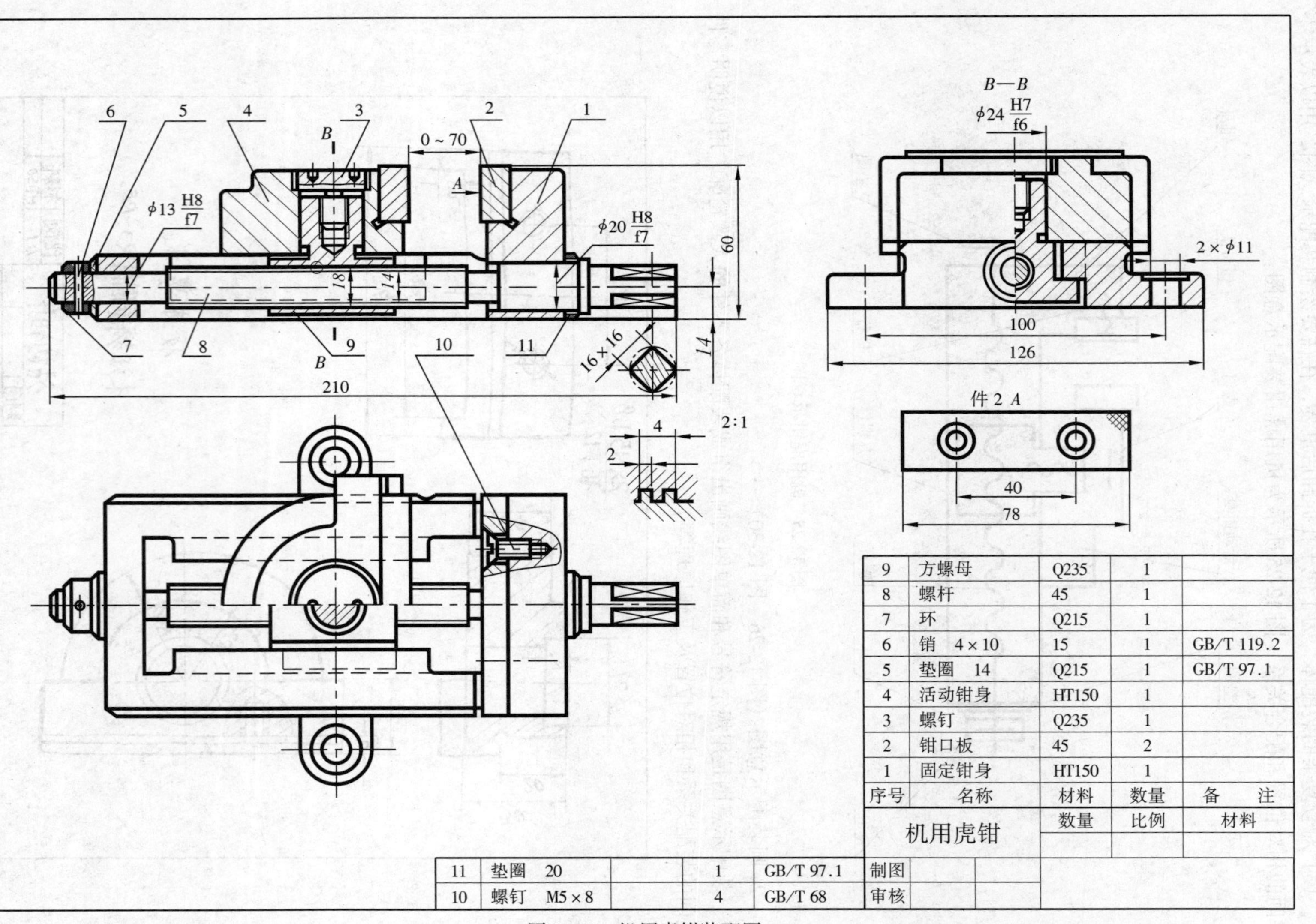

11	垫圈 20		1	GB/T 97.1
10	螺钉 M5×8		4	GB/T 68
9	方螺母	Q235	1	
8	螺杆	45	1	
7	环	Q215	1	
6	销 4×10	15	1	GB/T 119.2
5	垫圈 14	Q215	1	GB/T 97.1
4	活动钳身	HT150	1	
3	螺钉	Q235	1	
2	钳口板	45	2	
1	固定钳身	HT150	1	
序号	名称	材料	数量	备注

机用虎钳	数量	比例	材料
制图			
审核			

图 12-27 机用虎钳装配图

画装配示意图时，应注意以下几点：

(1) 示意图是将装配体假设为透明体而画出的，因而外形轮廓和内部构造均可反映出来。

(2) 每个零件只画大致轮廓，并用单线表示。

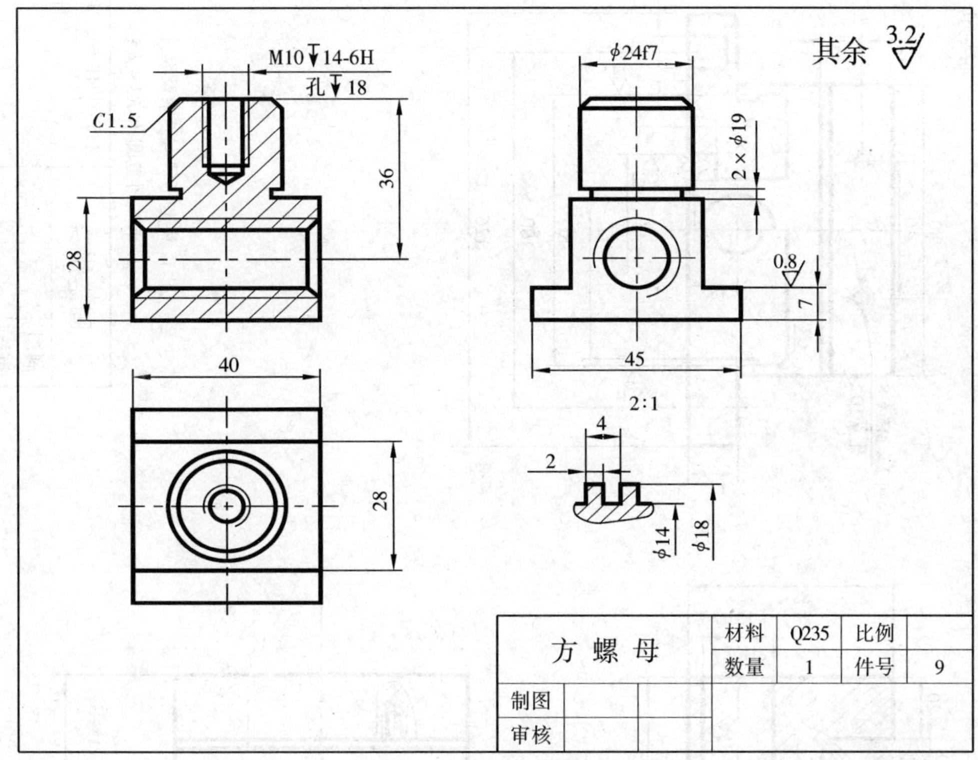

图 12-28　方螺母零件图

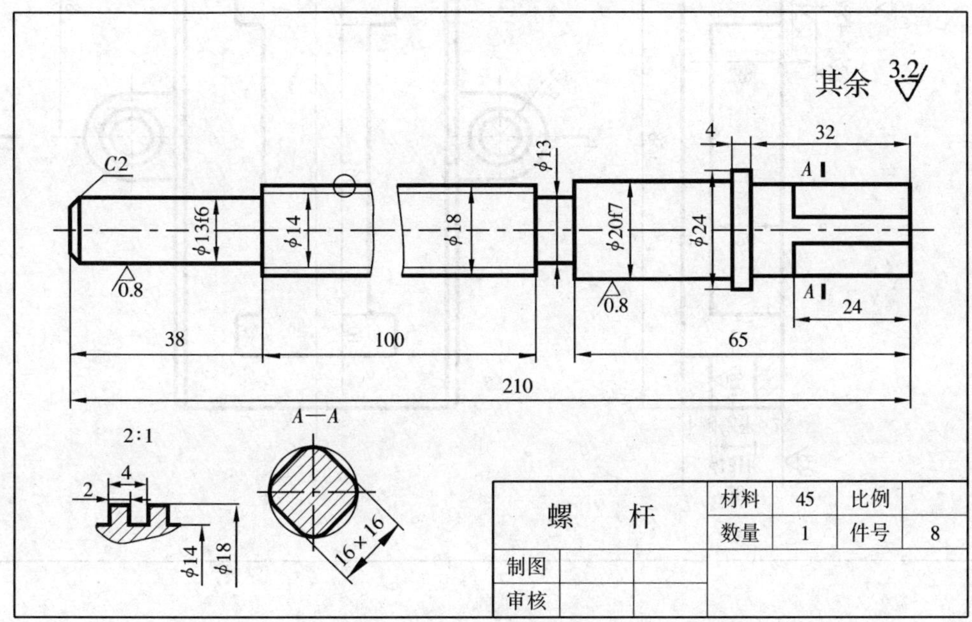

图 12-29　螺杆零件图

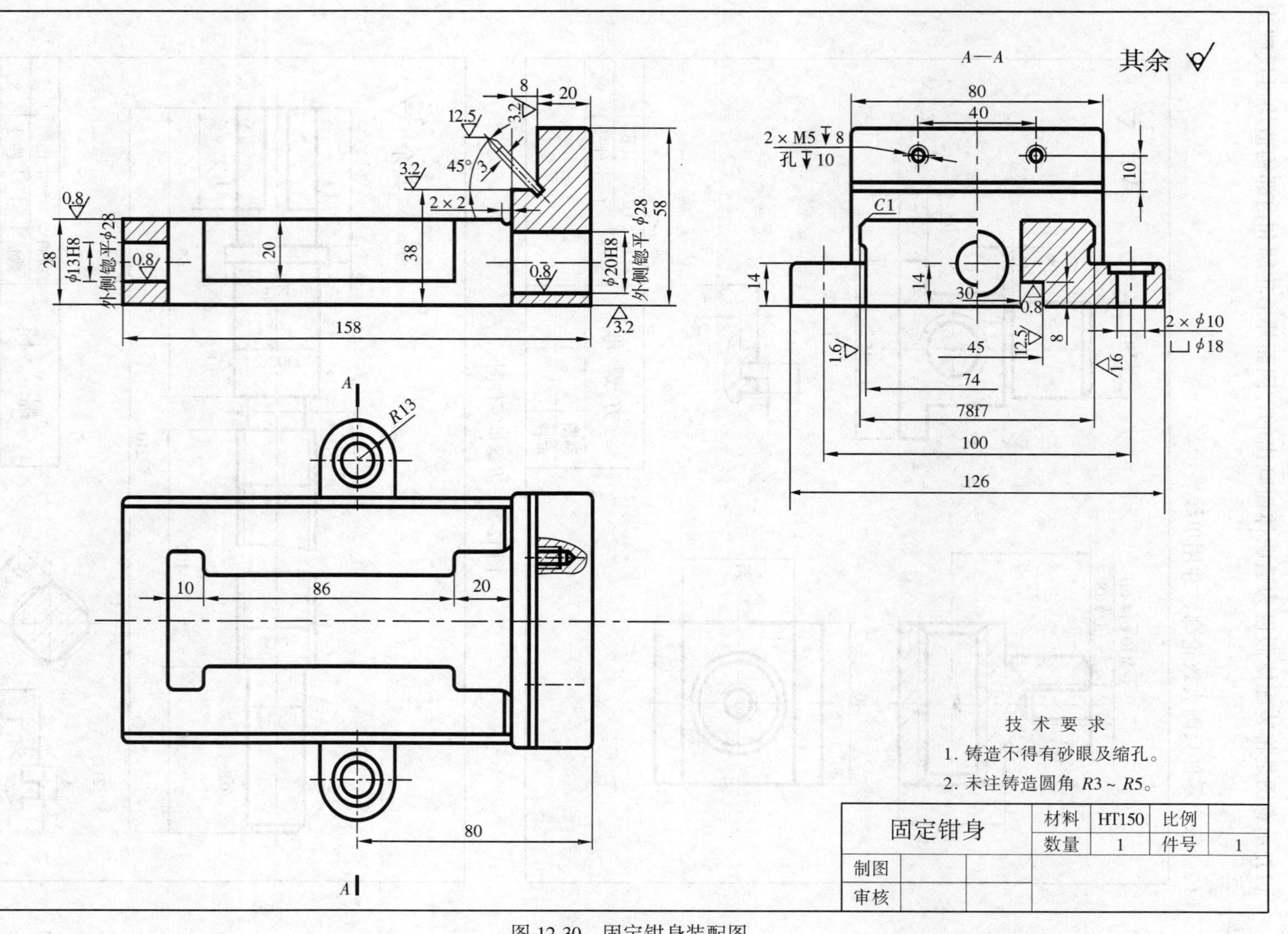

图 12-30　固定钳身装配图

（3）常用零件的规定符号，见 GB/T 4460—1984《机械制图　机构运动简图符号》。

（4）装配示意图一般只画一两个视图。两个零件的接触面要留出间隙，以区别零件。

（5）装配示意图一般应编出零件序号，列表写出零件的名称、数量、材料等项目。

三、画零件草图

零件草图是画装配图和零件工作图的依据，因此，在拆卸工作结束后，对零件进行测绘，画出零件草图，图 12-26 所示为活动钳身的零件草图。

零件测绘在第十一章中已详细介绍，不再赘述。在画零件草图时应注意以下几点：

（1）标准件不画草图，但要测出其结构要素（如螺纹大径、螺距等）。然后查标准表，确定其标记代号，列出明细表，予以详细记录。

（2）零件的配合尺寸，应正确判定配合状况，并成对地在两零件的草图上进行标注。

（3）零件材料的确定，一般可先从外观判定是钢、铸铁、铸钢、有色金属等，再根据零件的作用和工作条件，对比同类型产品选定材料的牌号。

四、画装配图

根据测绘的零件草图，标准件和装配示意图画出装配图。画装配图的方法和步骤在本章第三节中已有详细介绍，图 12-27 所示为机用虎钳的装配图。

五、画零件工作图

根据装配图和零件草图，整理绘制出一套零件工作图。画零件工作图时，其视图选择不强求与零件草图或装配图的表达方案完全一致。但对画零件草图中不合理的部分都要进行认真修改。注意配合尺寸或相关尺寸应协调一致，画完后要进行检查，要求整套零件工作图和装配图中无错误。图 12-28、图 12-29、图 12-30 所示为机用虎钳中的零件工作图。

第八节　读装配图和拆画零件图

在机器或部件的设计、制造、使用、维修和技术交流中，都会遇到读装配图的问题。因此，工程技术人员必须具备熟练阅读装配图的能力。

读装配图的基本要求：

（1）了解部件用途、性能、工作原理和组成该部件的全部零件的名称、数量、相对位置以及零件间的装配关系等。

（2）弄清每个零件的作用及其基本结构。

（3）确定装配和拆卸部件的方法与步骤。

下面以图 12-31 所示旋塞为例，说明读装配图和由装配图拆画零件图的方法和步骤。

一、读装配图的方法和步骤

1. 概括了解

（1）了解部件的用途、性能和规格　从有关资料和标题栏中了解部件的名称，大致的用途及工作情况。如图 12-31 所示，旋塞安装在管路上，用来控制液体流量和启闭。主视图中左右两个 $\phi60$ 的孔为特性尺寸，它决定旋塞的最大流量。

（2）了解部件的组成　由明细表对照装配图中的零件序号，可了解组成该部件的零件名称、数量、规格及位置。如图 12-31 旋塞是由 11 种零件组成，其中两种零件为标准件。

（3）分析视图　弄清各视图、剖视、断面等表达方法的投影关系其表达意图。如图 12-31

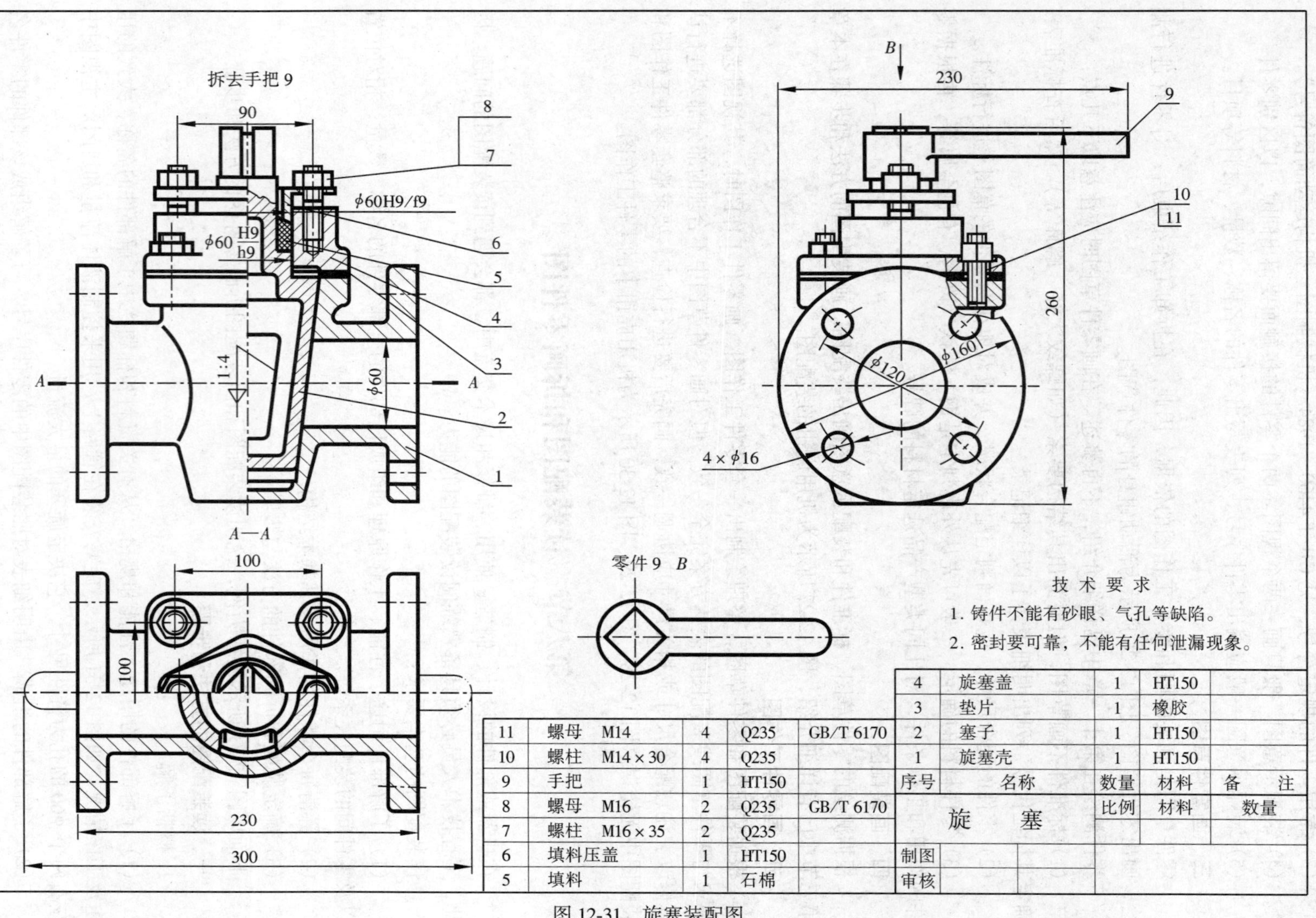

序号	名称	数量	材料	备注
11	螺母 M14	4	Q235	GB/T 6170
10	螺柱 M14×30	4	Q235	
9	手把	1	HT150	
8	螺母 M16	2	Q235	GB/T 6170
7	螺柱 M16×35	2	Q235	
6	填料压盖	1	HT150	
5	填料	1	石棉	
4	旋塞盖	1	HT150	
3	垫片	1	橡胶	
2	塞子	1	HT150	
1	旋塞壳	1	HT150	

旋 塞	比例	材料	数量
制图			
审核			

图 12-31 旋塞装配图

所示，共用了三个基本视图和一个零件的局部视图。主视图用半剖视图表达主要装配干线的装配关系，同时也表达了部件的外形。左视图用局部剖视图表达了旋塞壳 1 与旋塞盖 4 的联接关系和部件外形。俯视图采用半剖视图，既表达部件内部结构，又表达旋塞盖与旋塞壳联接部分的形状。为了使塞子 2 上部表达得更清楚，在主视图与俯视图中采用了拆卸画法。另外用单个零件的表示方法表达了手把的形状，如零件 9*B* 向。

2. 分析工作原理和装配关系

分析部件的工作原理，一般应从运动关系入手，并进一步分析弄清楚零件之间联接关系和配合性质。如图 12-31 所示，旋塞的旋塞壳左右有两个进出口，塞子与旋塞壳靠锥面配合。塞子的锥体上有一个梯形通孔，当处于图示位置时，旋塞壳的液体进出孔被塞子关闭，液体不能流通。如果将手柄转动一个角度，塞子也随同转动同一角度，塞子锥体上的梯形通孔与旋塞壳上的液体进出孔接通，液体可以流过。手柄转动角度增大液体的流量增大，按图示位置转动 90°时，液体流量最大。这样转动手柄就直接控制液体流量和启闭的作用。旋塞盖与旋塞壳联接后，为防止液体从结合面渗漏，装有垫片起密封作用。塞子和旋塞盖的密封靠填料箱密封结构实现。

了解零件之间的各种装配关系，应从反映装配干线最清楚的视图入手。如图 12-31 主视图所示，反映了旋塞中的主要装配关系。

3. 分析零件

分析零件是阅读装配图进一步深入的阶段，需要把每个零件的结构形状和各零件之间的装配关系、联接方法等进一步分析清楚。分析零件时，首先要分离零件，根据零件序号，先找到零件在某个视图上的位置和范围，再遵循投影关系，并借助同一个零件在几个剖视图上的剖面线应相同的原则来区分零件的投影。将零件分离后，采用形体分析和结构分析的方法逐步看懂每个零件的结构形状和作用。

4. 综合归纳，想象整体

在对机器或部件的工作原理、装配关系和各零件的结构形状进行分析之后，还应对所注尺寸和技术要求进行分析研究，从而了解机器或部件的设计意图和装配工艺性等，并弄清各零件的拆装的全过程，并为拆画零件图打下基础。

二、由装配图拆画零件图

在部件设计和制造过程中，有时需要由装配图拆画零件工作图，简称为拆图。拆图是设计的一个重要环节，应在读懂装配图的基础上进行。关于零件工作图的内容和要求，在第十一章已有介绍，现仅将拆图方法与步骤介绍如下。

1. 读懂装配体，确定所画零件的结构形状

其方法在前面已有较详细介绍，概括起来为由投影关系确定零件在装配图中已表达清楚部分的结构形状，分析确定被其它零件遮住部分的结构，增补被简化掉的结构，合理的设计未表达的结构。

2. 确定零件视图及其表达方案

零件在装配主视图中的位置，反映其工作位置，可以作为确定该零件主视图的依据之一。但由于装配图与零件图的表达目的不同，所以也不能盲目照搬装配图中零件的视图表达方案，而应根据零件结构特点和对零件图的要求，全面考虑视图及其表达方案。

如图 12-31 中的旋塞盖，在主视图中的位置，既反映其工作位置，又反映其形状特征，

所以这一位置仍作为零件图的主视图。而旋塞盖的方盘及上部端面形状，方盘上四个螺柱孔的位置和深度未表达清楚，因此，还需用局部剖视图和俯视图表达，但旋塞盖的左视图已无必要。经上述分析后所确定的视图表达方案如图 12-32 所示，又图 12-33 所示的填料压盖，

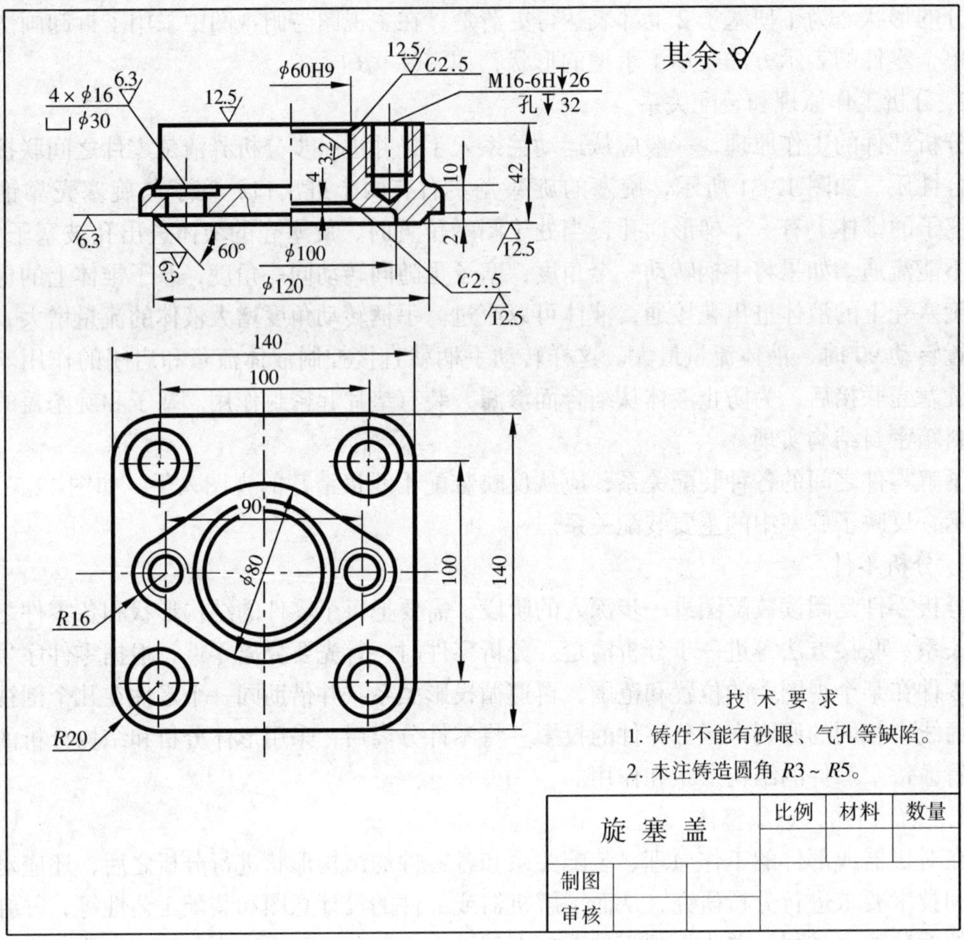

其余
技术要求
1. 铸件不能有砂眼、气孔等缺陷。
2. 未注铸造圆角 R3 ~ R5。
旋塞盖
比例
材料
数量
制图
审核

图 12-32　旋塞盖零件图

其余
技术要求
1. 铸件不能有砂眼、气孔等缺陷。
2. 锐角倒钝。
填料压盖
比例
材料
数量
制图
审核

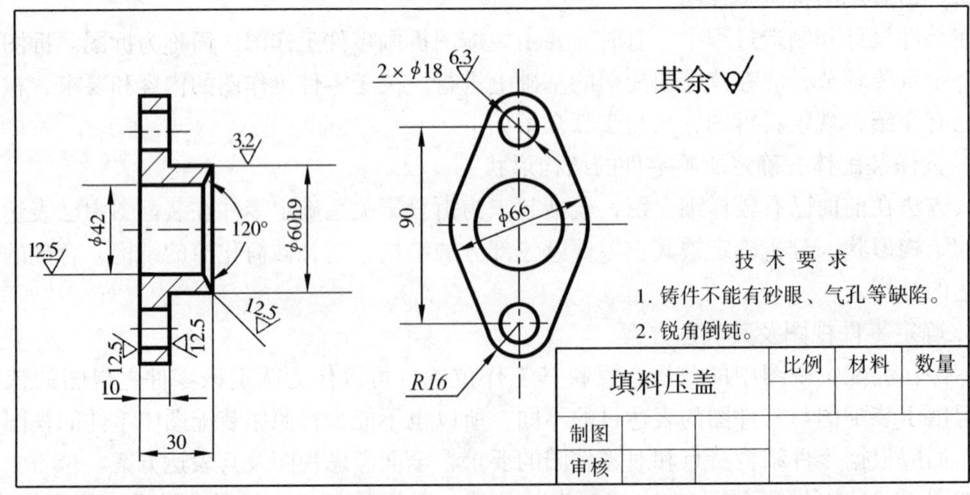

图 12-33　填料压盖零件图

考虑其加工位置和形状特征，在主视图中可将轴线水平放置，即采用了与装配图不同的摆放位置，其表达方案如图 12-33 所示。

由此可见，在确定零件的视图表达方案时，不论是视图数量，主视图方向，还是表达方法，都不一定与装配图相同。

3. 标注零件图上的尺寸

零件尺寸可按以下原则确定：

(1) 凡在装配图上已注明的有关零件的尺寸，都是重要尺寸，应该按装配图上所注的尺寸数值标注。有配合要求的尺寸，应注出公差带代号或极限偏差值。

(2) 在装配图上未注明的尺寸，直接从图上按比例量取整数或查标准结构要素表。标注在零件图上，在标注尺寸前，应先选定合理的尺寸基准；在标注这些尺寸时，需要考虑便于加工和测量。

4. 确定零件表面粗糙度及其它技术要求

根据零件表面的作用、要求和加工方法，参考有关资料，确定表面粗糙度代号及参数值。要特别注意去除材料和不去除材料表面的区别。

零件的其它技术要求，根据零件的作用、要求、加工工艺，参考有关资料拟订。

5. 校核零件图

在完成零件图底稿后，还需对零件图的视图、尺寸、技术要求等各项内容进行全面校核，无误后按线型要求描深，并填写标题栏。

第十三章　计算机绘图

随着科学技术的迅猛发展，计算机技术已进入到各个领域。在机械制造业中，计算机辅助设计、计算机辅助制造 CAD/CAM 将在制造业中起主导作用。在计算机辅助设计中，计算机绘图是很重要的一部分。计算机绘图有着手工绘图所不能比拟的优点，不仅绘图速度快、质量好、便于修改、保存和检索、而且在一些处理程序的支持下，能够完成设计、分析、计算、仿真及直接驱动数控机床工作。

计算机绘图包含的内容很广，种类很多，通过汇编语言可以绘出各种各样的图形，但是属非交互式的绘图。美国 Autodesk 公司推出的微机绘图软件包 AutoCAD 从第一个版本——AutoCAD 1.0 到 AutoCAD 2002 已经进行了 17 次升级，是目前最流行的绘图软件之一。该软件是从事计算机辅助设计 CAD 的通用软件包。其功能齐全，使用方便，是一个易于学习和使用的绘图软件。本章主要介绍该软件的使用。

第一节　AutoCAD 2002 概述

一、AutoCAD 2002 软件的基本功能与特点

(1) 采用交互式绘图方式，可进行人机对话。

(2) 提供了多种辅助绘图工具，使其在有限的视屏内方便的绘制各种规格的图纸，并能准确定位。

(3) 提供了完善的图形绘图命令和强大的编辑功能。

(4) 能方便地标注尺寸及编写中英文说明。

(5) 提供了多种接口文件，具有较强的数据交换能力。

(6) 可在 AutoCAD 上进行二次开发，编制各种专业设计绘图软件。

目前 Autodesk 公司最新推出的 AutoCAD 2002 是一体化的、功能丰富的、面向网络的、世界领先的设计软件。它不仅用“今日”窗口取代了原来的“启动”对话框，如图 13-1 所示。还在 Internet 方面、图形编辑方面、图层方面、文本及标注方面、设计中心方面、三维绘图等等方面增加了很多更完善的新功能。可使用户真正置身于互联网中，进行轻松设计。合理地构造和组织图形，保证绘图的准确性，简化绘图操作，从而极大地提高绘图效率。

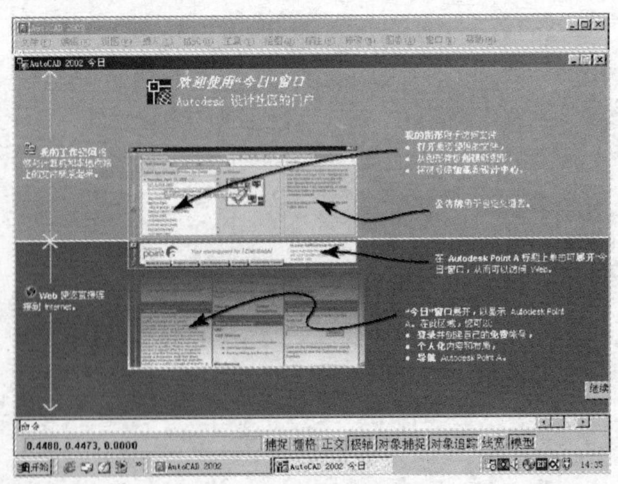

图 13-1　“今日”窗口

二、工作界面

启动 AutoCAD 2002，设置好绘图环境以后，就进入到 AutoCAD 2002 的工作界面，工作界面如图 13-2 所示。主要由绘图窗口、十字光标、下拉菜单、工具条、状态条、命令提示窗口、坐标系与图标屏幕菜单及滚条等组成。

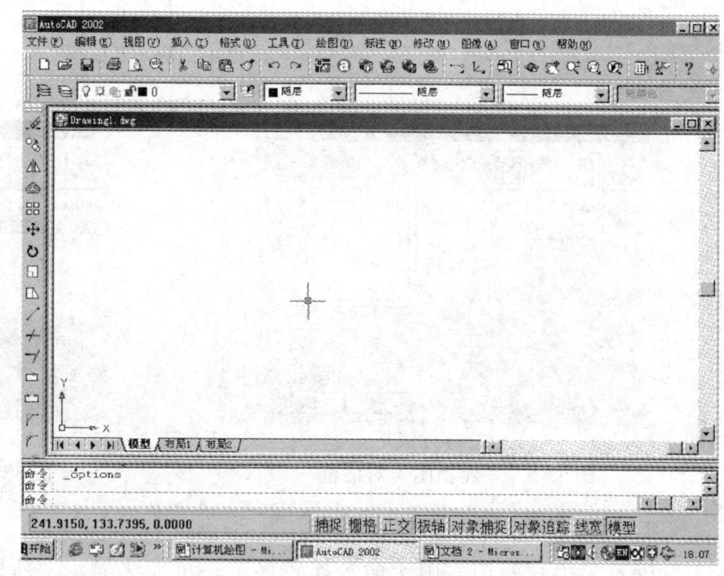

图 13-2　工作界面

三、命令简介

AutoCAD 2002 有 200 多个命令，把这些命令全部记住，应用自如是很困难的，所以 AutoCAD 2002 把命令全部制作成菜单形式。

1. 下拉菜单

下拉菜单是最流行的一种菜单形式，下拉菜单区有九组，每组下拉菜单打开后就会出现一些命令名和命令组名，如图 13-3 所示。

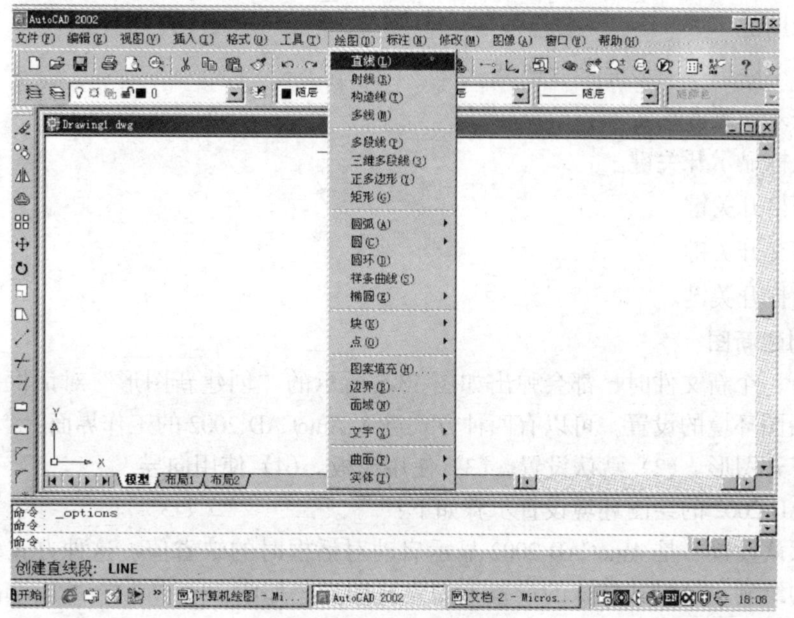

图 13-3　Draw 下拉菜单

2. 工具条

工具条上以图标的形式将基本命令排列出来，如图 13-4 所示。

3. 对话框

AutoCAD 2000 有很多命令可以引出对话框，对话框是用来查看或改变某些设置，输入文件名等，也是一种人机对话的方式，如图 13-5、图 13-6 所示。

图 13-4　Draw 工具条

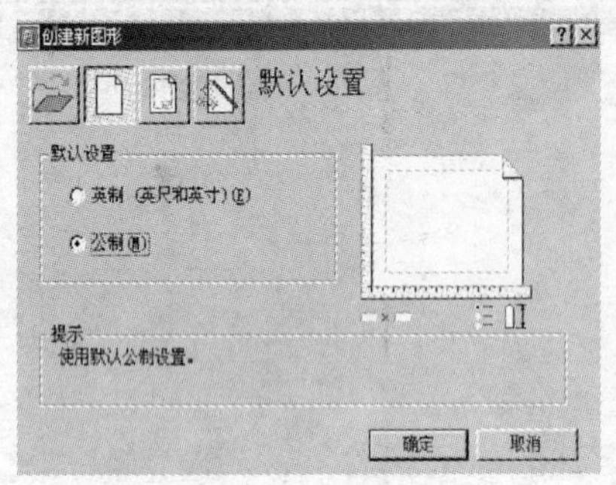

图 13-5　“建新图”对话框

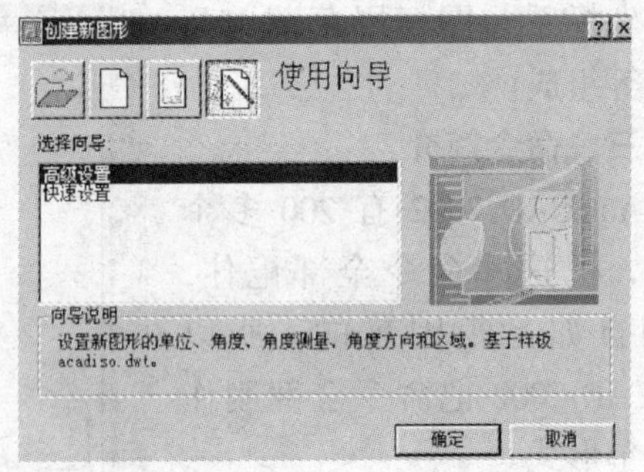

图 13-6　“建新图”对话框

4. 屏幕菜单

屏幕菜单在右边，由于命令比较多，一页无法显示，所以它设计成根菜单、子菜单、子菜单的子菜单等形式。

5. 功能键

F_1—帮助键。

F_2—文本屏幕与图形屏幕切换键。

F_5—进入轴测方式。

F_6—坐标显示开关键。

F_7—栅格开关键。

F_8—正交开关键。

F_9—捕捉开关键。

四、创建新图

当打开一个新文件时，都会弹出如图 13-5 所示的“创建新图形”对话框，用户可以方便地进行绘图环境的设置。可以有四种方式进入 AutoCAD 2002 的工作界面：

(1) 打开图形。(2) 默认设置。(3) 使用模板。(4) 使用向导。

AutoCAD 2002 的绘图环境设置步骤如下：

(1) 默认设置　是 AutoCAD 2002 显示启动对话框时的缺省值。这种方式是在空白纸上进行图形的绘制，是以其默认的设置来创建该图纸。如图 13-5 所示，可以选择英制，也可采用国际单位米制设置。

(2) 使用向导　这种方式是通过向导来设置绘图环境。如图 13-6 所示，可以通过两种方式来进行绘图设置：快速设置和高级设置。

快速设置：

在快速设置方式下，用户只能够设置绘图单位和图纸的大小，而其他的设置在高级设置中进行。

单击图 13-6 所示“快速设置”选项，按确定按钮，此时弹出如图 13-7 所示对话框，进入到单位设置。一般情况选小数（D）为绘图单位。

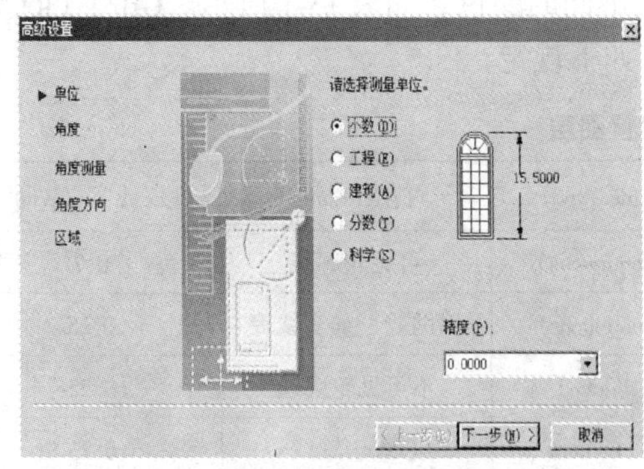

图 13-7 “设置图形环境”对话框

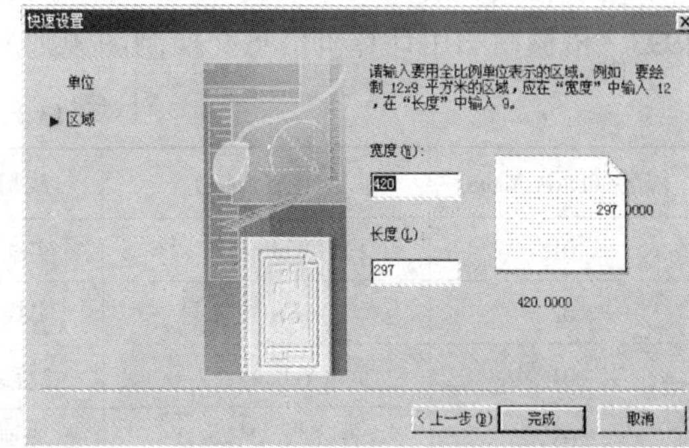

图 13-8 “设置图形环境”对话框

设置好单位，单击图 13-7 中“下一步”，进入设置的第二步：绘图纸设置。如图 13-8 所示。设置好图纸以后，单击完成，结束快速设置。

高级设置略。

第二节 设置一个样板图

开始绘制一个新图时，其初始状态完全接受样板图的设置。它的绘图环境就是这个样板图，但这个样板图不适合我们的作图环境，通常都是绘图者自行设置。

一、创建新图

如第一节所述。

二、使用栅格和栅格捕捉功能

栅格是由屏幕上的一系列点组成的，但这些点并不属于图形文件的一部分，它只是一些虚拟点，这些点等距的分布在绘图界线内。将捕捉功能与栅格功能配合使用，可以帮助用户精确定位绘制点。使用了栅格捕捉功能后，光标只能落在捕捉的栅格上。

通常可以通过下面方式打开并设置捕捉和栅格功能：

（1）选择“工具”菜单中的“草图设置”命令，打开“草图设置”对话框，再选择“捕捉和栅格”选项卡，如图 13-9 所示。

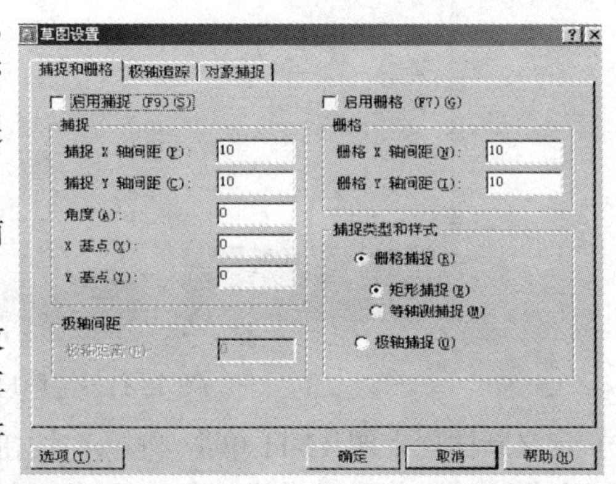

图 13-9 “草图设置”对话框

（2）在 AutoCAD 2002 状态栏中单击“捕捉”和“栅格”按钮，如图 13-10 所示。

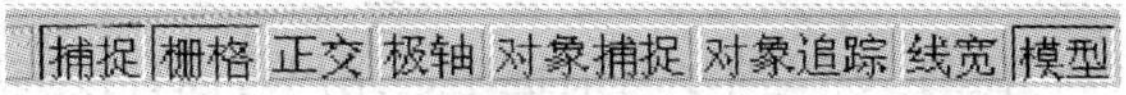

捕捉 栅格 正交 极轴 对象捕捉 对象追踪 线宽 模型

图 13-10 状态栏中的绘图辅助工具

（3）用 F7 功能键控制栅格功能的开关，用 F9 功能键控制捕捉功能的开关。

三、设置图层

图层是为了便于控制图形内容的一种工具。相当于把图画在几张透明纸上，再叠加起来，每一层的内容都可以看到。每一层都可设定不同的颜色，如表 13-1 所示。GB/T 14665—1993《机械制图用计算机信息交换制图规则》有如下规定：

表 13-1　设置图层

层名（Layer Name）	颜色（Color）	线型（Line Type）	内容（Entity）	建议线宽（Width）
01	白（White），7 号	实线（Continuous）	可见轮廓线	0.7
02	红（Red），1 号	实线（Continuous）	辅助线、细实线等	0.25
04	黄（Yellow），2 号	虚线（Hidden）	不可见轮廓线	0.25
05	青（Cyan），4 号	点画线（Center）	中心线、轴线等	0.25
07	洋红（Magenta），6 号	双点画线（Divide）	假想线	0.25
11	绿（Green），3 号	实线（Continuous）	文字、符号	0.35
12	红（Red），1 号	实线（Continuous）	尺寸	0.25

（1）选取下拉菜单“格式”-“图层”激活该命令，弹出“图层”对话框，如图 13-11 所示。该对话框有如下功能：创建新的图层、选当前图层、显示控制、设置图层的属性等。

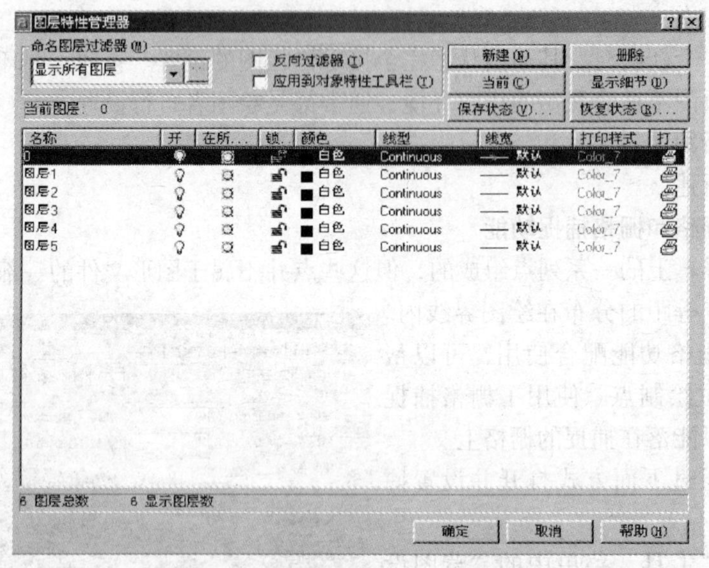

图 13-11　“图层”对话框

（2）定义新图层在图 13-11 单击“New”按钮，即建立了一个新的图层。而后点对话框中的颜色显示，系统将弹出设置颜色对话框，用户在此对话框中选择所需的颜色。再点取线型，系统将弹出如图 13-12 示“线型设置”对话框，在此对话框中用户可以设置当前定的图层线型。

在图 13-12 所示对话框中，用户可以直接选取所需线型，如果没有所需线型，可以点取加载（L）按钮，系统将弹出如图 13-12 所示对话框进行线型装载，用户可以装入所需线型。

(3) 在 AutoCAD 2002 中新增了“图层转换器”对话框。用户可利用该对话框修改当前图形中的图层的名称和属性，使它与另一幅图形中的图层相匹配，如图 13-13 所示。

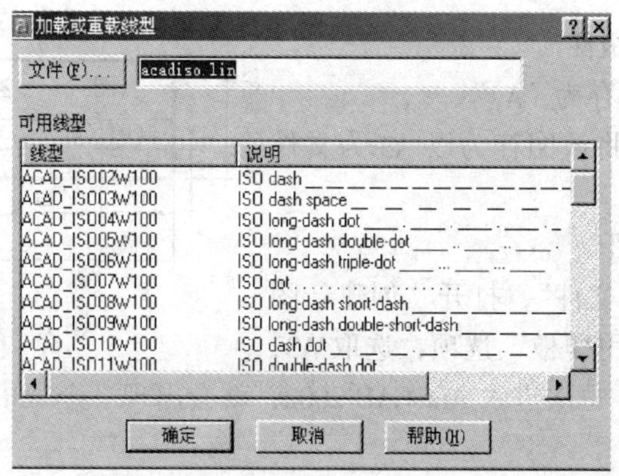

图 13-12 “线型设置”对话框

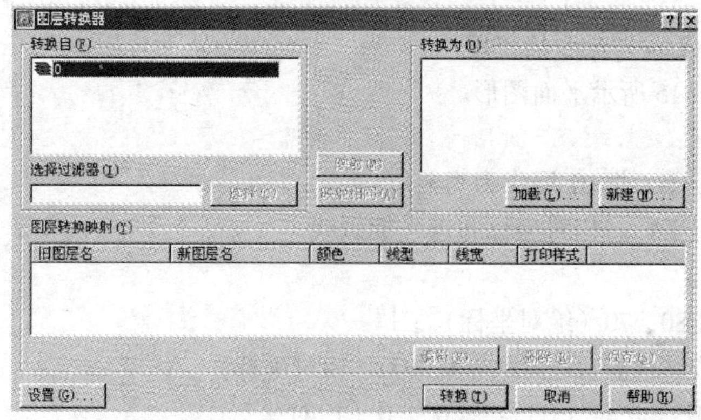

图 13-13 “图层转换器”对话框

四、扩大视窗

点取下拉菜单“视图”-“缩放”-“全部（A)”（把绘图范围即从左下角 0，0 到 420，297 的范围全部显示出来)。

五、画图框

(1) 选画纸的边框

把 02 层作为当前层，选取下拉菜单“绘图”-“矩形”。

命令：Rectang ↵

指定第一角点或[倒角(C)/标高(E)/圆角(F)/厚度(T)/宽度(W)]：0，0 ↵

指定另一角点：420，297 ↵

(2) 画图框线

把 01 层作为当前层，选取“绘图”-“矩形”。

命令：Rectang ↵

指定第一角点或[倒角(C)/标高(E)/圆角(F)/厚度(T)/宽度(W)]：25，5 ↵

指定另一角点：390，287 ↵

六、画标题栏

标题栏的具体尺寸及内容如图 13-14 所示。粗实线画在 01 层内，细实线画在 02 层内。文字可以不填。

七、把此图存为样板图

点取“文件” - “另存为（A）”

打开保存对话框，将该图存为以 A3 为文件名，后缀为 dwt 文件。

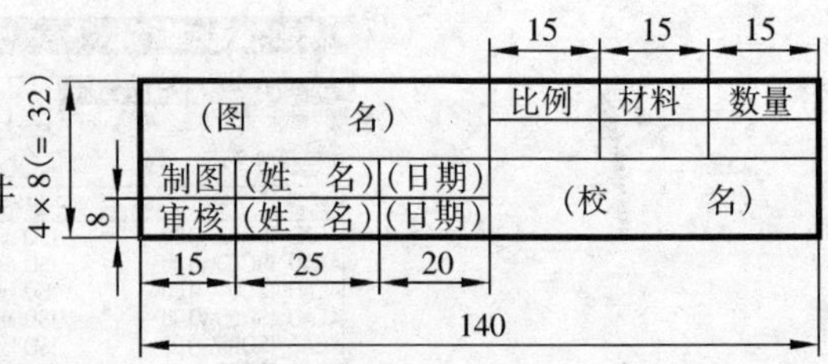

图 13-14 标题栏式样

八、调用 A3 样板图

点取“文件” - “新文件”，打开“创建新图形”对话框，选取“使用样板”选项，选取 A3，调用自制的 A3 样板图，每次进入 AutoCAD 2002，就会出现一个 A3 图纸。

第三节 绘制平面图形

一、画直线（Line）命令的使用

例 1：画图 13-15 所示平面图形。

操作步骤如下：

（1）选择样板图，把 01 层作为当前层；

（2）应用绝对坐标、相对坐标和极坐标画线。

命令：Line ↵

指定第一点：80，70（绝对坐标）↵

指定下一点或［放弃（U）］：@0，100（相对坐标）↵

指定下一点或［放弃（U）］：@60，0（相对坐标）↵

指定下一点或［放弃（U）］：@40 < 60（极坐标）↵

指定下一点或［放弃（U）］：@60 < 0（极坐标）↵

指定下一点或［放弃（U）］：@0，－40（相对坐标）↵

指定下一点或［放弃（U）］：@c（闭合）↵

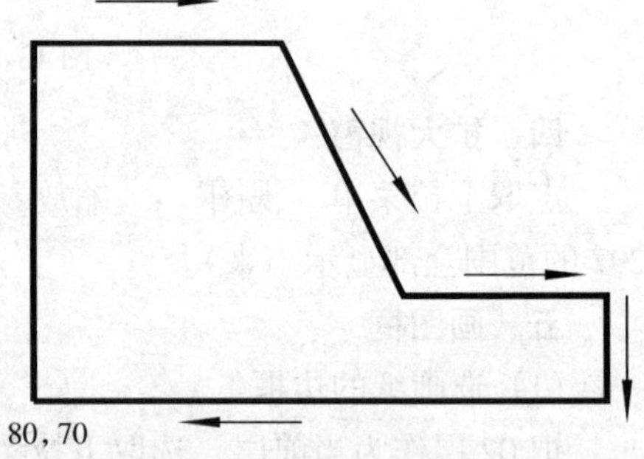

图 13-15 平面图形

在画图时常常会出现错误。有两个命令可以帮助你修改和擦除，Erase（擦除），Undo（反悔）。如果前一个命令画错了，马上键入 U（Undo 的简写），回车，刚才画错的图线就被取消了。Undo 是撤消前一次所做的，可以连续多次使用，即多次反悔。如果要擦除某个图形，可以键入 E（Erase 的简写）。命令操作如下：

命令：E ↵

选择对象：（选择要擦除对象）

选择对象：（被选中对象擦除）↵

二、用画正多边形（Polygon）绘制多边形

例 2：画图 13-16 所示 $\phi100$ 圆外切多边形。

命　令：Polygon ↵

输入边的数目〈4〉：6 ↵

指定多边形的中心点或［边（E)］：选某一点（确定多边形的中心点）。↵

输入选项［内接于圆(I)/外切于圆(C)］〈I〉：↵

指定圆的半径：50 ↵

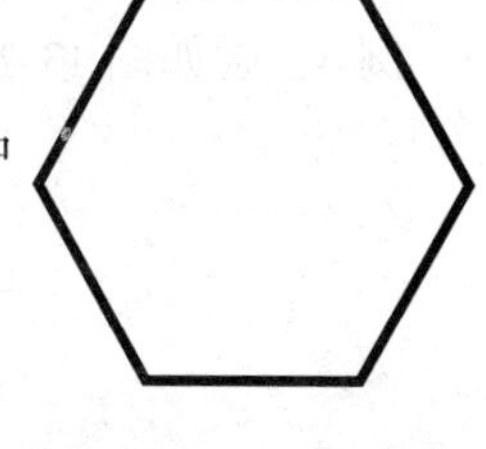

图 13-16　多边形

三、用画圆（Circle）命令画圆

用 Circle 命令画圆共有六种方式，可根据不同的已知条件选择画圆的方式。画圆的下拉菜单如图 13-17 所示。

如手工制图画圆时，要先画出图的中心线，再画圆，而 AutoCAD 2002 画圆时可以先画圆。然后再画一个圆心标记，默认的圆心标记是一个小十字。圆心标记的大小由尺寸参数 Dimcen 确定。如果 Dimcen 是负值，表示除了画圆心标记外，还会画出中心线，并且会延伸到圆外，延伸出去的长度等于 Dimcen 的绝对值。

例 3：画图 13-18 所示的圆。

命令：C ↵（C 是 Circle 的简写）

指定圆的圆心或［三点(3P)/两点(2P)/相切、相切、半径(T)］：100，80 ↵

指定圆的半径或［直径（D)］：D（选直径）↵

指定圆的直径：120 ↵

四、用画圆弧（Arc）命令画圆弧

用画圆弧（Arc）命令画圆弧有十种方式，如图 13-19 所示。选用哪种方式，取决于已知条件，举例略。

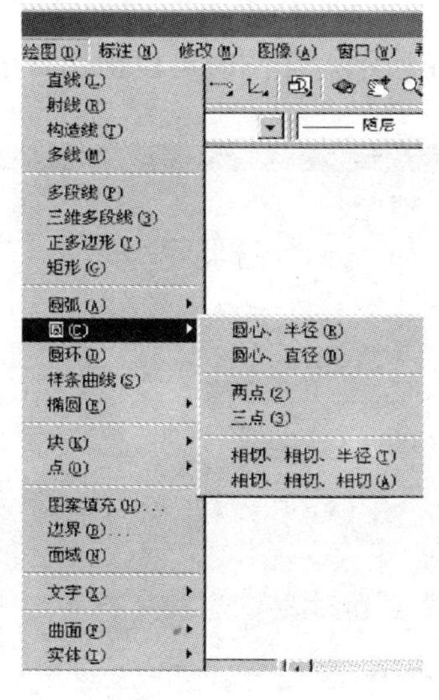

图 13-17　圆下拉菜单

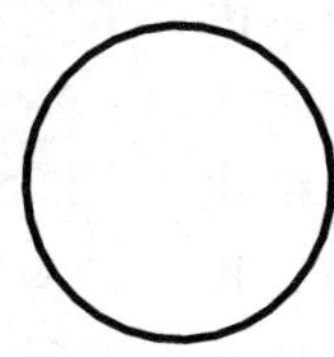

图 13-18　例题图

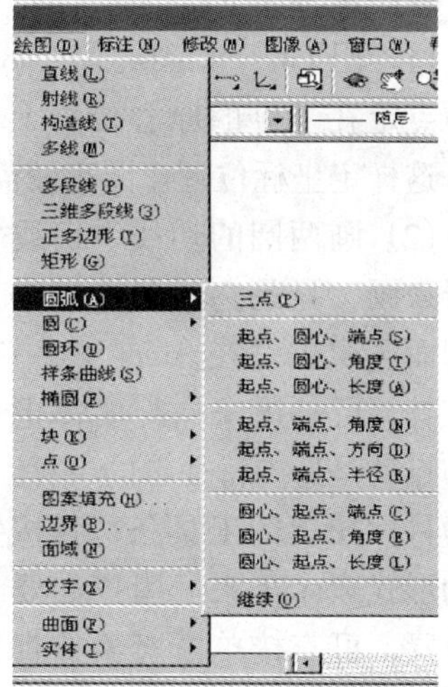

图 13-19　圆弧下拉菜单

五、绘制平面几何图形

要画好平面几何图形，仅仅用前面学到的绘图命令还不够，复杂的图形必须应用修改命令和目标捕捉工具，才能够快速、准确地构造一个几何图形。

例 4：画如图 13-20 所示平面几何图形。

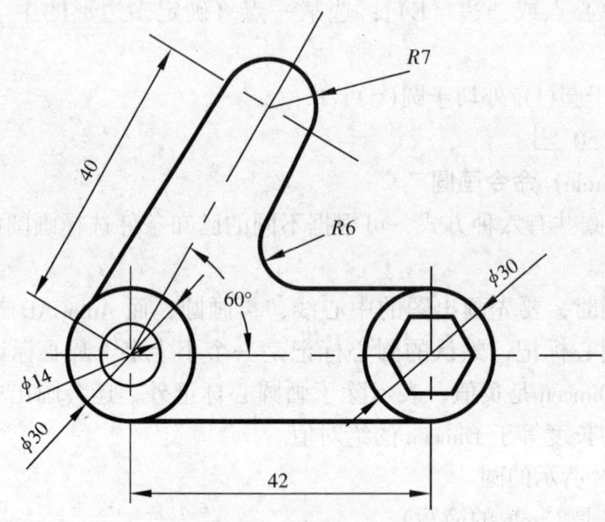

图 13-20 平面图形

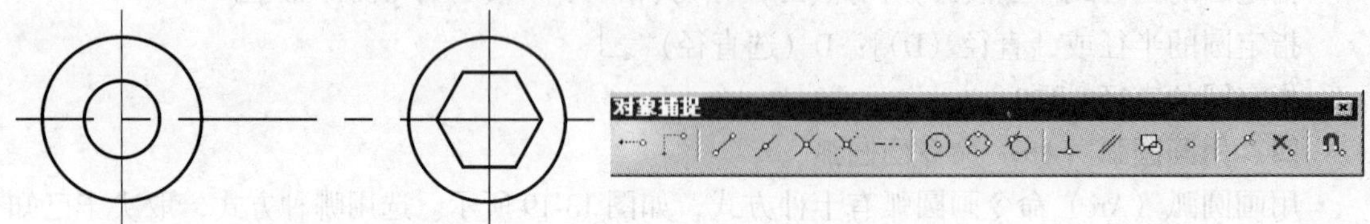

图 13-21 平面图形绘图步骤一　　图 13-22 对象捕捉工具条

绘图步骤如下：

(1) 用 Line、Circle、Polygon 画出圆和六边形，如图 13-21 所示。作图时可以把用户坐标的原点定在 ϕ30 的原心位置上，然后再画实体，这样定坐标位置作图比较简便。

(2) 画两圆的切线。切线实际上也是用直线来画，只是它的起点和终点是依据与圆相切而确定的。在 AutoCAD 中有一组目标捕捉工具，可以用来捕捉实体上的特征点，其中切点就是这些特征点的一种。如图 13-22 所示为目标捕捉的工具条，各按钮的功能以图标的形式表示出来。用户如要设定对象捕捉的设置，可直接单击对象捕捉工具条中的最后一个按钮，或选择草图设置，弹出如图 13-23 所示对话框。用户可以设定自己经常需要使用的捕捉方式。

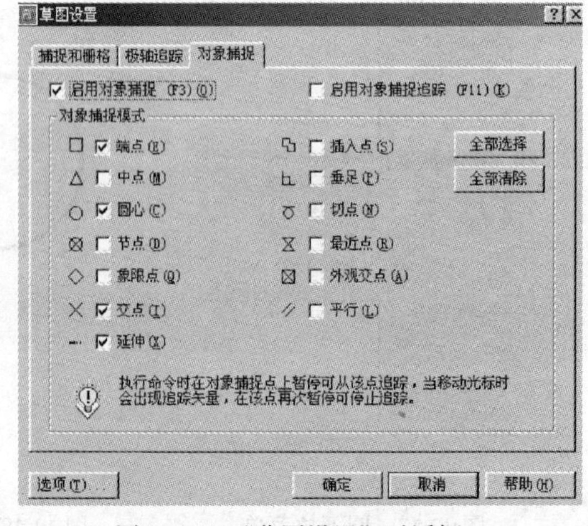

图 13-23 “草图设置”对话框

应用捕捉方式画两圆的切线。

命令：L ↵

指定第一点：Tan 到（拾取切点）

指定下一点：－Tan 到（选左边 ϕ30 圆周）

指定下一点：↵

命令：L ↵

指定第一点：Tan 到（拾取切点）

指定下一点：－Tan 到（选右边 ϕ30 圆周）

如图 13-24 所示，切线画好了。

（3）画倾斜的部分。用户可以把坐标原点移在 ϕ30 的圆心，再把 X 方向转动 60°，为画倾斜部分做准备。

具体步骤如下：

命令：Id（查询点的坐标）↵

指定点：拾取 ϕ30 圆心，显示当前点的位置　X = 100　Y = 100　Z = 0.00

命令：Ucs（用户坐标）↵

输入选项

[新建(N)/移动(M)/正交(G)/上一个(P)/恢复(R)/保存(S)/删除(D)/应用(A)/? /世界(W)]〈世界〉：0↙选原点

指定新原点〈0，0，0〉：100，100（把用户坐标原点定在圆点）

命令：Ucs（用户坐标）↵

输入选项

[新建(N)/移动(M)/正交(G)/上一个(P)/恢复(R)/保存(S)/删除(D)/应用(A)/? /世界(W)]〈世界〉：Z ↵（绕 Z 轴旋转）

指定绕 Z 轴旋转的角度〈90〉：60 ↵（旋转 60°）

结果如图 13-25 所示。

用同样的方法绘制圆和圆的切线，如图 13-25 所示。

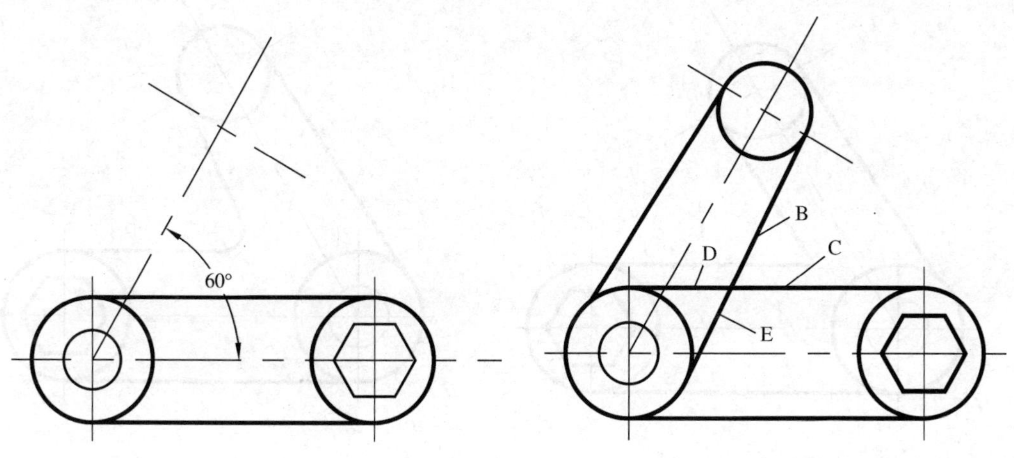

图 13-24　平面图形绘图步骤二　　　图 13-25　平面图形绘图步骤三

(4) 用剪切命令（Trim）剪切多余的线段。

具体步骤如下：

命令：Trim ↵

当前设置：投影 = UCS　边 = 无

选择剪切边…

选择目标：选 B

选择目标：选 C

选择目标：↵

选择要修剪的对象，按着 Shift 键选择要延伸的对象，或[投影(P)、边(E)、放弃(U)]：选 D

选择要修剪的对象，按着 Shift 键选择要延伸的对象，或[投影(P)、边(E)、放弃(U)]：选 E

选择要修剪的对象，按着 Shift 键选择要延伸的对象，或[投影(P)、边(E)、放弃(U)]：↵

如图 13-26 所示，剪掉了多余的线段。

(5) 用倒圆角命令（Fillet）倒圆角。

具体步骤如下：

命令：Fillet ↵

当前模式：模式 = 修剪，半径 = 10.0000

选择第一个目标或[多义线(P)/半径(R)/修剪(T)]：R ↵（确定圆角半径）

输入新的圆角半径〈0.0000〉：: 10

选择第一个目标或[多义线(P)/半径(R)/修剪(T)]：选 B

选择第二个目标：选 C

即画出如图 13-27 所示圆角来。

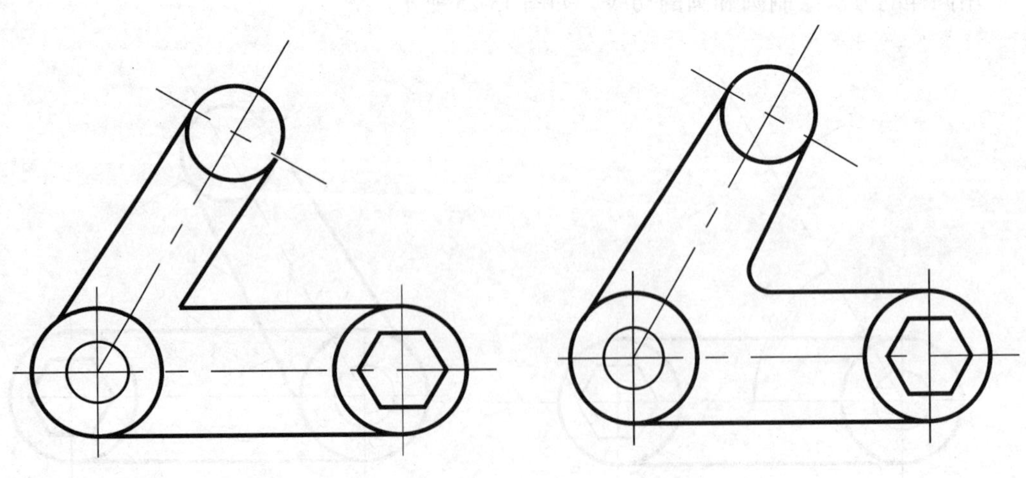

图 13-26　平面图形绘图步骤四　　　图 13-27　平面图形绘图步骤五

第四节　物体视图的画法

例 5：如图 13-28 所示是轴的零件图，通过画这个图形，学习使用偏移（Offset）、倒角（Chamfer）、镜像（Mirror）及多段线（Polyline）、填充剖面线（Hatch）。

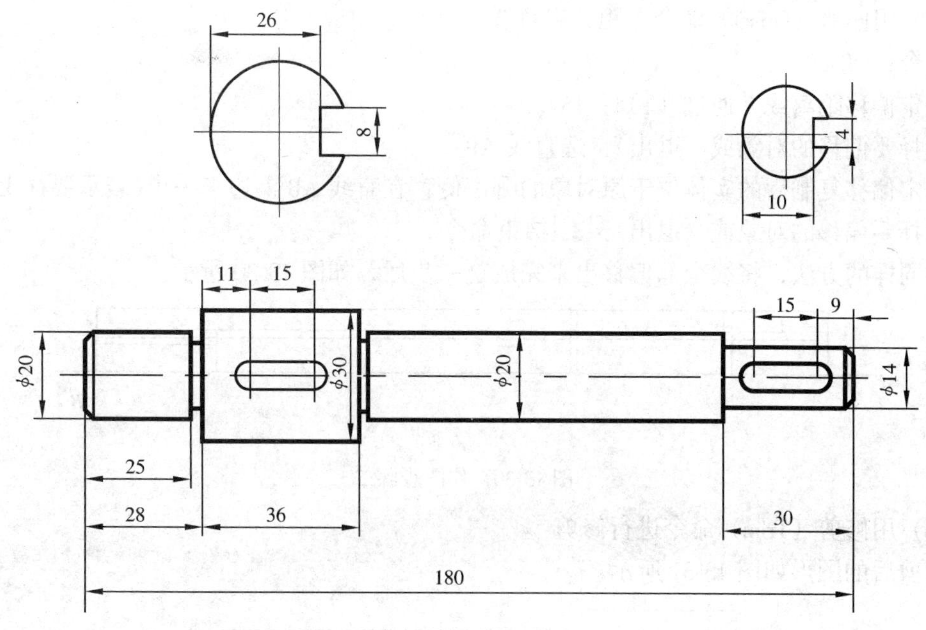

图 13-28　轴的零件图

一、画轴的主视图外轮廓

首先把用户坐标的原点定在 A 点，这样便于画图时确定其它点的位置。这个图形上的线都是坐标轴平行线，画图时打开正交（F8）模式。把 01 层作为当前层，等全部画好后再把中心线移到 05 层上。

具体步骤如下：

(1) 打开第二节所作的 A3 样板图。

(2) 把 01 层作为当前层。

(3) 画中心线。

命令：Line ↵

指定第一点：0，0 ↵

指定下一点或［放弃（U)]：180，0 ↵

指定下一点或［放弃（U)]：↵

(4) 画轴最左边的垂直线

命令：Line ↵

指定第一点：0，0 ↵

指定下一点或［放弃（U)]：0，10 ↵

指定下一点或［放弃（U)]：↵

完成后如图 13-29 所示。

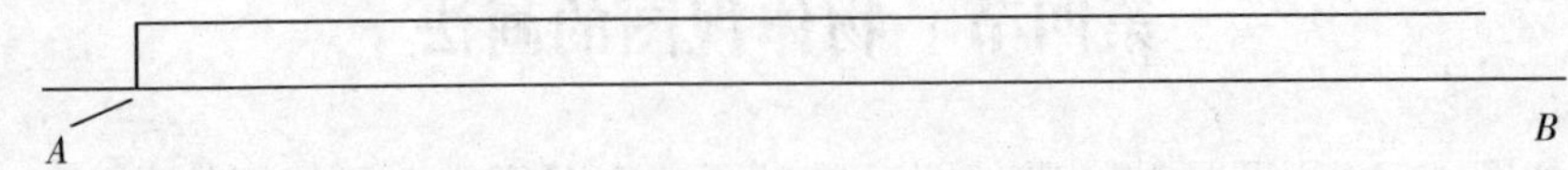

图 13-29　作图步骤一

(5) 用偏移（Offset）命令等距其它直线

命令：Offset ↵

指定偏移距离或［通过（T）］：15 ↵

选择要偏移的对象或〈退出〉：选直线 AB

指定偏移复制后的实体位于原对象的哪一侧：在直线 AB 上边点一个(表示要往上偏移)

选择要偏移的对象或〈退出〉：↵结束命令

用同样的方法，将线全部偏移出来完成这一步后，如图 13-30 所示。

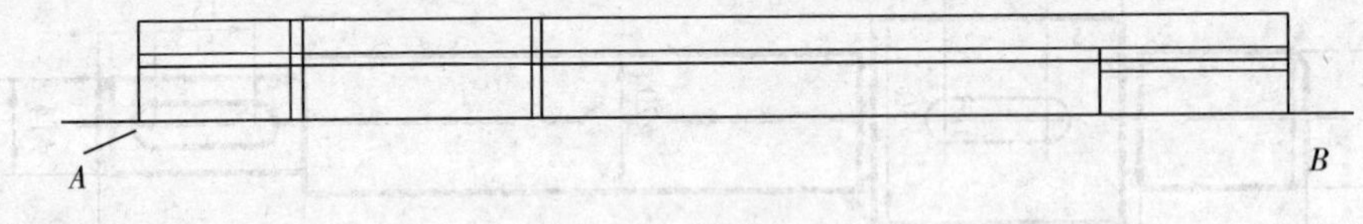

图 13-30　作图步骤二

(6) 用修剪（Trim）命令进行修剪

修剪后的图形如图 13-31 所示。

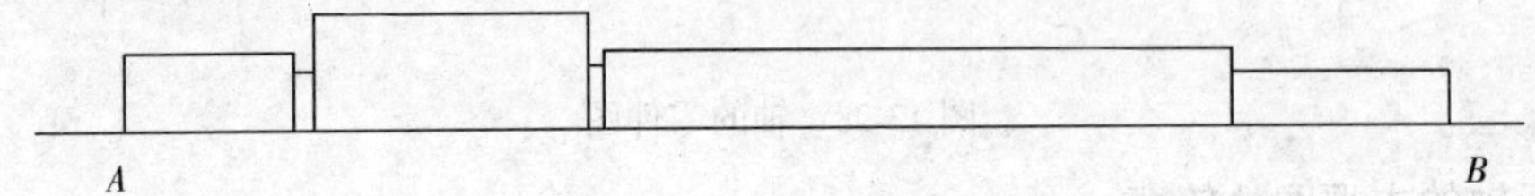

图 13-31　作图步骤三

(7) 用镜像（Mirror）命令完成另半个图形

轴的图形基本上是对称的，用镜像命令完成另一半。

命令：Mirror

选择目标：W（开窗口选取全部图形）

选择目标：↵

指定镜像线的第一点：选 A 点

指定镜像线的第二点：选 B 点

是否删除源对象？［是（Y）/否（N）］〈N〉：↵

完成后如图 13-32 所示。

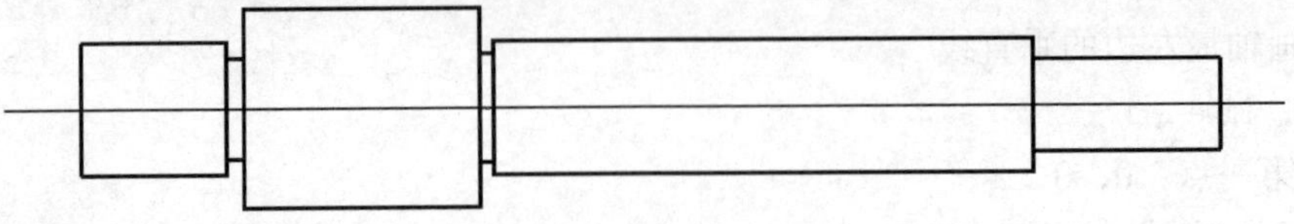

图 13-32　作图步骤四

(8) 用倒角（Chamfer）命令倒直角

倒直角 Chamfer 与前面讲述的倒圆角 Fillest 的操作方法基本一样。

(9) 用特性（Properties）命令改变实体的性质

每个图层都有各自的线型和颜色。中心线现在 01 图层内，要将其改到 05 图层内，变为点划线并延长。

用户可以通过以下方式激活此命令：选取需要修改的实体，然后在绘图区点鼠标右键，在弹出的快捷菜单，选取特性。激活此命令后，将弹出特性窗口。如图 13-33 所示，在此窗口内可以查看和修改已存在的实体属性。将中心线由 01 层变为 05 层，使其变为点划线。

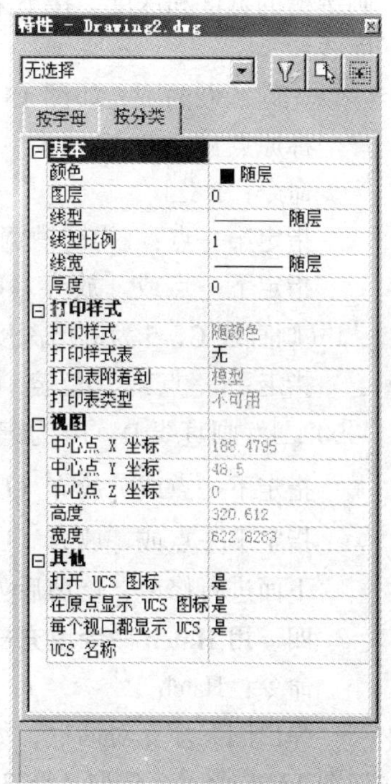

图 13-33　特性对话框

把中心线延长，最简单的方法是利用钳持(也称为自动编辑)功能。具体步骤是：在命令下直接用鼠标点取中心线，在这条线上会出现三个蓝色方框。再点取最左边的方框，此时，该方框就会变成红色，即可把该点延长。以同样的方法把右边延长。

二、画键槽

画键槽可以用多段线（Polyline）命令。多段线命令可以连续地画直线、圆弧等，画出来的多段线是一个实体。具体步骤如下：

先将坐标原点移到轴的右端 B 点，再开始画键槽。

命令：Pline ↵

指定起点：－18，－5 ↵

当前线宽为 0.0000

指定下一个点或[圆弧(A)/半宽(H)/长度(L)/放弃(U)/宽度(W)]：@10＜0 ↵（直线的端点）

指定下一个点或[圆弧(A)/半宽(H)/长度(L)/放弃(U)/宽度(W)]：A ↵（画圆弧）

[角度(A)/圆心(CE)/闭合(CL)/方向(D)/半宽(H)/直线(L)/半径(R)/第二个点(S)/放弃(U)/宽度(W)]：@10＜90 ↵

[角度(A)/圆心(CE)/闭合(CL)/方向(D)/半宽(H)/直线(L)/半径(R)/第二个点(S)/放弃(U)/宽度(W)]：L ↵

指定下一个点或[圆弧(A)/半宽(H)/长度(L)/放弃(U)/宽度(W)]：@10＜180 ↵

指定下一个点或[圆弧(A)/半宽(H)/长度(L)/放弃(U)/宽度(W)]：A ↵

[角度(A)/圆心(CE)/闭合(CL)/方向(D)/半宽(H)/直线(L)/半径(R)/第二个点(S)/放弃(U)/宽度(W)]：CL ↵

一个键槽画好了，如图 13-34 所示。

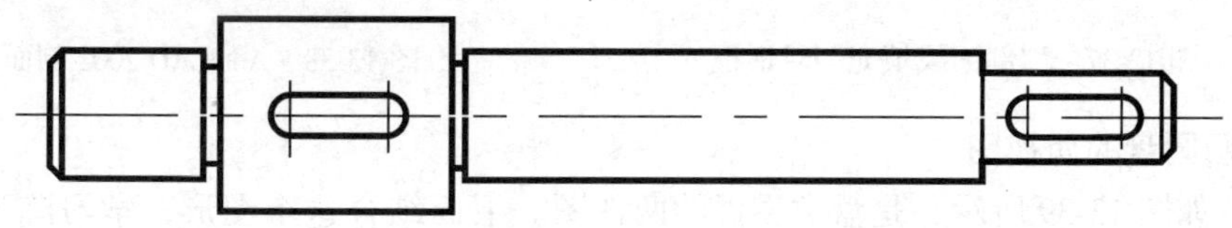
图 13-34　画轴上的键槽

三、画键槽的断面图

用画圆（Circle）命令画出圆，再用圆心标记命令画中心线。然后再用直线（Line）命令画键槽的宽度和深度，接下来剪切（Trim）命令修剪，最后用图案填充（Hatch）命令填上剖面线。

先画 $\phi30$ 的圆，如图 13-35 所示。将用户坐标原点移到 Q 点。

命令：L ↵

指定第一点：(为键槽宽度的一半)

指定下一点或［放弃（U)]：@5 < 180 ↵（画直线 C，5 为键槽深度）

指定下一点或［放弃（U)]：@ 10 < －90 ↵（画直线 D，10 为键槽宽度）

指定下一点或［放弃（U)]：@5 < 0 ↵（画直线 E）

指定下一点或［放弃（U)]：↵

下面进行修剪，修剪后如图 13-36 所示。

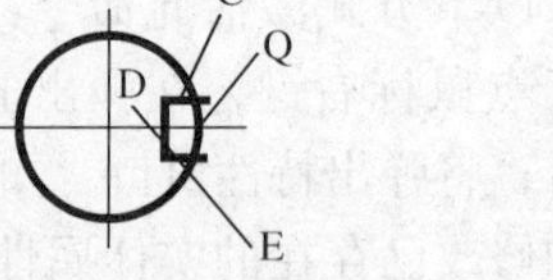

图 13-35　键槽的画法一

图 13-36　键槽的画法二

四、用 Hatch 命令填充剖面线

命令：Hatch ↵

弹出图案填充对话框，如图 13-37 所示。点取图案右边按钮，弹出剖面线图案对话框，如图 13-38 所示。选取 ANSI31 图案，在比例（s）栏中，把比例由 1 改成 10 ~ 20 点确定结束图案的选择。这时又回到图案边界对话框下，在该对话框中（图 13-37），确定填充图案区域项中，拾取点（K）。在要画剖面线的图形内部点一下（图形必须是封闭的），这时边界变成醒目显示，按回车结束选择，又回到图案边界对话框下，点取应用，剖面线被填充。一个轴类零件的视图就画好了，如图 13-38 所示。

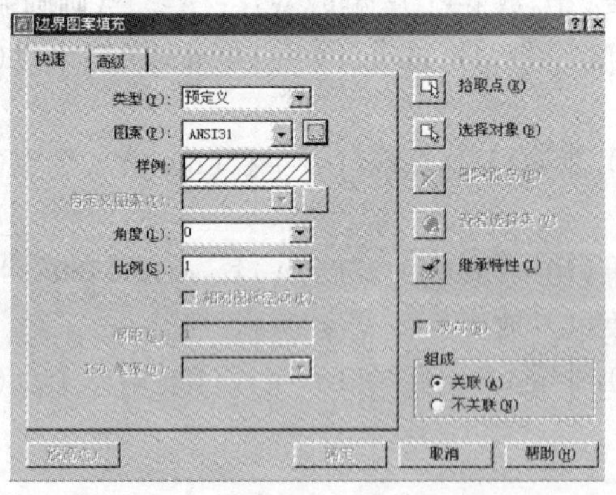

图 13-37　“剖面线填充”对话框

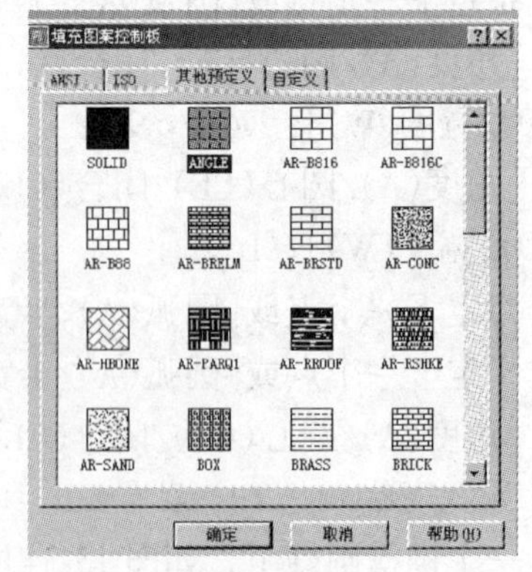

图 13-38　AutoCAD 2002 剖面线形状

五、画圆盘的两视图

例 6：如图 13-39 所示，是盘类零件的两视图。下面结合这个图形，学习阵列（Array），延伸（Extend）命令的用法及如何使用点过滤来定点的位置。

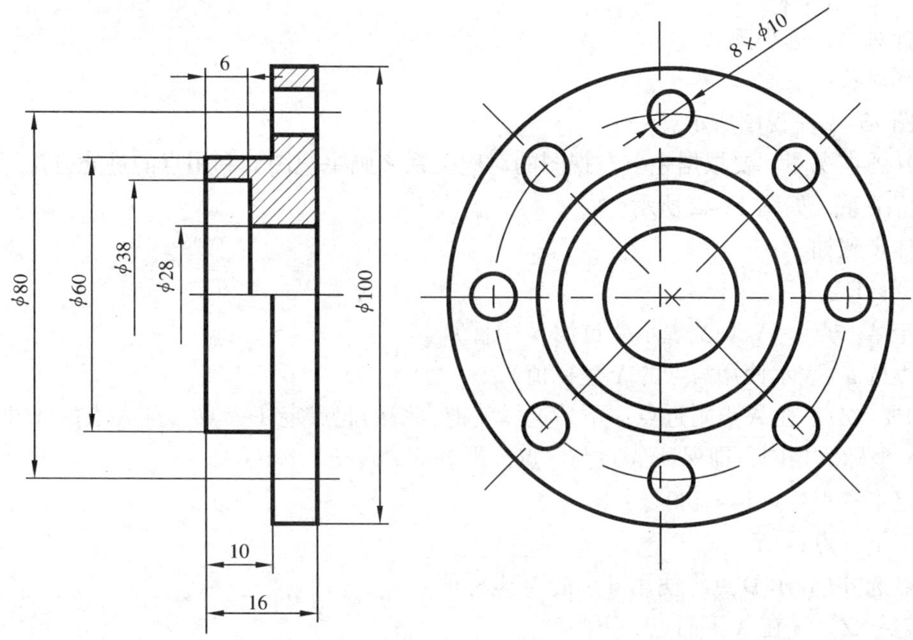

图 13-39 法兰盘视图

（1）画左视图。用 Circle 命令画圆，8 个小圆孔，只要画一个，如图 13-41 所示。其余可以用阵列（Array）命令来构造。具体步骤如下：

命令：Array ↵

（AutoCAD 2002 弹出“阵列”对话框，见图 13-40）

选择环形阵列（P）

指定中心点：C ↵选大圆心 C 点

指定项目总数：8

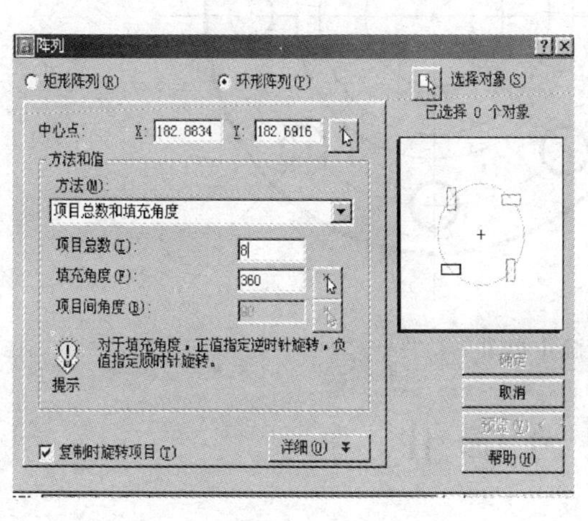

图 13-40 “阵列”对话框

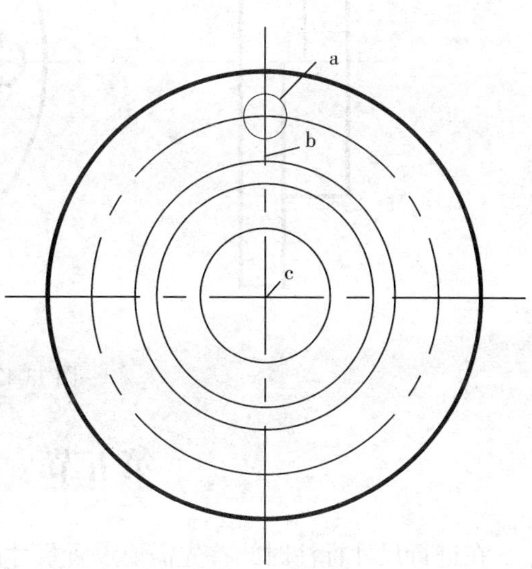

图 13-41 画左视图

填充角度：360

选择对象：选小圆 A

选择对象：↵

如图 13-41 左视图所示。

(2) 画主视图。要根据主、左视图的对应关系来画主视图。利用点的过滤方法以保证视图的对应关系，如图 13-42 所示。

具体步骤如下：

命令：L ↵

指定第一点：·Y（·Y 表示要过滤 Y 坐标）

于点选 a（表示使用 a 点的 Y 坐标值）

(需要 XZ)：在 A 点附近点一下，这样就把直线的起点定在 A 点，且 A 点的 Y 坐标值与 a 点的 Y 坐标值相同，即保证 A 点与 a 点高平齐。

指定下一点：@14 < 180 ↵

指定下一点：·Y

于点选 d（表示 D 点将使用 d 点的 Y 坐标值）

(需要 XZ)：（在 A 下面点一下）

指定下一点：@18 < 180 ↵

用同样的方法，逐步画好主视图的外轮廓线、孔及轴线，如图 13-42 所示。利用前面学的 Hatch 命令画上剖面线，这个图形就完成了。

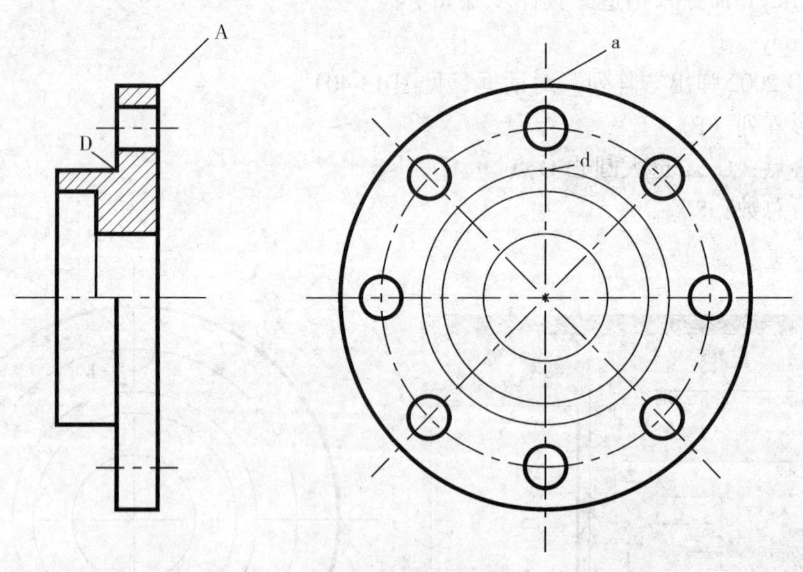

图 13-42　画主视图

第五节　尺 寸 标 注

在进行尺寸标注时，首先需要设置尺寸的变量，以便符合我国的标准，AutoCAD 2002 中尺寸变量很多，为了便于设置 AutoCAD 2002 提供了以对话框的形式对尺寸变量进行设置，并全部配有浏览图形。

一、尺寸变量的设置

1. 设置尺寸标注样式

下拉菜单：标注→样式

弹出如图 13-43 所示对话框，利用此对话框用户就可以进行尺寸标注格式设定。

2. 用户建立新的尺寸标注样式

单击图 13-43 所示对话框中的“新建”，弹出如图 13-44 所示对话框，可输入新标注样式名。

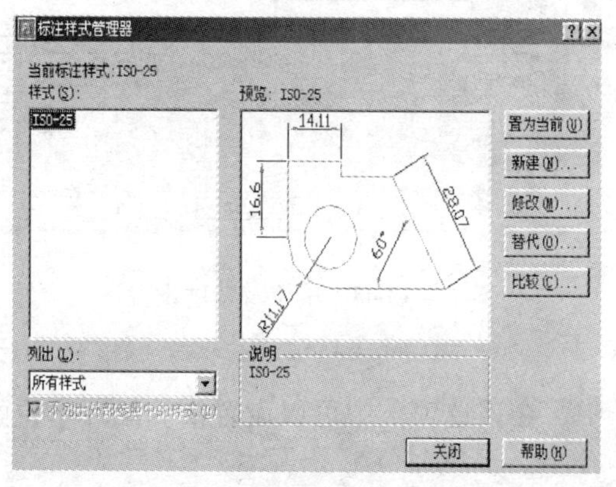

图 13-43 “标注样式管理器”对话框

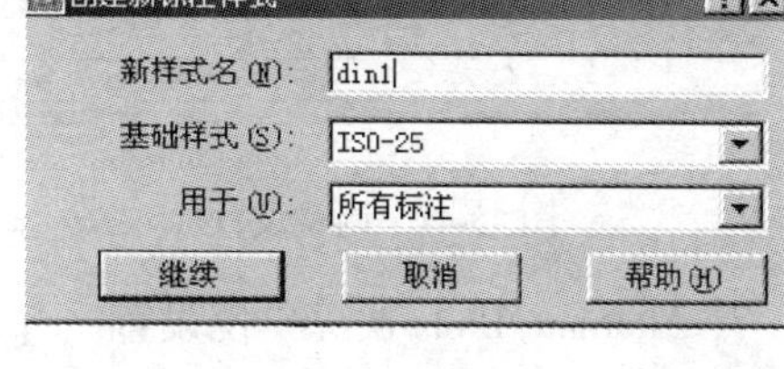

图 13-44 “创建新标注样式”对话框

3. 标注线型和箭头设置

单击图 13-44 中“继续”按钮，弹出如图 13-45 所示对话框，进行标注线型——尺寸线、尺寸界线及箭头大小的设置，设置参数如图 13-45 所示。

4. 文本设置

设置文本样式要在图 13-46 所示对话框的文字选项卡中进行。

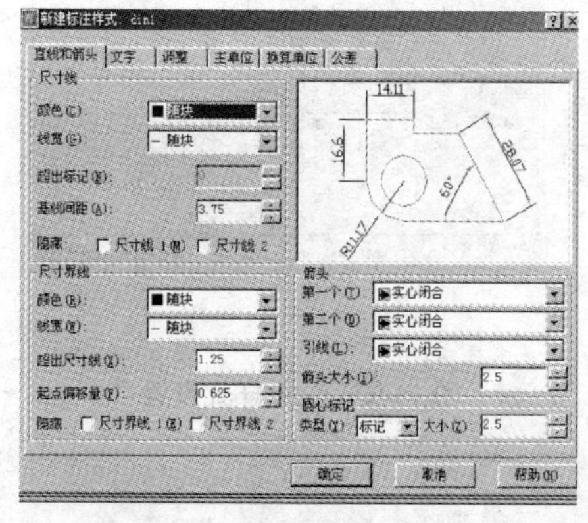

图 13-45 新建标注样式

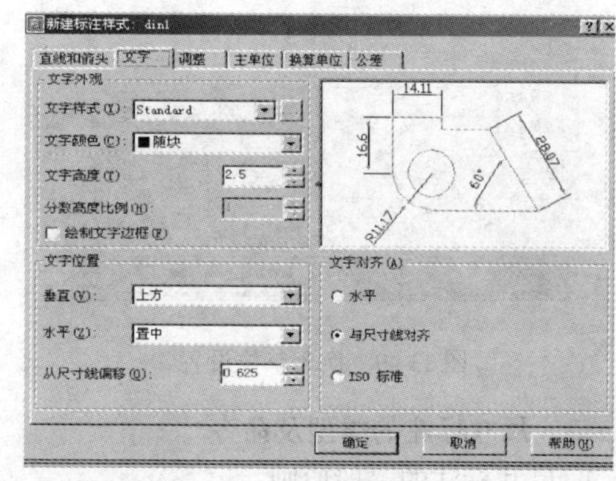

图 13-46 文本标注格式

5. 调整适应设置

当尺寸界线之间的空间受到限制时，AutoCAD 2002 如何调整尺寸文本、箭头、引线和尺寸线的位置，如图 13-47 所示。

6. Primary Units 主单位设置

设置主单位样式在图 13-48 所示对话框中，在该选项卡对话框中可以设置主尺寸单位的格式和精度，并设置尺寸文本的前缀和后缀。

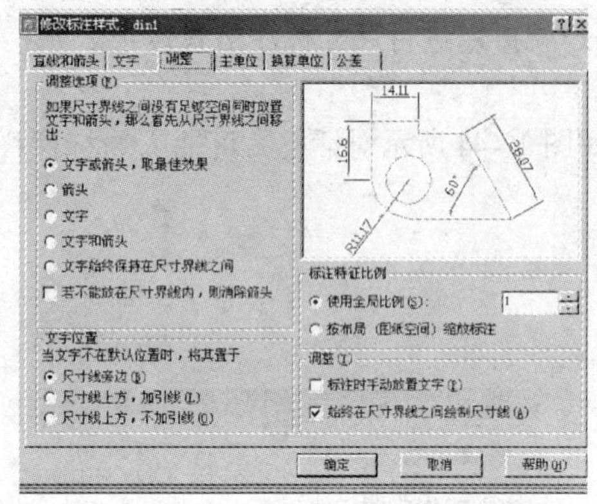

图 13-47　调整设置

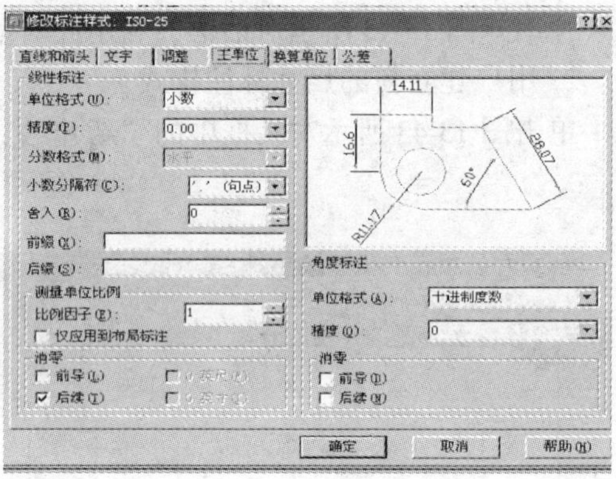

图 13-48　单位及精度设置

7. Alternate Units 换算单位设置

设置换算单位样式在图 13-49 所示对话框中，在该选项卡中可以设置换算尺寸单位的格式、精度、前缀和后缀等。

8. 公差设置

设置公差式样在图 13-50 所示对话框中，在该选项卡中可以控制尺寸文本公差显示与格式。

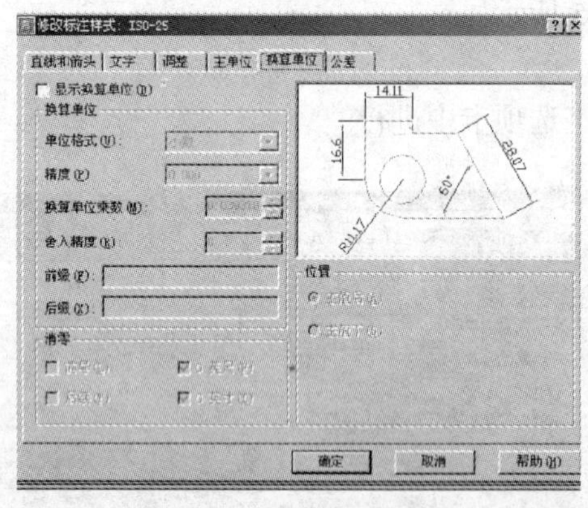

图 13-49　换算单位设置

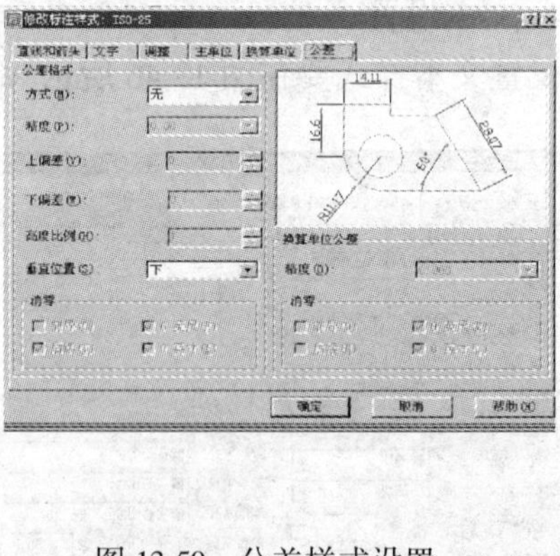

图 13-50　公差样式设置

二、尺寸标注的类型及命令

1. 尺寸标注的一般原则

(1) 为尺寸标注建立一个单独的图层；

(2) 建立一个专门用于尺寸标注的字形；

(3) 将对象捕捉方式设置为端点、交点 、圆心，以便提高对象拾取点速度。

2. 尺寸标注的几种类型

AutoCAD 2002 提供了五种标注尺寸的类型，如图 13-51 所示。它们分别是：

（1）线型尺寸标注

1）水平型标注；

2）垂直型标注；

3）倾斜型标注；

4）基线型标注；

5）连接型标注。

（2）半径型尺寸标注

1）直径型；

2）半径型；

3）中心线标注。

（3）坐标标注

（4）角度标注

（5）引线标注

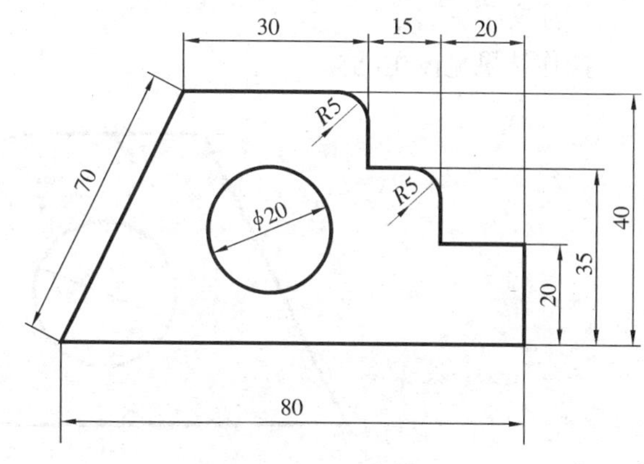

图 13-51　平面图形

3. 尺寸标注的命令

（1）用户可以在标注工具条中直接选择标注尺寸的类型，如图 13-52 所示。

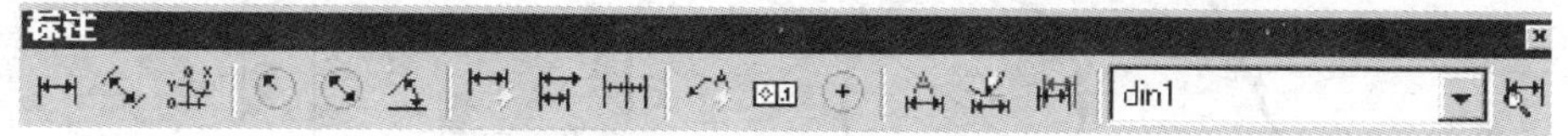

图 13-52　尺寸标注工具条

（2）下拉菜单标注，如图 13-53 所示。

三、尺寸标注实例

例 7：标注图 13-51 的尺寸。

(1) 标注线性尺寸操作如下：

命令：DIMLINEAR ↵

指定第一条尺寸界线或〈选择对象〉：选 A 点（第一尺寸界线）

指定第二条尺寸界线起点：选 B 点（第二尺寸界线）

指定尺寸线位置或[多行文字(M)/文字(T)/角度(A)/水平(H)/垂直(V)/旋转(R)]：选 C 点（尺寸线之位置）

输入标注文字〈20〉 ↵

操作结果见图 13-54 所示。

(2) 基线型标注的特点是与上一个尺寸共用第一条尺寸界线，尺寸线方向与上一个尺寸线方向相同，尺寸线位置与上一个尺寸线的位置自动偏移一个距离。所以要求它的上一次操作必须是线性尺寸命令的操作。

具体步骤如下：

命令：DIMBASELINE ↵

指定第二条尺寸界线起点或[放弃(u)/选择(s)]〈选择〉：选 D

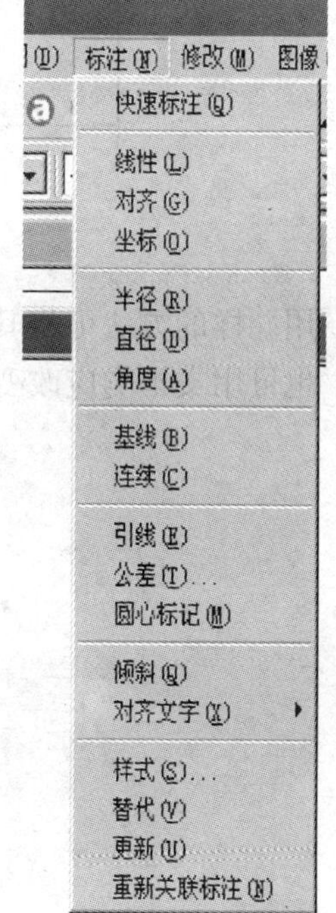

图 13-53　标注下拉菜单

点（直接选第二条尺寸界线）。

标注文字 = ◇↵

操作结果见图 13-55。

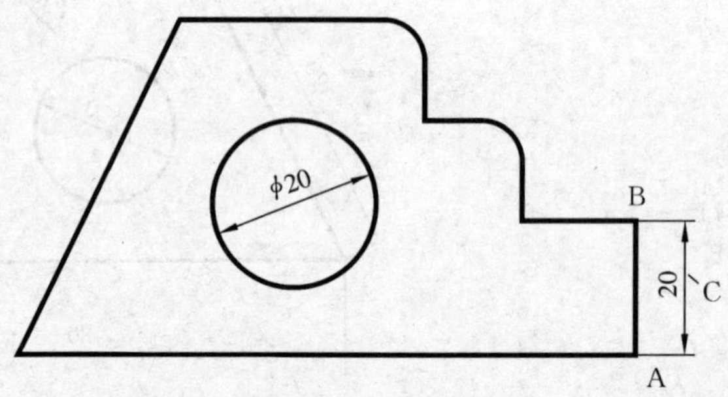

图 13-54　尺寸标注

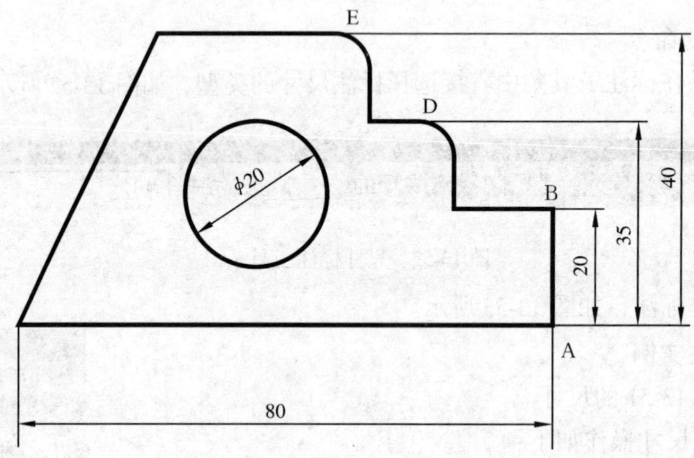

图 13-55　尺寸标注

用同样的方法可将其它尺寸标注，如果绘图是精确绘图，标注尺寸时可自动标注尺寸数值。也可用文本响应改变尺寸数值。

附　　录

一、螺　　纹

附表 1　普通螺纹的直径与螺距（GB/T 193—1981）　　　　（单位：mm）

公称直径 D，d			螺距 P		公称直径 D，d			螺距 P	
第一系列	第二系列	第三系列	粗牙	细牙	第一系列	第二系列	第三系列	粗牙	细牙
3			0.5	0.35	72				6,4,3,2,1.5,(1)
	3.5		(0.6)				75		(4),(3),2,1.5
4			0.7	0.5		76			6,4,3,2,1.5,(1)
	4.5		(0.75)				78		2
5			0.8		80				6,4,3,2,1.5,(1)
		5.5					82		2
6		7	1	0.75,(0.5)	90	85			6,4,3,2,(1.5)
8			1.25	1,0.75,(0.5)	100	95			
		9	(1.25)		110	105			
10			1.5	1.25,1.0,0.75,(0.5)	125	115			
		11	(1.5)	1,0.75,(0.5)		120			
12			1.75	1.5,1.25,1,(0.75),(0.5)		130	135		
	14		2	1.5,(1.25),1,(0.75),(0.5)	140	150	145		
		15		1.5,(1)			155		6,4,3,(2)
16			2	1.5,1,(0.75),(0.5)	160	170	165		
		17		1.5,(1)	180		175		
20	18		2.5	2,1.5,1,(0.75),(0.5)		190	185		
	22				200		195		
24			3	2,1.5,1,(0.75)			205		6,4,3
		25		2,1.5,(1)		210	215		
		26		1.5	220		225		
	27		3	2,1.5,1,(0.75)			230		
		28		2,1.5,1		240	235		
30			3.5	(3),2,1.5,1,(0.75)	250		245		
		32		2,1.5			255		6,4,(3)
	33		3.5	(3),2,1.5,(1),(0.75)		260	265		
		35		(1.5)			270		
36			4	3,2,1.5,(1)			275		
		38		1.5	280		285		
	39		4	3,2,1.5,(1)			290		
		40		(3),(2),1.5		300	295		
42	45		4.5	(4),3,2,1.5,(1)	320		310		6,4
48			5				330		
		50		(3),(2),1.5		340	350		
	52		5	(4),3,2,1.5,(1)	360	380	370		
		55		(4),(3),2,1.5	400		390		
56			5.5	4,3,2,1.5,(1)		420	410		6
		58		(4),(3),2,1.5		440	430		
	60		(5.5)	4,3,2,1.5,(1)	450	460	470		
		62		(4),(3),2,1.5		480	490		
64			6	4,3,2,1.5,(1)	500	520	510		
		65		(4),(3),2,1.5	550	540	530		
	68		6	4,3,2,1.5,(1)		560	570		
		70		(6),(4),(3),2,1.5	600	580	590		

注：1. 优先选用第一系列，其次是第二系列，第三系列尽可能不用。

2. M14×1.25 仅用于火花塞，M35×1.5 仅用于滚珠轴承锁紧螺母。

3. 括号内尺寸尽可能不用。

附表 2　普通螺纹基本尺寸（GB/T 196—1981）

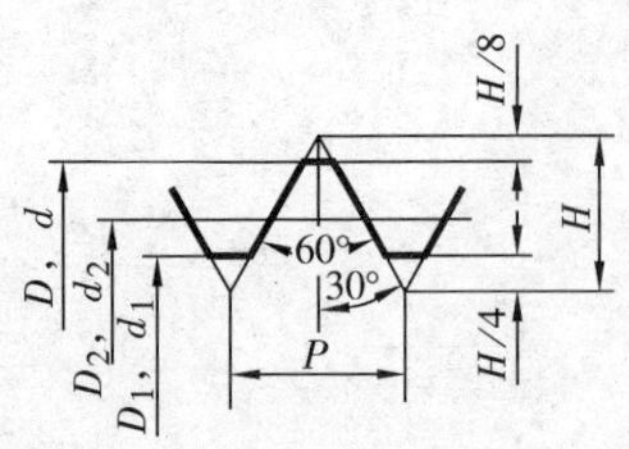

$$H=\frac{\sqrt{3}}{2}P=0.866025404P$$

标记示例：

公称直径 24mm，螺距 1.5mm，标注为

M24×1.5

左旋时，标记为

M24×1.5LH

（单位：mm）

公称直径 D，d			螺距 P	中径 D_2 或 d_2	小径 D_1 或 d_1
第一系列	第二系列	第三系列			
1			0.25	0.838	0.729
			0.2	0.870	0.783
	1.1		0.25	0.938	0.829
			0.2	0.970	0.883
1.2			0.25	1.038	0.929
			0.2	1.070	0.983
	1.4		0.3	1.205	1.075
			0.2	1.270	1.183
1.6			0.35	1.373	1.221
			0.2	1.470	1.383
	1.8		0.35	1.573	1.421
			0.25	1.670	1.583
2			0.4	1.740	1.567
			0.25	1.838	1.729
	2.2		0.45	1.908	1.712
			0.25	2.038	1.929
2.5			0.45	2.208	2.013
			0.35	2.273	2.121
3			0.5	2.675	2.459
			0.35	2.773	2.621
	3.5		(0.6)	3.110	2.850
			0.35	3.273	3.121
4			0.7	3.545	3.242
			0.5	3.675	3.459
	4.5		(0.75)	4.013	3.688
			0.5	4.176	3.959
5			0.8	4.280	4.134
			0.5	4.675	4.459
		5.5	0.5	5.175	5.959
6			1	5.350	4.917
			0.75	5.513	5.188
			(0.5)	5.676	5.459
		7	1	6.350	5.917
			0.75	6.513	6.188
			(0.5)	6.675	6.459
8			1.25	7.188	6.647
			1	7.350	6.917
			0.75	7.513	7.188
			(0.5)	7.675	7.459
		9	(1.25)	8.188	7.647
			1	8.350	7.917
			0.75	8.513	8.188
			(0.5)	8.675	8.459
10			1.5	9.026	8.376
			1.25	9.188	8.647
			1	9.360	8.917

公称直径 D，d			螺距 P	中径 D_2 或 d_2	小径 D_1 或 d_1
第一系列	第二系列	第三系列			
10			0.75	9.513	9.188
			(0.5)	9.675	9.459
		11	(1.5)	10.026	9.376
			1	10.350	9.917
			0.75	10.513	10.188
			(0.5)	10.675	10.459
12			1.75	10.863	10.106
			1.5	11.026	10.376
			1.25	11.188	10.647
			1	11.350	10.917
			(0.75)	11.513	11.188
			(0.5)	11.675	11.459
	14		2	12.701	11.835
			1.5	13.026	12.376
			(1.25)	13.188	12.647
			1	13.350	12.917
			(0.75)	13.513	13.188
			(0.5)	13.675	13.459
		15	1.5	14.026	13.376
			(1)	14.350	13.917
16			2	14.701	13.835
			1.5	16.026	14.376
			1	16.350	14.917
			(0.75)	15.513	15.188
			(0.5)	15.675	15.459
		17	1.5	16.026	15.376
			(1)	16.350	15.917
	18		2.5	16.310	15.294
			2	16.701	15.835
			1.5	17.026	16.376
			1	17.350	16.917
			(0.75)	17.513	17.188
			(0.5)	17.675	17.459
20			2.5	18.376	17.294
			2	18.701	17.835
			1.5	19.020	18.376
			1	19.350	18.917
			(0.75)	19.513	19.188
			(0.5)	19.675	19.459
	22		2.5	20.376	19.294
			2	20.701	19.835
			1.5	21.026	20.376
			1	21.350	20.917
			0.75	21.513	21.188
			0.5	21.675	21.459

注：1. 直径优先选用第一系列，其次第二系列，第三系列尽可能不采用。

2. 第一二系列中螺距 P 的第一行为粗牙，其次为细牙。

附表 3　梯形螺纹的基本尺寸（GB/T 5796.2—1986、GB/T 5796.3—1986）

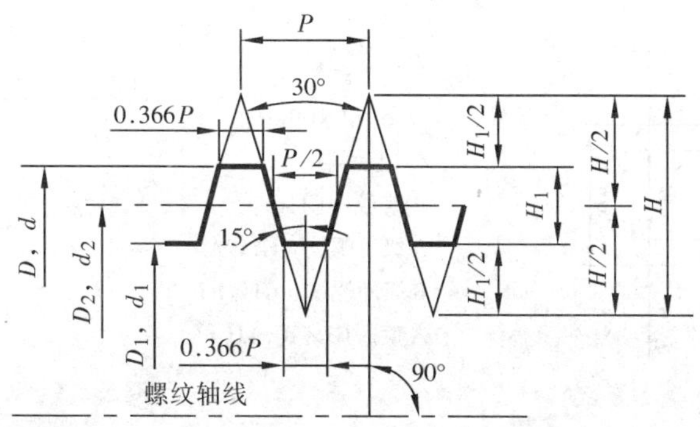

标记示例：
公称直径 40mm，导程 14mm，
螺距为 7mm 的双线左旋梯形螺纹，标记为
Tr40 × 14（P7）LH

（单位：mm）

公称直径 d		螺距	中径	大径	小径		公称直径 d		螺距	中径	大径	小径	
第一系列	第二系列	P	$d_2=D_2$	D_4	d_3	D_1	第一系列	第二系列	P	$d_2=D_2$	D_4	d_3	D_1
8		1.5	7.25	8.30	6.20	6.50		26	3	24.50	26.50	22.50	23.00
	9	1.5	8.25	9.30	7.20	7.50			5	23.50	26.50	20.50	21.00
		2	8.00	9.50	6.50	7.00			8	22.00	27.00	17.00	18.00
10		1.5	9.25	10.30	8.20	8.50	28		3	26.50	28.50	24.50	25.00
		2	9.00	10.50	7.50	8.00			5	25.50	28.50	22.50	23.00
	11	2	10.00	11.50	8.50	9.00			8	24.00	29.00	19.00	20.00
		3	9.50	11.50	7.50	8.00		30	3	28.50	30.50	26.50	29.00
12		2	11.00	12.50	9.50	10.00			6	27.00	31.00	23.00	24.00
		3	10.50	12.50	8.50	9.00			10	25.00	31.00	19.00	20.00
	14	2	13.00	14.50	11.50	12.00	32		3	30.50	32.50	28.50	29.00
		3	12.50	14.50	10.50	11.00			6	29.00	33.00	25.00	26.00
16		2	15.00	16.50	13.50	14.00			10	27.00	33.00	21.00	22.00
		4	14.00	16.50	11.50	12.00		34	3	32.50	34.50	30.50	31.00
	18	2	17.00	18.50	15.50	16.00			6	31.00	35.00	27.00	28.00
		4	16.00	18.50	13.50	14.00			10	29.00	35.00	23.00	24.00
20		2	19.00	20.50	17.50	18.00	36		3	34.50	36.50	32.50	33.00
		4	18.00	20.50	15.50	16.00			6	33.00	37.00	29.00	30.00
	22	3	20.00	22.50	18.50	19.00			10	31.00	37.00	25.00	26.00
		5	19.50	22.50	16.50	17.00		38	3	36.50	38.50	34.50	35.00
		8	18.00	23.00	13.00	4.00			7	34.50	39.00	30.00	31.00
24		3	22.50	24.50	20.50	21.00			10	33.00	39.00	27.00	28.00
		5	21.50	24.50	18.50	19.00	40		3	38.50	40.50	36.50	37.00
		8	20.00	25.00	15.00	16.00			7	36.50	41.00	32.00	33.00
									10	35.00	41.00	29.00	30.00

附表 4　55°非密封管螺纹（GB/T 7307—2001）

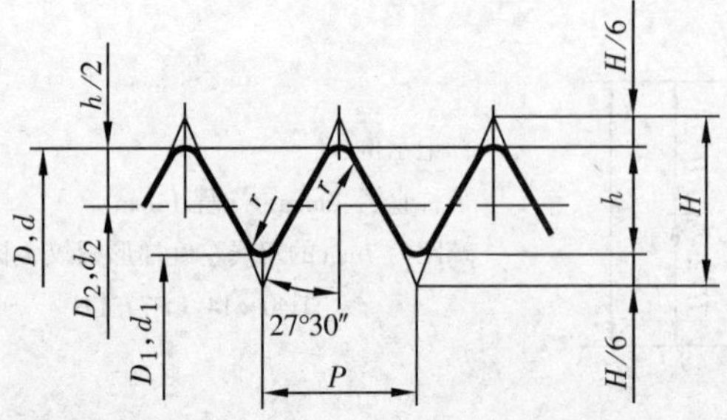

$$P = \frac{25.4}{n}$$

$$H = 0.960491P$$

标记示例：

内螺纹　G1½

A 级外螺纹　G1½ A

B 级外螺纹　G1½ B

左旋　G1½ B—LH

（单位：mm）

尺寸代号	每 25.4mm 内的牙数 n	螺距 P	牙高 h	圆弧半径 $r\approx$	基本直径		
					大　径 $d=D$	中　径 $d_2=D_2$	小　径 $d_1=D_1$
1/16	28	0.907	0.581	0.125	7.723	7.142	6.561
1/8	28	0.907	0.581	0.125	9.728	9.147	8.566
1/4	19	1.337	0.856	0.184	13.157	12.301	11.445
3/8	19	1.337	0.856	0.184	16.662	15.806	14.950
1/2	14	1.814	1.162	0.249	20.955	19.793	18.631
5/8	14	1.814	1.162	0.249	22.911	21.749	20.587
3/4	14	1.814	1.162	0.249	26.441	25.279	24.117
7/8	14	1.814	1.162	0.249	30.201	29.039	27.877
1	11	2.309	1.479	0.317	33.249	31.770	30.291
1⅛	11	2.309	1.479	0.317	37.897	36.418	34.939
1¼	11	2.309	1.479	0.317	41.910	40.431	38.952
1½	11	2.309	1.479	0.317	47.803	46.324	44.845
1¾	11	2.309	1.479	0.317	53.746	52.267	50.788
2	11	2.309	1.479	0.317	59.614	58.135	56.656
2¼	11	2.309	1.479	0.317	65.710	64.231	62.752
2½	11	2.309	1.479	0.317	75.184	73.705	72.226
2¾	11	2.309	1.479	0.317	81.534	80.055	78.576
3	11	2.309	1.479	0.317	87.884	86.405	84.926
3½	11	2.309	1.479	0.317	100.330	98.851	97.372
4	11	2.309	1.479	0.317	113.030	111.551	110.072
4½	11	2.309	1.479	0.317	125.730	124.251	122.772
5	11	2.309	1.479	0.317	138.430	136.951	135.472
5½	11	2.309	1.479	0.317	151.130	149.651	148.172
6	11	2.309	1.479	0.317	163.830	162.351	160.872

附表 5　55°密封管螺纹（GB/T 7306.1—2000）

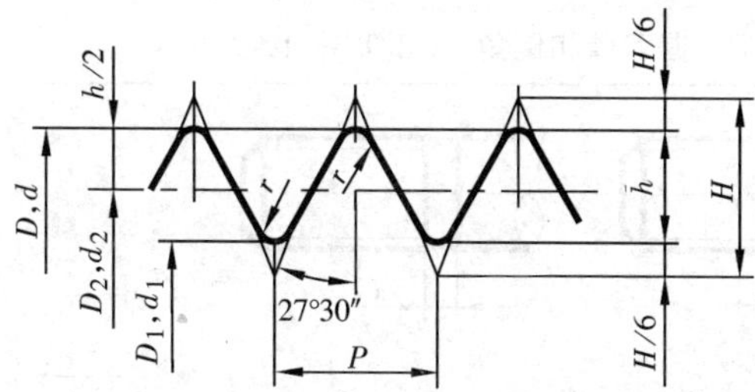

$P = \frac{25.4}{n}$

$H = 0.960491P$

标记示例：

圆锥外螺纹　$R_1 3/4$

圆柱内螺纹　Rp3/4

左旋时　Rp3/4—LH

（单位：mm）

尺寸代号	每 25.4mm 内的牙数 n	螺距 P	牙高 h	基准平面内的基本直径		
				大　径 $d = D$	中　径 $d_2 = D_2$	小　径 $d_1 = D_1$
1/16	28	0.907	0.581	7.723	7.142	6.561
1/8	28	0.907	0.581	9.728	9.147	8.566
1/4	19	1.337	0.856	13.157	12.301	11.445
3/8	19	1.337	0.856	16.662	15.806	14.950
1/2	14	1.814	1.162	20.955	19.793	18.631
3/4	14	1.814	1.162	26.441	25.279	24.117
1	11	1.814	1.162	33.249	31.770	30.291
1¼	11	1.814	1.162	41.910	40.431	38.952
1½	11	2.309	1.479	47.803	46.324	44.845
2	11	2.309	1.479	59.614	58.135	56.656
2½	11	2.309	1.479	75.184	73.705	72.226
3	11	2.309	1.479	87.884	86.405	84.926
4	11	2.309	1.479	113.030	111.551	110.072
5	11	2.309	1.479	138.430	136.951	135.472
6	11	2.309	1.479	163.830	162.351	160.872

二、倒圆、倒角、退刀槽、螺栓通孔

附表 6 普通螺纹收尾、肩距、退刀槽和倒角（GB/T 3—1997）

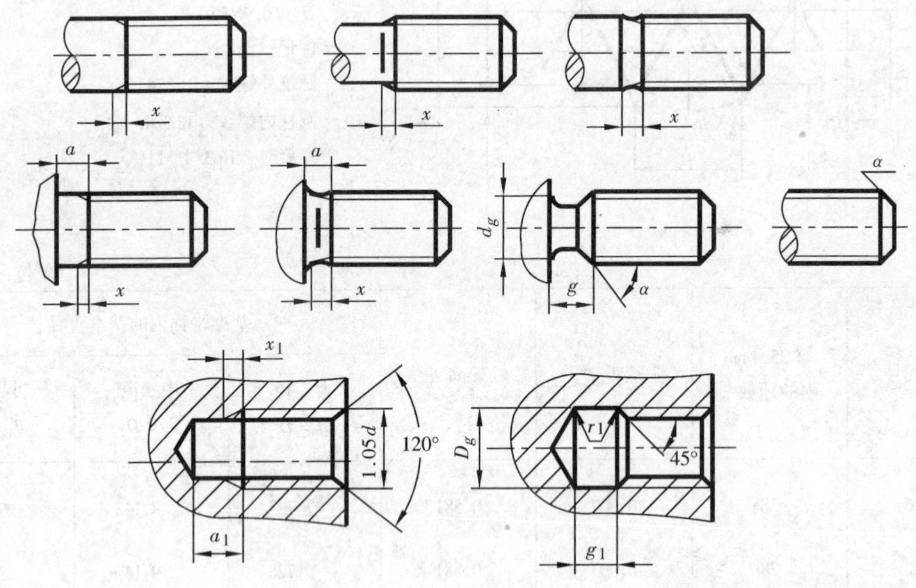

（单位：mm）

螺距	粗牙螺纹大径 d，D	外螺纹 螺纹收尾 x（不大于）		外螺纹 肩距 a（不大于）			外螺纹 退刀槽 g（不大于）	r	d_g	内螺纹 螺纹收尾 x_1（不大于）		内螺纹 肩距 a_1（不小于）		内螺纹 退刀槽 g_1		r_1	D_g
		一般	短的	一般	长的	短的	一般	≈		一般	短的	一般	长的	一般	短的		
0.2	—	0.5	0.25	0.6	0.8	0.4	—			0.8	0.4	1.2	1.6				D+0.3
0.25	1; 1.2	0.6	0.3	0.75	1	0.5	0.75	0.12	$d-0.4$	1	0.5	1.5	2				
0.3	1.4	0.75	0.4	0.9	1.2	0.6	0.9	0.16	$d-0.5$	1.2	0.6	1.8	2.4				
0.35	1.6; 1.8	0.9	0.45	1.05	1.4	0.7	1.05		$d-0.6$	1.4	0.7	2.2	2.8				
0.4	2	1	0.5	1.2	1.6	0.8	1.2	0.2	$d-0.7$	1.6	0.8	2.5	3.2				
0.45	2.2; 2.5	1.1	0.6	1.35	1.8	0.9	1.35		$d-0.7$	1.8	0.9	2.8	3.6				
0.5	3	1.25	0.7	1.5	2	1	1.5		$d-0.8$	2	1	3	4	2	1	0.2	
0.6	3.5	1.5	0.75	1.8	2.4	1.2	1.8	0.4	$d-1$	2.4	1.2	3.2	4.8	2.4	1.2	0.3	
0.7	4	1.75	0.9	2.1	2.8	1.4	2.1		$d-1.1$	2.8	1.4	3.5	5.6	2.8	1.4	0.8	
0.75	4.5	1.9	1	2.25	3	1.5	2.25		$d-1.2$	3	1.5	3.8	6	3	1.5		
0.8	5	2	1	2.4	3.2	1.6	2.4		$d-1.3$	3.2	1.6	4	6.4	3.2	1.6		
1	6; 7	2.5	1.25	3	4	2	3	0.6	$d-1.6$	4	2	5	8	4	2	0.5	D+0.5
1.25	8	3.2	1.6	4	5	2.5	3.75		$d-2$	5	2.5	6	10	5	2.5	0.6	
1.5	10	3.8	1.9	4.5	6	3	4.5	0.8	$d-2.3$	6	3	7	12	6	3	0.8	
1.75	12	4.3	2.2	5.3	7	3.5	5.25	1	$d-2.6$	7	3.5	9	14	7	3.5	0.9	
2	14; 16	5	2.5	6	8	4	6		$d-3$	8	4	10	16	8	4	1	
2.5	18; 20; 22	6.3	3.2	7.5	10	5	7.5	1.2	$d-3.6$	10	5	12	18	10	5	1.2	
3	24; 27	7.5	3.8	9	12	6	9	1.6	$d-4.4$	12	6	14	22	12	6	1.5	
3.5	30; 33	9	4.5	10.5	14	7	10.5		$d-5$	14	7	16	24	14	7	1.8	
4	36; 39	10	5	12	16	8	12	2	$d-5.7$	16	8	18	26	16	8	2	
4.5	42; 45	11	5.5	13.5	18	9	13.5	2.5	$d-6.4$	18	9	21	29	18	9	2.2	
5	48; 52	11.5	6.3	15	20	10	15		$d-7$	20	10	23	32	20	10	2.5	
5.5	56; 60	14	7	16.5	22	11	17.5	3.2	$d-7.7$	22	11	25	35	22	11	2.8	
6	64; 68	15	7.5	13	24	12	18		$d-8.3$	24	12	28	38	24	12	3	

注：外螺纹倒角 a 一般为 45°，也可采用 60°或 30°倒角。

附表7　零件倒圆与倒角（GB/T 6403.4—1986）

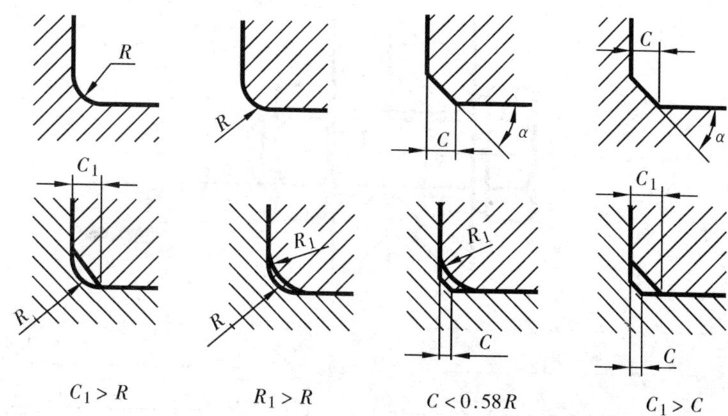

$C_1>R$　　$R_1>R$　　$C<0.58R$　　$C_1>C$

（单位：mm）

直径 D		~3		>3~6		>6~10		>10~18	>18~30	>30~50		>50~80	>80~120
R或C	R_1	0.1	0.2	0.3	0.4	0.5	0.6	0.8	1.0	1.2	1.6	2.0	2.5
	C_{max}（$C<0.58R_1$）	—	0.1	0.1	0.2	0.2	0.3	0.4	0.5	0.6	0.8	1.0	1.2
直径 D		>120~180	>180~250	>250~320	>320~400	>400~500	>500~630	>630~800	>800~1000	>1000~1250	>1250~1600		
R或C	R_1	3.0	4.0	5.0	6.0	8.0	10	12	16	20	25		
	C_{max}（$C<0.58R_1$）	1.6	2.0	2.5	3.0	4.0	5.0	6.0	8.0	10	12		

注：1. a一般采用45°，也可采用30°或60°。

2. R_1、C_1为正偏差，R、C为负偏差。

附表8　相配的倒角和倒圆（JB/ZQ 4238—1986）

（单位：mm）

退刀槽尺寸	倒角 $a$min		倒圆 $r_2$min	
$r_1\times l_1$	A型	B型	A型	B型
0.6×0.2	0.8	0.2	1	0.3
0.6×0.3	0.6	0	0.8	0
1×0.2	1.6	0.8	2	1
1×0.4	1.2	0	1.5	0
1.6×0.3	2.6	1.1	3.2	1.4
2.5×0.4	4.2	1.9	5.2	2.4
4×0.5	7	4.0	8.8	5

注：$r_1\times l_1$为槽宽×槽深。

附表 9　螺栓和螺钉通孔（GB/T 5277—1985）

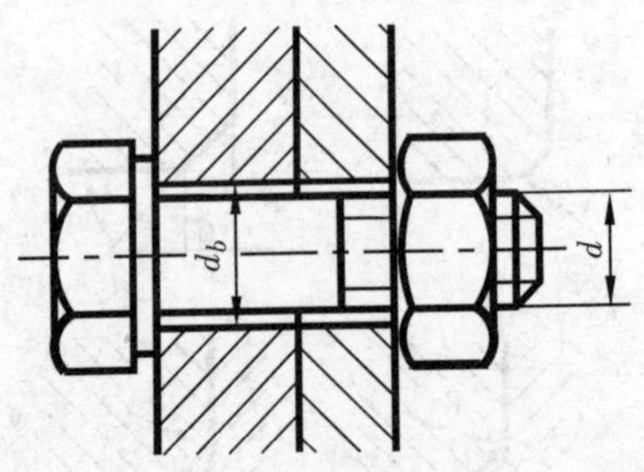

（单位：mm）

螺纹规格 d	通孔 d_b			螺纹规格 d	通孔 d_b		
	系　列				系　列		
	精装配	中等装配	粗装配		精装配	中等装配	粗装配
M1	1.1	1.2	1.3	M10	10.5	11	12
M1.2	1.3	1.4	1.5	M12	13	13.5	14.5
M1.4	1.5	1.6	1.8	M14	15	15.6	16.5
M1.6	1.7	1.8	2	M16	17	17.5	18.5
M1.8	2	2.1	2.2	M18	19	20	21
M2	2.2	2.4	2.6	M20	21	22	24
M2.5	2.7	2.9	3.1	M22	23	24	26
M3	3.2	3.4	3.6	M24	25	26	28
M3.5	3.7	3.9	4.2	M27	28	30	32
				M30	31	33	35
M4	4.3	4.5	4.8	M33	34	36	38
M4.5	4.8	5	5.3	M36	37	39	42
M5	5.3	5.5	6.8	M39	40	42	45
M6	6.4	6.6	7	M42	43	45	48
M7	7.4	7.6	8	M45	46	48	52
M8	8.4	9	10	M48	50	52	56

三、螺纹紧固件

附表 10　双头螺柱

双头螺柱　$b_m=1d$（GB/T 897—1988）、双头螺柱　$b_m=1.25d$（GB/T 898—1988）、双头螺柱　$b_m=1.5d$（GB/T 899—1988）、双头螺柱　$b_m=2d$（GB/T 900—1988）

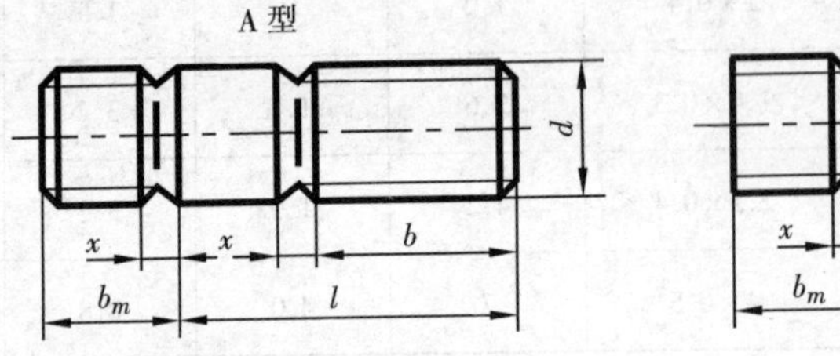

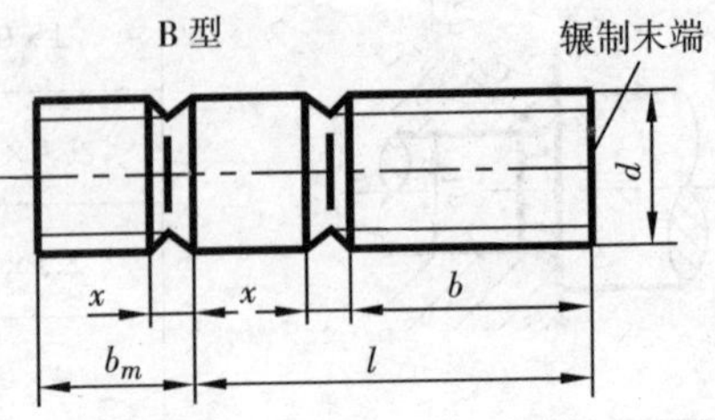

（续）

标记示例：

两端均为粗牙普通螺纹，$d=10$mm，$l=50$mm，B 型，$b_m=1d$ 的双头螺柱，标记为

螺柱　GB/T 897—1988　　M10 × 50

旋入一端为粗牙普通螺纹，旋螺母一端为螺距 $P=1$mm 的细牙普通螺纹，$d=10$mm，$l=50$mm，A 型，$b_m=1d$ 的双头螺柱，标记为

螺柱　GB/T 897—1988　　AM10 - M10 × 1 × 50

旋入一端为过渡配合的第一种配合，旋螺母一端为精牙普通螺纹，$d=10$mm，$l=50$mm，B 型，$b_m=1d$ 的双头螺柱，标记为

螺柱　GB/T 897—1988　M10 - M10 × 50

（单位：mm）

螺纹规格 d		M5	M6	M8	M10	M12	M16
b_m	GB/T 897—1988	5	6	8	10	12	16
	GB/T 898—1988	6	8	10	12	15	20
	GB/T 899—1988	8	10	12	15	18	24
	GB/T 900—1988	10	12	16	20	24	32
d		5	6	8	10	12	16
x		1.5P	1.5P	1.5P	1.5P	1.5P	1.5P
$\frac{l}{b}$		$\frac{16\sim22}{10}$、$\frac{25\sim50}{16}$	$\frac{20\sim22}{10}$、$\frac{25\sim30}{14}$、$\frac{32\sim75}{18}$	$\frac{20\sim22}{12}$、$\frac{25\sim30}{16}$、$\frac{32\sim75}{18}$	$\frac{25\sim28}{14}$、$\frac{30\sim38}{16}$、$\frac{40\sim120}{26}$、$\frac{130}{32}$	$\frac{25\sim30}{16}$、$\frac{32\sim40}{20}$、$\frac{45\sim120}{30}$、$\frac{130\sim180}{36}$	$\frac{30\sim38}{20}$、$\frac{40\sim55}{30}$、$\frac{60\sim120}{38}$、$\frac{130\sim200}{44}$
螺纹规格 d		M20	M24	M30	M36	M42	M48
b_m	GB/T 897—1988	20	24	30	36	42	48
	GB/T 898—1988	25	30	38	45	52	60
	GB/T 899—1988	30	36	45	54	65	72
	GB/T 900—1988	40	48	60	72	84	96
d		20	24	30	36	42	48
x		1.5P	1.5P	1.5P	1.5P	1.5P	1.5P
$\frac{l}{b}$		$\frac{35\sim40}{25}$、$\frac{45\sim65}{35}$、$\frac{70\sim120}{46}$、$\frac{130\sim200}{52}$	$\frac{45\sim50}{30}$、$\frac{55\sim75}{45}$、$\frac{80\sim120}{54}$、$\frac{130\sim200}{60}$	$\frac{60\sim65}{40}$、$\frac{70\sim90}{50}$、$\frac{95\sim120}{60}$、$\frac{130\sim200}{72}$、$\frac{210\sim250}{85}$	$\frac{60\sim75}{45}$、$\frac{80\sim110}{60}$、$\frac{120}{78}$、$\frac{130\sim200}{84}$、$\frac{210\sim300}{91}$	$\frac{60\sim80}{50}$、$\frac{85\sim110}{70}$、$\frac{120}{90}$、$\frac{130\sim200}{96}$、$\frac{210\sim300}{109}$	$\frac{80\sim90}{60}$、$\frac{95\sim110}{80}$、$\frac{120}{102}$、$\frac{130\sim200}{108}$、$\frac{210\sim300}{121}$
l（系列）		16、(18)、20、(22)、25、(28)、30、(32)、35、(38)、40、45、50、(55)、60、(65)、70、(75)、80、(85)、90、(95)、100、110、120、130、140、150、160、170、180、190、200、210、220、230、240、250、260、280、300					

注：括号内的规格尽可能不采用。$b_m=d$，一般用于钢对钢；$b_m=(1.25\sim1.5)d$，一般用于钢对铸铁；$b_m=2d$，一般用于钢对铝合金。

附表 11　六角头螺栓　A 级和 B 级（GB/T 5782—2000）

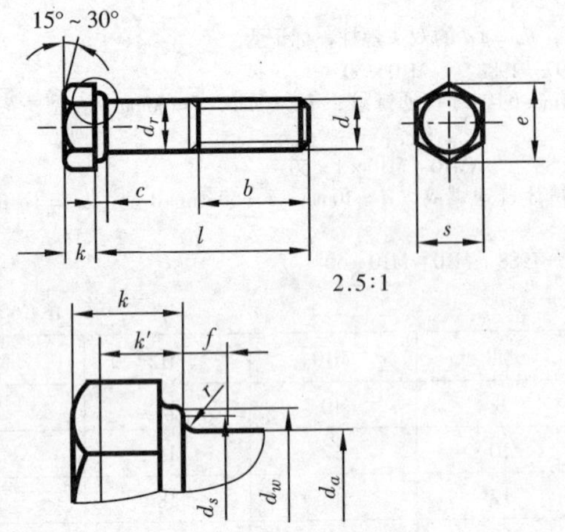

标记示例：

螺纹规格 d = M12，公称长度 l = 80mm，A 级的六角头螺栓，标记为

螺栓　GB/T 5782　M12 × 80

（单位：mm）

螺纹规格 d			M3	M4	M5	M6	M8	M10	M12	M16	M20	M24	M30	M36	M42	M48	M56	M64
b 参考	$l \leqslant 125$		12	14	16	18	22	26	30	38	46	54	66	78	—	—	—	—
	$125 < l \leqslant 200$		—	—	—	—	28	32	36	44	52	60	72	84	93	108	124	140
	$l > 200$		—	—	—	—	—	—	—	57	65	73	85	97	109	121	137	153
c	min		0.15	0.15	0.15	0.15	0.15	0.15	0.15	0.2	0.2	0.2	0.2	0.2	0.3	0.3	0.3	0.3
	max		0.4	0.4	0.5	0.5	0.6	0.6	0.6	0.8	0.8	0.8	0.8	0.8	1	1	1	1
d_a	max		3.6	4.7	5.7	6.8	9.2	11.2	13.7	17.7	22.4	26.4	33.4	39.4	45.6	52.6	63	71
d_s	max		3	4	5	6	8	10	12	16	20	24	30	36	42	48	56	64
	min 产品等级	A	2.86	3.82	4.82	5.82	7.78	9.78	11.73	15.73	19.67	23.67	—	—	—	—	—	—
		B	—	—	4.70	5.70	7.64	9.64	11.57	15.57	19.48	23.48	29.48	35.38	41.38	47.38	55.26	63.26
d_w	min 产品等级	A	4.57	5.88	6.88	8.88	11.63	14.63	16.63	22.49	28.19	33.61	—	—	—	—	—	—
		B	4.45	5.74	6.74	8.74	11.47	14.47	16.47	22	27.7	33.25	42.75	51.11	59.95	69.45	78.66	88.16
e	min 产品等级	A	6.01	7.66	8.79	11.05	14.38	17.77	20.03	26.75	33.53	39.98	—	—	—	—	—	—
		B	5.88	7.50	8.63	10.89	14.20	17.59	19.85	26.17	32.95	39.55	50.85	60.79	71.3	82.6	93.56	104.86
f	max		1	1.2	1.2	1.4	2	2	3	3	4	4	6	6	8	10	12	13
k	公称		2	2.8	3.5	4	5.3	6.4	7.5	10	12.5	15	18.7	22.5	26	30	35	40
	产品等级 A	min	1.88	2.68	3.35	3.85	5.15	6.22	7.32	9.82	12.28	14.78	—	—	—	—	—	—
		max	2.12	2.92	3.65	4.15	5.45	6.58	7.68	10.18	12.72	15.22	—	—	—	—	—	—
	产品等级 B	min	—	—	3.26	3.76	5.06	6.11	7.21	9.71	12.15	14.65	18.28	22.08	25.58	29.58	34.6	39.5
		max	—	—	3.74	4.24	5.54	6.69	7.79	10.29	12.85	15.35	19.12	22.92	26.42	30.42	35.5	40.5
k	min 产品等级	A	1.3	1.9	2.3	2.7	3.6	4.4	5.1	6.9	8.6	10.3	—	—	—	—	—	—
		B	—	—	2.3	2.6	3.5	4.3	5	6.8	8.5	10.2	12.8	15.5	17.9	20.9	24.2	27.6
r	max		0.1	0.2	0.2	0.25	0.4	0.4	0.6	0.6	0.8	0.8	1	1	1.2	1.6	2	2
s	max = 公称		5.5	7	8	10	13	16	18	24	30	36	46	55	65	75	85	95
	min 产品等级	A	5.32	6.78	7.78	9.78	12.73	15.73	17.73	23.67	29.67	35.38	—	—	—	—	—	—
		B	—	—	7.64	9.64	12.57	15.57	17.57	23.16	29.16	35	45	53.8	63.8	73.1	82.8	92.8
l（商品规格范围及通用规格）			20 ~ 30	25 ~ 40	25 ~ 50	30 ~ 60	35 ~ 80	40 ~ 100	45 ~ 120	55 ~ 160	65 ~ 200	80 ~ 240	90 ~ 300	110 ~ 360	130 ~ 400	140 ~ 400	460 ~ 400	200 ~ 400
l 系列			20、25、30、35、40、45、50、（55）、60、（65）、70、80、90、100、110、120、130、140、150、160、180、200、220、240、260、280、300、320、340、360、380、400															

注：A 和 B 为产品等级，A 级用于 $d \leqslant 24$ 和 $l \leqslant 10d$ 或 $\leqslant 150$mm（按较小值）的螺栓，B 级用于 $d > 24$ 或 $l > 10d$ 或 > 150mm（按较小值）的螺栓。

附表 12　开槽圆柱头螺钉（GB/T 65—2000）、开槽盘头螺钉（GB/T 67—2000）、开槽沉头螺钉（GB/T 68—2000）、开槽半沉头螺钉（GB/T 69—2000）

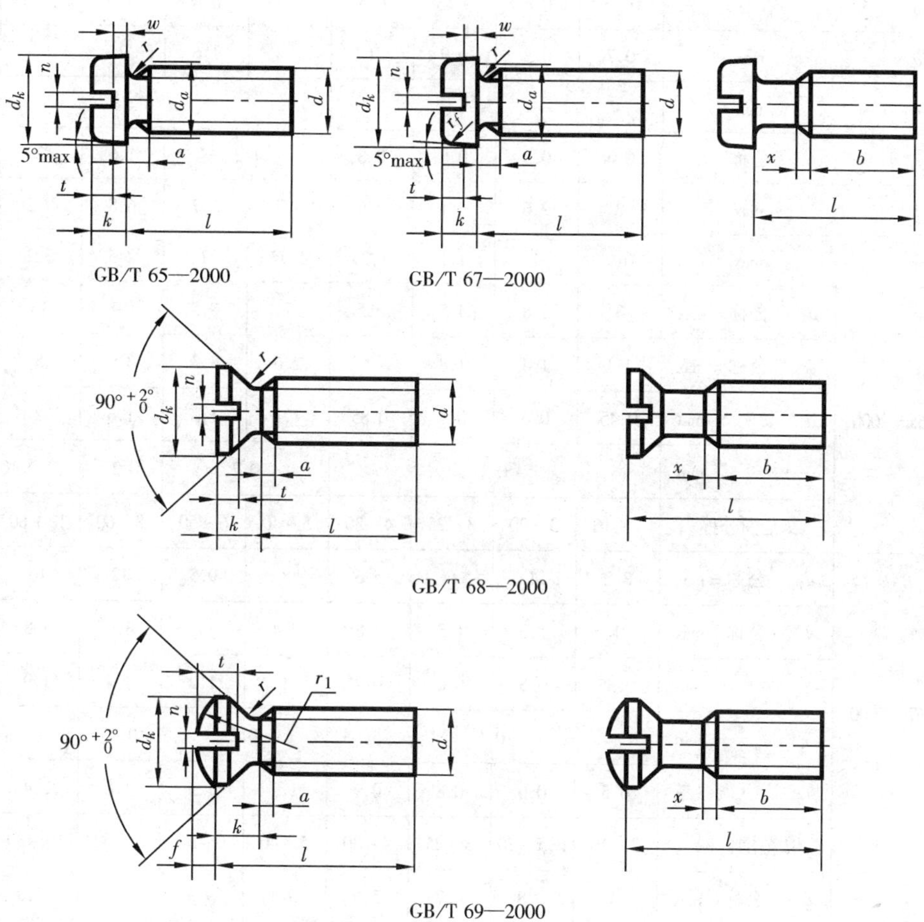

无螺纹部分杆径≈中径或=螺纹大径

标记示例：

螺纹规格 d = M5、公称长度 l = 20mm 的开槽圆柱头螺钉，标记为

螺钉　GB/T 65　M5 × 20

螺纹规格 d = M5、公称长度 l = 20mm 的开槽盘头螺钉，标记为

螺钉　GB/T 67　M5 × 20

螺纹规格 d = M5、公称长度 l = 20mm 的开槽沉头螺钉，标记为

螺钉　GB/T 68　M5 × 20

螺纹规格 d = M5、公称长度 l = 20mm 的开槽半沉头螺钉，标记为

螺钉　GB/T 69　M5 × 20

（续）

（单位：mm）

螺纹规格 d			M1.6	M2	M2.5	M3	M4	M5	M6	M8	M10
p			0.35	0.4	0.45	0.5	0.7	0.8	1	1.25	1.5
a		max	0.7	0.8	0.9	1	1.4	1.6	2	2.5	3
b		min	25				38				
n		公称	0.4	0.5	0.6	0.8	1.2		1.6	2	2.5
d_a		max	2	2.6	3.1	3.6	4.7	5.7	6.8	9.2	11.2
x		max	0.9	1	1.1	1.25	1.75	2	2.5	3.2	3.8
GB/T 65—2000	d_k	公称 = max	3	3.8	4.5	5.5	7	8.5	10	13	16
	k	公称 = max	1.1	1.4	1.8	2	2.6	3.3	3.9	5	6
	t	min	0.45	0.6	0.7	0.85	1.1	1.3	1.6	2	2.4
	r	min	0.1				0.2		0.25	0.4	
	l 范围公称		2 ~ 16	3 ~ 20	3 ~ 25	4 ~ 30	5 ~ 40	6 ~ 50	8 ~ 60	10 ~ 80	12 ~ 80
GB/T 67—2000	d_k	公称 = max	3.2	4	6	5.6	8	9.5	12	16	20
	k	公称 = max	1	1.3	1.5	1.8	2.4	3	3.6	4.8	6
	t	min	0.35	0.5	0.6	0.7	1	1.2	1.4	1.9	2.4
	r	min	0.1				0.2		0.25	0.4	
	r_f	参考	0.5	0.6	0.8	0.9	1.2	1.5	1.8	2.4	3
	l 范围公称		2 ~ 16	2.5 ~ 20	3 ~ 25	4 ~ 30	5 ~ 40	6 ~ 50	8 ~ 60	10 ~ 80	12 ~ 80
GB/T 68—2000 GB/T 69—2000	d_k	公称 = max	3	3.8	4.7	5.5	8.4	9.3	11.3	15.8	18.3
	k	公称 = max	1	1.2	1.5	1.65	2.7	2.7	3.3	4.65	5
	t min	GB/T 68—2000	0.32	0.4	0.5	0.6	1	1.1	1.2	1.8	2
		GB/T 69—2000	0.64	0.8	1	1.2	1.6	2	2.4	3.2	3.8
	r	max	0.4	0.5	0.6	0.8	1	1.3	1.5	2	2.5
	r_f	≈	3	4	5	6	9.5	9.5	12	16.5	19.5
	f	≈	0.4	0.5	0.6	0.7	1	1.2	1.4	2	2.3
	l 范围公称		2.5 ~ 16	3 ~ 20	4 ~ 25	5 ~ 30	6 ~ 40	8 ~ 50	8 ~ 60	10 ~ 80	12 ~ 80
l 系列	公称		2、2.5、3、4、5、6、8、10、12、（14）、16、20、25、30、35、40、45、50、（55）、60、（65）、70、（75）、80								

注：1. b 不包括螺尾。

2. 本表所列规格均为商品规格。

3. 括号内规格尽可能不采用。

附表 13　开槽锥端紧定螺钉（GB/T 71—1985）、开槽平端紧定螺钉（GB/T 73—1985）、开槽长圆柱端紧定螺钉（GB/T 75—1985）

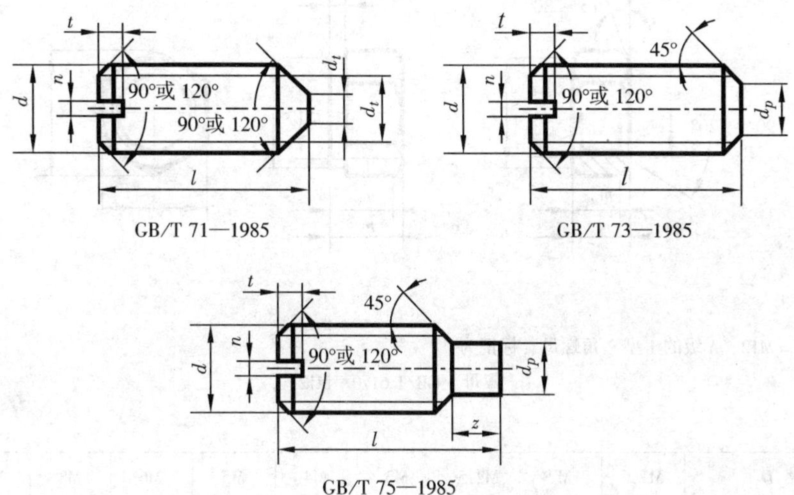

GB/T 71—1985　　GB/T 73—1985

GB/T 75—1985

标记示例：

螺纹规格 d = M5、公称长度 l = 12mm 的开槽锥端紧定螺钉、开槽平端紧定螺钉、开槽长圆柱端紧定螺钉，分别标记为

螺钉　GB/T 71—1985　M5 × 12

螺钉　GB/T 73—1985　M5 × 12

螺钉　GB/T 75—1985　M5 × 12

（单位：mm）

螺纹规格 d		M1.2	M1.6	M2	M2.5	M3	M4	M5	M6	M8	M10	M12
d_p	max	0.6	0.8	1	1.5	2	2.5	3.5	4	5.5	7	8.5
n	公称	0.2	0.25	0.25	0.4	0.4	0.6	0.8	1	1.2	1.6	2
t	max	0.52	0.74	0.84	0.95	1.05	1.42	1.63	2	2.5	3	3.6
d_t	max	0.12	0.16	0.2	0.25	0.3	0.4	0.5	1.5	2	2.5	3
z	max	—	1.05	1.25	1.5	1.75	2.25	2.75	3.25	4.3	5.3	6.3
l 范围	GB/T 71—1985	2 ~ 6	2 ~ 8	3 ~ 10	3 ~ 12	4 ~ 16	6 ~ 20	8 ~ 25	8 ~ 30	10 ~ 40	12 ~ 50	14 ~ 60
	GB/T 73—1985	2 ~ 6	2 ~ 8	2 ~ 10	2.5 ~ 12	3 ~ 16	4 ~ 20	5 ~ 25	6 ~ 30	8 ~ 40	10 ~ 50	12 ~ 60
	GB/T 75—1985	—	2.5 ~ 8	3 ~ 10	4 ~ 12	5 ~ 16	6 ~ 20	8 ~ 25	8 ~ 30	10 ~ 40	12 ~ 50	14 ~ 60
公称长度 l≤表内值时制成 120° l>表内值制成 90°	GB/T 71—1985	2	2.5		3		4	5	6	8	10	12
	GB/T 73—1985	—	2	2.5	3		4	5	6		8	10
	GB/T 75—1985	—	2.5	3	4	5	6	8	10	14	16	20
l 系列	公称	2，2.5，3，4，5，6，8，10，12，（14），16，20，25，30，35，40，45，50，（55），60										

注：1. 本表所列规格均为商品规格。

2. 尽可能不采用括号内规格。

附表 14　1 型六角螺母　A 级和 B 级（GB/T 6170—2000）

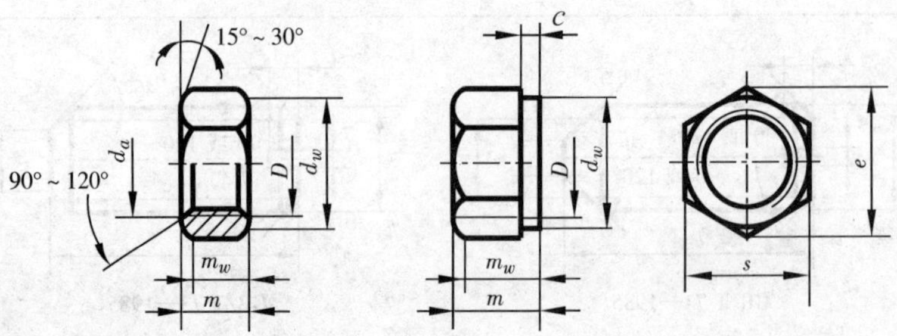

标记示例：

螺纹规格 D = M12、A 级的 1 型六角螺母，标记为

螺母　GB/T 6170　M12

（单位：mm）

螺纹规格 D		M1.6	M2	M2.5	M3	M4	M5	M6	M8	M10	M12
c	max	0.2	0.2	0.3	0.4	0.4	0.5	0.5	0.6	0.6	0.6
d_a	max	1.84	2.3	2.9	3.45	4.6	5.75	6.75	8.75	10.8	13
	min	1.6	2	2.5	3	4	5	6	8	10	12
d_w	min	2.4	3.1	4.1	4.6	5.9	6.9	8.9	11.6	14.6	16.6
e	min	3.41	4.32	5.45	6.01	7.66	8.79	11.05	14.38	17.77	20.03
m	max	1.3	1.6	2	2.4	3.2	4.7	9.2	6.8	8.4	10.8
	min	1.05	1.35	1.75	2.15	2.9	4.4	4.9	6.44	8.04	10.37
m_w	min	0.8	1.1	1.4	1.7	2.3	3.5	3.9	5.2	6.4	8.3
s	公称 = max	3.2	4	5	5.5	7	8	10	13	16	18
	min	3.02	3.82	4.82	5.32	6.78	7.78	9.78	12.73	15.73	17.73

螺纹规格 D		M16	M20	M24	M30	M36	M42	M48	M56	M64
c	max	0.8	0.8	0.8	0.8	0.8	1	1	1	1.2
d_s	max	17.3	21.6	25.9	32.4	38.9	45.4	51.8	60.5	69.1
	min	16	20	24	30	36	42	48	56	64
d_w	min	22.5	27.7	33.2	42.7	51.1	60.6	69.4	78.7	88.2
e	min	26.75	32.95	39.55	50.85	60.79	72.02	62.6	93.56	104.86
m	max	14.8	18	21.5	25.6	31	34	38	45	51
	min	14.1	16.9	20.2	24.3	29.4	32.4	36.4	43.4	49.1
m_w	min	11.3	13.5	16.2	19.4	23.5	25.9	29.1	34.7	39.3
s	max	24	30	36	45	55	65	75	85	95
	min	23.67	29.16	35	45	53.8	63.8	74.1	82.8	92.8

注：A 级用 $D \leqslant 16$ 的螺母；B 级用于 $D > 16$ 的螺母。本表仅按商品规格和通用规格列出。

附表 15　六角螺母　C 级（GB/T 41—2000）

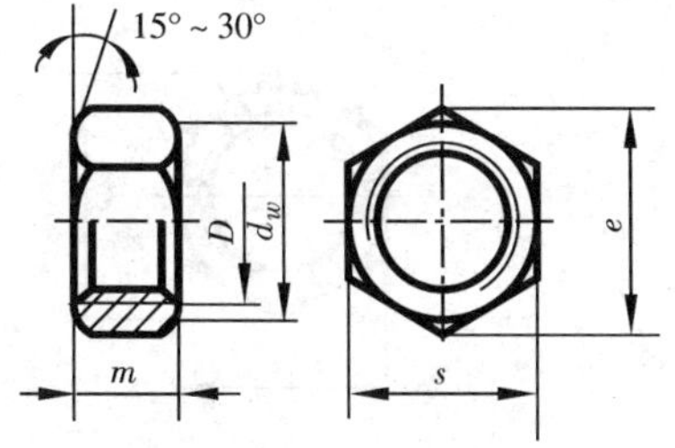

标记示例：

螺纹规格 D = M12，C 级的六角螺母，标记为

螺母　GB/T 41　M12

（单位：mm）

螺纹规格 D		M5	M6	M8	M10	M12	M16	M20
d_w	min	6.7	8.7	11.5	14.5	16.5	22	27.7
e	min	8.63	10.89	14.2	17.59	19.85	26.17	32.95
m	max	5.6	6.4	7.9	9.5	12.2	15.9	19
s	公称 = max	8	10	13	16	18	24	30
螺纹规格 D		M24	M30	M36	M42	M48	M56	M64
d_w	min	33.3	42.8	51.1	60	69.5	78.7	88.2
e	min	39.55	50.85	60.79	71.3	82.6	93.56	104.86
m	max	22.3	26.4	31.9	34.9	38.9	45.9	52.4
s	公称 = max	36	46	55	65	75	85	95

附表 16　六角薄螺母　A 级和 B 级（GB/T 6172.1—2000）

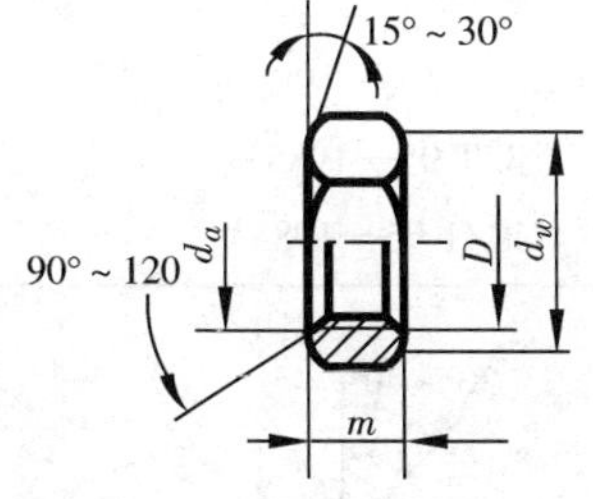

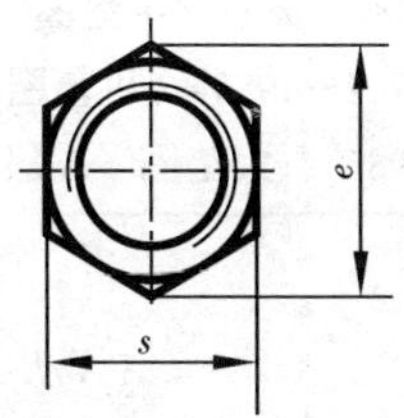

标记示例：

螺纹规格 D = M20，A 级的六角薄螺母，标记为

螺母　GB/T 6172.1　M20

（单位：mm）

螺纹规格 D		M1.6	M2	M2.5	M3	M4	M5	M6	M8	M10	M12	M16	M20
d_a	min	1.6	2	2.5	3	4	5	6	8	10	12	16	20
d_w	min	2.4	3.1	4.1	4.6	5.9	6.9	8.9	11.6	14.6	16.6	22.5	27.7
e	min	3.41	4.32	5.45	6.01	7.66	8.79	11.05	14.38	17.77	20.03	26.75	32.95
m	max	1	1.2	1.6	1.8	2.2	2.7	3.2	4	5	6	8	10
s	公称 = max	3.2	4	5	5.5	7	8	10	13	16	18	24	30

附表 17 1 型六角开槽螺母 A 级和 B 级（GB/T 6178—1986）

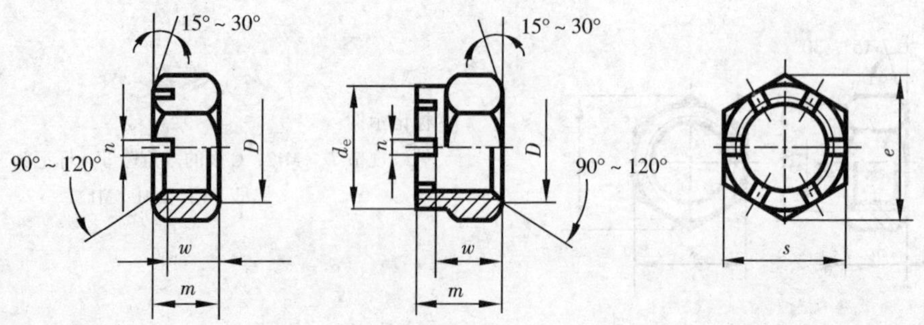

标记示例：

螺纹规格 D = M5、A 级的 1 型六角开槽螺母，标记为

螺母 GB/T 6172—1986 M5

（单位：mm）

螺纹规格 D	M4	M5	M6	M8	M10	M12	M(14)	M16	M20	M24	M30	M36
d_e									28	34	42	50
e	7.66	8.79	11.05	14.38	17.77	20.03	23.35	26.75	32.95	39.55	50.85	60.79
m	5	6.7	7.7	9.8	12.4	15.8	17.8	20.8	24	29.5	34.6	40
n	1.2	1.4	2	2.5	2.8	3.5	3.5	4.5	4.5	5.5	7	7
s	7	8	10	13	16	18	21	24	30	36	46	55
w	3.2	4.7	5.2	6.8	8.4	10.8	12.8	14.8	18	21.5	25.6	31
开口销	1×10	1.2×12	1.6×14	2×16	2.5×20	3.2×22	3.2×25	4×28	4×36	5×40	6.3×50	6.3×63

注：1. 括号内规格为尽可能不采用。

2. A 级用于 $D \leqslant 16$；B 级用 $D > 16$。

附表 18 小垫圈 A 级（GB/T 848—1985）、平垫圈 A 级（GB/T 97.1—1985）、平垫圈 倒角型 A 级（GB/T 97.2—1985）、平垫圈 C 级（GB/T 95—1985）、特大垫圈 C 级（GB/T 5287—1985）、大垫圈 A 级和 C 级（GB/T 96—1985）

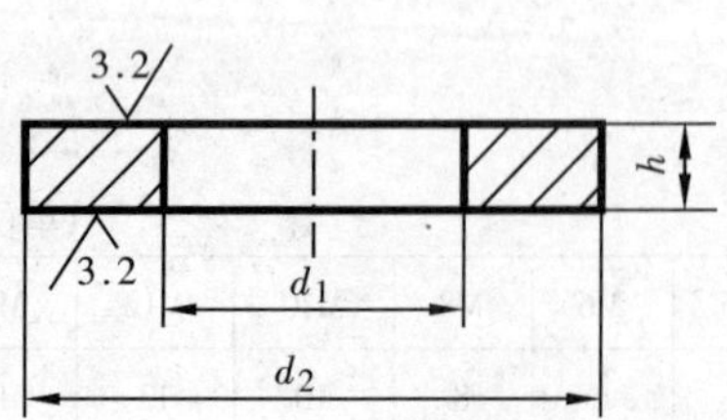

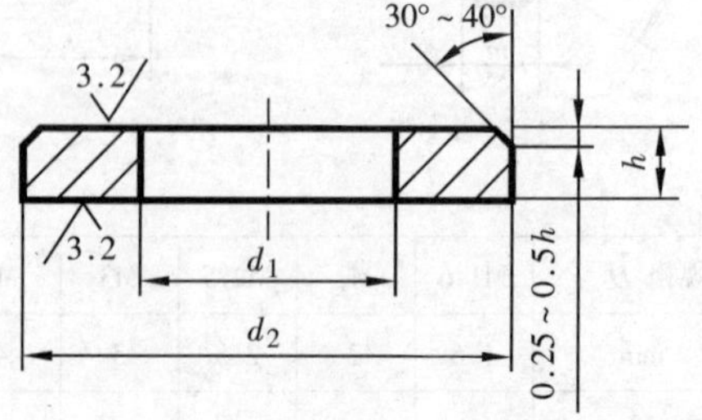

标记示例：

标准系列、公称尺寸 d = 8mm、性能等级为 100HV 级的平垫圈，标记为

垫圈 GB/T 95—1985 8—100HV

标记示例：

标准系列、公称尺寸 d = 8mm、性能等级为 140HV 级、倒角型的平垫圈，标记为

垫圈 GB/T 97.2—1985 8—140HV

（续）

（单位：mm）

公称尺寸（螺纹规格）d	GB/T 95—1985			GB/T 97.1—1985			GB/T 97.2—1985			GB/T 5287—1985			GB/T 96—1985			GB/T 848—1985		
	d_1	d_2	h	d_1	d_2	h	d_1	d_2	h	d_1	d_2	h	d_1	d_2	h	d_1	d_2	h
1.6	—	—	—	—	—	—	—	—	—	—	—	—	—	—	—	1.7	3.5	0.3
2	—	—	—	—	—	—	—	—	—	—	—	—	—	—	—	2.2	4.5	0.3
2.5	—	—	—	—	—	—	—	—	—	—	—	—	—	—	—	2.7	5	0.5
3	—	—	—	—	—	—	—	—	—	—	—	—	3.2	9	0.8	3.2	6	0.5
4	—	—	—	—	—	—	—	—	—	—	—	—	4.3	12	1	4.3	8	0.5
5	5.5	10	1	5.3	10	1	5.3	10	1	5.5	18	2	5.3	15	1.2	5.3	9	1
6	6.6	12	1.6	6.4	12	1.6	6.4	12	1.6	6.6	22	2	6.4	18	1.6	6.4	11	1.6
8	9	16	1.6	8.4	16	1.6	8.4	16	1.6	9	28	3	8.4	24	2	8.4	15	1.6
10	11	20	2	10.5	20	2	10.5	20	2	11	34	3	10.5	30	2.5	10.5	18	1.6
12	13.5	24	2.5	13	24	2.5	13	24	2.5	13.5	44	4	13	37	3	13	20	2
14	15.5	28	2.5	15	28	2.5	15	28	2.5	15.5	50	4	15	44	3	15	24	2.5
16	17.5	30	3	17	30	3	17	30	3	17.5	56	5	17	50	3	17	28	2.5
20	22	37	3	21	37	3	21	37	3	22	72	6	22	60	4	21	34	3
24	26	44	4	25	44	4	25	44	4	26	85	6	26	72	5	25	39	4
30	33	56	4	31	56	4	31	55	4	33	105	6	33	92	6	31	50	4
36	39	66	5	37	66	5	37	66	5	39	125	8	36	110	8	37	60	5

力学性能	材　　料		钢			奥氏体不锈钢		
	GB/T 848—1985 GB/T 97.1—1985 GB/T 97.2—1985	等　级	140HV	200HV	300HV	A140	A200	A350
		硬度/HV	≥140	200～300	300～400	≥	200～300	350～400
	GB/T 95—1985 GB/T 5287—1985	等　级	100HV					
		硬度/HV	≥100					
	GB/T 96—1985	等级	A 级：140HV；C 级：100HV			A140		
		硬度/HV	A 级：≥140；C 级：≥100			≥140		

注：1. A 级、C 级为产品等级；A 级适用于精装配系列，C 级适用于中等装配系列，C 级垫圈没有 $R_a3.2$ 和去毛刺的要求。

2. GB/T 84.5—1985 主要用于带圆柱头螺钉，其他用于标准六角螺栓、螺钉和螺母。

附表 19　标准型弹簧垫圈（GB/T 93—1987）、轻型弹簧垫圈（GB/T 859—1987）、重型弹簧垫圈（GB/T 7244—1987）

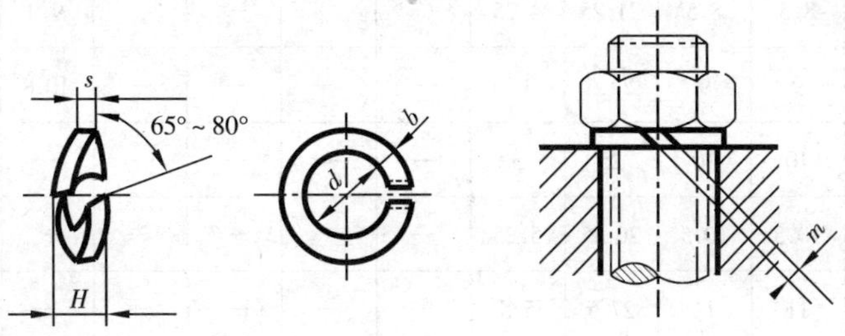

标记示例：

规格 16mm，材料为 64Mn，标准型弹簧垫圈，标记为

垫圈　G93—1987　16

（续）

（单位：mm）

规 格（螺纹大径）	d min	GB/T 93—1987				GB/T 859—1987				GB/T 7244—1987			
		s 公称	b 公称	H max	m ≤	s 公称	b 公称	H max	m ≤	s 公称	b 公称	H max	m ≤
2	2.1	0.5	0.5	1.25	0.25	—	—	—	—	—	—	—	—
2.5	2.6	0.65	0.65	1.63	0.33	—	—	—	—	—	—	—	—
3	3.1	0.8	0.8	2	0.4	0.6	1	1.5	0.3	—	—	—	—
4	4.1	1.1	1.1	2.75	0.55	0.8	1.2	2	0.4	—	—	—	—
5	5.1	1.3	1.3	3.25	0.65	1.1	1.5	2.75	0.55	—	—	—	—
6	6.1	1.6	1.6	4	0.8	1.3	2	3.25	0.65	1.8	2.6	4.5	0.9
8	8.1	2.1	2.1	5.25	1.05	1.6	2.5	4	0.8	2.4	3.2	6	1.2
10	10.2	2.6	2.6	6.5	1.3	2	3	5	1	3	3.8	7.5	1.5
12	12.2	3.1	3.1	7.75	1.55	2.5	3.5	6.25	1.25	3.5	4.3	8.75	1.75
(14)	14.2	3.6	3.6	9	1.8	3	4	7.5	1.5	4.1	4.8	10.25	2.05
16	16.2	4.1	4.1	10.25	2.05	3.2	4.5	8	1.6	4.8	5.3	12	2.4
(18)	18.2	4.5	4.5	11.25	2.25	3.6	5	9	1.8	5.3	5.8	13.25	2.65
20	20.2	5	5	12.5	2.5	4	5.5	10	2	6	6.4	15	3
(22)	22.5	5.5	5.5	13.75	2.75	4.5	6	11.25	2.25	6.6	7.2	16.5	3.3
24	24.5	6	6	15	3	5	7	12.25	2.5	7.1	7.5	17.75	3.55
(27)	27.5	6.8	6.8	17	3.4	5.5	8	13.75	2.75	8	8.5	20	4
30	30.5	7.5	7.5	18.75	3.75	6	9	15	3	9	9.3	22.5	4.5
(33)	33.5	8.5	8.5	21.25	4.25	—	—	—	—	9.9	10.2	24.75	4.95
36	36.5	9	9	22.5	4.5	—	—	—	—	10.8	11.1	27	5.4
(39)	39.5	10	10	25	5	—	—	—	—	—	—	—	—
42	42.5	10.5	10.5	26.25	5.25	—	—	—	—	—	—	—	—
(45)	45.5	11	11	27.5	5.5	—	—	—	—	—	—	—	—
48	48.5	12	12	30	6	—	—	—	—	—	—	—	—

注：1. 尽可能不采用括号内的规格。

2. m 应大于零。

四、键、销

附表 20　平键　键和键槽的剖面尺寸（GB/T 1095—1979）

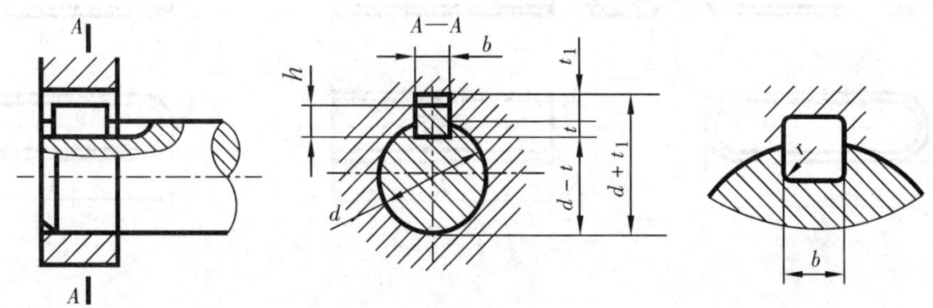

（单位：mm）

轴	键	键槽											
公称直径 d	公称尺寸 $b\times h$	宽度 b						深度				半径 r	
		公称尺寸 b	极限偏差					轴 t		毂 t_1			
			较松键联接		一般键联接		较紧键联接						
			轴 H9	毂 D10	轴 N9	毂 JS9	轴和毂 P9	公称尺寸	极限偏差	公称尺寸	极限偏差	最小	最大
自 6～8	2×2	2	+0.025 0	+0.060 +0.020	−0.004 −0.029	±0.0125	−0.006 −0.031	1.2	+0.10 0	1	+0.10 0	0.08	0.16
＜8～10	3×3	3						1.8		1.4			
＜10～12	4×4	4	+0.030 0	+0.078 +0.030	0 −0.030	±0.015	−0.012 −0.042	2.5		1.8			
＜12～17	5×5	5						3.0		2.3		0.16	0.2
＜17～22	6×6	6						3.5		2.8			
＜22～30	8×7	8	+0.036 0	+0.098 +0.040	0 −0.036	±0.018	−0.015 −0.051	4.0	+0.20 0	3.3	+0.20 0		
＜30～38	10×8	10						5.0		3.3		0.25	0.40
＜38～44	12×8	12	+0.043 0	+0.120 +0.050	0 −0.043	±0.0115	−0.018 −0.061	5.5		3.3			
＜44～50	14×9	14						5.5		3.8			
＜50～58	16×10	16						6.0		4.3			
＜58～65	18×11	18						7.0		4.4			
＜65～75	20×12	20	+0.052 0	+0.149 +0.065	0 −0.052	±0.026	−0.022 −0.074	7.5		4.9		0.40	0.60
＜75～85	22×14	22						9.0		5.4			
＜85～95	25×14	25						9.0		5.4			
＜95～110	28×16	28						10.0		6.4			
＜110～130	32×18	32	+0.062 0	+0.180 +0.080	0 −0.067	±0.031		11.0		7.4			
＜130～150	36×20	36						12.0	+0.30 0	8.4	+0.30 0	0.06	1.0
＜150～170	40×22	40						13.0		9.4			
＜170～200	45×25	45						15.0		10.4			
＜200～230	50×28	50						17.0		11.4			

注：1. 在工作图中，轴槽深用 t 或 $(d-t)$ 标注，轮毂槽深用 $(d+t_1)$ 标注。

2. $(d-t)$ 和 $(d+t_1)$ 两组组合尺寸的极限偏差按相应的 t 和 t_1 的极限偏差选取，但极限偏差值应取负号（−）。

附表 21 普通平键 型式尺寸（GB/T 1096—1979）

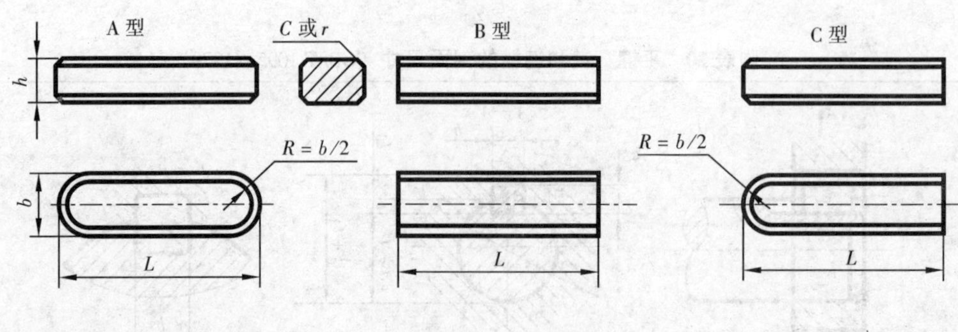

标记示例：

$b=16$mm，$h=10$mm，$L=100$mm 的圆头普通平键（A 型）标记为

键 16×100 GB/T 1096—1979

$b=16$mm，$h=10$mm，$L=100$mm 的平头普通平键（B 型）标记为

键 B16×100 GB/T 1096—1979

$b=16$mm，$h=10$mm，$L=100$mm 的单圆头普通平键（C 型）标记为

键 C16×100 GB/T 1096—1979

（单位：mm）

<table>
<tr><td rowspan="2">b</td><td>公称尺寸</td><td>2</td><td>3</td><td>4</td><td>5</td><td>6</td><td>8</td><td>10</td><td>12</td><td>14</td><td>16</td></tr>
<tr><td>极限偏差 h9</td><td colspan="2">0
-0.025</td><td colspan="3">0
-0.030</td><td colspan="2">0
-0.036</td><td colspan="3">0
-0.043</td></tr>
<tr><td rowspan="2">h</td><td>公称尺寸</td><td>2</td><td>3</td><td>4</td><td>5</td><td>6</td><td>7</td><td>8</td><td>8</td><td>9</td><td>10</td></tr>
<tr><td>极限偏差①
h11</td><td colspan="2">0
-0.06 [0
-0.025]</td><td colspan="3">0
-0.075 [0
-0.030]</td><td colspan="5">0
-0.090</td></tr>
<tr><td colspan="2">C 或 r</td><td colspan="3">0.16~0.25</td><td colspan="3">0.25~0.40</td><td colspan="4">0.40~0.60</td></tr>
<tr><td colspan="2">L</td><td>6~20</td><td>6~36</td><td>8~45</td><td>10~56</td><td>14~70</td><td>18~90</td><td>22~110</td><td>28~140</td><td>36~160</td><td>45~180</td></tr>
<tr><td rowspan="2">b</td><td>公称尺寸</td><td>18</td><td>20</td><td>22</td><td>25</td><td>28</td><td>32</td><td>36</td><td>40</td><td>45</td><td>50</td></tr>
<tr><td>极限偏差 h9</td><td>0
-0.043</td><td colspan="4">0
-0.052</td><td colspan="5">0
-0.062</td></tr>
<tr><td rowspan="2">h</td><td>公称尺寸</td><td>11</td><td>12</td><td>14</td><td>14</td><td>16</td><td>18</td><td>20</td><td>22</td><td>25</td><td>28</td></tr>
<tr><td>极限偏差①
h11</td><td colspan="6">0
-0.110</td><td colspan="4">0
-0.130</td></tr>
<tr><td colspan="2">C 或 r</td><td>0.40~0.60</td><td colspan="5">0.60~0.80</td><td colspan="4">1.0~1.2</td></tr>
<tr><td colspan="2">L</td><td>50~200</td><td>56~220</td><td>63~250</td><td>70~280</td><td>80~320</td><td>90~360</td><td>100~400</td><td>100~400</td><td>110~450</td><td>125~500</td></tr>
</table>

① 括号内的数值为 h9，适用于 B 型键。

附表 22　圆柱销（GB/T 119.1—2000）

d 公差：m6/h8

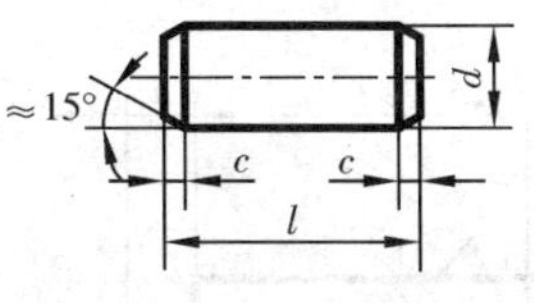

标记示例：

公称直径 $d=8\text{mm}$，公差为 m6，公称长度 $l=30\text{mm}$，材料为钢，不经淬火，不经表面处理的圆柱销，标记为

销　GB/T 119.1　8m6 × 30

（单位：mm）

d（公称）　m6/h8	0.6	0.8	1	1.2	1.5	2	2.5	3	4	5
c ≈	0.12	0.16	0.20	0.25	0.30	0.35	0.40	0.50	0.63	0.80
l（商品规格范围公称长度）	2 ~ 6	2 ~ 8	4 ~ 10	4 ~ 12	4 ~ 16	6 ~ 20	6 ~ 24	8 ~ 30	8 ~ 40	10 ~ 50
d（公称）　m6/h8	6	8	10	12	16	20	25	30	40	50
c ≈	1.2	1.6	2.0	2.5	3.0	3.5	4.0	5.0	6.3	8.0
l（商品规格范围公称长度）	12 ~ 60	14 ~ 80	18 ~ 95	22 ~ 140	26 ~ 180	35 ~ 200	50 ~ 200	60 ~ 200	80 ~ 200	95 ~ 200
l 系列	2，3，4，5，6，8，10，12，14，16，18，20，22，24，26，28，30，32，35，40，45，50，55，60，65，70，75，80，85，90，95，100，120，140，160，180，200									

附表 23　圆锥销（GB/T 117—2000）

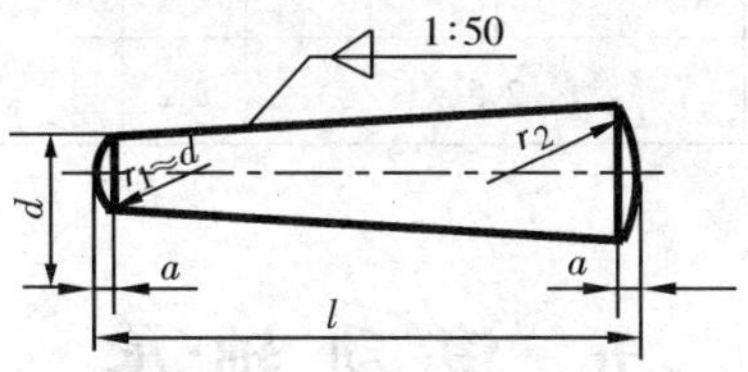

标记示例：

公称直径 $d=10\text{mm}$，长度 $l=60\text{mm}$，材料为 35 钢，热处理硬度 28 ~ 38HRC、表面氧化处理的 A 型圆锥销，标记为

销　GB/T 117　10 × 60

（单位：mm）

d（公称）　h10	0.6	0.8	1	1.2	1.5	2	2.5	3	4	5
a ≈	0.08	0.10	0.12	0.16	0.20	0.25	0.3	0.4	0.5	0.63
l（商品规格范围公称长度）	4 ~ 8	5 ~ 12	6 ~ 16	6 ~ 20	8 ~ 24	10 ~ 35	10 ~ 35	12 ~ 45	14 ~ 55	18 ~ 60
d（公称）　h10	6	8	10	12	16	20	25	30	40	50
a ≈	0.8	1	1.2	1.6	2.0	2.5	3	4	5	6.3
l（商品规格范围公称长度）	22 ~ 90	22 ~ 120	26 ~ 160	32 ~ 180	40 ~ 200	45 ~ 200	50 ~ 200	55 ~ 200	60 ~ 200	65 ~ 200
l 系列	2，3，4，5，6，8，10，12，14，16，18，20，22，24，26，28，30，32，35，40，45，50，55，60，65，70，75，80，85，90，95，100，120，140，160，180，200									

附表 24　开口销（GB/T 91—2000）

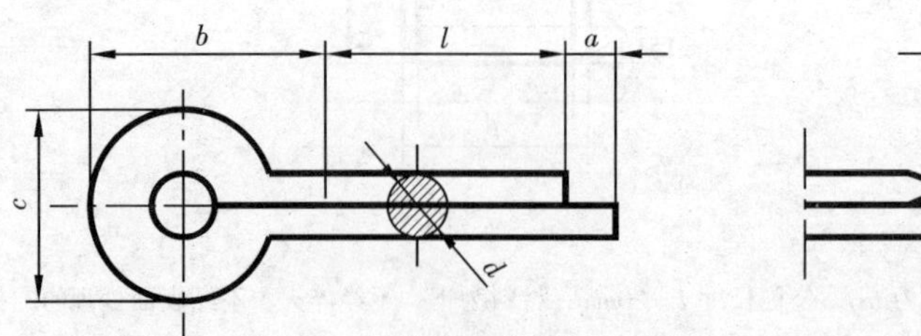

标记示例：
公称直径 $d=5$mm，长度 $l=5$mm 的开口销，标记为

销　GB/T 91　5×50

（单位：mm）

公称规格①		0.6	0.8	1	1.2	1.6	2	2.5	3.2	4	5	6.3	8	10	12
d	min	0.4	0.6	0.8	0.9	1.3	1.7	2.1	2.7	3.5	4.4	5.7	7.3	9.3	11.1
	max	0.5	0.7	0.9	1	1.4	1.8	2.3	2.9	3.7	4.6	5.9	7.5	9.5	11.4
c	max	1	1.4	1.8	2	2.8	3.6	4.6	5.8	7.4	9.2	11.8	15	19	24.8
	min	0.9	1.2	1.6	1.7	2.4	3.2	4	5.1	6.5	8	10.3	13.1	16.6	21.7
$b\approx$		2	2.4	3	3	3.2	4	5	6.4	8	10	12.6	16	20	26
a	max	1.6		2.5					3.2	4				6.3	

① 公称规格等于开口销孔的直径。

五、滚 动 轴 承

附表 25　轴承类型代号

代号	轴承类型	代号	轴承类型
0	双列角接触球轴承	6	深沟球轴承
1	调心球轴承	7	角接触球轴承
2	调心滚子轴承和推力调心滚子轴承	8	推力圆柱滚子轴承
3	圆锥滚动子轴承	N	圆柱滚子轴承
4	双列深沟球轴承	U	外球面球轴承
5	推力球轴承	QJ	四点接触球轴承

附表 26　深沟球轴承外形尺寸（GB/T 276—1994）

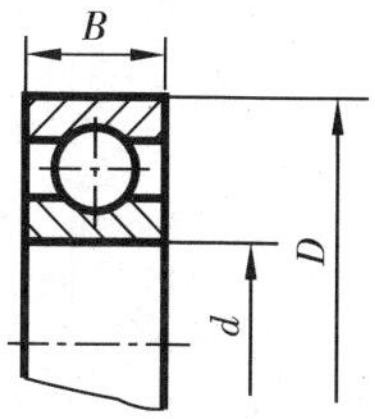

60000 型

轴承代号	尺寸/mm		
	d	D	B
01 系列			
606	6	17	6
607	7	19	6
608	8	22	7
609	9	24	7
6000	10	26	8
6001	12	28	8
6002	15	32	9
6003	17	35	10
6004	20	42	12
60/22	22	44	12
6005	25	47	12
60/28	28	52	12
6006	30	55	13
60/32	32	58	13
6007	35	62	14
6008	40	68	15
6009	45	75	16
6010	50	80	16
6011	55	90	18
6012	60	95	18
02 系列			
623	3	10	4
624	4	13	5
625	5	16	5
626	6	19	6
627	7	22	7
628	8	24	8
629	9	26	8
6200	10	30	9
6201	12	32	10
6202	15	35	11
6203	17	40	12
6204	20	47	14
62/22	22	50	14
6205	25	52	15
62/28	28	58	16
6206	30	62	16
62/32	32	65	17
6207	35	72	17
6208	40	80	18
6209	45	85	19
6210	50	90	20
6211	55	100	21
6212	60	110	22

轴承代号	尺寸/mm		
	d	D	B
03 系列			
633	3	13	5
634	4	16	5
635	5	19	6
6300	10	35	11
6301	12	37	12
6302	15	42	13
6303	17	47	14
6304	20	52	15
63/22	22	56	16
6305	25	62	17
63/28	28	68	18
6306	30	72	19
63/32	32	75	20
6307	35	80	21
6308	40	90	23
6309	45	100	25
6310	50	110	27
6311	55	120	29
6312	60	130	31
6313	65	140	33
6314	70	150	35
6315	75	160	37
6316	80	170	39
6317	85	180	41
6318	90	190	43
04 系列			
6403	17	62	17
6404	20	72	19
6405	25	80	21
6406	30	90	23
6407	35	100	25
6408	40	110	27
6409	45	120	29
6410	50	130	31
6411	55	140	33
6412	60	150	35
6413	65	160	37
6414	70	180	42
6415	75	190	45
6416	80	200	48
6417	85	210	52
6418	90	225	54
6419	95	240	55
6420	100	250	58
6422	110	280	65

附表 27　圆锥滚子轴承（GB/T 297—1994）

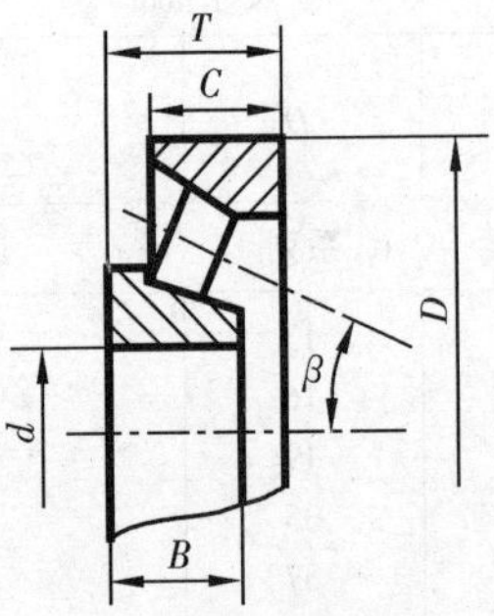

30000 型

轴承代号	尺寸/mm				
	d	*D*	*T*	*B*	*C*
02 系列					
30202	15	35	11.75	11	10
30203	17	40	13.25	12	11
30204	20	47	15.25	14	12
30205	25	52	16.25	15	13
30206	30	62	17.25	16	14
302/32	32	65	18.25	17	15
30207	35	72	18.25	17	15
30208	40	80	19.75	18	16
30209	45	85	20.75	19	16
30210	50	90	21.75	20	17
30211	55	100	22.75	21	18
30212	60	110	23.75	22	19
30213	65	120	24.75	23	20
30214	70	125	26.25	24	21
30215	75	130	27.25	25	22
03 系列					
30302	15	42	14.25	13	11
30303	17	47	15.25	14	12
30304	20	52	16.25	15	13
30305	25	62	18.25	17	15
30306	30	72	20.75	19	16
30307	35	80	22.75	21	18
30308	40	90	25.75	23	20
30309	45	100	27.25	25	22
30310	50	110	29.25	27	23
30311	55	120	31.5	29	25
30312	60	130	33.5	31	26
30313	65	140	36	33	28
30314	70	150	38	35	30
30315	75	160	40	37	31
13 系列					
31305	25	62	18.25	17	13
31306	30	72	20.75	19	14
31307	35	80	22.75	21	15
31308	40	90	25.25	23	17
31309	45	100	27.25	25	18
31310	50	110	29.25	27	19
31311	55	120	31.5	29	21
31312	60	130	33.5	31	22
31313	65	140	36	33	23
31314	70	150	38	35	25
31315	75	160	40	37	26

轴承代号	尺寸/mm				
	d	*D*	*T*	*B*	*C*
20 系列					
32004	20	42	15	15	12
320/22	22	44	15	15	11.5
32005	25	47	15	15	11.5
320/28	28	52	16	16	12
32006	30	55	17	17	13
320/32	32	58	17	17	13
32007	35	62	18	18	14
32008	40	68	19	19	14.5
32009	45	75	20	20	15.5
2010	50	80	20	0	15.5
32011	55	90	23	23	17.5
32012	60	95	23	23	17.5
32013	65	100	23	23	17.5
32014	70	110	25	25	19
32015	75	115	25	25	19
22 系列					
32203	17	40	17.25	16	14
32204	20	47	19.25	16	15
32205	25	52	19.25	18	16
32206	30	62	21.25	20	17
32207	35	72	24.25	23	19
32208	40	80	24.75	23	19
32209	45	85	24.75	23	19
32210	50	90	24.75	23	19
32211	55	100	26.75	25	21
32212	60	110	26.75	28	24
32213	65	120	29.75	31	27
32214	70	125	33.25	31	27
32215	75	130	33.25	31	27
23 系列					
32303	17	47	20.25	19	16
32304	20	52	22.25	21	18
32305	25	62	25.25	24	20
32306	30	72	28.75	27	23
32307	35	80	32.75	31	25
32308	40	90	35.25	33	27
32309	45	100	38.25	36	30
32310	50	110	42.25	40	33
32311	55	120	45.5	43	35
32312	60	130	48.5	46	37
32313	65	140	51	48	39
32314	70	150	54	51	42
32315	75	160	58	55	45

（续）

轴承代号	尺寸/mm					轴承代号	尺寸/mm				
	d	*D*	*T*	*B*	*C*		*d*	*D*	*T*	*B*	*C*
29 系列						31 系列					
32904	20	37	12	12	9						
329/22	22	40	12	12	9						
32905	25	42	12	12	9						
329/28	28	45	12	12	9						
32906	30	47	12	12	9	33108	40	75	26	26	20.5
329/32	32	52	14	14	10	33109	45	80	26	26	20.5
32907	35	55	14	14	11.5	33110	50	85	26	26	20
32908	40	62	15	15	12	33111	55	95	30	30	23
32909	45	68	15	15	12	33112	60	100	30	30	23
32910	50	72	15	15	12	33113	65	110	34	34	26.5
32911	55	80	17	17	14	33114	70	120	37	37	29
32912	60	85	17	17	14	33115	75	125	37	37	29
32913	65	90	17	17	14						
32914	70	100	20	20	16						
32915	75	105	20	20	16						
30 系列						32 系列					
						33205	25	52	22	22	18
33005	25	47	17	17	14	332/28	28	58	24	24	19
33006	30	55	20	20	16	33206	30	62	25	25	19.5
33007	35	62	21	21	17	332/32	32	65	26	26	20.5
33008	40	68	22	22	18	33207	35	72	28	28	22
33009	45	75	24	24	19	33208	40	80	32	32	25
33010	50	85	24	24	19	33209	45	85	32	32	25
33011	55	90	24	24	21	33210	50	90	32	32	24.5
33012	60	95	27	27	21	33211	55	100	35	35	27
33013	65	100	27	27	21	33212	60	110	38	38	29
33014	70	110	31	31	25.5	33213	65	120	41	41	32
33015	75	115	31	31	25.5	33214	70	125	41	41	32
						33215	75	130	41	41	31

附表 28　推力球轴承（GB/T 301—1995）

51000 型

轴承代号	尺寸/mm			
	d	$d_{1\min}$	D	T
11 系列				
51100	10	11	24	9
51101	12	13	26	9
51102	15	16	28	9
51103	17	18	30	9
51104	20	21	35	10
51105	25	26	42	11
51106	30	32	47	11
51107	35	37	52	12
51108	40	42	60	13
51109	45	47	65	14
51110	50	52	70	14
51111	55	57	78	16
51112	60	62	85	17
51113	65	67	90	18
51114	70	72	95	18
51115	75	77	100	19
51116	80	82	105	19
51117	85	87	110	19
51118	90	92	120	22
51120	100	102	135	25
13 系列				
51304	20	22	47	18
51305	25	27	52	18
51306	30	32	60	21
51307	35	37	68	24
51308	40	42	78	26
51309	45	47	85	28
51310	50	52	95	31
51311	55	57	105	35
51312	60	62	110	35
51313	65	67	115	36
51314	70	72	125	40
51315	75	77	135	44
51316	80	82	140	44
51317	85	88	150	49
51318	90	93	155	50
51320	100	103	170	55

轴承代号	尺寸/mm			
	d	$d_{1\min}$	D	T
12 系列				
51200	10	12	26	11
51201	12	14	28	11
51202	15	17	32	12
51203	17	19	35	12
51204	20	22	40	14
51205	25	27	47	15
51206	30	32	52	16
51207	35	37	62	18
51208	40	42	68	19
51209	45	47	73	20
51210	50	52	78	22
51211	55	57	90	25
51212	60	62	95	26
51213	65	67	100	27
51214	70	72	105	27
51215	75	77	110	27
51216	80	82	115	28
51217	85	88	125	31
51218	90	93	135	35
51220	100	103	150	38
14 系列				
51405	25	27	60	24
51406	30	32	70	28
51407	35	37	80	32
51408	40	42	90	36
51409	45	47	100	39
51410	50	52	110	43
51411	55	57	120	48
51412	60	62	130	51
51413	65	67	140	56
51414	70	72	150	60
51415	75	77	160	65
51416	80	82	170	68
51417	85	88	180	72
51418	90	93	190	77
51420	100	103	210	85

六、极限与配合

附表 29 标准公差数值（GB/T 1800.3—1998）

基本尺寸/mm		公差等级																			
		IT01	IT0	IT1	IT2	IT3	IT4	IT5	IT6	IT7	IT8	IT9	IT10	IT11	IT12	IT13	IT14	IT15	IT16	IT17	IT18
大于	至	μm													mm						
—	3	0.3	0.5	0.8	1.2	2	3	4	6	10	14	25	40	60	0.10	0.14	0.25	0.40	0.60	1.0	1.4
3	6	0.4	0.6	1	1.5	2.5	4	5	8	12	18	30	48	75	0.12	0.18	0.30	0.48	0.75	1.2	1.8
6	10	0.4	0.6	1	1.5	2.5	4	6	9	15	22	36	58	90	0.15	0.22	0.36	0.58	0.90	1.5	2.2
10	18	0.5	0.8	1.2	2	3	5	8	11	18	27	43	70	110	0.18	0.27	0.43	0.70	1.10	1.8	2.7
18	30	0.6	1	1.5	2.5	4	6	9	13	21	33	52	84	130	0.21	0.33	0.52	0.84	1.30	2.1	3.3
30	50	0.6	1	1.5	2.5	4	7	11	16	25	39	62	100	160	0.25	0.39	0.62	1.00	1.60	2.5	3.9
50	80	0.8	1.2	2	3	5	8	13	19	30	46	74	120	190	0.30	0.46	0.74	1.20	1.90	3.0	4.6
80	120	1	1.5	2.5	4	6	10	15	22	35	54	87	140	220	0.35	0.54	0.87	1.40	2.20	3.5	5.4
120	180	1.2	2	3.5	5	8	12	18	25	40	63	100	160	250	0.40	0.63	1.00	1.60	2.50	4.0	6.3
180	250	2	3	4.5	7	10	14	20	29	46	72	115	185	290	0.46	0.72	1.15	1.85	2.90	4.6	7.2
250	315	2.5	4	6	8	12	16	23	32	52	81	130	210	320	0.52	0.81	1.30	2.10	3.20	5.2	8.1
315	400	3	5	7	9	13	18	25	36	57	89	140	230	360	0.57	0.89	1.40	2.30	3.60	5.7	8.9
400	500	4	6	8	10	15	20	27	40	63	97	155	250	400	0.63	0.97	1.55	2.50	4.00	6.3	9.7

附表 30　轴的极限偏差（GB/T 1800.4—1999）

代号	a	b		c			d				e		
基本尺寸/mm　等级	11	11	12	9	10	**11**①	8	**9**①	10	11	7	8	9
≤3	-270 -330	-140 -200	-140 -240	-60 -85	-60 -100	**-60** **-120**	-20 -34	**-20** **-45**	-20 -60	-20 -80	-14 -24	-14 -28	-14 -39
>3~6	-270 -345	-140 -215	-140 -260	-70 -100	-70 -118	**-70** **-145**	-30 -48	**-30** **-60**	-30 -78	-30 -105	-20 -32	-20 -38	-20 -50
>6~10	-280 -370	-150 -240	-150 -300	-80 -116	-80 -138	**-80** **-170**	-40 -62	**-40** **-76**	-40 -98	-40 -130	-25 -40	-25 -47	-25 -61
>10~14 >14~18	-290 -400	-150 -260	-150 -330	-95 -138	-95 -165	**-95** **-206**	-50 -77	**-50** **-93**	-50 -120	-50 -160	-32 -50	-32 -59	-32 -75
>18~24 >24~30	-300 -430	-160 -290	-160 -370	-110 -162	-110 -194	**-110** **-240**	-65 -98	**-65** **-117**	-65 -149	-65 -195	-40 -61	-40 -73	-40 -92
>30~40	-310 -470	-170 -330	-170 -420	-120 -182	-120 -220	**-120** **-280**	-80 -119	**-80** **-142**	-80 -180	-80 -240	-50 -75	-50 -89	-50 -112
>40~50	-320 -480	-180 -340	-180 -430	-130 -192	-130 -230	**-130** **-290**							
>50~65	-340 -530	-190 -380	-190 -490	-140 -214	-140 -260	**-140** **-330**	-100 -146	**-100** **-174**	-100 -220	-100 -290	-60 -90	-60 -106	-60 -134
>65~80	-360 -550	-200 -390	-200 -500	-150 -224	-150 -270	**-150** **-340**							
>80~100	-380 -600	-220 -440	-220 -570	-170 -257	-170 -310	**-170** **-390**	-120 -174	**-120** **-207**	-120 -260	-120 -340	-72 -107	-72 -126	-72 -159
>100~120	-410 -630	-240 -460	-240 -590	-180 -267	-180 -320	**-180** **-400**							
>120~140	-460 -710	-260 -510	-260 -660	-200 -300	-200 -360	**-200** **-450**	-145 -208	**-145** **-245**	-145 -305	-145 -395	-85 -125	-85 -148	-85 -185
>140~160	-520 -770	-280 -530	-280 -680	-210 -310	-210 -370	**-210** **-460**							
>160~180	-580 -830	-310 -560	-310 -710	-230 -330	-230 -390	**-230** **-480**							
>180~200	-660 -950	-340 -630	-340 -800	-240 -355	-240 -425	**-240** **-530**	-170 -242	**-170** **-285**	-170 -355	-170 -460	-100 -146	-100 -172	-100 -215
>200~225	-740 -1030	-380 -670	-380 -840	-260 -375	-260 -445	**-260** **-550**							
>225~250	-820 -1110	-420 -710	-420 -880	-280 -395	-280 -465	**-280** **-570**							
>250~280	-920 -1240	-480 -800	-480 -1000	-300 -430	-300 -510	**-300** **-620**	-190 -271	**-190** **-320**	-190 -400	-190 -510	-110 -162	-110 -191	-110 -240
>280~315	-1050 -1370	-540 -860	-540 -1060	-330 -460	-330 -540	**-330** **-650**							
>315~355	-1200 -1560	-600 -960	-600 -1170	-360 -500	-360 -590	**-360** **-720**	-210 -299	**-210** **-350**	-210 -440	-210 -570	-125 -182	-125 -214	-125 -265
>355~400	-1350 -1710	-680 -1040	-680 -1250	-400 -540	-400 -630	**-400** **-760**							
>400~450	-1500 -1900	-760 -1160	-760 -1390	-440 -595	-440 -690	**-440** **-840**	-230 -327	**-230** **-385**	-230 -480	-230 -630	-135 -198	-135 -232	-135 -290
>450~500	-1650 -2050	-840 -1240	-840 -1470	-480 -635	-480 -730	**-480** **-880**							

① 黑体字为优先轴公差带（其余的为常用轴公差带）。

（续）

基本尺寸/mm \ 代号 等级	f					g			h							
	5	6	**7①**	8	9	5	**6①**	7	5	**6①**	**7①**	8	**9①**	10	**11①**	12
≤3	-6 -10	-6 -12	**-6** **-16**	-6 -20	-6 -31	-2 -6	**-2** **-8**	-2 -12	0 -4	**0** **-6**	**0** **-10**	0 -14	**0** **-25**	0 -40	**0** **-60**	0 -100
>3~6	-10 -15	-10 -18	**-10** **-22**	-10 -28	-10 -40	-4 -9	**-4** **-12**	-4 -16	0 -5	**0** **-8**	**0** **-12**	0 -18	**0** **-30**	0 -48	**0** **-75**	0 -120
>6~10	-13 -19	-13 -22	**-13** **-28**	-13 -35	-13 -49	-5 -11	**-5** **-14**	-5 -20	0 -6	**0** **-9**	**0** **-15**	0 -22	**0** **-36**	0 -58	**0** **-90**	0 -150
>10~14 >14~18	-16 -24	-16 -27	**-16** **-34**	-16 -43	-16 -59	-6 -14	**-6** **-17**	-6 -24	0 -8	**0** **-11**	**0** **-18**	0 -27	**0** **-43**	0 -70	**0** **-110**	0 -180
>18~24 >24~30	-20 -29	-20 -33	**-20** **-41**	-20 -53	-20 -72	-7 -16	**-7** **-20**	-7 -28	0 -9	**0** **-13**	**0** **-21**	0 -33	**0** **-52**	0 -84	**0** **-130**	0 -210
>30~40 >40~50	-25 -36	-25 -41	**-25** **-50**	-25 -64	-25 -87	-9 -20	**-9** **-25**	-9 -34	-9 -11	**0** **-16**	**0** **-25**	0 -39	**0** **-62**	0 -100	**0** **-160**	0 -250
>50~65 >65~80	-30 -43	-30 -49	**-30** **-60**	-30 -76	-30 -104	-10 -23	**-10** **-29**	-10 -40	0 -13	**0** **-19**	**0** **-30**	0 -46	**-10** **-74**	0 -120	**0** **-190**	0 -300
>80~100 >100~120	-36 -51	-36 -58	**-36** **-71**	-36 -90	-36 -123	-12 -27	**-12** **-34**	-12 -47	0 -15	**0** **-22**	**0** **-35**	0 -54	**0** **-87**	0 -140	**0** **-220**	0 -350
>120~140 >140~160 >160~180	-43 -61	-43 -68	**-43** **-83**	-43 -106	-43 -143	-14 -32	**-14** **-39**	-14 -54	0 -18	**0** **-25**	**0** **-40**	0 -63	**0** **-100**	0 -160	**0** **-250**	0 -400
>180~200 >200~225 >225~250	-50 -70	-50 -79	**-50** **-96**	-50 -122	-50 -165	-15 -35	**-15** **-44**	-15 -61	0 -20	**0** **-29**	**0** **-46**	0 -72	**0** **-115**	0 -185	**0** **-290**	0 -460
>250~280 >280~315	-56 -79	-56 -88	**-56** **-108**	-56 -137	-56 -186	-17 -40	**-17** **-49**	-17 -69	0 -23	**0** **-32**	**0** **-52**	0 -81	**0** **-130**	0 -210	**0** **-320**	0 -520
>315~355 >355~400	-62 -87	-62 -98	**-62** **-119**	-62 -151	-62 -202	-18 -43	**-18** **-54**	-13 -75	0 -25	**0** **-36**	**0** **-57**	0 -89	**0** **-140**	0 -230	**0** **-360**	0 -570
>400~450 >450~500	-68 -95	-68 -108	**-68** **-131**	-68 -165	-68 -223	-20 -47	**-20** **-60**	-20 -83	0 -27	**0** **-40**	**0** **-63**	0 -97	**0** **-155**	0 -250	**0** **-400**	0 -630

（续）

基本尺寸/mm \ 代号 等级	js			k			m			n			p		
	5	6	7	5	**6①**	7	5	6	7	5	**6①**	7	5	**6①**	7
≤3	±2	±3	±5	+4 0	**+6 0**	+10 0	+6 +2	+8 +2	+12 +2	+8 +4	**+10 +4**	+14 +4	+10 +6	**+12 +6**	+16 +6
>3~6	±2.5	±4	±6	+6 +1	**+9 +1**	+13 +1	+9 +4	+12 +4	+16 +4	+13 +8	**+16 +8**	+20 +8	+17 +12	**+20 +12**	+24 +12
>6~10	±3	±4.5	±7	+7 +1	**+10 +1**	+16 +1	+12 +6	+15 +6	+21 +6	+16 +10	**+19 +10**	+25 +10	+21 +15	**+24 +15**	+30 +15
>10~14 >14~18	±4	±5.5	±9	+9 +1	**+12 +1**	+19 +1	+15 +7	+18 +7	+25 +7	+20 +12	**+23 +12**	+30 +12	+26 +18	**+29 +18**	+36 +18
>18~24 >24~30	±4.5	±6.5	±10	+11 +2	**+15 +2**	+23 +2	+17 +8	+21 +8	+29 +8	+24 +15	**+28 +15**	+36 +15	+31 +22	**+35 +22**	+43 +22
>30~40 >40~50	±5.5	±8	±12	+13 +2	**+18 +2**	+27 +2	+20 +9	+25 +9	+34 +9	+28 +17	**+33 +17**	+42 +17	+37 +26	**+42 +26**	+51 +26
>50~65 >65~80	±6.5	±9.5	±15	+15 +2	**+21 +2**	+32 +2	+24 +11	+30 +11	+41 +11	+33 +20	**+39 +20**	+50 +20	+45 +32	**+51 +32**	+62 +32
>80~100 >100~120	±7.5	±11	±17	+18 +3	**+25 +3**	+38 +3	+28 +13	+35 +13	+48 +13	+38 +23	**+45 +23**	+58 +23	+52 +37	**+59 +37**	+72 +37
>120~140 >140~160 >160~180	±9	±12.5	±20	+21 +3	**+28 +3**	+43 +3	+33 +15	+40 +15	+55 +15	+45 +27	**+52 +27**	+67 +27	+61 +43	**+68 +43**	+83 +43
>180~200 >200~225 >225~250	±10	±14.5	±23	+24 +4	**+33 +4**	+50 +4	+37 +17	+46 +17	+63 +17	+51 +31	**+60 +31**	+77 +31	+70 +50	**+79 +50**	+96 +50
>250~280 >280~315	±11.5	±16	±26	+27 +4	**+36 +4**	+56 +4	+43 +20	+52 +20	+72 +20	+57 +34	**+66 +34**	+86 +34	+79 +56	**+88 +56**	+108 +56
>315~355 >355~400	±12.5	±18	±28	+29 +4	**+40 +4**	+61 +4	+46 +21	+57 +21	+78 +21	+62 +37	**+73 +37**	+94 +37	+87 +62	**+98 +62**	+119 +62
>400~450 >450~500	±13.5	±20	±31	+32 +5	**+45 +5**	+68 +5	+50 +23	+63 +23	+86 +23	+67 +40	**+80 +40**	+103 +40	+95 +68	**+108 +68**	+131 +68

（续）

基本尺寸/mm \ 代号	r			s			t			u		v	x	y	z
等级	5	6	7	5	**6**[①]	7	5	6	7	**6**[①]	7	6	6	6	6
≤3	+14 +10	+16 +10	+20 +10	+18 +14	**+20 +14**	+24 +14	—	—	—	**+24 +18**	+28 +18	—	+26 +20	—	+32 +26
>3~6	+20 +15	+23 +15	+27 +15	+24 +19	**+27 +19**	+31 +19	—	—	—	**+31 +23**	+35 +23	—	+36 +28	—	+43 +35
>6~10	+25 +19	+28 +19	+34 +19	+29 +23	**+32 +23**	+38 +23	—	—	—	**+37 +28**	+43 +28	—	+43 +34	—	+51 +42
>10~14	+31	+34	+41	+36	**+39**	+46	—	—	—	**+44**	+51	—	+51 +40	—	+61 +50
>14~18	+23	+23	+23	+28	**+28**	+28	—	—	—	**+33**	+33	+50 +39	+56 +45	—	+71 +60
>18~24	+37	+41	+49	+44	**+48**	+56	—	—	—	**+54 +41**	+62 +41	+60 +47	+67 +54	+76 +63	+86 +73
>24~30	+28	+28	+28	+35	**+35**	+35	+50 +41	+54 +41	+62 +41	**+61 +48**	+69 +48	+68 +55	+77 +64	+88 +75	+101 +88
>30~40	+45	+50	+59	+54	**+59**	+68	+59 +48	+64 +48	+73 +48	**+76 +60**	+85 +60	+84 +68	+96 +80	+110 +94	+128 +112
>40~50	+34	+34	+34	+43	**+43**	+43	+65 +54	+70 +54	+79 +54	**+86 +70**	+95 +70	+97 +81	+113 +97	+130 +114	+152 +136
>50~65	+54 +41	+60 +41	+71 +41	+66 +53	**+72 +53**	+83 +53	+79 +66	+85 +66	+96 +66	**+106 +87**	+117 +87	+121 +102	+141 +122	+163 +144	+191 +172
>65~80	+56 +43	+62 +43	+73 +43	+72 +59	**+78 +59**	+89 +59	+88 +75	+94 +75	+105 +75	**+121 +102**	+132 +102	+139 +120	+165 +146	+193 +174	+229 +210
>80~100	+66 +51	+73 +51	+86 +51	+86 +71	**+93 +71**	+106 +71	+106 +91	+113 +91	+126 +91	**+146 +124**	+159 +124	+168 +146	+200 +178	+236 +214	+280 +258
>100~120	+69 +54	+76 +54	+89 +54	+94 +79	**+101 +79**	+114 +79	+119 +104	+126 +104	+139 +104	**+166 +144**	+179 +144	+194 +172	+232 +210	+276 +254	+332 +310
>120~140	+81 +63	+88 +63	+103 +63	+110 +92	**+117 +92**	+132 +92	+140 +122	+147 +122	+162 +122	**+195 +170**	+210 +170	+227 +202	+273 +248	+325 +300	+390 +365
>140~160	+83 +65	+90 +65	+105 +65	+118 +100	**+125 +100**	+140 +100	+152 +134	+159 +134	+174 +134	**+215 +190**	+230 +190	+253 +228	+305 +280	+365 +340	+440 +415
>160~180	+86 +68	+93 +68	+108 +68	+126 +108	**+133 +108**	+148 +108	+164 +146	+171 +146	+186 +146	**+235 +210**	+250 +210	+277 +252	+335 +310	+405 +380	+490 +465
>180~200	+97 +77	+106 +77	+123 +77	+142 +122	**+151 +122**	+168 +122	+186 +166	+195 +166	+212 +166	**+265 +236**	+282 +236	+313 +284	+379 +350	+454 +425	+549 +520
>200~225	+100 +80	+109 +80	+126 +80	+150 +130	**+159 +130**	+176 +130	+200 +180	+209 +180	+226 +180	**+287 +258**	+304 +258	+339 +310	+414 +385	+449 +470	+604 +575
>225~250	+104 +84	+113 +84	+130 +84	+160 +140	**+169 +140**	+186 +140	+216 +196	+225 +196	+242 +196	**+313 +284**	+330 +284	+369 +340	+454 +425	+549 +520	+669 +640
>250~280	+117 +94	+126 +91	+146 +94	+181 +158	**+190 +158**	+210 +158	+241 +218	+250 +218	+270 +218	**+347 +315**	+367 +315	+417 +385	+507 +475	+612 +580	+742 +710
>280~315	+121 +98	+130 +98	+150 +98	+198 +170	**+202 +170**	+222 +170	+263 +240	+272 +240	+292 +240	**+382 +350**	+402 +350	+457 +425	+557 +525	+682 +650	+822 +790
>315~355	+133 +108	+144 +108	+165 +108	+215 +190	**+226 +190**	+247 +190	+293 +268	+304 +268	+325 +268	**+426 +390**	+447 +390	+511 +475	+626 +590	+766 +730	+936 +900
>355~400	+139 +114	+150 +114	+171 +114	+233 +208	**+244 +208**	+265 +208	+319 +294	+330 +294	+351 +294	**+471 +435**	+492 +435	+566 +530	+696 +660	+856 +820	+1036 +1000
>400~450	+153 +126	+166 +126	+189 +126	+259 +232	**+272 +232**	+295 +232	+357 +330	+370 +330	+393 +330	**+530 +490**	+553 +490	+635 +595	+780 +740	+980 +920	+1140 +1100
>450~500	+159 +132	+172 +132	+195 +132	+279 +252	**+292 +252**	+315 +252	+387 +360	+400 +360	+423 +360	**+580 +540**	+603 +540	+700 +660	+860 +820	+1040 +1000	+1290 +1250

附表 31 孔的极限偏差（GB/T 1800.4—1999）

基本尺寸/mm \ 代号	A	B		C		D				E		F			
等级	11	11	12	**11**①	12	8	**9**①	10	11	8	9	6	7	**8**①	9
≤3	+330 +270	+200 +140	+240 +140	**+120** **+60**	+160 +60	+34 +20	**+45** **+20**	+60 +20	+80 +20	+28 +14	+39 +14	+12 +6	+16 +6	**+20** **+6**	+31 +6
>3~6	+345 +270	+215 +140	+260 +140	**+145** **+70**	+190 +70	+48 +30	**+60** **+30**	+78 +30	+105 +30	+38 +20	+50 +20	+18 +10	+22 +10	**+28** **+10**	+40 +10
>6~10	+370 +280	+240 +150	+300 +150	**+170** **+80**	+230 +80	+62 +40	**+76** **+40**	+98 +40	+130 +40	+47 +25	+61 +25	+22 +13	+28 +13	**+35** **+13**	+49 +13
>10~14	+400	+260	+330	**+205**	+275	+77	**+93**	+120	+160	+59	+75	+27	+34	**+43**	+59
>14~18	+290	+150	+150	**+95**	+95	+50	**+50**	+50	+50	+32	+32	+16	+16	**+16**	+16
>18~24	+430	+290	+370	**+240**	+320	+98	**+117**	+149	+195	+73	+92	+33	+41	**+53**	+72
>24~30	+300	+160	+160	**+110**	+110	+65	**+65**	+65	+65	+40	+40	+20	+20	**+20**	+20
>30~40	+470 +310	+330 +170	+420 +170	**+280** **+120**	+370 +120	+119	**+142**	+180	+240	+89	+112	+41	+50	**+64**	+87
>40~50	+480 +320	+340 +180	+430 +180	**+290** **+130**	+380 +130	+80	**+80**	+80	+80	+50	+50	+25	+25	**+25**	+25
>50~65	+530 +340	+380 +190	+490 +190	**+330** **+140**	+440 +140	+146	**+174**	+220	+290	+106	+134	+49	+60	**+76**	+104
>65~80	+550 +360	+390 +200	+500 +200	**+340** **+150**	+450 +150	+100	**+100**	+100	+100	+60	+60	+30	+30	**+30**	+30
>80~100	+600 +380	+440 +220	+570 +220	**+390** **+170**	+520 +170	+174	**+207**	+260	+340	+126	+159	+58	+71	**+90**	+123
>100~120	+630 +410	+460 +240	+590 +240	**+400** **+180**	+530 +180	+120	**+120**	+120	+120	+72	+72	+36	+36	**+36**	+36
>120~140	+710 +460	+510 +260	+660 +260	**+450** **+200**	+600 +200	+208	**+245**	+305	+395	+148	+185	+68	+83	**+106**	+143
>140~160	+770 +520	+530 +280	+680 +280	**+460** **+210**	+610 +210										
>160~180	+830 +580	+560 +310	+710 +310	**+480** **+230**	+630 +230	+145	**+145**	+145	+145	+85	+85	+43	+43	**+43**	+43
>180~200	+950 +660	+630 +340	+800 +340	**+530** **+240**	+700 +240	+242	**+285**	+355	+460	+172	+215	+79	+96	**+122**	+165
>200~225	+1030 +740	+670 +380	+840 +380	**+550** **+260**	+720 +260										
>225~250	+1110 +820	+710 +420	+880 +420	**+570** **+280**	+740 +280	+170	**+170**	+170	+170	+100	+100	+50	+50	**+50**	+50
>250~280	+1240 +920	+800 +480	+1000 +480	**+620** **+300**	+820 +300	+271	**+320**	+400	+510	+191	+240	+88	+108	**+137**	+186
>280~315	+1370 +1050	+860 +540	+1060 +540	**+650** **+330**	+850 +330	+190	**+190**	+190	+190	+110	+110	+56	+56	**+56**	+56
>315~355	+1560 +1200	+960 +600	+1170 +600	**+720** **+360**	+930 +360	+299	**+350**	+440	+570	+214	+265	+98	+119	**+151**	+202
>355~400	+1710 +1350	+1040 +680	+1250 +680	**+760** **+400**	+970 +400	+210	**+210**	+210	+210	+125	+125	+62	+62	**+62**	+62
>400~450	+1900 +1500	+1160 +760	+1390 +760	**+840** **+440**	+1070 +440	+327	**+385**	+480	+630	+232	+290	+108	+131	**+165**	+223
>450~500	+2050 +1650	+1240 +840	+1470 +840	**+880** **+480**	+1110 +488	+230	**+230**	+230	+230	+135	+135	+68	+68	**+68**	+68

① 黑体字为优先孔公差带（其余的为常用孔公差带）。

（续）

代号 等级 基本尺寸/mm	G		H							Js			K		
	6	**7**①	6	**7**①	**8**①	**9**①	10	**11**①	12	6	7	8	6	**7**①	8
≤3	+8 +2	**+12** **+2**	+6 0	**+10** **0**	**+14** **0**	**+25** **0**	+40 0	**+60** **0**	+100 0	±3	±5	±7	0 −6	**0** **−10**	0 −14
>3~6	+12 +4	**+16** **+4**	+8 0	**+12** **0**	**+18** **0**	**+30** **0**	+48 0	**+75** **0**	+120 0	±4	±6	±9	+2 −6	**+3** **−9**	+5 −13
>6~10	+14 +5	**+20** **+5**	+9 0	**+15** **0**	**+22** **0**	**+36** **0**	+58 0	**+90** **0**	+150 0	±4.5	±7	±11	+2 −7	**+5** **−10**	+6 −16
>10~14	+17	**+24**	+11	**+18**	**+27**	**+43**	+70	**+110**	+180	±5.5	±9	±13	+2	**+6**	+8
>14~18	+6	**+6**	0	**0**	**0**	**0**	0	**0**	0				−9	**−12**	−19
>18~24	+20	**+28**	+13	**+21**	**+33**	**+52**	+84	**+130**	+210	±6.5	±10	±16	+2	**+6**	+10
>24~30	+7	**+7**	0	**0**	**0**	9	0	**0**	0				−11	**−15**	−23
>30~40	+25	**+34**	+16	**+25**	**+39**	**+62**	+100	**+160**	+250	±8	±12	±19	+3	**+7**	+12
>40~50	+9	**+9**	0	**0**	**0**	**0**	0	**0**	0				−13	**−18**	−27
>50~65	+29	**+40**	+19	**+30**	**+46**	**+74**	+120	**+190**	+300	±9.5	±15	±23	+4	**+9**	+14
>65~80	+10	**+10**	0	**0**	**0**	**0**	0	**0**	0				−15	**−21**	−32
>80~100	+34	**+47**	+22	**+35**	**+54**	**+87**	+140	**+220**	+350	±11	±17	±27	+4	**+10**	+16
>100~120	+12	**+12**	0	**0**	**0**	**0**	0	**0**	0				−18	**−25**	−38
>120~140	+39	**+54**	+25	**+40**	**+63**	**+100**	+160	**+250**	+400				+4	**+12**	+20
>140~160										±12.5	±20	±31			
>160~180	+14	**+14**	0	**0**	**0**	**0**	0	**0**	0				−21	**−28**	−43
>180~200	+44	**+61**	+29	**+46**	**+72**	**+115**	+185	**+290**	+460				+5	**+13**	+22
>200~225										±14.5	±23	±36			
>225~250	+15	**+15**	0	**0**	**0**	**0**	0	**0**	0				−24	**−33**	−50
>250~280	+49	**+69**	+32	**+52**	**+81**	**+130**	+210	**+320**	+520	±16	±26	±40	+5	**+16**	+25
>280~315	+17	**+17**	0	**0**	**0**	**0**	0	**0**	0				−27	**−36**	−56
>315~355	+54	**+75**	+36	**+57**	**+89**	**+140**	+230	**+360**	+570	±18	±28	±44	+7	**+17**	+28
>355~400	+18	**+18**	0	**0**	**0**	**0**	0	**0**	0				−29	**−40**	−61
>400~450	+60	**+83**	+40	**+63**	**+97**	**+155**	+250	**+400**	+630	±20	±31	±48	+8	**+18**	+29
>450~500	+20	**+20**	0	**0**	**0**	**0**	0	**0**	0				−32	**−45**	−68

（续）

基本尺寸/mm \ 代号 等级	M 6	M 7	M 8	N 6	N 7①	N 8	P 6	P 7①	R 6	R 7	S 6	S 7①	T 6	T 7	U 7①
≤3	−2 −8	−2 −12	−2 −16	−4 −10	**−4 −14**	−4 −18	−6 −12	**−6 −16**	−10 −16	−10 −20	−14 −20	**−14 −24**	—	—	**−18 −28**
>3～6	−1 −9	0 −12	+2 −16	−5 −13	**−4 −16**	−2 −20	−9 −17	**−8 −20**	−12 −20	−11 −23	−16 −24	**−15 −27**	—	—	**−19 −31**
>6～10	−3 −12	0 −15	+1 −21	−7 −16	**−4 −19**	−3 −25	−12 −21	**−9 −24**	−16 −25	−13 −28	−20 −29	**−17 −32**	—	—	**−22 −37**
>10～14	−4	0	+2	−9	**−5**	−3	−15	**−11**	−20	−16	−25	**−21**	—	—	**−26**
>14～18	−15	−18	−25	−20	**−23**	−30	−26	**−29**	−31	−34	−36	**−39**			**−44**
>18～24	−4	0	+4	−11	**−7**	−3	−18	**−14**	−24	−20	−31	**−27**	—	—	**−33 −54**
>24～30	−17	−21	−29	−24	**−28**	−36	−31	**−35**	−37	−41	−44	**−48**	−37 −50	−33 −54	**−40 −61**
>30～40	−4	0	+5	−12	**−8**	−3	−21	**−17**	−29	−25	−38	**−34**	−43 −59	−39 −64	**−51 −76**
>40～50	−20	−25	−34	−28	**−33**	−42	−37	**−42**	−45	−50	−54	**−59**	−49 −65	−45 −70	**−61 −86**
>50～65	−5	0	+5	−14	**−9**	−4	−26	**−21**	−35 −54	−30 −60	−47 −66	**−42 −72**	−60 −79	−55 −85	**−76 −106**
>65～80	−24	−30	−41	−33	**−39**	−50	−45	**−51**	−37 −56	−32 −62	−53 −72	**−48 −78**	−69 −88	−64 −94	**−91 −121**
>80～100	−6	0	+6	−16	**−10**	−4	−30	**−24**	−44 −66	−38 −73	−64 −86	**−58 −93**	−84 −106	−78 −113	**111 146**
>100～120	−28	−35	−48	−38	**−45**	−58	−52	**−59**	−47 −69	−41 −76	−72 −94	**−66 −101**	−97 −119	−91 −126	**−131 −166**
>120～140	−8	0	+8	−20	**−12**	−4	−36	**−28**	−56 −81	−48 −88	−85 −110	**−77 −117**	−115 −140	−107 −147	**−155 −195**
>140～160									−58 −83	−50 −90	−93 −118	**−85 −125**	−127 −152	−119 −159	**−175 −215**
>160～180	−33	−40	−55	−45	**−52**	−67	−61	**−68**	−61 −86	−53 −93	−101 −126	**−93 −133**	−139 −164	−131 −171	**−195 −235**
>180～200	−8	0	+9	−22	**−14**	−5	−41	**−33**	−68 −97	−60 −106	−113 −142	**−105 −151**	−157 −186	−149 −195	**−219 −265**
>200～225									−71 −100	−63 −109	−121 −150	**−113 −159**	−171 −200	−163 −209	**−241 −287**
>225～250	−37	−46	−63	−51	**−60**	−77	−70	**−79**	−75 −104	−67 −116	−131 −160	**−123 −169**	−187 −216	−179 −225	**−267 −313**
>250～280	−9	0	+9	−25	**−14**	−5	−47	**−36**	−85 −117	−74 −126	−149 −181	**−138 −190**	−209 −241	−198 −250	**−295 −347**
>280～315	−41	−52	−72	−57	**−66**	−86	−79	**−88**	−89 −121	−78 −130	−161 −193	**−150 −202**	−231 −263	−220 −272	**−330 −382**
>315～355	−10	0	+11	−26	**−16**	−5	−51	**−41**	−97 −133	−87 −144	−179 −215	**−169 −226**	−257 −293	−247 −304	**−369 −426**
>355～400	−46	−57	−78	−62	**−73**	−94	−87	**−98**	−103 −139	−93 −150	−197 −233	**−187 −244**	−283 −319	−273 −330	**−414 −471**
>400～450	−10	0	+11	−27	**−17**	−6	−55	**−45**	−113 −153	−103 −166	−219 −259	**−209 −272**	−317 −357	−307 −370	**−467 −530**
>450～500	−50	−63	−86	−67	**−80**	−103	−95	**−108**	−119 −159	−109 −172	−239 −279	**−229 −292**	−347 −387	−337 −400	**−517 −580**

七、其　　他

附表 32　钢铁材料（黑色金属）

标准	名称	牌号	应用举例		说明
GB/T 700—1988	碳素结构钢	Q215	A 级	金属结构件、拉杆、套圈、铆钉、螺栓、短轴、心轴、凸轮（载荷不大的）垫圈；渗碳零件及焊接件	“Q”为普碳素钢代号，后面数字表示屈服点 如 Q235 表示普通碳素钢屈服点为 235N/mm^2 新旧牌号对照： Q215——A2 Q235——A3 Q275——A5
			B 级		
		Q235	A 级	金属结构件，心部强度要求不高的渗碳或氰化零件；吊钩、拉杆、套圈、气缸、齿轮、螺栓、螺母、连杆、轮轴、楔、盖及焊接件	
			B 级		
			C 级		
			D 级		
		Q275	A 级	轴、轴销、刹车杆、螺母、螺栓、垫圈、连杆、齿轮以及其它强度较高的零件，焊接性尚可	
			B 级		
GB/T 699—1988	优质碳素结构钢	10F 10	用作拉杆、卡头、垫圈、铆钉，因无回火脆性、焊接性好，用作焊接零件		牌号的两位数字表示平均含碳量，45 钢即表示含碳量为 0.45% 含碳量≤0.25%的碳钢是低碳钢（渗碳钢） 含碳量在 0.25% ~ 0.6%之间的碳钢是中碳钢（调质钢） 含碳量大于 0.6%的碳钢是高碳钢 沸腾钢在牌号后加符号“F” 含锰量较高的钢，须加注化学元素符号“Mn”
		15F 15	用于受力不大、韧性较高的零件、渗碳零件及紧固件如螺栓、螺钉、法兰盘和化工贮器		
		35	用于制作曲轴、转轴、轴销、杠杆连杆、螺栓、螺母、垫圈、飞轮多在正火、调质下使用		
		45	用作要求综合机械性能高的各种零件，通常在正火或调质下使用，用于制造轴、齿轮、齿条、链轮、螺栓、螺母、销钉、键、拉杆等		
		65	用于制作弹簧、弹簧垫圈、凸轮、轧辊等		
		15Mn	制作心部机械性能要求较高且须渗碳的零件		
		65Mn	耐磨性高、用作圆盘、衬板、齿轮、花键轴、弹簧		
GB/T 3077—1988	合金结构钢	30Mn2	起重机行车轴、变速箱齿轮、冷镦螺栓及较大截面的调质零件		钢中加入一定量的合金元素，提高了钢的机械性能和耐磨性；也提高了钢的淬透性，保证金属在较大截面上获得高力学性能
		20Cr	用于要求心部强度较高，承受磨损、尺寸较大的渗碳零件，如齿轮、齿轮轴、蜗杆、凸轮、活塞销等也用于速度较大中等冲击的调质零件		
		40Cr	用于受变载、中速、中载、强烈磨损而无很大冲击的重要零件，如重要的齿轮、轴、曲轴、连杆、螺栓、螺母		
		35SiMn	可代替 40Cr 作中小型轴类、齿轮等零件及 430℃以下的重要紧固件		
		20CrMnTi	强度韧性均高，可代替镍铬钢用于承受高速、中等或重负荷以及冲击磨损等重要零件，如渗碳齿轮、凸轮等		

（续）

标准	名称	牌号	应用举例	说明
GB/T 5676—1985	铸钢	ZG230-450	轧机机架、铁道车辆摇枕、侧梁、铁铮台、机座箱体、锤轮、450℃以下的管路附件	“ZG”为铸钢代号，后面数字表示屈服点和抗拉强度 如 ZG230-450 表示屈服点 230N/mm^2、抗拉强度 450N/mm^2
		ZG310-570	联轴器、齿轮、气缸、轴、机架、齿圈	
GB/T 9439—1988	灰铸铁	HT150	用于小负荷和对耐磨性无特殊要求的零件，如端盖、外罩、手轮、一般机床底座、床身及其复杂零件：滑台、工作台和低压管件	“HT”为灰铸铁的代号，后面的数字表示抗拉强度，如 HT200 表示抗拉强度为 200N/mm^2 的灰铸铁
		HT200	用于中等负荷和对耐磨性有一定要求的零件，如机床床身、立柱、飞轮、气缸、泵体、轴承座、活塞、齿轮、箱、阀体	
		HT250	用于中等负荷和对耐磨性有一定要求的零件，如阀壳、油缸、气缸、联轴器、机体、齿轮、齿轮箱外壳、飞轮、衬套、凸轮、轴承座、活塞等	
		HT300	用于受力大的齿轮、床身导轨、车床卡盘、剪床、压力机的床身、凸轮、高压油缸、液压、泵和滑阀壳体、冲模模体	

附表 33　非铁材料（有色金属）

标准	名称	牌号	应用举例	说明
GB/T 1176—1987	5-5-5 锡青铜	2CuSn5 Pb5Zn5	耐磨性和耐腐蚀性均好，易加工，铸造性和气密性较好，用于较高负荷、中等滑动速度下工作的耐磨、耐腐蚀零件，如轴瓦、衬套、缸套、油塞、离合器、蜗轮等	“Z”为铸造铜合金代号，各化学元素后面的数字表示该元素含量的百分数，如 2CuAl10Fe3 表示含 Al18.5 ~ 11%，Fe2 ~ 4%，其余为 Cu 的铸造铝青铜
	10-3 铝青铜	2CuAl10Fe3	机械性能高，耐磨性、耐腐蚀性、抗氧化性好，可焊接、不易钎焊、大型铸件自 700℃空冷可防止变脆，制造强度高、耐磨、耐腐蚀的零件，如蜗轮、轴承、衬套、管嘴、耐热管配件	
	25-6-3-3 铝黄铜	2CuZn25Al6 Fe3Mn3	有很高的力学性能，铸造性良好、耐腐蚀性较好，有应力腐蚀开裂倾向，可以焊接，适用高强耐磨零件，如桥梁支撑板、螺母、螺杆、耐磨板、滑块和蜗轮等	
	38-2-2 锰黄铜	2Cu58Mn2 Pb2	有较高的力学性能和耐腐蚀性，耐磨性较好，切削性良好，作一般用途的构件、船舶仪表等使用的外形简单的铸件，如套筒、衬套、轴瓦、滑块等	

附表 34　常用的热处理和表面处理名词解释

名词	代号	说　明	应　用
退火	5111	将钢件加热到高于临界温度（一般是 710 ~ 715℃，个别合金钢 800 ~ 900℃）30 ~ 50℃以上，保温一段时间，然后缓慢冷却（一般在炉中冷却）	用来消除铸、锻、焊零件的内应力，降低硬度，便于切削加工，细化金属晶粒，改善组织，增加韧性
正火	5121	将钢件加热到临界温度以上，保温一段时间，然后在空气中冷却，冷却速度比退火为快	用来处理低碳和中碳结构钢及渗碳零件，使其组织细化，增加强度与韧性，减少内应力，改善切削性能
淬火	5131	将钢件加热到临界温度以上，保温一段时间，然后在水、盐水或油中（个别材料在空气中）急速冷却，使其得到高硬度	用来提高钢的硬度和强度极限。但淬火会引起内应力使钢变脆，所以淬火后必须回火
回火	5141	回火是将淬硬的钢件加热到临界点以下的温度保温一段时间，然后在空气中或油中冷却下来	用来消除淬火后的脆性和内应力，提高钢的塑性和冲击韧性
调质	5151	淬火后在 450 ~ 650℃进行高温回火，称为调质	用来使钢获得高的韧性和足够的强度。重要的齿轮、轴及丝杠等零件是调质处理的
表面淬火 火焰淬火	5213	用火焰或高频电流将零件表面迅速加热至临界温度以上，急速冷却	使零件表面获得高硬度，而心部保持一定的韧性，使零件既耐磨又能承受冲击。表面淬火常用来处理齿轮等
表面淬火 高频淬火	5212		
渗碳淬火	5311	在渗碳剂中将钢件加热到 900 ~ 950℃，停留一定时间，将碳渗入钢表面，深度约为 0.5 ~ 2mm，再淬火后回火	增加钢件的耐磨性能、表面强度、抗拉强度及疲劳极限 适用于低碳、中碳（$C < 0.40\%$）结构钢的中、小型零件
氮碳共渗	5340	氮化是在 500 ~ 600℃通入氨的炉子内加热，向钢的表面渗入氮原子的过程。氮化层为 0.025 ~ 0.8mm，氮化时间需 40 ~ 50h	增加钢件的耐磨性能、表面强度、抗拉强度及疲劳极限 适用于合金钢、碳钢、铸铁件，如机床主轴、丝杆以及在潮湿碱水和燃烧气体介质的环境中工作的零件
碳氮共渗	5320	在 820 ~ 860℃炉内通入碳和氮，保温 1 ~ 2h，使钢件的表面同时渗入碳、氮原子，可得到 0.2 ~ 0.5mm 的氰化层	增加表面硬度、耐磨性、疲劳强度和耐蚀性 用于要求硬度高、耐磨的中、小型及薄片零件和刀具等
固深处理和时效	5181	低温回火后，精加工之前，加热到 100 ~ 160℃，保持 10 ~ 40h。对铸件也可用天然时效（放在露天中一年以上）	使工件消除内应力和稳定形状，用于量具、精密丝杠、床身导轨、床身等
发黑	发黑	将金属零件放在很浓的碱和氧化剂溶液中加热氧化，使金属表面形成一层氧化铁所组成的保护性薄膜	防腐蚀、美观。用于一般联接的标准件和其它电子类零件
硬度	HB（布氏硬度）	材料抵抗硬的物体压入其表面的能力称“硬度”。根据测定的方法不同，可分布氏硬度、洛氏硬度和维氏硬度 硬度的测定是检验材料经热处理后的力学性能——硬度	用于退火、正火、调质的零件及铸件的硬度检验
硬度	HRC（洛氏硬度）		用于经淬火、回火及表面渗碳、渗氮等处理的零件硬度检验
硬度	HV（维氏硬度）		用于薄层硬化零件的硬度检验

参 考 文 献

1 焦永和主编. 机械制图. 北京：北京理工大学出版社，2001

2 陈经斗等主编. 画法几何及机械制图. 天津：天津大学出版社，1997

3 同济大学、上海交通大学等院校机械制图编写组编. 机械制图. 北京：高等教育出版社，1997

4 李澄等主编. 机械制图. 北京：高等教育出版社，1997

5 周鹏翔等主编. 工程制图. 北京：高等教育出版社，1999

6 大连理工大学工程图学教研室编. 机械制图. 北京：高等教育出版社，1993

7 高强主编. AutoCAD 2002 实用大全. 北京：清华大学出版社，2002

8 崔洪斌主编. AutoCAD 2002 绘图技巧与范例. 北京：人民邮电出版社，2001